"十三五"江苏省高等学校重点教材（编号：2016-1-170）

普通高等教育"十一五"国家级规划教材
高等院校通信与信息专业系列教材

光纤通信系统

第4版

沈建华　陈　健　编著

机械工业出版社

本书紧密结合现代光纤通信系统与网络的发展，全面系统地介绍了光纤通信系统的构成及关键技术。全书共 11 章，具体内容包括光纤光缆的结构和类型，光纤的传输理论和传输特性，光源和光发送机，光检测和光接收机的原理、结构及性能，新型光器件及应用，光放大器原理及性能，光纤数字通信系统及性能指标，多信道系统及其性能，光传送网、光接入网及全光网等光网络技术，以及可见光通信、光载无线通信和量子光通信等新技术。

本书以光纤通信系统的组成为主线，从单个器件介绍再到完整系统架构及性能，内容深入浅出、概念清楚，覆盖面广且重点突出，可作为高校电子信息类及相关专业本科的教学用书，也可作为从事光纤通信工作的相关科技人员和管理人员的参考用书。

本书配有微课视频，扫描正文中的二维码即可观看。为配合教学，本书提供授课用电子课件、习题参考答案等教学资源，需要的教师可登录机械工业出版社教育服务网（www. cmpedu. com）免费注册，审核通过后下载，或联系编辑索取（微信：18515977506，电话：010-88379753）。

图书在版编目（CIP）数据

光纤通信系统 / 沈建华，陈健编著. --4 版.
北京 ：机械工业出版社，2024. 9. --（高等院校通信与信息专业系列教材）. -- ISBN 978-7-111-76708-4

Ⅰ. TN929. 11

中国国家版本馆 CIP 数据核字第 2024X5Z011 号

机械工业出版社（北京市百万庄大街 22 号　邮政编码 100037）
策划编辑：李馨馨　　　　责任编辑：李馨馨　赵晓峰
责任校对：王　延　陈　越　　封面设计：鞠　杨
责任印制：邓　博
北京盛通印刷股份有限公司印刷
2024 年 10 月第 4 版第 1 次印刷
184mm×260mm · 16. 75 印张 · 413 千字
标准书号：ISBN 978-7-111-76708-4
定价：69. 00 元

电话服务	网络服务
客服电话：010-88361066	机　工　官　网：www. cmpbook. com
010-88379833	机　工　官　博：weibo. com/cmp1952
010-68326294	金　书　网：www. golden-book. com
封底无防伪标均为盗版	机工教育服务网：www. cmpedu. com

前　言

本书第1版撰写于2003年，出版以来受到国内许多高校的重视并在教学中采用。此后，经过不断总结教学实践中的经验，分别于2007年和2014年两次修订再版，满足了不同层次高校电子信息类人才培养的需求。针对国家新一代信息技术重大战略的推进和社会经济快速发展的需求，以及“新工科”建设及数字化教育教学转型的迫切需求，在总结编著者主持的国家级一流课程“光纤通信”经验的基础上，从注重培养学生解决复杂工程问题能力的角度出发，现对本书进行了再次修订。

为了贯彻推进党的二十大精神进教材、进课堂、进头脑，践行“三全育人”理念，本次修订增加了课程思政相关内容——围绕光纤通信技术的发展与应用，在各章中分别介绍代表性人物和事件，尤其是我国科技工作者在光纤通信技术中的自主创新和前沿成果等，使学生能够从科技工作者的事迹中培养求真务实的科学态度、独立思考的科学精神，以及民族自豪感和爱国主义情怀。

本次修订遵循了上一版概念清楚、重点突出的指导思想，以光纤通信系统的内在组成为逻辑主线，结合本领域技术的最新发展和工程实际，增加了许多新技术和新应用等内容，在更加适应光纤通信网络化和智能化趋势的基础上，充分体现专业知识来自工程、服务工程、高于工程的特色。每一章的开始部分均用精炼的文字给出本章主要内容导读，便于教师和学生了解本章要点和难点；每章结束部分均有习题，总结本章的核心知识点，结合习题帮助学生进一步巩固相关知识点。本次修订还配套了中英文两个版本的在线课程、多媒体课件和习题解题指导等教学资源。

本书主要由沈建华编写并统稿，陈健教授参与了多个章节的编写工作。齐丽娜、蔡安亮老师提了很多有益的意见建议，李履信老师对本书第1版的编写做出了很大的贡献，在此一并表示感谢。

由于编著者水平有限，书中难免存在缺点和错误，恳请广大读者批评指正。

编著者

目　录

第1章 绪论

自古以来，通信就是人们社会生活中最基本的需求之一，而承担并实现这一需求的通信系统，则是基于某种特定手段或媒质将信息从一个地方传送或搬运到另一个地方的装置。现代意义上的通信一般是指人与人、人与自然之间，通过某种行为或媒质进行信息交流与传递的过程，即需要信息交互的双方或多方，采用某种技术方法并使用适宜的媒质，将信息从一方准确安全地传送到另一方并真实准确再现的完整过程。一般来说，一个完整的通信系统应包括信息采集、格式变换、传输与交换、接收与识别、分析与重现等过程所涉及的所有实体。

光通信（Optical Communication）又称为光波通信（Lightwave Communication），是最常见和最重要的通信手段之一，指利用某种特定波长（频率）的光波信号承载信息，并将此光信号通过特定信道传送到对方，最终还原出原始信息的过程。根据所使用的传输媒质不同，光通信可以分为光纤通信（Optical Fiber Communication）和自由空间光通信（Free Space Optical Communication）两大类，前者使用光导纤维作为传输媒质，是目前光通信的主要应用形式；后者则是在大气信道或水下信道中直接传输光信号，可以进一步分为可见光通信（Visible Light Communication）和水下光通信（Underwater Optical Communication）等不同形式。

自20世纪80年代光纤通信实用化以来，全球范围内部署了规模巨大的光纤通信系统与网络，不仅深刻地改变了传统的电信网络、计算机网络和广播电视网络，同时也为互联网、宽带无线通信、云计算、物联网、量子信息、人工智能等现代信息技术及其应用奠定了基础。

本章首先简述光纤通信的产生与发展历程，然后对光纤通信系统的构成、应用和发展进行介绍，最后介绍光纤通信系统中的基本概念。

1.1 光纤通信的产生与发展历程

1.1.1 光通信的产生

人类很早就注意到自然界中光传播的一些物理属性，早在公元前四百年左右，我国春秋时期墨家学派的创始人墨翟（见图1-1）就对光的传播机理开展了初步研究。《墨经》中记载："景到，在午有端，与景长，说在端。"[1]《墨经》中关于小孔成像的描述，形象地反映

[1] 此处"到"通"倒"，指倒立；"午"指两束光线正中交叉；"端"在古汉语中有"终极""微点"的意思。"在午有端"指光线的交叉点，即针孔。

出了光沿直线传输的特性，与今天人们所熟悉的几何光学的表述基本吻合。自《墨经》以后，后世学者如沈括、郭守敬、赵友钦等又对小孔成像现象进行了更深入的研究和讨论，赵友钦对孔的大小与形状、光源亮度、像距、物距等因素及其对成像效果的影响进行了细致的研究，做出了中国古代对小孔成像问题最为系统和完整的论述。西方最早观测和记载小孔成像现象的是古希腊哲学家亚里士多德（见图 1-2），他在著作《问题集》中记述了阳光穿过树叶或柳条制品的间隙在地上成像的现象，这比墨子发现小孔成像现象晚了近半个世纪。中世纪阿拉伯数学家、自然科学家和哲学家伊本·海赛姆（见图 1-3）是西方最早系统地对光的本质及光学原理进行研究的人，他首先提出视觉是由物体发生的光辐射线（光线）引起的，光线进入人的视网膜，通过视觉神经传达到大脑皮层，才产生了图形，并据此推论出了光线的反射和折射定律，他的《光学之书》对西方近现代光学的研究产生了深远的影响。

图 1-1 墨翟（约公元前 479—381）

图 1-2 亚里士多德（公元前 384—公元前 322）

古代的中国最早利用光信号传递信息，例如建造烽火台，用烟和火报警等。此外，从古代沿用至今的旗语、灯光和手势等，都可以看作某种形式的光通信（雏形）。当然，这些在大气环境中直接使用光信号传递信息的方法不仅较为简单、信息量有限，同时易受外界因素（如阳光、大雾和雨雪天气等）的影响，这些限制使得光信号的传输质量不高，而且信息传输的有效距离非常短。严格来说，上述这些都不能称之为真正意义上的光通信。

图 1-3 伊本·海赛姆（965—1040）

到了 18 世纪末，人们还在不断尝试使用光信号直接在大气中传输信息。1792 年，法国发明家克劳德·查普（Claude Chappe）（1763—1805）首次提出并现场实验了其称为“光电报”（Semaphore Line）的带有中继的通信系统，该系统通过信号塔上木质长臂旋转不同的位置代表不同的字母组合，可以看作一种视距范围内的可见光通信方式。1793 年，Chappe 在巴黎和里尔之间建设了第一个实用化系统，相邻信号站之间距离 10~15km，天气晴朗时传送每个符号需要 20~30s，虽然其比当时邮差的平均速度（约 10km/h）已经快了不少，但极易受到天气等外部因素的制约，所以限制了该系统的进一步普及和推广。Claude Chappe 和他发明的“光电报”装置如图 1-4 所示。

图 1-4　克劳德 · 查普和他发明的“光电报”装置

1880 年，美国人亚历山大 · 格雷厄姆 · 贝尔（A. G. Bell，1847—1922）发明了光电话（见图 1-5），这被认为是现代意义上光通信的起源。贝尔利用弧光作光源，弧光灯发出恒定亮度的光束并投射在送话器的薄膜上；薄膜随发送端的人声而振动，通过接收端接收到的光束强弱变化反映声音的振动规律。在接收端利用一个大型的抛物面反射镜，把发送端送来的随着声音变化的光反射到硅光电池上，硅光电池转变的光电流再送给受话器还原出原始语音，就完成了发送和接收的过程。

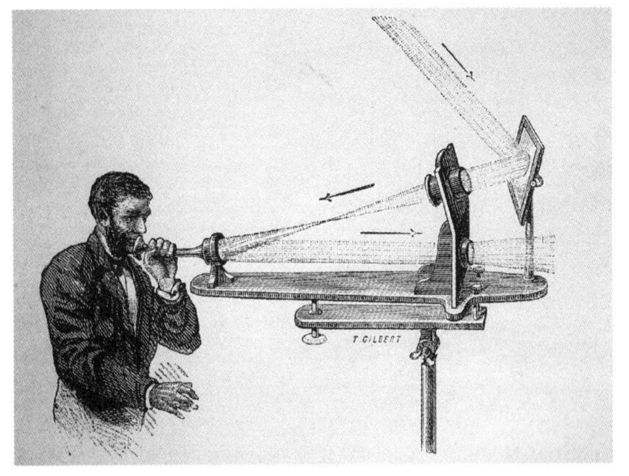

图 1-5　贝尔和他发明的光电话

贝尔发明的光电话提供了最基本的光通信的雏形，但自此之后相当长一段时间内，光通信技术的进展非常缓慢，始终未能成为通信系统中的主流技术。究其原因，首先是贝尔等人所用的光源多是热辐射源，其发出的光是非相干光，单色性、方向性差且调制困难；其次，作为接收机的硅光电池内部噪声很大，导致接收机的灵敏度很低；更为重要的是，由于没有一个适宜的光信号传输媒质，可见光信号在大气中传输的损耗很大，也极易受到雨雾等天气的影响，无法实现长距离和可靠的光通信。

随着研究的不断深入，人们注意到实用化的光通信主要面临两个问题：一是寻找适宜的光源，另一个是探寻对光信号具有良好传输性能的媒质。1960年，美国物理学家西奥多·哈罗德·梅曼（Theodore Harold Maiman）（见图1-6）发明了第一台可操作的波长为0.6943μm的红宝石激光器，人们迅速注意到，这种谱线很窄、方向性极好、频率和相位都高度一致的相干光——激光可能会成为光通信理想的光源。随后，人们相继发明了诸如氦氖激光器、二氧化碳激光器、染料激光器等多种类型的激光器，并尝试利用这些激光器作为光源进行激光大气传输试验。但是由于这些激光器多存在体积大和功耗高等缺点，同时以大气作为传输媒质受气候影响极大。因此，需要寻找更为合适的光源及理想的传光媒质。

1966年，在英国标准电信实验室工作的华裔科学家高锟（C. K. Kao）（见图1-7）和霍克汉姆（G. A. Hockham）首先提出可以用提纯的石英玻璃纤维[㊀]作为光通信的媒质，这为光通信迈向实用化奠定了重要的理论基础，高锟也因此获得了2009年诺贝尔物理学奖。1970年，美国康宁公司的研究人员Robert D. Maurer、Donald Keck、Peter C. Schultz和Frank Zimar等采用超纯石英为基本材料，通过掺杂钛元素等方法首先研制出了损耗系数低于20dB/km的光纤，这是光纤向实用化传输媒质迈出的最重要一步。在光纤制造工艺有了重大突破的同一年，美国贝尔实验室研制成功了可在室温下连续振荡的以镓铝砷（GaAlAs）材料为核心的半导体激光器，为实用化的光纤通信找到了合适的光源。1970年也被认为是光纤通信实用化的开始。

图1-6 西奥多·哈罗德·梅曼（1927—2007）

图1-7 高锟（1933—2018）

光源和传输媒质问题的解决，极大地推动了光纤通信的发展，世界各国纷纷开始研究和部署实用化的光纤通信系统，光纤通信也逐渐取代了传统的微波和同轴电缆，成为通信网络

㊀ 即光导纤维，简称光纤。

中最主要的传输手段。随着光纤通信技术的日益成熟，光纤通信系统不仅覆盖了绝大多数陆地范畴，北美洲、欧洲和亚洲间横跨太平洋和大西洋的海底光缆系统也相继开通投入运营，为洲际间的通信奠定了基础。进入21世纪后，光纤通信更成为全球范围内最普及的信息通信基础网络，被公认为人类改变世界的最重要的科技发明之一。

1.1.2 光纤通信的发展历程

1973年，美国贝尔实验室发明了改进的化学气相沉积法（MCVD），使用该方法制造出的石英光纤损耗系数下降到1dB/km级；1974年，日本解决了光缆的现场敷设及接续问题；1975年出现了光纤活动连接器，解决了光纤线路和传输系统间的重复性连接问题；1976年，日本把光纤的损耗系数降低到0.5dB/km，同年，美国实现了系统容量（传输速率）为44.736Mbit/s、传输距离为10km的光纤通信系统现场试验；1977年，美国和日本几乎同时研制成功寿命达10万小时（实用中寿命可达10年左右）的半导体激光器，同年，世界上首个商用光纤通信系统在美国芝加哥开通。1979年，美国和日本先后研制出工作波长为1550nm的半导体激光器，日本制造出了超低损耗光纤（损耗系数为0.2dB/km、工作波长为1550nm），同时进行了采用多模光纤（MMF）、工作在1310nm波长光纤通信系统的现场试验。到了20世纪80年代，采用多模光纤的光纤通信系统已投入商用，单模光纤通信系统也进行了现场试验。在随后的数年中，日本、英国和美国等发达国家都开始着手兴建长距离光纤干线通信系统，并陆续投入商用。

我国于20世纪70年代开始对光纤的有关技术进行研究，在老一辈科学家张煦、叶培大和赵梓森等的指导下展开艰苦的探索。1974年，中国科学院上海硅酸盐研究所试制成功中国最早的纯石英光纤纤芯加塑料（硅酮树脂）包层结构的光纤，光纤的损耗系数约为150dB/km；1977年，武汉邮电科学研究院研制出最低损耗系数达20dB/km的石英光纤；1982年，中国第一条实用化的光纤通信线路在武汉开通，从此中国的光纤通信进入实用阶段。经过多年的发展，我国已经初步具备光纤通信系统完整产业链的研发和制造能力，目前已经成为全球光纤通信领域综合实力最强、技术最先进的国家之一。

从全球范围来看，光纤通信的发展大致经过了以下四个阶段。

第一代光纤通信系统在20世纪70年代末期投入使用，多为工作波长在850nm波段的多模光纤通信系统。光纤损耗系数的典型值为2.5~4.0dB/km，系统容量最高为34~45Mbit/s，中继距离为8~10km。随后，工作波长为1310nm的多模通信光纤系统开始投入使用，光纤损耗系数下降为0.55~1.0dB/km，系统容量达到140Mbit/s，中继距离可达20~30km。

第二代光纤通信系统在20世纪80年代中期投入使用，多为工作波长在1310nm波段的单模光纤通信系统。光纤损耗系数的典型值为0.3~0.5dB/km，商用系统的最高系统容量可达140~565Mbit/s，中继距离约为50km。

第三代光纤通信系统在20世纪80年代后期投入使用，多是工作波长在1550nm波段的单模光纤通信系统。光纤损耗系数进一步下降到0.22~0.25dB/km，系统容量达2.5~10Gbit/s，中继距离可超过100km。

第四代光纤通信系统在20世纪90年代至今应用，一方面普遍采用光放大器增加中继距离，同时采用波分复用/频分复用（WDM/FDM）技术提高系统容量。目前商用系统中单信道最高系统容量可达100 Gbit/s级别，总系统容量可达1~10Tbit/s级，在实验室中最高的系统容量已经达到100Tbit/s级~1Pbit/s级。

从光纤通信技术发展的趋势和特点来看，光纤通信将会在超大系统容量、超长距离传输、灵活组网、全业务宽带接入和全光通信等方面获得进一步发展。

提高光纤通信系统的系统容量始终是光纤通信技术发展中最重要的主题之一，目前光纤通信系统的单信道系统容量已经迈入100~400Gbit/s时代，并正在向800Gbit/s~1Tbit/s发展。系统中普遍采用先进的码型和调制方案［如QAM（正交调幅）和PM-QPSK（偏振复用正交相移键控）］，并结合相干检测和数字信号处理技术提高系统的灵敏度，自适应地均衡群速度色散（GVD）和极化模色散（PMD）等引起的线性畸变，并引入高编码增益的软判决前向纠错（SD-FEC）技术提高系统的光信噪比（OSNR）容限。未来为了实现更高等级的800Gbit/s~1Tbit/s系统长距离传输，还可能需要引入多进制正交调幅（MQAM）、光正交频分复用（OOFDM）等多载波技术，拉曼光纤放大器（RFA）或相位敏感放大器（PSA）等光放大技术，先进的软判决前向纠错技术和新型超低损耗及大有效面积光纤等。目前，在实验室中综合运用时分复用（TDM）和波分复用等技术，最高可以获得约10bit/(s·Hz)的频谱效率。展望未来，随着多芯光纤、少模光纤、极化复用、硅光子集成器件等先进技术的应用，超高系统容量和超长距离传输的光纤通信系统可望取得进一步突破。

早期的光纤通信系统物理接口规范繁多，不同国家和厂家间设备无法直接互通。20世纪90年代引入的同步数字体系（SDH）将复用、线路传输和交换功能融为一体，并且可以由网络管理系统（NMS）进行自动化业务配置与管理，不仅有效解决了不同类型设备间互联互通的问题，同时还使光纤通信的组网方式从传统的点到点传输进入网络化应用的阶段。在此基础上，为了提高光纤通信系统适配动态业务的能力，开始引入智能化的控制平面（Control Plane）技术，使得光纤通信系统可以自动地根据用户需求，动态和灵活地建立和拆除连接，这称为自动交换光网络（ASON）或智能光网络（ION）。目前，光纤通信网络正在向动态灵活和可扩展的光网络发展，随着光网络结构和层次的日益扁平化，未来的光网络平台上将需要支持具各种不同速率和类型的客户数据业务，支持差异化业务分级和光层业务疏导的技术将会推动可重构光分插复用器（ROADM）和光交叉连接器（OXC）的广泛应用，支持无颜色（任意波长到任意端口）、无方向（任意波长到任意方向）、无阻塞的上/下路功能，结合软件定义光网络（SDON）和弹性光网络（EON）等的部署，实现对光网络中业务的完全自动配置，充分体现光网络承载和配置业务的灵活性。

全业务光纤接入网是终端用户（包括各种类型企事业单位和家庭用户等）接入骨干网络的基础，通过光纤到户（FTTH）、光纤到路边（FTTC）和光纤到大楼（FTTB）等不同方式，将光纤引入千家万户，保证用户的各种信息畅通地接入核心网络。光纤通信系统巨大的带宽资源和对高层协议的透明承载能力，使得它在接入环境中呈现出明显的技术优点。随着物联网、车联网和传感网等的普及，家庭或行业应用中需要联网交换信息的节点数量将会非常巨大，因此需要光纤接入网提供可靠和稳定的大容量接入手段。无源光网络（PON）目前是光纤接入网中最主要的发展方向，未来除了系统容量进一步提升外，还可以与无线技术进行融合，形成混合无线光纤接入（HWO）或光载无线通信（ROF），其在宽带无线网络的基站拉远接入、无线传感网节点汇聚和智能住宅等中有着广阔的应用前景。

先进的光器件是构成光纤通信系统的基础。目前，光纤通信中应用的器件正向高速率、高性能、多用途、组件化和单片集成化方向发展，特别是近年来硅光子器件取得了很大的进展，硅光子器件的调制和探测带宽都已经达到 40GHz 乃至更高的水平。目前在光纤通信系统中的器件主要是基于磷化铟（InP）材料，随着硅光子技术的成熟，硅光子技术将会在光子集成中扮演重要角色，不仅可以有效降低生产成本，而且便于实现硅基光电子与传统微电子技术的集成，包括硅基激光器、硅基光调制器、硅基发光器件与控制电路单片集成、硅基光电探测器与接收电路单片集成、硅基微环滤波器与温控电路单片集成、单片集成硅光收发芯片等。

全光交换在 20 世纪 90 年代提出，主要目的是为了降低光电转换（O/E 转换）成本。在数据中心、高性能计算和大数据等新一代算力网络及其应用中，数量巨大的服务器（集群）之间有海量的数据要传送，要求光传输和交换节点能够高速、低时延、低功耗的工作。传统采用电分组交换的数据中心网络中，随着交换容量的增长，交换机的处理能力将会遇到瓶颈，功耗增加和碳排放等将会带来难以承受的系统代价。光交换技术的出现将实现光信号的直接交换，在降低功耗的同时实现高速稳定的传输。随着光电器件成熟和光子集成的发展，光分组交换、光突发交换和光流交换等新型光交换技术必将扮演更加重要的角色，未来有可能实现从信息的产生、处理到传送等真正意义上的全光通信。

1.2　光纤通信系统的构成

图 1-8 所示为一个最基础的光纤通信系统构成示例，注意图中所示的仅是一个方向的传输，对于典型的双工通信系统而言，两个传输方向的系统结构和工作原理基本相同。

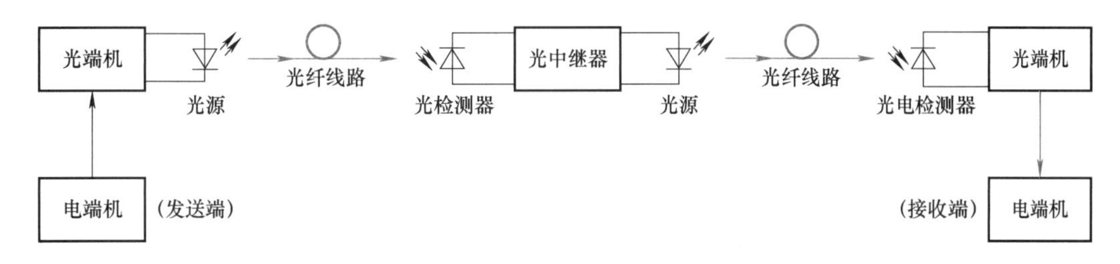

图 1-8　光纤通信系统构成示例

由图 1-8 不难看出，光纤通信系统的发送端主要包括电端机和光端机两部分，其中电端机的主要作用是对不同类型的用户侧业务信号（包括语音、文本、图像和视频等）进行处理（适配），例如模/数转换、格式转换和多路复用等。电端机输出的电信号进入光端机后，将其转换成光信号（即完成信号调制和编码等），并把已调制的光信号送入光纤线路传送。经光纤线路传送一段距离后，携带信息的光信号会受到光纤线路中损耗、色散和非线性等多种因素的影响产生畸变。为保证长距离可靠传输，系统中可以配置光中继器或光放大器，将受损的光信号转换成电信号，再进行均衡、放大和整形后恢复成与光端机输出侧相同的光信号继续传输。当光信号最终传输至接收端后，首先由接收端的光端机将接收到的光信号经过光电检测器完成光/电转换，再将电信号经均衡、放大、整形和判决等过程恢复为与发送端一致或满足一定误码率或光信噪比要求的光信号，再送至接收端的电端机还原成原始的业务信号。

从光信号的产生、传输和接收角度而言，一个典型的光纤通信系统构成主要包括以下部分。

1. 光纤

光纤是光信号的传输媒质，对光纤的基本要求是其传输参数如损耗、色散和非线性等性能优良。此外，光纤还要满足一定的机械特性和环境适应性能方面的要求。实际工程中一般使用的是由多根光纤和加强元件、外部护套等绞合在一起组成的光缆，在电力和水下等特殊环境中使用的光缆还需要一些特殊的结构加强元件。长距离的光缆线路包含了若干段光缆和光缆间的连接装置（包括固定连接和活动连接）。

目前各类通信网络中使用的多是以二氧化硅（SiO_2）为主要原材料的石英系单模光纤，根据其传输损耗特性，石英系光纤主要有三个传输损耗较低的波长窗口，即850nm、1310nm和1550nm，其中在1550nm波长窗口的C波段（1530～1565nm）和L波段（1565～1625nm）传输损耗最低。因此，光纤通信系统的工作波长一般应首选1550nm波长窗口，激光器的发射波长、光电检测器的响应波长、光放大器的增益波长谱和各种无源器件的工作范围都应与其一致。为适合不同的应用环境，陆续开发了非零色散位移光纤（NZ DSF）、色散平坦光纤、弯曲损耗不敏感光纤和超低损耗硅芯光纤等新型光纤，关于光纤的型号和参数将在第2章中进行介绍。

2. 光源和光发送机

光纤通信系统中把电信号转换为光信号的是光发送机，光发送机的核心器件是光源（器件）。对光源的基本要求是输出功率足够大、调制性能好、光谱线宽度窄、光束发散角小、输出光波长稳定和器件寿命长等。目前广泛使用的光源包括半导体激光器（LD）和发光二极管（LED）两种类型，其中高速率大容量系统主要使用的是半导体激光器，发光二极管则适用于较低容量和短距离通信系统，如可以同时实现照明和通信的可见光通信系统。

将电信号转换成光信号的过程是通过电信号对光源进行调制而实现的，调制方式有直接调制（DML）和间接调制（EML，也称外调制）两种。直接调制是利用电信号直接驱动光源器件，使其输出功率的大小随信号电流的大小而变，也称为光强调制（Intensity Modulation，IM）。直接调制方式实现较为简单，但调制速率受光源调制响应等特性所限制，同时还存在频率啁啾等，不适宜在高速率光纤通信系统中使用。间接调制是把激光的产生和调制分开，是在激光器形成稳态输出后在光路上加载调制信号，使用电致吸收器或电光调制器进行调制。间接调制方式是目前广泛应用的高速率光纤通信系统和相干光通信系统中的主流调制方式。光源和光发送机的相关知识将在第3章中进行介绍。

3. 光电检测器和光接收机

光纤通信系统中把光信号转换为电信号的是光接收机，其主要功能是将经长距离光纤线路传输后产生畸变和功率损失的微弱光信号转换为电信号，并经放大、再生恢复为原来的电信号，且保证足够的误码率或光信噪比性能。光接收机主要由光电检测器、各级放大器和相关电路组成，对光电检测器的要求是响应度高、噪声低和响应速度快等。目前广泛使用的光电检测器有光电二极管（PD）和雪崩光电二极管（APD）。

光电检测器工作方式主要有直接检测和相干（外差）检测两种，直接检测是由光电检测器直接把光信号转换为电信号；相干检测是在光接收机中设置一个本地振荡器和一个混频器，使本地振荡光和光纤输出的光进行混频产生差拍而输出中频信号，再经光电检测器把中频信号转换成电信号。相干检测是目前光纤通信系统中主要的检测形式。衡量光接收机质量的主要指标有灵敏度、动态范围、误码率和光信噪比等，相关内容将在第 4 章中进行介绍。

4. 其他无源和有源器件

在光纤通信系统中，除了光源、光纤和光电检测器等基本构成外，还有大量的无源和有源光器件，如各类光纤连接器、光纤耦合器、光衰减器、光隔离器、光环行器、光调制器、光开关、光滤波器和新型有源光器件等，这一部分的内容将在第 5 章中介绍。

5. 光放大器

光放大器可以不将光信号转换为电信号而直接对其进行放大，是解决高速率大容量光纤通信系统传输的重要器件，也是克服各种损耗的主要器件。目前实用化的光放大器主要包括光纤放大器和非线性光放大器两类，除了在系统中承担类似中继器的作用外，光放大器还广泛地应用于信号处理、波长转换和色散补偿等。光放大器的相关内容将在第 6 章中进行介绍。

狭义的光纤通信系统主要完成物理层信号的传输功能，而广义的光纤通信系统（网络）可以包括链路层、网络层甚至应用层的功能，支持多信道传输组网、点到点或点到多点的接入网，以及业务驱动的动态灵活光网络等，这些内容将在第 7~10 章中进行介绍。

1.3 光纤通信的应用和发展

1.3.1 光纤通信系统的特点

光纤具有系统容量大、传输损耗小、重量轻和不怕电磁干扰等一系列突出优点，因此已经成为目前几乎所有网络的首选传输媒质，承担了全球 95%以上的业务流量。光纤通信的主要优点有以下六方面。

1. 传输速率高，系统容量大

根据香农定律可知，系统容量主要取决于系统的有效带宽，而光是频率极高的电磁波，在光纤中传输的激光属于近红外线范围，典型的工作波长可以覆盖 1310~1625nm 范围内约 300nm，有着极高的信号频谱带宽。目前，在实验室中已经可以实现单根光纤上 100Tbit/s~1Pbit/s 级的总系统容量，而工程中的商用系统容量也已经达到了 10Tbit/s 级。由于现阶段光纤通信系统中频谱效率还比较低，因此光纤可用频带的进一步利用和开发仍有很大的提高空间。

另一方面，一根光缆中容纳数百根乃至数千根光纤的高密度光缆相关技术也已成熟，这样可使光纤通信系统的系统容量成百倍、千倍地增加。除此之外，实现系统容量进一步增加还可以引入多芯光纤和极化复用等技术。

2. 传输损耗小，中继距离长

最常用的标准单模光纤在 1550nm 波长窗口的典型损耗系数约为 0.2dB/km。当采用析氢技术进一步减小光纤中的 OH^- 离子含量后，光纤的损耗系数可以在相当宽的频带内几乎保持一致，其中超低损耗光纤的损耗系数可以低至 0.15dB/km，接近纯 SiO_2 材料的理论损耗极限。因此，与其他通信系统相比，光纤通信系统在同等情况下的中继距离可以长得多。现阶段使用较多的单信道系统容量为 40~100Gbit/s 的系统，其典型中继距离可达数十至上百千米；若采用光纤放大器和色散补偿光纤等，中继距离还可以进一步增加。

3. 信号泄漏小，保密性能好

由于光纤传输的特殊机理，在光纤中传输的光信号向外泄漏的能量非常微弱，难以被截取或窃听。因此，与其他通信方式相比，光纤通信的保密性非常好，信息在光纤中传输非常安全。此外，与传统的以金属为主要材料制作的传输线缆相比，光缆中虽然部署了许多根光纤，但互相之间的影响也非常小，几乎不会发生串扰。

目前已经有专门的仪器可以在不破坏光纤结构的前提下对光纤中是否传输信号及其传输方向进行检测，但是对于现网中部署的光纤线路而言，仍然需要对光缆的结构进行破坏才能设法窃取光纤中的信号，这些都可以用成熟的传感器技术进行检测和告警。

4. 制造成本低，对环境友好

制造传统的电缆需要消耗大量的铜、铅和铝等有色金属。以四管中同轴电缆为例，1km四管中同轴电缆约需460kg铜，制造高性能的数据通信用双绞线也需要消耗昂贵的有色金属。而制造光纤的石英（主要成分为SiO_2）原材料丰富而便宜。除了材料成本低以外，与传统有色金属在开采、提炼和存储等过程中需要消耗大量能源以及可能造成环境污染相比，光纤的制造工艺对环境要友好许多，满足绿色环保的需求。

5. 抗电磁干扰，适用场合广

光纤主要是由SiO_2材料制成，是一种非常稳定的介质，不易受外界电磁场的干扰，例如强电、雷击和磁场变化等都不会显著影响光纤的传输性能。甚至在核辐射等极端环境中，光纤通信仍能正常进行，这是通常的电缆通信所不能比拟的。因此，光纤通信在电力输配、电气化铁路、雷击多发地区、核试验和煤矿等环境中应用更能体现其优越性。

因为具有抗电磁干扰性能，光纤除了在民用领域得到广泛使用外，在军事领域内也有非常重要的应用价值。例如，载人飞船、军舰、飞机和军用装甲车辆等在内部部署了大量传感器和天线的应用场合，对于电磁兼容性要求非常高，使用金属线缆受到很大限制。光纤因其良好的抗电磁干扰性能，已经成为这些应用场合中重要的通信手段，基于光纤的高速数据总线技术已经成为航空航天等领域首选的方案。

6. 体积小、重量轻、易敷设

光纤的主要材料是SiO_2，而光缆的构成元件中金属加强元件的重量也比其他通信电缆的重量要轻得多，因此光缆单位长度的重量较轻。同时光缆的外径也较小，传统的敷设电缆的一根管道中可以敷设多根光缆，这可以充分利用地下管道资源。而光缆的重量轻、体积小和易敷设等特性，对航空航天等特殊的应用环境具有特别重要的意义。对于一些特殊的应用场景，如光纤制导反坦克导弹或防空导弹，其发射后会高速释放出一根光纤，导引头获取的目标图像通过制导光纤可以实时传输到发射手的控制单元屏幕上，这些特殊领域要求较小的体积和良好的可挠性能，满足高速连续放线且不缠绕的需求，只有光纤可以满足。此外，在医疗领域，胃镜、肠镜等内窥镜中也广泛使用了光纤，缩小了内窥镜的尺寸，提高了病患的舒适度。

1.3.2 光纤通信系统的类型

1. 光纤通信系统的应用类型

（1）按传输信号分类

1）模拟光纤通信系统：用模拟信号对光源进行调制并传输的系统。

2）数字光纤通信系统：用数字信号对光源进行调制并传输的系统。

（2）按调制方式分类

1）直接（光强）调制光纤通信系统：用电信号直接对光源进行发光强度调制，在接收端用光电检测器直接检测。

2）相干（外差）调制光纤通信系统：在发送端对光源发出的光载波进行调制（通常是间接调制）后，经光纤传输到接收端，与光接收机的本振振荡光波混频，经光电检测器检测后获得信号光与本振光之差的中频信号，再解调出电信号。

（3）按光纤的传输特性分类

1）多模光纤通信系统：使用多模光纤作为传输媒质的系统。

2）单模光纤通信系统：使用单模光纤作为传输媒质的系统。

（4）按使用的光纤波长分类

1）短波长光纤通信系统：多指工作波长为850nm的多模光纤通信系统。这类系统的中继距离较短，一般多用于计算机局域网和设备间互联等场合。采用850nm多模光纤的计算机网络目前已经较少使用。

2）长波长光纤通信系统：工作波长为1310nm和1550nm。采用1310nm波长时可以用多模光纤也可以用单模光纤。采用1550nm波长时只能用单模光纤。这类系统的中继距离较长，适用于城域网和核心网等环境，工作在1550nm波长的光纤通信系统也是目前应用范围最广泛的系统。

3）超长波长光纤通信系统：理论分析表明，引入卤化物光纤等新材料制造的光纤，当工作波长大于2000nm时，损耗系数可小至$10^{-2}\sim10^{-5}$dB/km，可能实现1000km的无中继传输。

2. 光纤通信的应用环境

光纤可以传输数字信号，也可传输模拟信号，在通信网、广播电视网、计算机网络及其他数据传输系统中都得到了广泛应用。光纤通信的典型应用场合有以下四个。

1）通信网：主要包括遍及全球的电信网和互联网（Internet）中作语音和数据通信的骨干传输网，如海底和陆地光缆系统、各国的骨干公共电信网（如我国的国家一级干线、省级干线及县以下的支线和市话中继通信系统）、覆盖城市及其郊区的城域网、连接千家万户和各类通信网络终端的接入网等。

2）计算机网络：主要由连接不同规模的用户局域网、数据中心、存储区域网（SAN）等中的交换机、路由器和服务器等，构成高速的计算机网络。

3）有线电视网：如数字交互式有线电视的干线传输和分配网等，工业上使用的监控视频信号和道路监控视频信号等的传输也可以理解为特殊的有线电视网。

4）专用通信网：包括电力、铁路、高速公路和煤炭开采等特殊应用场合的光纤通信系统。这些应用环境中，有的是极高电压环境，有的由于安全因素不能采用金属导线，有的则需要抵御强电磁场环境影响等。光纤因其良好的物理和传输特性成为理想的传输介质。此外，在包括医疗（如各类内窥镜）和军事（如鱼雷及导弹的光纤制导）等应用场合中光纤也具有无可替代的优点。

1.3.3 光纤通信的发展趋势

目前，单根光纤上可传输的信号总容量已经达到100Tbit/s级，商用系统中单信道传输容量已达100Gbit/s级，复用波长总数可达数十至数百个波长。另一方面，随着各种基于光电混合方式和微机电系统（MEMS）的可重构光分插复用器及光交叉连接器的实用化，光纤通信不再局限于传统的点对点传输应用，可以构建完整的端到端环型和网孔型网络。在此基础上，结合分布式的控制平面技术，可以实现灵活的智能光网络和软件定义光网络。在接入网领域，以太网无源光网络（EPON）和千兆无源光网络（GPON）等技术得到了广泛应用，更高速率和分路比的下一代无源光网络（NG-PON）也即将标准化。光纤通信正在向高速化、分组化、网络化和智能化等新的方向发展。

1. 超大容量和超长距离传输

波分复用和时分复用技术是当前提高光纤通信系统容量的主要方法，波分复用技术的基本思想是通过增加单根光纤中传输的信道（波长）数提高系统容量，时分复用技术则是通过提高单信道传输速率提高系统容量，两者结合已经可以在商用系统中实现1~10Tbit/s级的传输容量。随着宽带移动互联网和各种高清视频等业务的快速发展，未来对于通信网络的容量需求还将快速增长。因此，除了采用波分复用和时分复用技术提高光纤通信系统的容量外，还可以采用偏振复用（PDM）、模分复用（MDM）和空分复用（SDM）多芯光纤技术使光纤通信系统的容量继续倍增。

另一方面，通过引入掺铒光纤放大器（EDFA）和拉曼光纤放大器等光放大器，光纤通信系统也可以不断延长中继距离以适应跨海光缆等长距离传输应用；同时，光纤通信系统传输距离的延长也意味着系统总的性能代价预算进一步提高，这也为工程应用中的设计、施工和维护等提供了便利。

2. 全光网

全光网是指传输、复用和交换等主要功能都能在光域中实现，不需要转换至电域进行处理，由光层直接承载业务的光传送网。业务信号只在进出光网络时进行电/光和光/电转换，在光网络内部的全部处理过程中信号始终以光的形式存在。全光网的核心技术包括全光的信号分插和交叉连接、交换、传输、中继和网络管理等。

现阶段由于在光域中对光信号的存储、定时提取和逻辑运算等相关技术还不成熟，因此仍然需要在光网络中的节点进行光/电/光的转换及电域的信号处理，未来随着基础理论和器件技术的进步，有望实现真正意义的端到端全光网，从而彻底解决现存的光纤通信在电域中的处理速率局限等问题。

3. 人工智能赋能的软件定义光网络

传统光网络的业务供给及配置等都需要借助集中的网络管理系统，因此存在着灵活性和扩展性差等缺点。人工智能（AI）技术具有非常大的潜力，可以通过现网大数据分析，实现以业务为中心的智能排障、故障分析、故障自愈和规划优化等智能化网络运维能力。人工智能赋能的软件定义光网络可以使光网络的控制与应用朝着更加智能的方向发展，有效地解决异构网络之间的互联互通问题，满足用户对光网络资源的“按需服务（Service on-Demand）”灵活调用，使对网络资源的利用达到最优化。

1.4　光纤通信系统中的基本概念

1.4.1　模拟信号与数字信号

通信系统中传输的信息通常可以分为模拟信号和数字信号两类，最常见的是模拟形式和数字形式的电信号，据此可以将通信系统分为模拟通信系统和数字通信系统两类。模拟通信系统需要将连续的语音或视频信号完整地传送至接收端，若通信过程中出现差错或噪声干扰，则接收端还原出原始信号时可能出现较大的差错甚至无法正确重现原始信号。相对而言，数字通信系统抵御传输过程中差错和噪声的能力较强，可以传输更远的距离，且失真或差错更小。

实际生产生活中常见的各种物理量，如压力、温度、转速和湿度等大多都是随时间连续变化的模拟信号。模拟信号在传输过程中需要先把原始信号转换成与之对应的随时间变化的物理量（如载波的频率等），再通过有线或无线方式传输出去，在接收端通过接收设备处理后再还原出原始信息。模拟信号在传输过程中会受到失真和附加噪声的影响，这些影响会随着传输距离的增加而逐渐积累。对于模拟信号而言，由于无法从已失真的信号准确无误地推知出原始不失真的信号，因此传输质量的保证较为困难。

数字信号在模拟信号的基础上经过数字化得来，最常见的就是采用脉冲编码调制（PCM），即将模拟信号经过抽样、量化和编码而得到对应的数字信号。与模拟信号需要重现完整的原始信号不同，数字信号传输过程中的信号幅度有限，对于二进制系统而言，接收端抽样判决后只需辨别是两种状态中的哪一个即可正常接收，同时数字通信系统可以在传输过程中引入加密和编码等技术，以更好地抵御噪声等干扰。

现代光纤通信系统系统多为数字通信系统。

1.4.2　复用技术与多址技术

以语音信号为例，单路模拟语音信号采用 PCM 方法进行数字化后，对应的数字信号传输速率为 64kbit/s，而光纤信道的可用带宽可以支持 Gbit/s 乃至 Tbit/s 级的信息传输速率。显然，可以采用复用技术使多路信号同时在一根光纤上传输，这样可以充分利用光纤信道的容量。通信系统中常用的复用技术包括空分复用、时分复用、频分复用、码分复用（CDM）和极分复用等。

空分复用是指多路用户信号分别占用信道的不同空间资源；时分复用是将提供给整个信道传输信息的时间划分成若干时间片段［也称时隙（TS）］，并将这些时隙分配给每一个信号源使用；频分复用是按频谱划分信道，多路信号分别被调制在不同的频谱上，因此它们在频谱上不会重叠，即在频率上正交；码分复用是用一组互相正交的码字组成码组携带多路信号，即每个用户分配一个地址码，各个码型互不重叠，通信各方之间不会相互干扰，且抗干扰能力强；极分复用是卫星系统中多采用的复用技术，指一个馈源能同时接收两种极化方式的波束，如垂直极化和水平极化、左旋圆极化和右旋圆极化。

光纤通信系统中最常见的复用技术是时分复用和波分复用，其中时分复用一般先对电信号进行时分复用，将其按照一定的规律复用成传输速率较高的电信号后再进行电光转换；波分复用是将多个不同波长的光信号通过光耦合器合并后在一根光纤上同时传输。相比而言，波分复用以较低的成本实现了光纤通信系统容量的倍增，是目前通信系统和网络中最常见的复用技术。此外，为了进一步充分利用光纤频谱资源，近年来还提出了多芯光纤和少模光纤，可以理解为另一种形式的空分复用和模分复用。

多址技术与复用技术类似，主要是指把多个用户按照特定规则接入一个公共传输媒质，实现各用户之间通信的技术。多址技术多用于无线通信，也称为多址连接技术，主要包括频分多址（FDMA）、时分多址（TDMA）、码分多址（CDMA）和空分多址（SDMA）等。

1.4.3 常用单位与量纲

1. 频率与波长范围

包括光波在内的电磁波信号都具有一定的频率和波长，即位于无线电频谱（Radio Spectrum）中的特定位置。无线电频谱也称电磁频谱，以 Hz（赫兹）为单位。根据国际电信联盟（ITU）的规范，无线电频谱划分见表 1-1。

表 1-1 无线电频谱划分

频谱名称	缩写	频率范围	波段	波长范围
极低频	ELF	3~30Hz	极长波	100000~10000km
超低频	SLF	30~300Hz	超长波	10000~1000km
特低频	ULF	300Hz~3kHz	特长波	1000~100km
甚低频	VLF	3~30kHz	甚长波	100~10km
低频	LF	30~300kHz	长波	10~1km
中频	MF	300kHz~3MHz	中波	1km~100m
高频	HF	3~30MHz	短波	100~10m
甚高频	VHF	30~300MHz	米波	10~1m
特高频	UHF	300MHz~3GHz	分米波	1m~100mm
超高频	SHF	3GHz~30GHz	厘米波	100~10mm
极高频	EHF	30GHz~300GHz	毫米波	10~1mm

光纤通信使用的电磁波信号频率极高，可达 200THz 左右，波长为 μm 量级。目前光纤通信系统中主要使用的波段包括 O 波段（1260~1360nm）、E 波段（1360~1460nm）、S 波段（1460~1530nm）、C 波段（1530~1565nm）、L 波段（1565~1625nm）和 U 波段（1625~1675nm）。

2. 分贝与对数单位

在包括光纤通信系统在内的许多通信系统中，规划、设计和分析系统性能时需要涉及多个参数，如发送端的发送功率、接收端的灵敏度、传输链路的损耗、信噪比等。由于通信系统中许多参数的绝对值较小或相对变化范围较大，因此一般采用对数单位较为适宜和常见，其单位为 dB（分贝），定义如下：

$$\text{以 dB 为单位的对数值} = 10\lg\frac{\text{绝对值 1}}{\text{绝对值 2}} \tag{1-1}$$

传输链路示意如图 1-9 所示。对于某条传输链路而言，若在其发送端测得的发送功率为

$P_1 = 1\mathrm{W}$，接收端测得的接收功率为 $P_2 = 0.1\mathrm{W}$，则该传输链路的传输损耗可以表示为

$$\text{传输损耗} = 10\lg \frac{P_1}{P_2} = 10\lg \frac{1\mathrm{W}}{0.1\mathrm{W}} = 10\mathrm{dB} \tag{1-2}$$

图 1-9 传输链路示例

显然，采用对数单位不仅可以直观地表示两个绝对值相差较大的参数，如相差 10 倍为 10dB，相差 1000 倍为 30dB；同时，在通信系统或网络中进行相关设计或计算时，可以采用简单的加减运算方法。

需要指出的是，dB 本身表示的是比值或相对值，因此不能直接表示参数的绝对值大小。在通信系统中，也可以采用另一种方法，即将原始参数与一个标准值进行对比，这样获得的结果称为绝对电平，可以直接看出其大小。例如，将上例中的发送功率 P_1 与参考功率 1mW 进行比较，可得

$$\text{发送功率 } P_1 \text{ 的绝对电平} = 10\lg \frac{1\mathrm{W}}{1\mathrm{mW}} = 30\mathrm{dBm} \tag{1-3}$$

需要注意的是，在光纤通信系统中，相当多的参数绝对值较小，而且 0dBm = 1mW，所以绝对值大于 1mW 参数的绝对电平为正，绝对值小于 1mW 参数的绝对电平为负。

小　　结

光通信是指利用某种特定波长（频率）的光波信号承载信息，并将此光信号通过光导纤维或空间信道传送到对方，最终还原出原始信息的过程。光纤通信是光通信的主要应用形式，自 1966 年高锟和 Hockham 首次提出光纤通信理论以来，光纤通信已经在各个领域内取得了广泛的应用，短短数十年间成为包括互联网、宽带无线通信、云计算、物联网、量子信息、人工智能等各种现代信息技术及其应用的基础物理设置。

一个实用化的光纤通信系统主要包括了光发送机、光纤信道和光接收机三个部分，相对于其他通信方式而言，光纤通信具有传输容量大、传输距离长、传输损耗小、传输质量高、适用范围广等显著优势。未来光纤通信还将在超大容量和超长距离传输、全光信号处理、软件定义和智能化方向不断发展，为包括通信网络、互联网、广播电视网络、算力网络等各类网络及应用提供可靠的通信基础。

习　　题

1）光纤通信有哪些特点？

2）光纤通信系统的容量可以无限制提升吗？为什么？

3）光纤通信系统中，为什么首选 1550nm 的工作波长？

4）为什么模拟光纤通信系统的抗干扰性能较差？

第2章 光纤与光缆

光纤是光纤通信系统的传输媒质，其材料、结构和传输特性等直接影响整个系统的性能。本章首先介绍光纤与光缆，然后分别应用射线光学理论和波动光学理论分析光纤传输原理，引出光纤单模传输条件及相关特性参数，在此基础上，对光纤的损耗、色散和非线性效应等传输特性参数进行介绍，最后介绍通信光纤的型号及性能。

2.1 光纤与光缆的结构

2.1.1 光纤的基本结构

光纤的基本结构有以下三部分：折射率相对较高的纤芯部分、折射率相对较低的包层部分和表面（一次）涂覆层。光纤的基本结构如图 2-1 所示。

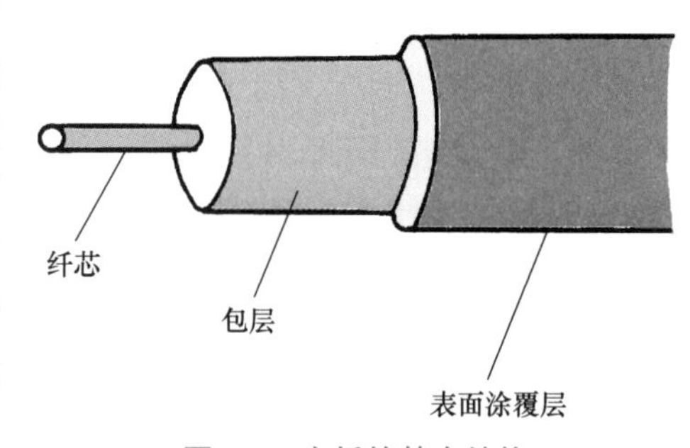

图 2-1 光纤的基本结构

纤芯和包层的主要构成材料是高度提纯的 SiO_2，它们在物理上是一个完整的整体，一般不能通过机械或化学等方法进行分离，折射率的差异主要是通过制造时掺杂不同的材料成分实现的。表面涂覆层的材料一般为紫外固化的聚酯或树脂类材料，表面涂覆层的主要用途是为光纤提供基本的物理和机械保护，去除表面涂覆层后的部分称为裸光纤。在实际应用中，为增强光纤的机械物理性能，表面涂覆层外还可以有二次涂覆层（又称塑料套管）。具有表面涂覆层的光纤外径为 250μm，具有二次涂覆层的光纤外径为 450～900μm。通信光纤的纤芯直径一般为 7～9μm（单模光纤）或 50～80μm（多模光纤），包层直径一般均为 125μm。

光纤可以按折射率分布、纤芯数量、二次涂覆层、构成材料和传导模式进行分类。

1. 按折射率分布进行分类

按纤芯和包层的折射率分布，光纤可以分为阶跃折射率光纤（SI 光纤）和渐变折射率光纤（GI 光纤）。

阶跃折射率光纤的纤芯和包层的折射率均为固定值（分别记为 n_1 和 n_2），在纤芯和包层的分界面上有折射率的突变（阶跃）。阶跃折射率光纤横截面折射率分布如图 2-2 所示。

渐变折射率光纤的纤芯折射率从光纤轴线向外的分布满足某种连续变化的函数，常见为符合指数分布规律，见式（2-1）。渐变折射率光纤横截面折射率分布如图 2-3 所示。

$$n(r)=n(0)\left[1-2\Delta\left(\frac{r}{a}\right)^{2}\right]^{\frac{1}{2}} \tag{2-1}$$

式中，$n(r)$ 为距光纤轴线 r 处的折射率；$n(0)$ 为光纤轴线处的折射率；a 为纤芯半径；r 为距光纤轴线的距离；Δ 相对折射率差，表示为 $\Delta=\frac{n(0)-n_2}{n(0)}$。

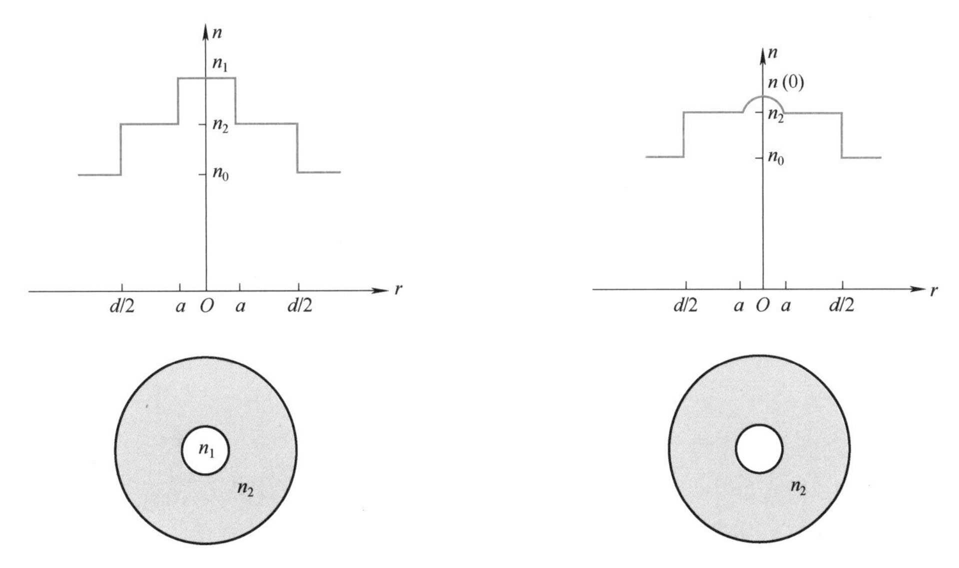

图 2-2　阶跃折射率光纤横截面折射率分布　　图 2-3　渐变折射率光纤横截面折射率分布

需要指出的是，此处给出的仅是光纤纤芯折射率的基本分布形式。在实际工程应用中，为了满足不同应用场合的需要，光纤折射率分布在满足纤芯折射率略高于包层折射率的基本条件下，还会呈现各种复杂的分布形式，如三角形分布、下凹形分布和 W 形分布等，光纤端面折射率剖面示例如图 2-4 所示。

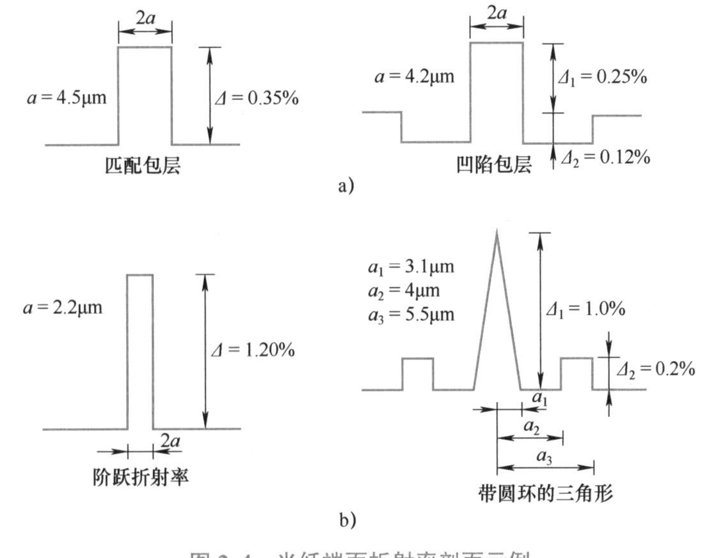

图 2-4　光纤端面折射率剖面示例

a）1310nm 性能最优光纤　b）色散位移光纤

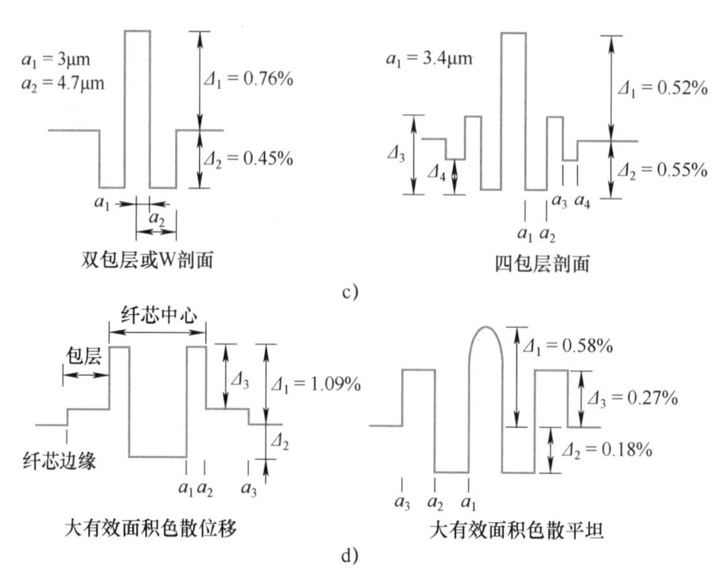

图 2-4 光纤端面折射率剖面示例（续）

c）色散平坦光纤 d）大有效面积光纤

2. 按纤芯数量进行分类

一般来说，一根光纤中只有一根纤芯。为了提高光纤的传输容量，近年来研究提出了多芯光纤，因此根据单根光纤中纤芯数量的多少，光纤可以分为单芯光纤和多芯光纤（MCF）。多芯光纤如图 2-5 所示。

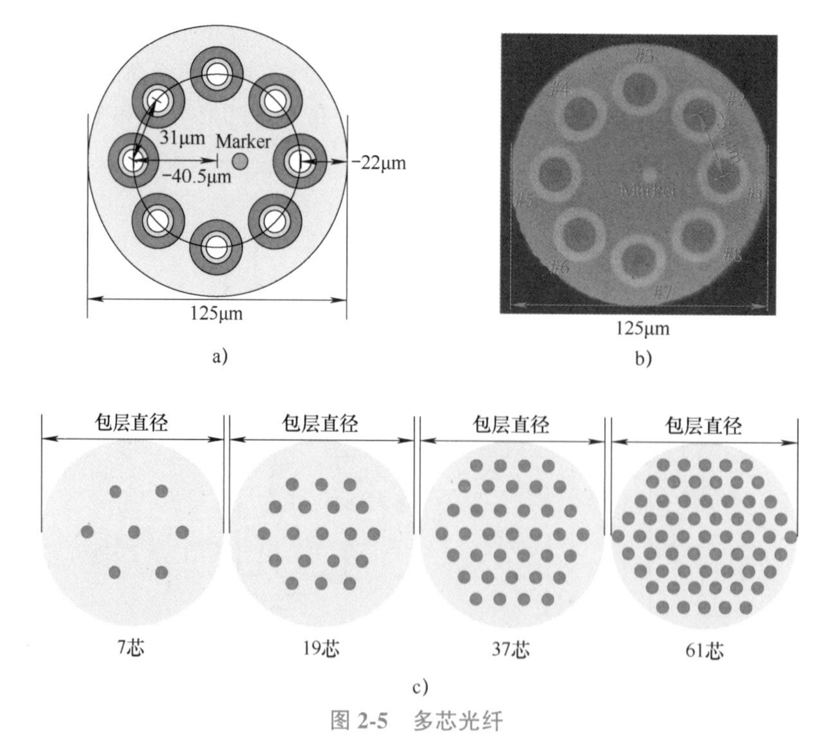

图 2-5 多芯光纤

a）8 芯多芯光纤结构示例 b）8 芯多芯光纤横截面 c）不同纤芯数量的多芯光纤

3. 按二次涂覆层进行分类

按照二次涂覆层的构成形式，光纤可以分为紧套光纤和松套光纤。

紧套光纤是指二次涂覆层与表面涂覆层紧密结合在一起，如图 2-6 所示（图中单位为 mm）。

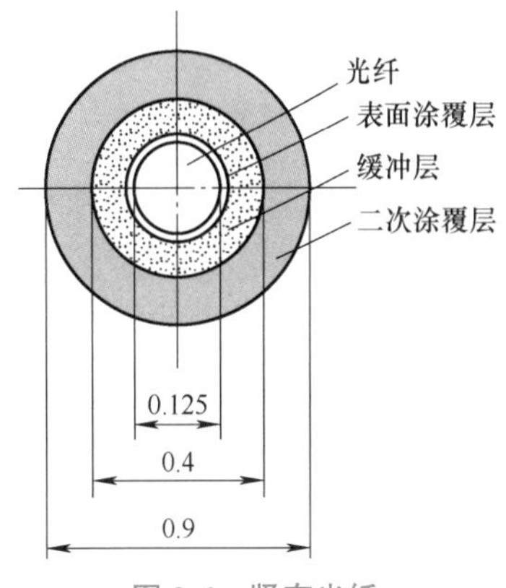

图 2-6　紧套光纤

松套光纤是指表面涂覆层光纤与二次涂覆层相对独立，即具有表面涂覆层保护的光纤能在二次涂覆层内自由活动（通过填充油膏悬浮其中或通过填充芳纶纤维进行缓冲）。

4. 按构成材料进行分类

按照构成材料，光纤可以分为石英（SiO_2）光纤、硅酸盐光纤、卤化物光纤、硫属化合物光纤、塑料光纤和液芯光纤等。通信光纤中应用最普遍的是石英（SiO_2）光纤，其生产和制备工艺已经非常成熟；卤化物光纤主要是由元素周期表中第Ⅶ族元素，如氟、氯、溴和碘等制成，理论上在工作波长 2.5μm 附近有低至 0.01～0.001dB/km 的损耗系数，但主要缺点是工艺复杂和制备困难，目前尚未实用化；硫属化合物光纤的非线性效应较为明显，主要应用于光交换和光纤激光器等场合；塑料光纤使用了聚甲基丙烯酸甲酯（PMMA）和含氟聚合物，具有成本低、便于耦合和韧性好等优点，缺点是损耗较高。近年来为了降低光纤中传输光信号的能量损失，提出了纯硅芯光纤（PSCF），其传输损耗系数可以降至 0.15dB/km，接近理论极限。

5. 按传导模式进行分类

按照光纤中光信号的传导模式，光纤可以分为多模光纤（即能同时传输多种模式光信号的光纤）和单模光纤（即只能传输一种模式光信号的光纤）。模式的数学意义是电磁场在光纤波导中传播时波动方程的解，物理意义则是对应的电磁场的存在形式，相关内容将在 2.2 节中详细阐述。目前通信网、计算机网络和广播电视网等中主要使用的都是单模光纤。

2.1.2　光纤的类型

国际上对光纤类型进行标准化的工作主要是由国际电信联盟标准化组织（ITU-T）和国际电工委员会（IEC）负责，ITU-T 涉及光纤的标准主要是 G.65x 系列，IEC 则是标准 60793 系列。

ITU-T 标准中规定的光纤型号主要包括 G.651 光纤（多模光纤）、G.652 光纤（常规单模光纤/标准单模光纤，STD SMF/SSMF）、G.653 光纤（色散位移光纤）、G.654 光纤（截止波长位移单模光纤或 1550nm 波长损耗最小光纤）、G.655 光纤（非零色散位移光纤）、G.656 光纤（宽带光传输用非零色散平坦光纤）和 G.657 光纤（辐射损耗不敏感单模光纤）等。以上光纤类型中，除 G.651 是多模光纤外，其他都是单模光纤。不同类型单模光纤的主要区别是工作波长和传输特性的差异。进一步地，根据应用场合和特定的工作参数，同一个型号的光纤还可以分为不同的亚型号，例如 G.652 光纤又可以分为 A、B、C 和 D 四种亚型号，G.655 光纤又可以分为 A、B 和 C 三种亚型号。

IEC 标准（我国国标也参照 IEC 命名）将光纤的种类分为 A 类（多模）光纤和 B 类（单模）光纤，其中 A 类包括了 A1a 多模光纤（50/125μm 型多模光纤）、A1b 多模光纤（62.5/125μm 型多模光纤）和 A1d 多模光纤（100/140μm 型多模光纤）；B 类单模光纤中，

B1. 1 对应 G. 652 光纤（2009 年后增加了 B1. 3 光纤，对应 G. 652C 光纤），B1. 2 对应 G. 654 光纤，B2 光纤对应 G. 653 光纤，B4 光纤对应 G. 655 光纤。

不同型号光纤的传输特性差异和应用场合将在 2. 4 节中介绍。

2. 1. 3 光纤的制造工艺

光纤制造主要包括两种基本方法：直接熔融法和气相氧化方法。直接熔融法是参考传统的玻璃制造工艺，将处于熔融状态并经过纯化处理的石英玻璃组件直接制造成光纤；而气相氧化法是将高纯度的气相金属卤化物（如 $SiCL_4$ 和 $GeCl_4$）与氧气（O_2）反应以得到 SiO_2 沉积物，再通过不同的工艺将其收集（沉积）在玻璃基棒的表面后，通过高温烧结形成光纤预制棒（光棒），光纤预制棒加热熔融后拉制成光纤。传统光纤预制棒一般直径为 10～25mm，长度为 60～100cm，经过不断的工艺改进，目前国产光纤预制棒已经可以做到直径为 150mm，长度为 200～600cm，单根光纤预制棒可以拉制出数千至上万千米的光纤。通过光纤预制棒加热熔融后拉制光纤，需要使用如图 2-7 所示的光纤拉丝塔（机）。拉制工艺是在无尘室中将光纤预制棒垂直固定于光纤拉丝塔顶端，并逐渐加热至 2000℃以上。光纤预制棒受热后便逐渐融化并在底部累积液体，待其自然垂下即形成光纤，此时需要用收容盘将拉制出的光纤盘好。为给光纤提供基本的支撑和保护，表面（一次）涂覆层也在拉丝过程完成后随即附着在光纤外部。拉丝过程中涉及的关键技术有光纤直径的精确测量及控制、拉丝的速度和张力控制等。

由于光纤的内部结构（如纤芯和包层的相对折射率差分布等）是在光纤预制棒的制作过程中形成的，因而光纤预制棒的制作是光纤制造工艺中最重要的环节。制作光纤预制棒的主要方法有改进的化学气相沉积法（MCVD）、轴向气相沉积法（VAD）、管外气相沉积法（OVD）和等离子化学气相沉积法（PCVD）等。

为保证光纤的结构和传输性能，在制造光纤的过程中需要严格控制以下方面：

① 光纤原材料的纯度必须极高。

② 必须防止光纤中出现杂质污染及气泡等缺陷。

③ 需要精确控制纤芯和包层的折射率分布。

④ 正确控制光纤的结构尺寸。

⑤ 尽量减小光纤表面的伤痕等损害，提高光纤的机械强度。

单根光纤预制棒拉制出的光纤长度可达数百至数千千米，为了便于存储和后续配对成缆，一般将其收容在多个收容盘上。制造完成的光缆由于受到生产、运输、仓储和维护等限制，单盘长度一般为 2km。因此，一条实际的光纤线路往往是由许多段光纤（光缆）级联组成，因此需要对光纤进行接续以保证光信号的传输。光纤接续方法可分为两种：一种是一旦接续就不可拆断的永久接续法，另一种是可拆断的连接器接续法。永久接续法又可分为机械接续法和熔接接续法两种。机械接续法是通过 V 形槽等固定装置使光纤横截面贴合的同时，通过卡扣等锁定装置使其固定的机械固定方法。机械接续法工艺相对简易且成本低廉，是光纤接入和数据中心等现场接续、成端的主要技术。熔接接续法则是已经广泛使用的可靠接续技术，其基本原理是通过在针状电极两侧施加高压电并产生电弧放电，瞬间的高温可以使待接续的两根光纤熔融为一体。熔接接续法可以把接续引入的附加损耗降到最低，也是目前应用最普遍的光纤接续方法。当待接续的两根光纤各项参数匹配较好时，熔接接续法可以保证连接损耗控制在 0. 02~0. 05dB 以下。无论是机械接续法还是熔接接续法，在光纤接续中影响接续质量最主要的因素是光纤端面的制作，光纤端面的完善与否及对准情况决定了光纤接续的质量。

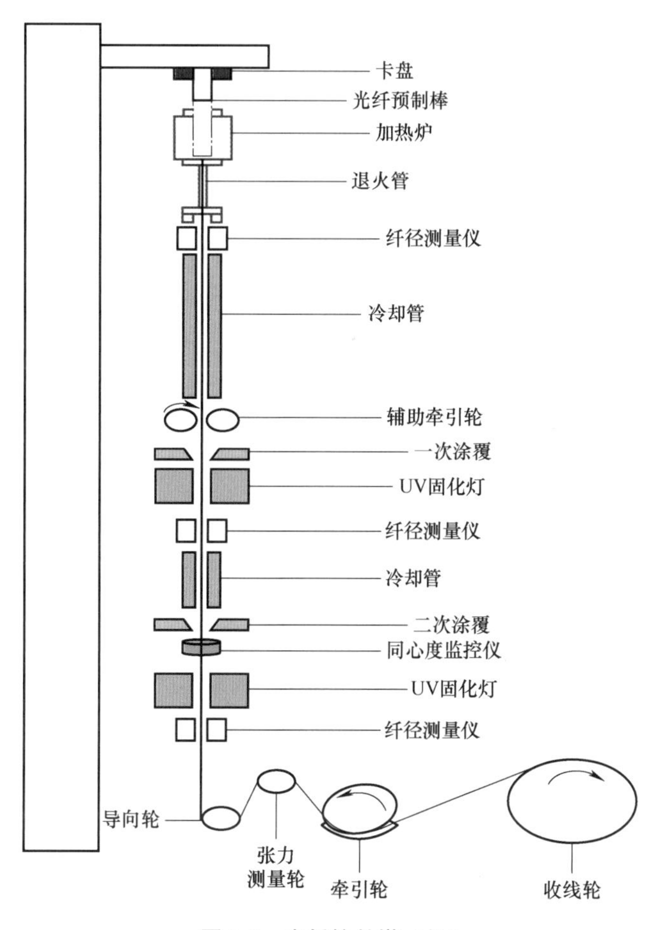

图 2-7　光纤拉丝塔（机）

2. 1. 4　光缆

1. 常用光缆的结构

光缆是以光纤为主要通信元件，并集成了加强元件和外护层等的整体。

光纤是光纤通信系统的传输媒质，光缆则是保证光纤完成光信号传输的通信设施，因此光缆的结构设计和制造工艺必须要保证处于其中的光纤具有稳定的传输特性。此外，由于光缆多在野外（室外）工作，不可避免会受到各种自然环境或人为外力的影响，还可能受到化学侵蚀和各种动物的伤害。例如在光缆的敷设过程中，光缆可能会受到外力导致的刮擦、拉伸和扭曲等引起形变，敷设在土壤中和水下的光缆可能会受到酸性或碱性腐蚀，在特定的地域还可能受到白蚁或啮齿类动物的啃咬等。在这些情况下，为了保证光缆中的光纤长期稳定工作，抵御各种外部因素的影响，要求光缆必须具有足够的机械强度以及相应的抗化学性和抗腐蚀性。同时，为了便于施工、维护和降低系统成本，光缆的结构也不宜过于复杂。

光缆工作的外部环境条件对于光缆中光纤传输特性的影响，大致归纳为微弯、弯曲、应变和潮气等问题。例如，由于光缆各部分材料的膨胀系数不同，当环境温度发生变化时，光缆各部分的尺寸将会发生相对变化，从而造成微弯和弯曲，可能会使光信号在光纤中的传输损耗增大，继而影响正常传输。在光缆制造和敷设过程中，可能会使光缆中的光纤受到应力影响导致扭曲和拉伸。如果残余应力不能及时释放，长期使用可能导致光纤传输损耗增加、寿命缩短乃至断裂。此外，渗入光缆的潮气也会降低光纤机械强度并使传输损耗增加。

针对这些问题，光缆的结构设计中一般有加强元件（包括金属或非金属加强元件）、防潮层、填充油膏、外护套及铠装层等。根据光缆中的光纤类型、成缆方式（缆芯结构）、加强元件和外护层结构、使用场合、敷设方式，可以将光缆进行以下分类。

1）按光缆中的光纤类型可将光缆分为多模光纤光缆和单模光纤光缆。

2）按成缆方式可将光缆分为层绞式光缆、骨架式光缆、中心束管式光缆和带状光缆。

层绞式光缆是在松套管内放置多根光纤（一般用不同颜色即色谱加以区分），多根松套管围绕处于光缆中心的加强元件绞合成一体。松套管由热塑性材料（一般采用高密度聚丙烯或聚氯乙烯）制成，管内充满油膏以防潮，并对其中的一次涂覆光纤起机械缓冲和保护作用。层绞式光缆单位面积的光纤密度较高，制造工艺成熟，目前应用非常广泛。

骨架式光缆中的骨架是由高密度聚烯烃塑料绕中心加强元件以一定的螺旋节距挤制而成。骨架槽为矩形槽状，在槽中放置多根裸光纤或光纤带并填充油膏。骨架式光缆的优点是抗侧压力性能好，缺点是成缆工艺相对比较复杂。

中心束管式光缆是将多根光纤或光纤带置于松套管中，并填充油膏以防潮和提供缓冲，松套管居于光缆结构的轴心，外部由高密度聚乙烯或聚氯乙烯外护套和外护套中的加强元件组成。加强元件可以采用两根平行于缆芯的轴对称加强芯，或由多根加强芯围绕中心扭绞而成。这种结构由于光纤处于光缆的轴心位置，受压小，在水下和海底光缆中使用较多。

带状光缆是把多根带状光纤单元（每根光纤带可收容 4~16 根光纤）叠合起来，形成一个矩形光纤叠层，放入松套管内，可做成层绞式、骨架式或中心束管式光缆。带状光缆可以制成芯数达数百至数千根光纤的高密度光缆，这种光缆结构在接入网等环境中有广泛的应用。

3）按加强元件和外护层结构可将光缆分为金属加强件光缆、非金属加强件光缆、铠装光缆和全介质光缆等。

光缆中一般采用金属作为加强元件，例如高强度镀锌钢绞线广泛地应用于各种光缆结构中，而铝塑综合护层、纵包钢带和层绞钢丝等则是铠装光缆的主要结构元件，直埋和海底光缆往往多采用较为复杂的金属铠装保护结构。

在电力通信等特定使用场合中，不允许光缆中有金属元件，因此出现了全介质自承式光缆（ADSS）和架空地线光缆（OPGW）等特殊光缆类型。

4）按使用场合可将光缆分为普通光缆、用户线光缆、软光缆、室内光缆和海底光缆等。

某些特殊使用场合（如家庭室内和数据中心机房等）要求光缆结构阻燃，即不仅要采用难以燃烧的材料构成光缆护套，同时不允许光缆在燃烧时释放有毒气体。而海底光缆需要重点考虑应对海水盐度的腐蚀，以及水压造成的形变和潮气等影响。

5）按敷设方式可将光缆分为架空光缆、管道光缆、直埋光缆和水下光缆。

架空光缆是用挂钩挂于电杆间的钢绞线上的光缆；管道光缆是首先在地下敷设管道（混凝土或塑料），然后敷设于管道中的光缆；直埋光缆是置于开挖光缆沟中的光缆；水下光缆是可以直接敷设在河床或海床上的光缆。

2. 光缆的敷设方式

光缆敷设方式主要有架空敷设、直埋敷设、管道敷设和水下敷设，目前城市中管道敷设较多，长途光缆中不具备管道敷设条件的一般采用直埋敷设，遇到江河等可以采用水下敷设。

（1）架空敷设

架空敷设是将光缆敷设于电杆上使用，这种敷设方式可以利用原有的架空通信杆路或其他现有杆路（如广电或电力线路），从而节省建设费用及缩短建设周期。架空光缆一般挂设于电杆间的钢绞线上，因此较易受台风和冰凌等自然灾害的威胁，也容易受到外力影响和本身机械强度减弱等影响，因此架空光缆的故障率高于直埋光缆和管道光缆。架空敷设近年来在长途干线中的使用逐渐减少，主要用于省内干线光缆线路或某些局部特殊地段。

（2）直埋敷设

直埋敷设是在光缆沿途的路由中按照要求（针对不同土质的挖深和回填要求不同），挖掘光缆沟并将光缆直接放置于沟中。这种敷设方式一般要求光缆外部有钢带或钢丝的铠装结构，具有一定抵抗外界机械损伤和防止土壤腐蚀的性能。由于不同环境、土壤和地下水等环境情况不一，因此要根据使用环境和条件选用不同的外护层结构，例如在有虫鼠害的地区，要选用有防虫鼠咬啮的外护层的光缆。直埋敷设时须注意保持光纤应变在允许的限度内，同时在地表显著处还应有清晰的说明或警示标记。

（3）管道敷设

管道敷设一般应用于城市或沿铁路、公路等交通基础设施较为完备的场合，由于管道敷设的环境比较好，因此对光缆外护层没有特殊要求，一般无需铠装。管道敷设前必须规划好每一个敷设段的长度和接续点的位置。制作管道的材料可选用混凝土、石棉水泥、钢管和塑料管等。目前普遍采用的方式是敷设聚氯乙烯管道或在原有的混凝土管道中敷设聚氯乙烯管，然后采用气吹机将长距离的光缆一次性吹入管道。这种敷设方式不仅效率高，而且对光缆的损伤小，是应用的主要形式。

（4）水下敷设

水下光缆是用于水下或水底以穿越河流、湖泊和滩岸等处的光缆。这种光缆的敷设环境比管道敷设、直埋敷设差得多。水下光缆必须采用钢丝或钢带铠装的结构，外护层的结构要根据河流的水文地质情况综合考虑。例如在石质土壤、冲刷性强的季节性河床，光缆遭受磨损、拉力大，不仅需要粗钢丝或皱纹钢带等高强度材料做铠装，甚至要用双层铠装等复杂结构。施工的方法也要根据河宽、水深、流速和河床土质等情况进行选定。

常用光缆结构示例如图 2-8 所示。

3. 特殊光缆

（1）海底光缆

海底光缆是一种特殊应用场合的水下光缆，其敷设环境条件比一般水下光缆更加严峻、要求更高，特别是应用于水深超过 1000m 的深海光缆，对光缆结构、材料和元件选型等要求更高，包括高强度光纤拉制、大长度不锈钢松套管单元焊接、内铠装钢丝绞合、铜管氩弧焊焊接、绝缘黏结护套挤制、光缆承力钢丝强度传递结构制造和接头盒高水压密封结构制造等工艺都有较高要求。海底光缆需要通过专门的海缆船进行敷设，海底光缆的使用寿命一般要求 25 年以上。

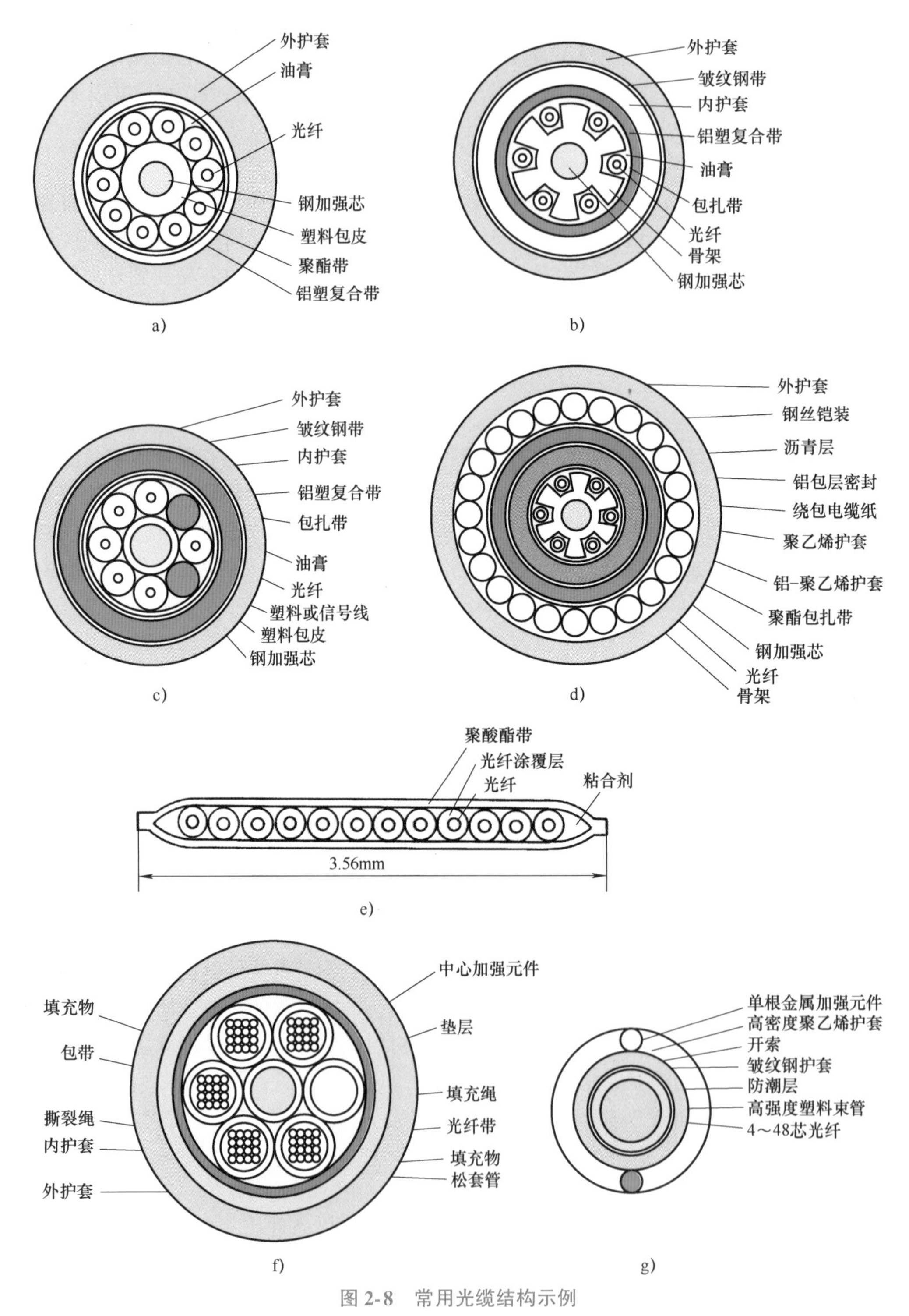

图 2-8　常用光缆结构示例

a）层绞式光缆　b）骨架式光缆　c）层绞式铠装光缆　d）水下光缆　e）光纤带　f）带状光缆　g）中心束管式光缆

（2）全介质自承式光缆

全介质自承式光缆是一种全部由非金属介质材料组成、自身包含必要的支承系统、可直接悬挂于电力杆塔上的非金属光缆，主要用于架空高压输电系统的通信路线，也可用于雷电多发地带、大跨度等架空敷设环境下的通信线路。全介质自承式光缆主要有两种结构形式：一种结构是中心管式结构，将光纤以一定的余长置于填充阻水油膏的套管内，套管多由聚对苯二甲酸丁二酯（PBT）材料制成，根据所需要的抗拉强度绕包合适的芳纶纱，再挤制聚乙烯等材料制成护套；另一种结构是将光纤松套管以一定的节距绕制在纤维增强复合材料（FRP）制成的中心加强元件后挤制内护套，根据所需要的抗拉强度绕包芳纶纱后再挤制外护套而成。由于采用了自承式结构，全介质自承式光缆可以不依赖于外部支撑设施而直接架设在电力系统的杆塔上，同时因其结构中没有金属材料，所以可以承受强电环境的影响。

（3）架空地线光缆

架空地线光缆是另一种借助电力线路敷设的光缆类型，与全介质自承式光缆不同的是，架空地线光缆是电力线路中架空地线和光缆复合为一体的结构，由于有金属导线包裹，光缆更为可靠、稳定和牢固。此外，如果采用铝包钢线或铝合金线等绞制制成的架空地线光缆，相当于架设了一根良导体架空地线，既可以以较为经济和简便的方式完成光缆敷设，又可以减少输电线潜供电流，降低工频过电压，以及改善电力线对通信线的干扰等。

2.2　光纤传输原理

对于光的本质的理解几乎贯穿了近现代物理学的发展过程，尤其是近代量子学说及相关理论的提出及完善，主要也是基于人们对于光的本质理解的不断深入。对光的本质研究做出重要贡献的物理学家（部分）如图 2-9 所示。

光的粒子说可以直观地解释光的直线传播现象，尤其是当讨论光在不同物质表面的反射和折射现象时非常成功，因此直到 17 世纪，包括牛顿在内的大多数物理学家还普遍认为光由光源发出的微粒流所构成。1801 年，托马斯·杨设计并实现了著名的双缝干涉实验，证明了光具有波动性，这也是微粒理论无法解释的。1815 年，菲涅耳首先提出用波动理论可以解释光的衍射现象，1864 年麦克斯韦从理论上证明光波在本质上也属于电磁波。1887 年，赫兹发现了光电效应，而波动理论无法解释光电效应，这也使得光的粒子说再次占据上风。直到 1905 年爱因斯坦提出光子假设，才对光电效应的原理进行了成功解释。爱因斯坦、波尔和普朗克等许多著名的物理学家都对光的本质进行了深入探讨，现代物理学理论和实验都已充分说明光具有波粒二象性（Wave-particle Duality），其中表征光具有粒子性的三个主要特征是光的直线传播、反射（Reflection）和折射（Refraction），表征光具有波动性的三个特征是光的干涉（Interfere）、衍射（Diffraction）和极化（Polarization）。

因此，讨论光纤中光信号的传输原理时可以分别采用射线光学（也称为几何光学）和波动光学理论分析法进行讨论。射线光学理论分析法是近似方法，可以对光纤传输原理进行定性讨论；波动光学理论分析法是精确方法，可以对光纤传输原理进行精确定量分析。

图 2-9　对光的本质研究做出重要贡献的物理学家（部分）
a）牛顿（1643—1727）　b）托马斯·杨（1773—1829）　c）菲涅耳（1788—1827）
d）麦克斯韦（1831—1879）　e）赫兹（1857—1894）　f）爱因斯坦（1879—1955）

2.2.1　射线光学理论分析法

考虑一个点光源，其发出的光通过一块无限大不透明板上的一个极小的孔，板后面会出现的一条光的轨迹，即为光线。若光波长极短且可以忽略，并使小孔小到无穷小，则通过的光的轨迹形成一条尖锐的线，即为光射线。也可以说，对于一条极细的光束而言，其轴线就是光射线。光射线也可以理解为由数量众多的微小粒子组成，每一个微小粒子都遵循相同的运动规律，因此射线光学符合光的粒子说理论。

用光射线代表光信号传输轨迹的方法称为射线光学理论分析法，其成立的近似条件是，相比于光纤的纤芯尺寸，光信号的波长非常短且趋于 0。由于射线光学理论分析法是用几何方法定性地描述光射线的传输路径以及光与其他介质的相互关系，所以也称为几何光学理论分析法。

1. 斯涅尔（Snell）定律

射线光学理论分析法中最重要的是斯涅尔定律，包括反射定律和折射定律。

考虑两个不同折射率的介质，在每一个介质内折射率各向均匀且处处相等，当光射线从一个介质射入另一个介质时，斯涅尔定律表示如下。

1）反射定律：即在两个介质的分界面上，光射线的反射角始终与入射角相等，表达式为

$$\theta_{反} = \theta_{入} \tag{2-2}$$

2）折射定律：光射线入射角的正弦与第一种介质折射率的乘积等于折射角的正弦与第

二种介质折射率的乘积，表达式为

$$n_1\sin\theta_{入} = n_2\sin\theta_{折} \tag{2-3}$$

式（2-2）和式（2-3）中，n_1 和 n_2 分别是两种介质的折射率，$\theta_{入}$、$\theta_{反}$和 $\theta_{折}$分别是光射线的入射角、反射角和折射角，是相应光射线与垂直于两个介质分界面的法线间的夹角。

图 2-10 所示为入射光线从光密媒质（具有相对较高的折射率 n_1）进入光疏媒质（具有相对较低的折射率 n_2）时的场景。

随着入射角 $\theta_{入}$不断增加，$\theta_{折}$也随之增加；当 $\theta_{入}$增加到一定角度（θ_c）时，折射角达到最大值即 $\theta_{折}=90°$；此时即使入射角 $\theta_{入}$继续增加，由于 $\theta_{折}=90°$，也只能观察到反射光线的存在，这种现象称为全反射现象，此时有

$$n_1\sin\theta_c = n_2\sin 90° \tag{2-4}$$

这里 $\sin\theta_c=\dfrac{n_2}{n_1}$，式中的 θ_c 称为全反射的临界角（Critical Angle）。

2. 光纤的传光原理

以阶跃折射率光纤为例，光射线由纤芯向包层入射的全反射现象如图 2-11 所示。

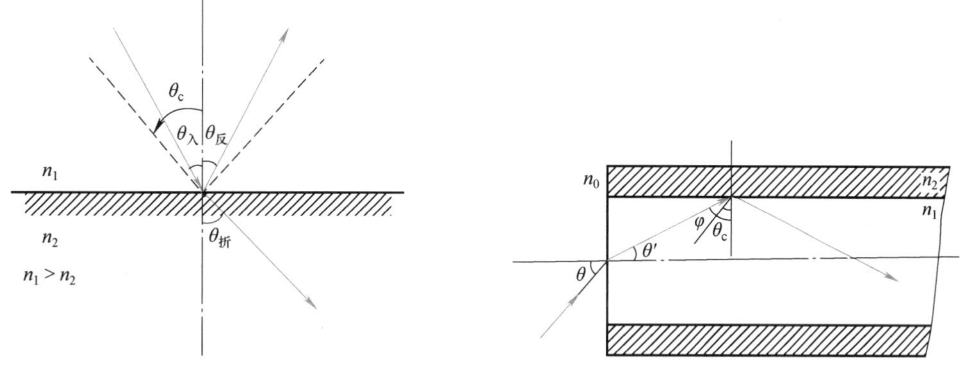

图 2-10　入射光线从光密媒质进入光疏媒质的场景　　图 2-11　阶跃折射率光纤的全反射现象

图 2-11 中 $n_0=1$ 为空气折射率，n_1 为纤芯折射率，n_2 为包层折射率，满足 $n_1>n_2$。

在纤芯与包层的分界面处，为不使光射线从纤芯进入包层中产生折射而造成能量衰减，必须使其在纤芯与包层分界面处产生全反射。由前述可知，只需知道纤芯和包层的相对折射率 n_1 和 n_2，即可计算出纤芯与包层分界面处全反射的临界角。进一步地，假设光射线是从光纤之外的某处，在光纤端面处沿与光纤轴线夹角为 θ 入射进纤芯，显然，由于空气和纤芯是两种不同的介质，因此会在空气与纤芯的分界面上产生折射，由于 $n_0<n_1$，故折射角 $\theta'<$ 入射角 θ，即

$$n_0\sin\theta = n_1\sin\theta' = n_1\cos\varphi \tag{2-5}$$

运用基本的三角函数知识分析可知，当在光纤入射端面满足式（2-6）时，进入光纤的光射线就能在纤芯与包层的分界面处满足产生全反射的条件：

$$n_0\sin\theta < \sqrt{n_1^2 - n_2^2} \tag{2-6}$$

据此，也可以计算出光纤端面处入射角的临界角 θ_a，即

$$\theta_a = \arcsin\frac{\sqrt{n_1^2 - n_2^2}}{n_0} \approx \arcsin\sqrt{n_1^2 - n_2^2} \tag{2-7}$$

只要从光纤端面入射的光射线的入射角 $\theta_\lambda \leqslant \theta_a$，就能在纤芯与包层分界面上形成全反射；若假设光纤为理想的圆柱形，则入射光线可以通过不断的全反射在纤芯中传输。此时 θ_a 为光纤端面的最大入射角，$2\theta_a$ 为光纤对光的最大可接收角。

定义端面入射临界角 θ_a 的正弦与空气折射率的乘积为光纤的数值孔径（NA），即

$$\mathrm{NA} = n_0 \sin\theta_a \approx \sqrt{n_1^2 - n_2^2} = n_1\sqrt{2\Delta} \tag{2-8}$$

式中，$n_0 \approx 1$；$\Delta = \dfrac{n_1 - n_2}{n_1}$。

数值孔径可以反映光纤接收和传输光的能力，数值孔径（或 θ_a）越大，表示光纤接收光的能力越强，光源与光纤之间的耦合效率越高。但若数值孔径太大，则进入光纤中的光线越多，可能会产生越大的模式色散，因而限制了信息传输容量，所以必须适当选择数值孔径。

对于渐变折射率光纤而言，由于纤芯与包层的相对折射率变化是连续的，不能直接使用射线光学理论分析法，但是可以借鉴数学中微分的思想，将光纤截面分割成足够小的部分后，再采用射线光学理论分析法进行近似分析。

2.2.2　波动光学理论分析法

1. 波动光学理论

射线光学理论分析法虽直观地给出了光纤中光的传输原理，但其是假定光波长趋于 0 时的近似分析方法，无法对光在光纤中的传输状态进行严格的定量分析，因此需要引入波动光学理论分析法。波动光学理论分析法是把光看作电磁波，研究电磁波在特定结构的介质波导（光纤）中的传输规律，通过分析和计算得到光纤中光的传播模式、场的分布、传输常数和截止条件等一系列重要结论。

波动光学理论分析法的基础是麦克斯韦方程组，其核心是考察圆柱坐标系下场的分布和截止情况，即通过求解波动方程获知何种类型的场可以在光纤中存在，以及其相关的边界截止条件和传播形式等。式（2-9）和式（2-10）给出了微分形式的波动方程：

$$\nabla^2 \boldsymbol{E} + k^2 \boldsymbol{E} = 0 \tag{2-9}$$

$$\nabla^2 \boldsymbol{H} + k^2 \boldsymbol{H} = 0 \tag{2-10}$$

式中，$\boldsymbol{E}$ 和 $\boldsymbol{H}$ 分别是电场强度矢量和磁场强度矢量；k 为波数，表示为

$$k = \omega\sqrt{\varepsilon\mu} \tag{2-11}$$

式中，ω 为场的角频率；ε 和 μ 分别为介电常数和磁导率。

如果式（2-9）和式（2-10）中的 $\boldsymbol{E}$ 和 $\boldsymbol{H}$ 为时谐场，该波动方程也称为亥姆霍兹（Helmholtz）方程。根据特定的初始条件和边界条件，波动方程可能有解，方程的每一组解对应着电磁波在光纤中的特定传播形式（即模式）。

考虑到光纤的外形是圆柱形，纤芯和包层是存在一定折射率差的石英（SiO_2）材料，而作为传输线的场应该仅能在波导内部存在，即光波的能量应该约束在光纤内部并以某种波的形式振荡和传输能量，因此可以把光纤抽象为一个圆柱介质波导体，z 轴是轴向坐标（光波

能量传播的前进方向）。用求解波动方程的方法考察光波在圆柱介质波导体中具体的传播和存在形式，即在圆柱坐标系中求解 $\boldsymbol{E}$ 和 $\boldsymbol{H}$，包括 E_r、E_φ、E_z 和 H_r、H_φ、H_z 共 6 个变量。由于波动方程只有两个方程，因此需要进行必要的矢量变换，即将横向分量（与光纤轴线垂直的方向）E_r、E_φ、H_r、H_φ 分别用 E_z、H_z 表示，即

$$E_r = \frac{-\mathrm{j}}{K^2}\left(\beta\frac{\partial E_z}{\partial r} + \omega\mu\frac{1}{r}\frac{\partial H_z}{\partial\varphi}\right) \tag{2-12}$$

$$E_\varphi = \frac{-\mathrm{j}}{K^2}\left(\frac{\beta}{r}\frac{\partial E_z}{\partial\varphi} - \omega\mu\frac{\partial H_z}{\partial r}\right) \tag{2-13}$$

$$H_r = \frac{-\mathrm{j}}{K^2}\left(\beta\frac{\partial H_z}{\partial r} - \omega\mu\frac{1}{r}\frac{\partial E_z}{\partial\varphi}\right) \tag{2-14}$$

$$H_\varphi = \frac{-\mathrm{j}}{K^2}\left(\frac{\beta}{r}\frac{\partial H_z}{\partial\varphi} + \omega\mu\frac{\partial E_z}{\partial r}\right) \tag{2-15}$$

式中，$K^2=k^2-\beta^2$，$k^2=\omega^2\mu\varepsilon$，$\beta$ 为传输常数。将式（2-12）~式（2-15）代入待求解的波动方程式（2-9）和式（2-10），可以得到

$$\frac{\partial^2 E_z}{\partial r^2} + \frac{1}{r}\frac{\partial E_z}{\partial r} + \frac{1}{r^2}\frac{\partial^2 E_z}{\partial\varphi^2} + K^2E_z = 0 \tag{2-16}$$

$$\frac{\partial^2 H_z}{\partial r^2} + \frac{1}{r}\frac{\partial H_z}{\partial r} + \frac{1}{r^2}\frac{\partial^2 H_z}{\partial\varphi^2} + K^2H_z = 0 \tag{2-17}$$

若式（2-16）和式（2-17）给出的波动方程有解，则可解得光纤中某一处的 E_z 和 H_z，此时再将结果分别代入式（2-12）~式（2-15），便可得到光纤中该处场分布的完整描述。

2. 阶跃折射率光纤的传输原理

图 2-12 所示为波动方程分析所使用的阶跃折射率光纤示例。

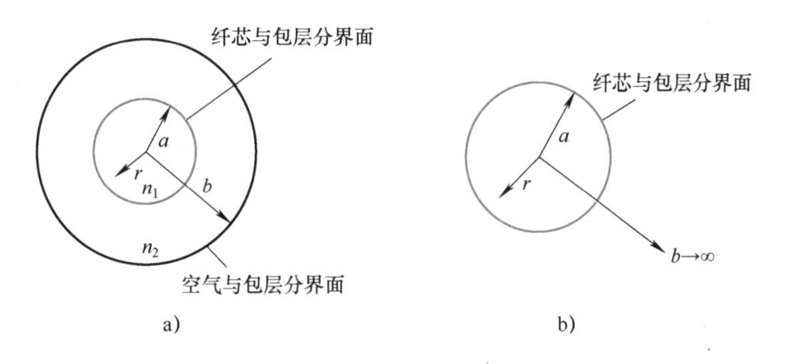

图 2-12　阶跃折射率光纤示例

a）光纤截面原始模型　b）简化后模型

由图 2-12 可知，阶跃折射率光纤波动方程求解的问题，主要涉及空气与包层分界面和纤芯与包层分界面两个边界条件。同时，由于求解的是光纤中的稳态传输特性，因此初始条件（$t=0$，$z=0$）可以忽略，主要考察稳态传输时的边界条件。为简化分析，可以假设光纤包层的半径 b 足够大（趋于无穷），即使得包层内场在包层与空气分界面处的衰减趋于 0，此时波动方程的求解即可简化为只需针对纤芯与包层分界面一个边界条件进行讨论。这样的

简化不仅便于波动方程的求解，而且也符合前述光纤作为传输媒质的特点，即场只存在于圆柱介质波导内部。

式（2-16）和式（2-17）是复杂的二阶微分方程，可以采用分离变量法进行求解。经过一系列数学处理，可得

$$\frac{\mathrm{d}^2E_z}{\mathrm{d}r^2}+\frac{1}{r}\frac{\mathrm{d}E_z}{\mathrm{d}r}+\left(n^2k_0^2-\beta^2-\frac{m^2}{r^2}\right)E_z=0 \tag{2-18}$$

$$\frac{\mathrm{d}^2H_z}{\mathrm{d}r^2}+\frac{1}{r}\frac{\mathrm{d}H_z}{\mathrm{d}r}+\left(n^2k_0^2-\beta^2-\frac{m^2}{r^2}\right)H_z=0 \tag{2-19}$$

式中，m 是贝塞尔函数的阶数，也称为方位角模数。式（2-18）和式（2-19）具有贝塞尔方程的形式，无法用初等函数表征方程的解，而是用贝塞尔函数作为其解函数。

根据前述边界条件的假设，在纤芯和包层中解的形式（分别对应纤芯和包层中场的模式）应该不一样。纤芯（$0\leqslant r\leqslant a$）中应该是振荡场，场的能量可以沿 z 轴方向传输；包层（$r>a$）中应该是衰减场，场的能量迅速衰减至0，理想情况下应该没有场存在，这也符合前述的稳态传输条件假设，即场能量只存在于纤芯中。

由于波动方程中的所有系数（包括边界条件涉及的光纤和场的基本参数，如 n_1、n_2、r 和 ω 等）都是待定的，因此求解波动方程可能得到许多组解，对应着可能会在光纤中存在的多种形式的传输场（模式）。下面根据贝塞尔方程解的存在条件，对可能的解进行讨论。

当 $m=0$ 时，可以得到两组独立的分量，一组是 H_z、H_r、E_φ，z 方向上只有 H 分量，称为横电（TE）模；一组是 E_z、E_r、H_φ，z 方向上只有 E 分量，称为横磁（TM）模。

当 $m>0$ 时，z 方向上既有 E_z 分量，又有 H_z 分量，称为混合模。若 z 方向上的 E_z 分量比 H_z 分量大，称为 EH_{mn} 模；若 z 方向上的 H_z 分量比 E_z 分量大，称为HE_{mn} 模。此处 n 是贝塞尔函数的根按从小到大排列的序数，称为径向模数，它表示从纤芯中心（$r=0$）到纤芯与包层分界面（$r=a$）场变化的半周期数。

当包层与纤芯的相对折射率差非常小，即 $\Delta=\dfrac{(n_1-n_2)}{n_1}\ll 1$ 时，称为弱导光纤。弱导光纤可以用标量近似法分析阶跃折射率光纤中的模式（相对于上述的矢量精确分析法），此时求解得到的模式可以记为线性极化模（LP 模）。LP_{mn} 模可以看成是 $\mathrm{HE}_{m+1,n}$ 模和 $\mathrm{EH}_{m-1,n}$ 模的叠加（简并）。LP 模与矢量模的关系见表 2-1。

表 2-1　LP 模与矢量模的关系

LP 模	矢量模	简并度	总模数
LP_{01}	HE_{11}	2	2
LP_{11}	TE_{01}、TM_{01}、HE_{21}	4	6
LP_{02}	HE_{12}	2	8
LP_{21}	HE_{31}、EH_{11}	4	12
LP_{31}	HE_{41}、EH_{21}	4	16
LP_{12}	TE_{02}、TM_{02}、HE_{22}	4	20

（续）

LP 模	矢 量 模	简 并 度	总 模 数
LP_{41}	HE_{51}、EH_{31}	4	24
LP_{03}	HE_{13}	2	26
LP_{22}	HE_{32}、EH_{12}	4	30
LP_{51}	HE_{61}、EH_{41}	4	34

可见，当光纤和入射电磁场相关的参数未确定时，光纤中可能会同时存在若干不同的模式（对应着波动方程的不同的解），模式的数量和不同模式的存在条件取决于相关参数的组合（即边界条件），其传输特性也各不相同。而如本节开始时的理论分析，作为传输媒质的光纤应该对其中传输的模式数有要求。考虑一个极端的理想情况：圆柱介质波导中有且仅有唯一一个模式携带信息在光纤中传输，而且无论光纤的结构和参数发生何种变化，该模式应能始终保持传输，即无论边界条件如何变化，波动方程始终有解，而且通过构造特定的边界条件可以使方程只有唯一解。那么模式的存在和哪些参数有关呢？

对于每一个传播模式来说，其应该仅能存在于纤芯中，而在包层中衰减无穷大，即不能在包层中存在，场的全部能量都沿光纤轴线方向传输。如果某个模式在包层中没有衰减，根据前面假设的边界条件也意味着该模式可以沿与 z 轴垂直的径向方向进行传输。如果对于某个模式而言，场的能量没有全部沿光纤轴线方向传输，称该模式被截止。

通过对式（2-18）和式（2-19）进行分析和讨论，发现以下特点：

1）不同的模式对应不同的模式截止条件，模式被截止时不能以传播模式在纤芯中传输。

2）在所有的模式中，仅有 HE_{11} 模（LP_{01} 模）不存在模截止条件，即其截止频率为 0。也就是说，该模式在波导中始终存在，且当其他所有模式均被截止时，该模式仍能传输，称 HE_{11} 模或 LP_{01} 模为基模（矢量精确分析法中得到的 HE_{11} 模对应于标量近似分析法得到的 LP_{01} 模，两者都可以表示基模。）。从基模及其他模式（称为高阶模）的截止条件，即可推导出对应的边界条件（n_1、n_2、r 和 ω 等参数）。

2.2.3　单模传输条件

定义参数归一化频率 V，表示为

$$V = \frac{2\pi a\sqrt{n_1^2 - n_2^2}}{\lambda} \tag{2-20}$$

当 $V < 2.405$ 时，光纤中只存在唯一的传播模式（即 HE_{11} 模或 LP_{01} 模），此时光纤满足单模传输条件，即仅有基模可以传输，其他高阶模均被截止；当 $V > 2.405$ 时，光纤中会有包括基模在内的多个不同的传输模式。

从式（2-20）不难看出，判断光纤是否能满足单模传输条件与光纤本身的参数和入射光信号均有关系。式（2-20）中 π 为常数，而纤芯与包层的相对折射率较小，即 $\sqrt{n_1^2 - n_2^2}$ 的值较小，因此为了保证 V 足够小，必须保证光纤的纤芯半径 a 较小或入射光波的波长 λ 足够大。实际中单模光纤的纤芯直径已经小至 7～9μm，虽然理论上即使光纤的纤芯半径趋于

0时基模仍可以存在，但是过小的纤芯半径无论是对于光源耦合还是光纤间的对准都会非常困难。因此引入判断光纤是否满足单模传输条件的另一个重要参数——截止波长。

1. 截止波长

由式（2-20）可知，只有当 $V < 2.405$ 时才能保证光纤中只传输基模，因此单模光纤的理论截止波长 λ_c 可以表示为

$$\lambda_c = \frac{2\pi a\sqrt{n_1^2 - n_2^2}}{2.405} \tag{2-21}$$

截止波长是单模光纤的基本参数。判断一根光纤是否满足单模传输条件，可以比较其工作波长 λ 与理论截止波长 λ_c。若 $\lambda > \lambda_c$，则满足单模传输条件；若 $\lambda < \lambda_c$，则不满足单模传输条件。光纤制造完成后，即可确定其理论截止波长，其对应满足单模传输的工作波长范围也可以确定。

2. 模场直径

模场直径（MFD）是描述光纤端面横截面上基模场强分布的物理量。

由于实际光纤的纤芯和包层尺寸较小，即使满足截止波长条件，实验证明光纤中基模的场强并不是完全集中在纤芯内，而是有一小部分在包层中传播，所以一般使用模场直径作为描述单模光纤传输时光能集中程度的参数。

模场直径并不是直接测量光纤的纤芯直径，而是通过光纤端面的光场强分布来定义。ITU-T将远场二阶矩作为单模光纤模场直径的正式定义，即根据远场强度分布，以式（2-22）来定义模场直径：

$$d = \frac{2}{\pi}\left[\frac{2\int_0^{\infty} F^2(q)q^2\mathrm{d}q}{\int_0^{\infty} F^2(q)q\mathrm{d}q}\right]^{-1/2} \tag{2-22}$$

式中，$F(q)$ 是基模的远场强度分布；$q = \sin\dfrac{\theta}{\lambda}$；$\lambda$ 是入射光波长；θ 是远场锥角。式（2-22）中的积分虽然是从0到无穷，但一般单模光纤中基模的远场强度在 $\theta>25°$ 时就几乎趋于0，故实际积分只限到某个远场强度极大值 q_{max} 即可。

令 $x=\sin\theta$ 为远场锥角的数值孔径，则式（2-22）可改写为

$$d = \frac{\sqrt{2}\lambda}{\pi}\left[\frac{\int_0^{\infty} F^2(x)x^2\mathrm{d}x}{\int_0^{\infty} F^2(x)x\mathrm{d}x}\right]^{-1/2} \tag{2-23}$$

由于当远场锥角增大到光纤的数值孔径附近时，基模的远场强度急剧衰减，因此模场直径的描述可以简化为

$$d \approx \frac{\sqrt{2}\lambda}{\pi}\frac{1}{\sqrt{\mathrm{NA}^2}} \tag{2-24}$$

需要指出的是，只有实际测量出光纤的远场分布之后，才能准确计算数值孔径的均方根值。而光纤的远场分布与光纤的折射率分布有关，也就是与光纤的相对折射率差 Δ、光纤纤芯半径 a 和折射率分布形状有关。

2.3 光纤传输特性

光纤的特性包括了几何特性、光学特性和传输特性等，作为传输媒质而言，人们更关注的是其传输特性及其参数。光纤中的光信号经过一定距离的传输后会产生信号质量的劣化，主要表现在光脉冲不仅幅度减小，而且波形会失真（展宽），继而可能会对光纤通信系统的性能产生影响。光纤中光信号传输过程中发生幅度衰减和波形畸变的主要原因是光纤的损耗、色散和非线性效应等传输特性参数的影响，本节主要讨论影响光纤传输性能的特性参数及其产生机理。

2.3.1 损耗

光信号在光纤中传输时发生的能量衰减现象将导致传输信号的损耗（功率损失）。在光纤通信系统中，当入射光的功率和接收灵敏度给定时，光纤的损耗特性将是限制系统中继传输距离的首要因素。

损耗特性描述的是单位长度光纤传输过程中能量的损失程度。光纤损耗计算示例如图 2-13 所示，定义工作波长为 λ 时，长度 L 的光纤总损耗 $A(\lambda)$ 和单位长度光纤的损耗系数 $\alpha(\lambda)$ 分别为

$$A(\lambda) = 10\lg\frac{P_i}{P_o} \tag{2-25}$$

$$\alpha(\lambda) = \frac{10}{L}\lg\frac{P_i}{P_o} \tag{2-26}$$

式中，P_i 为输入功率（W）；P_o 为输出功率（W）；L 为光纤长度（km）。

引起光纤损耗的机理可以分为功率相关和功率无关两类，其中功率相关损耗的产生与入射光的功率有关，主要包括受激拉曼散射（SRS）、受激布里渊散射（SBS）和四波混频（FWM）等非线性效应。功率无关损耗可以理解为光纤自身原因导致，主要包括吸收损耗、散射损耗和辐射损耗三类。其中，吸收损耗与光纤组成材料和杂质有关，散射损耗与光纤材料和结构中的缺陷有关，辐射损耗则是由光纤几何形状的微观和宏观扰动引起的。

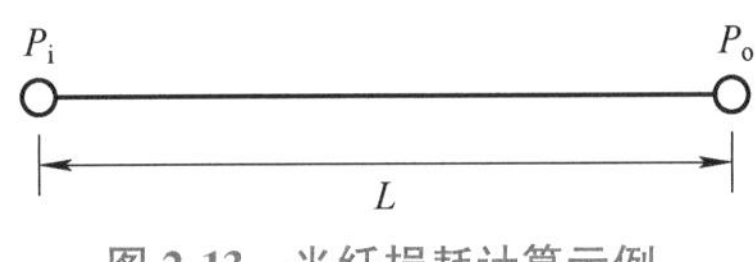

图 2-13　光纤损耗计算示例

1. 吸收损耗

吸收损耗是由光纤组成材料和杂质对光能的吸收引起的。

（1）本征吸收损耗

本征吸收损耗是由构成光纤的材料对特定波长的固有吸收引起的，构成光纤的材料（如 SiO_2）中存在着光谱紫外光区域的吸收和红外光区域的吸收等引起的能量损失。SiO_2 材料中紫外吸收主要是由原子跃迁引起的，对于纯 SiO_2 材料而言，吸收损耗峰值大约在 0.16μm 处，但其吸收尾部会拖到 0.7～1.1μm 波段中。红外吸收主要是由分子振动引起的，对于 SiO_2 材料而言，吸收损耗峰值大约在 9.1μm 附近，但其吸收尾部会拖到 1.5～1.7μm 附近。对于以 SiO_2 为主要材料的光纤而言，通过材料的提纯可以大幅度降低本征吸收损耗，

紫外和红外吸收导致的本征吸收损耗在 0.8~1.6μm 波段一般小于 0.1dB/km，在 1.3~1.6μm 波段一般小于 0.03 dB/km。

（2）杂质吸收损耗

光纤中的杂质包括两部分，一部分是人为掺入的特定元素（掺杂），另一部分是由于制造工艺缺陷不可避免带入的其他元素（杂质）。

由于纤芯和包层的主要构成材料均是 SiO_2，为了构建纤芯和包层间的相对折射率差，制作光纤预制棒时会在以 SiO_2 为主的光纤材料中加入一定的掺杂剂，如锗（Ge）、硼（B）和磷（P）等。此外，由于材料提纯及制造工艺的不完善，可能引入铁（Fe）、铜（Cu）和铬（Cr）等金属杂质离子。杂质离子在特定的波长区域内相对纯 SiO_2 有明显的吸收损耗峰值，例如铜离子吸收损耗峰值为 0.8μm，铁离子吸收损耗峰值为 1.1μm。杂质含量越高，吸收损耗造成的能量衰减就越严重。除了金属杂质吸收损耗外，OH^-也是光纤中杂质吸收损耗的主要来源。OH^- 主要的吸收损耗峰值分别位于约 0.95μm、1.24μm 和 1.39μm 处，其中 1.39μm 处的吸收损耗峰值影响最严重，甚至可能影响到相邻的 C 波段。由于 OH^-可以由水分子电离产生，因此 OH^-的吸收损耗也称为氢损或析氢损耗。科技工作者在光纤光缆结构、材料和工艺等方面针对降低氢损开展了大量工作，目前已经可以将 OH^- 的浓度降到 10^{-9} 以下，典型的在 1.39μm 处的吸收损耗也可以降至 0.5dB/km 以下。

由各类杂质引起的吸收损耗如图 2-14 所示，吸收损耗峰值处产生 1dB/km 损耗的杂质离子浓度见表 2-2。

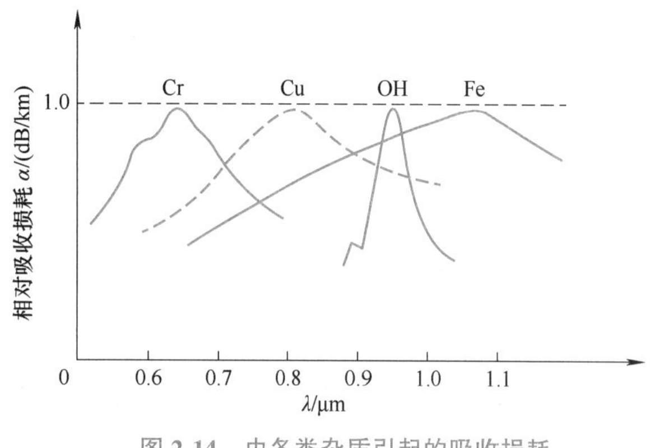

图 2-14 由各类杂质引起的吸收损耗

表 2-2 吸收损耗峰值处产生 1dB/km 损耗的杂质离子浓度

离子类型	杂质离子浓度
OH^-	1.25×10^{-6}
Cu^{2+}	2.5×10^{-9}
Fe^{2+}	1.0×10^{-9}
Cr^{3+}	1.0×10^{-9}

注：光纤材料中的离子浓度可以用无量纲量 ppm 或 ppb 来表示，1ppm = 10^{-6}，1ppb = 10。

2. 散射损耗

散射损耗主要是由光纤材料和结构中存在的不均匀和缺陷（特别是尺度与光波长相近的裂隙、气痕和气泡等），导致光信号的散射现象而引起的损耗。

（1）瑞利散射损耗

瑞利散射是由光纤内部密度不均匀引起的，使纤芯的折射率沿纵向产生不均匀的变化。在光纤的制造过程中，热骚动使原子产生压缩性的不均匀或起伏，导致物质的密度不均匀，从而使折射率分布出现不均匀的现象，这种不均匀或起伏在冷却过程中被固定下来。由于这些不均匀尺寸比光波长还小，光纤中传播的光照射在这些不均匀微粒上时，就会向各个方向散射。定义粒子尺寸远小于光波长时产生的散射为瑞利散射。光在光纤中传输，当遇到随机起伏的不均匀点时，会受其影响并改变传输方向，即产生散射现象。瑞利散射损耗 α_R 的大

小与 $1/\lambda^4$ 成正比，可用经验公式表示为 $\alpha_R \propto \dfrac{A}{\lambda^4}$，其中瑞利散射系数 A 主要取决于纤芯和包层的相对折射率差 Δ。图 2-15 所示为典型的光纤损耗-波长特性曲线。

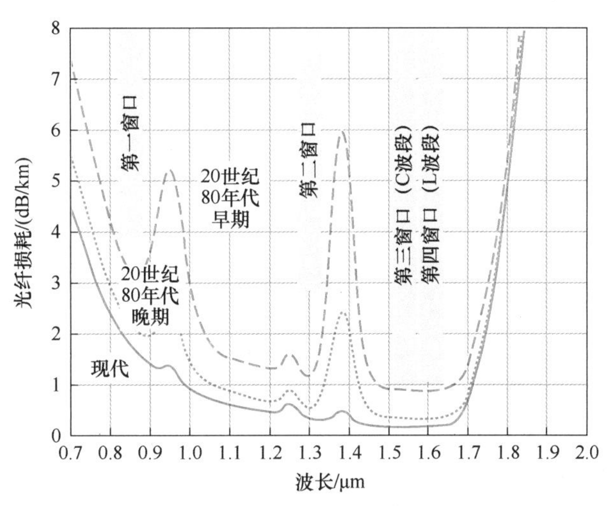

图 2-15　典型的光纤损耗-波长特性曲线

图 2-15 中在 0.95μm 和 1.39μm 附近较高的损耗峰值主要是由 OH^-引起的，三条曲线分别代表了 20 世纪 80 年代早期、80 年代晚期和现代光纤损耗-波长特性，随着材料提纯等工艺的进步，现代光纤的 OH^-吸收损耗较之早期已经大大减小。此外由图 2-15 可知，光纤在 0.85μm、1.31μm 和 1.55μm 附近有若干损耗较小的波长区域，称为低损耗波长窗口，其中 1.55μm 附近损耗最小，其最低理论值约为 0.149dB/km。随着技术和工艺的进步，目前最新的纯硅芯光纤的损耗性能已经接近这一理论值。现代光纤通信系统中主要使用的也是 1.55μm 工作波长，包括第三窗口和第四窗口，分别称为 C 波段（1535~1565nm）和 L 波段（1565~1625nm）。

（2）波导散射损耗

光纤在制造过程中，即使采取了各种高精度的测量和控制技术，仍然不可避免产生某些工艺上的缺陷。例如，纤芯尺寸上的细微变化、纤芯内部或纤芯与包层分界面上的微小气泡等缺陷，都可能使得光纤的纤芯部分沿 z 轴（传播方向）产生变化或不均匀，这也会产生散射损耗。此外，由于光纤波导结构中的畸变或粗糙可能会引起模式转换，从而产生其他传输模式或辐射模式，并进一步产生附加损耗，也称为波导散射损耗。

3. 辐射损耗

前述的射线光学和波动光学理论分析法中，均假设光纤是一个理想的圆柱体（刚体）。但实际中当光纤受到外力作用时，可能会产生一定的弯曲或形变。弯曲后的光纤虽然仍然可以继续传光，但光线的传播途径会发生改变。光纤中的传播模式由于外力引起形变而转换为辐射模并引起能量的泄漏，这种由应力和形变导致能量泄漏产生的损耗称为辐射损耗。

光纤的受力弯曲有两类：一类是曲率半径比光纤直径大得多的弯曲，称为宏弯（Macro-bending），例如，光缆敷设沿着道路或河流拐弯时，就会产生这样较大半径的弯曲；另一类是光缆成缆和敷设时产生的极小的随机性弯曲，称为微弯（Microbending），例如在拉丝、成缆或敷设环节中引入附加应力导致的光纤细微弯曲等。

当弯曲程度较大（曲率半径较小）时，光纤损耗将随之增大。由弯曲产生的损耗系数 α 与曲率半径 R 的关系可以表示为

$$\alpha = C_1 e^{-C_2 R} \tag{2-27}$$

式中，C_1 和 C_2 为常数。

由式（2-27）可见，弯曲越严重（R 越小），α 越大。对于阶跃折射率光纤，其允许的最小曲率半径可以表示为 $R_{0s} = 2a/\Delta$；对于渐变折射率光纤，其允许的最小曲率半径为 $R_{0g} = 4a/\Delta$，式中 a 为纤芯半径，Δ 为相对折射率差。实际工程中应该尽可能避免光纤、光缆弯曲或受力，以尽可能减小或消除辐射损耗的影响。

2.3.2 色散

光纤中传输的光脉冲可能包含不同频率或模式成分，这些包含不同频率或模式成分的光脉冲在光纤中传输的速度不同，从而可能产生时延差并引起光脉冲形状的变化（失真）。定义色散为单位波长间隔内不同波长成分的光脉冲传输单位距离后脉冲前后沿的时延变化量，其单位为 ps/(nm · km)。色散是导致光纤中传输信号畸变的主要性能参数，会使光脉冲随着传输距离延长而出现展宽现象，进一步地产生码间干扰（ISI）并影响系统的误码率或信噪比性能。因此，色散一方面限制了光纤通信系统的传输距离，另一方面由于高速率系统对色散更加敏感，因而色散也限制了光纤通信系统的系统容量。色散导致的光脉冲传输畸变如图 2-16 所示。

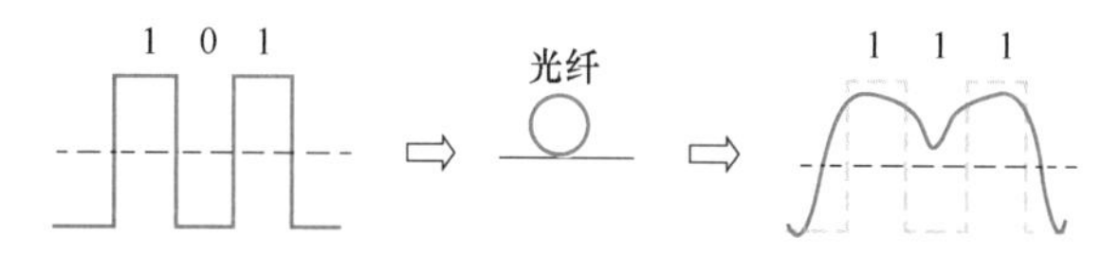

图 2-16 色散导致的光脉冲传输畸变

光纤中的色散可以分为模式色散和模内色散两大类。

模式色散也称为模间色散或模式时延，只出现在多模光纤中。模式色散的产生是由于多模光纤中不同的传输模式在同一光源频率下传输系数不同使得群速度不同而引起的色散。这里群速度是指光纤中脉冲能量沿光纤传播的速度。

模内色散也称为色度色散，是指在一个单独的模式内产生的脉冲展宽。产生这种展宽现象的原因是所用的光源发射的光脉冲本身具有一定的谱宽，而群速度是波长的函数，所以光源的谱宽越大，对信号的畸变也越大，所以模内色散也称为群速度色散。引起模内色散的主要原因包括材料色散和波导色散。材料色散是由于光纤材料本身的折射率随频率而变化，导致传输光信号不同频率的群速度不同引起的色散。波导色散是特定模式本身传输时引起的色散。对于光纤中某一模式而言，波导色散是由于光源发出的光包含了不同频率成分，其传输系数不同引起的群速度不同导致的色散。单模光纤中，波导色散的影响较大。

1. 单模光纤色散及其影响

设一根长度为 L 的单模光纤，频率为 ω 的特定频谱分量经过时间延迟 $T=L/v_g$ 后到达光

纤的输出端，此处 v_g 是群速度，定义为 $v_g=(\mathrm{d}\beta/\mathrm{d}\omega)^{-1}$，$\beta$ 为传输常数。由于群速度具有频率相关性，因此传输过程中光脉冲包含的不同频率成分到达输出端的时间不一致，会产生群速度色散。若 $\Delta\omega$ 是脉冲的谱宽，则长度为 L 的光纤对脉冲的展宽程度为

$$\Delta T=\frac{\mathrm{d}T}{\mathrm{d}\omega}\Delta\omega=\frac{\mathrm{d}}{\mathrm{d}\omega}\left(\frac{L}{v_g}\right)\Delta\omega=L\frac{\mathrm{d}^2\beta}{\mathrm{d}\omega^2}\Delta\omega=L\beta_2\Delta\omega \tag{2-28}$$

式中，$\beta_2=\dfrac{\mathrm{d}^2\beta}{\mathrm{d}\omega^2}$ 决定了光脉冲在光纤中传输时被展宽的程度。由于在光纤通信系统中，谱宽 $\Delta\omega$ 一般由光源发射的波长范围 $\Delta\lambda$ 决定，习惯上可以用 $\Delta\lambda$ 代替 $\Delta\omega$。因此，式（2-28）可以改写为

$$\Delta T=\frac{\mathrm{d}}{\mathrm{d}\lambda}\left(\frac{L}{v_g}\right)\Delta\lambda=DL\Delta\lambda \tag{2-29}$$

式中，D 为色散系数，单位为 ps/(nm · km)。

单模光纤中只传输基模，由于总色散包括材料色散和波导色散。由于色散值与工作波长有关，因此单模光纤的总色散系数可以表示为

$$D(\lambda)=D_m+D_w+D_p \tag{2-30}$$

式中，D_m、D_w 和 D_p 分别为材料色散系数、波导色散系数和折射剖面色散系数。由于一般情况下 $D_p\approx0$，式（2-30）可以简化为 $D(\lambda)\approx D_m+D_w$。

对于单模光纤而言，在一定的波长范围内，材料色散系数与波导色散系数符号相反，其绝对值大小主要与纤芯半径、相对折射率差和折射率分布形状、剖面结构等有关。在实际的光纤制造中，可以通过改变折射率分布形状和剖面结构参数的方法获得不同的波导色散，从而获得在不同波长上色散系数不同的光纤。

2. 高阶色散和色散斜率

高阶色散可用色散斜率 $S=\mathrm{d}D/\mathrm{d}\lambda$ 表示，S 也称为二阶色散系数，表示为

$$S=(4\pi c/\lambda^3)\beta_2+(2\pi c/\lambda^2)^2\beta_3 \tag{2-31}$$

式中，β_2 和 β_3 分别是传输常数 β 在光脉冲中心频率 ω_0 处展开成泰勒级数的二次和三次项。由于高阶色散与波长有关，根据对高斯、超高斯、双曲正割脉冲等不同类型脉冲传输特性的研究，其影响不可忽视。特别是对于多信道光纤通信系统而言，高阶色散的影响会更为复杂。多信道光纤通信系统不同信道上的信号受到色散影响导致的展宽程度不一致，而常见的固定色散补偿器件不能实现对每个信道的自适应补偿，因此需要采用仔细的对策以保证受色散影响的不同波长光脉冲展宽都能被有效克服。

3. 随机双折射与偏振模色散

偏振模色散主要由光纤的随机双折射效应引起。单模光纤中，基模可以分解为一对正交偏振分量 LP_{01x} 和 LP_{01y}，这里的 x、y 表示极化方向互相垂直。经典的波动光学理论分析法中，假设光纤的横截面形状是理想的圆形且折射率分布均匀，因此 LP_{01x} 模和 LP_{01y} 模的传输常数 β 在光纤中处处相等，即这两个模式是完全简并的，在传播过程中不会出现时延差。但实际中的光纤总有某种不同程度的不完善，如纤芯几何形状的椭圆度、光纤在拉制和预涂覆时未能完全释放的内部残余应力、光纤在光缆中的弯曲扭绞等都可能引起折射率指数的各向异性，最终可能使得 LP_{01x} 模和 LP_{01y} 模的完全简并条件受到破坏，其传输常数 β_x 和 β_y 不再处处相等，这种现象称为随机双折射。可以用 LP_{01x}、LP_{01y} 两个模式单位长度上的时延差

$\Delta\tau$ 表征差分群时延（DGD）的大小，称为偏振模色散（PMD）或极化模色散，单位为 $ps/km^{1/2}$。

偏振模色散造成的时延差可以简化表示为

$$\Delta\tau_p = \frac{n_y - n_x}{c} = \frac{\Delta\beta}{\omega} \tag{2-32}$$

式中，n_x 和 n_y 分别表示两个正交双折射轴的等效折射指数，即

$$\beta_x = \frac{\omega n_x}{c},\ \beta_y = \frac{\omega n_y}{c} \tag{2-33}$$

随机双折射参数 $\Delta\beta = (\beta_y - \beta_x)$ 表征了随机双折射的程度，可见偏振模色散引起的时延差与 $\Delta\beta$ 成正比。当光纤的不完善性比较严重（例如纤芯的椭圆度较大、内部残余应力较强等）时，PMD 值较大，这就限制了单模光纤的应用。因此，必须要对光纤的偏振模色散加以控制，也就是要减小或控制光纤的随机双折射参数 $\Delta\beta$。

与前述的光纤色散系数是相对固定值不同，光纤的 PMD 值是服从麦克斯韦分布的随机变量，其瞬时值与波长、时间、温度及光缆的敷设条件等均有关。此外，由于随机双折射分布具有统计特性，在经过多段光纤连接后，光纤线路总的 PMD 值会变小，表 2-3 给出了不同光纤线路 PMD 值与光纤通信系统的传输速率、最大传输距离的关系。

表 2-3　PMD 值与光纤通信系统的传输速率、最大传输距离的关系

PMD/($ps/km^{1/2}$)	最大传输距离/km		
	2.5Gbit/s	10Gbit/s	40Gbit/s
3.0	180	11	<1
1.0	1600	100	6
0.5	6400	400	25
0.1	160000	10000	625

多根光纤级联后的 PMD 链路值 X_{Total} 可以表示为

$$X_{Total} = \frac{X_1 + X_2 + \cdots + X_M}{M} \tag{2-34}$$

式中，M 是等长度连接光纤的数量；$X_i(i=1,2,\cdots,M)$ 是单根光纤的 PMD 系数。

2.3.3　非线性效应

构成光纤的材料（SiO_2）本身并不是一种典型的非线性材料，但光纤的结构使得入射光信号的较高能量聚集在很小的纤芯横截面上。入射光功率较高时可能会引起较明显的非线性效应，对光纤通信系统的性能和传输特性产生影响。特别是近年来，随着光纤放大器和波分复用技术的大量使用，成倍地提高了光纤中的平均入射光功率，光纤中的非线性效应显著增大。非线性效应已经成为继光纤自身的损耗和色散之后，又一个影响高速率、大容量光纤通信系统性能的参数。

波动光学理论指出：任何处于高强度电磁场中的电介质，其响应特性都会出现非线性效应，光纤也不例外，这种非线性效应可以分为受激散射和非线性折射两种类型。

受激散射可以分为弹性散射和非弹性散射。弹性散射中被散射光的频率（或光子能量）保持不变，相反非弹性散射中被散射光的频率将会降低。光纤中最常见的非弹性散射有受激拉曼散射和受激布里渊散射，这两种散射都可以理解为一个高能量的光子被散射成一个低能量的光子，同时产生一个能量为两个光子能量差的能量子。两种散射的主要区别在于受激拉曼散射的剩余能量转变为分子振动，而受激布里渊散射转变为声子振动。受激拉曼散射和受激布里渊散射都使入射光的能量降低。在入射光功率较高的情况下，受激拉曼散射和受激布里渊散射都可能导致较大的输入光能量的损耗，而且当入射光功率超过非线性效应的阈值后，两种散射效应导致的散射光光强都随入射光功率呈指数增加。

非线性折射是指材料的折射率与入射光功率相关。一般情况下，SiO_2 的折射率是一个固定值（与入射光功率无关），这在功率较低的情况下基本成立。但在入射光功率较高的情况下，由于非线性折射的影响，折射率不再是一个常数，而会产生一个非线性相位移。若相位移是由入射光场自身引起的，则称为自相位调制（SPM），自相位调制会导致光纤中传播的光脉冲频谱展宽。当两个或两个以上的信道使用不同的载频同时在光纤中传输时，折射率与入射光功率的依赖关系也可以导致另一种称为交叉相位调制（XPM 或 CPM）的非线性效应。特别的，多个光波在介质中相互作用所引起的四波混频对波分复用系统影响较为严重。

1. 受激拉曼散射

由于受激拉曼散射的阈值较高（典型阈值为 1W），远超过单个激光器的输出功率，因此受激拉曼散射一般对单信道系统影响较小。但在波分复用系统中，多个信道合并后的总入射光功率可能达到或超过受激拉曼散射的阈值，若不同信道的频率差在光纤的拉曼增益谱内，则高频信道的能量可能通过受激拉曼散射向低频信道的信号转移。受激拉曼散射造成的能量转移不但使低频信道能量增加而高频信道的能量减少，更重要的是能量的转移与两个信道的调制码型有关，从而形成信道间的串扰，以及造成接收噪声的增加和接收灵敏度的劣化。由于拉曼增益谱很宽（约 10THz），所以在波分复用系统中较易观察到受激拉曼散射引起的非线性干扰现象。因此，波分复用系统需要仔细控制各信道的功率，减小或避免受激拉曼散射引起的干扰。

2. 受激布里渊散射

高频信道的能量也可能通过受激布里渊散射向低频信道传送，但由于受激布里渊散射的增益谱很窄（10~100MHz），为实现泵浦光与信号光能量的转移，要求两者频率严格匹配。因此，只要信号载频和间隔设计合理，可以较好地避免受激布里渊散射引起的干扰。同时受激布里渊散射要求两个信号光反向传输，因此若所有信道的光都同方向传输，则不易出现受激布里渊散射引起的干扰。尽管如此，受激布里渊散射也对信道功率造成限制，这是由于当信道中总的入射光功率超过一定值后，信道能量可能通过受激布里渊散射转变成斯托克斯波并对原始信号产生影响。

3. 自相位调制

自相位调制是指由信号光强的瞬时变化引起的其自身的相位调制。在单波长系统中，当光强变化导致相位变化时，自相位调制可能使信号频谱逐渐展宽，这种展宽与信号的脉冲形状和光纤的色散有关。在光纤的正常色散区中，由于色散的存在，自相位调制引起的频谱展宽会使传输信号频谱展宽较大；但在反常色散区中，光纤的色散和自相位调制相互补偿，从而可以延缓信号的频谱展宽。在一般情况下，自相位调制只在高累积色散或超长传输距离系统中比较明显。

4. 交叉相位调制

交叉相位调制是多信道光纤通信系统中发生非线性串扰的一个重要因素。当某一信道的光信号沿光纤传输时，光信号的相位移不仅与自身的光强有关，而且与其他信道的光信号光强有关，对于传统的直接调制/直接检测系统而言，由于信号检测和接收只与入射光的光强有关而与相位无关，所以交叉相位调制不会对系统性能造成显著的影响。但对于相干检测系统而言，信号相位的改变将会引起噪声，因此交叉相位调制会对这种系统形成信道串扰。交叉相位调制不仅与单个信道功率有关，而且与信道数目有关。在信号功率较大的情况下，任何引起信号功率漂移的因素［如相对强度噪声、频移键控（FSK）和相移键控（PSK）调制引起的附加幅度变化等］都可能通过交叉相位调制形成对系统性能的影响。

5. 四波混频

在多信道系统中，如果有两个及以上的光信号在信道中同时传输，四波混频会导致初始信号间的相互混频并可能产生新的信号，称为四波混频寄生或感生频率信号。若初始信道间隔是等分的，则新产生的四波混频信号可能与某一个初始信道的频率重合，从而形成干扰。另一方面，四波混频也可能导致能量在不同信道之间的转换，即使在信道间隔不是等分的情况下，新产生的频率也可能落在原始信道间隔之间，在接收机检测和接收过程中也可能引起噪声。四波混频导致的初始信道功率损耗和信道串扰是多信道系统中最主要的性能劣化原因之一，其严重程度与光纤的色散大小和信道间相位匹配条件有关。对于直接调制/直接检测系统，由于信道间隔一般较大（大于 100GHz），并且若使用在 1.55μm 工作波长处具有较大色散的普通单模光纤，则可以不考虑四波混频。但若波长接近于光纤的零色散波长，则应该考虑四波混频的影响。对于相干检测系统，信道间隔较小（1～10GHz,），一般均应考虑四波混频的影响。

在各种非线性效应中，当光纤通信系统信道数目 $N=10$ 时，以四波混频和受激布里渊散射为主；当 $N>10$ 时，交叉相位调制开始占主导地位；当 $N>500$ 时，受激拉曼散射成为主要限制因素。在实际的波分复用系统中，由于受到上述这些非线性效应的限制，每个信道的发射功率通常都需要严格控制。

2.4 通信光纤的型号及性能

2.4.1 国际标准光纤

根据 ITU-T 标准，目前常用的单模光纤主要型号有 G.652（常规单模光纤）、G.653（色散位移光纤）、G.654（1550nm 波长损耗最小光纤）、G.655（非零色散位移光纤）、G.656（色散平坦光纤）和 G.657（辐射损耗不敏感单模光纤）。

1. G.652 光纤

G.652 光纤是工艺最成熟、应用最广泛的单模光纤，在各类通信网络、广播电视网络和计算机网络中都得到了普遍应用，是从骨干网到接入网最常见的通信光纤类型。G.652

光纤可以工作在1310nm或1550nm波长，其工作在1310nm处时损耗系数较大，同时具有最低色散（可低至零）；工作在1550nm处时损耗最小，但具有较高的色散［可达17~20ps/(nm·km)］。显然，G.652光纤对于1310nm和1550nm两个工作波长而言，都不具有最佳的传输特性。

G.652光纤的性能指标见表2-4。

表2-4 G.652光纤的性能指标

特性参数	工作波长/nm	损耗系数/(dB/km)		色散系数/[ps/(nm·km)]	
		1310nm	1550nm	1310nm	1550nm
典型性能	1310/1550	≤0.36	≤0.22	0	18

ITU-T针对适用于不同应用场合的G.652光纤进行了性能指标的细化，将G.652光纤分为以下四个亚型号。

1）G.652A：仅能支持2.5Gbit/s及其以下容量的系统（对光纤的偏振模色散不作要求）。

2）G.652B：可以支持10Gbit/s容量的系统（要求光纤的偏振模色散系数小于0.5ps/$km^{1/2}$）。

3）G.652C：与G.652A的基本属性相同，但在1550nm处的损耗系数更低；同时析氢技术的改进有效降低了1380nm附近的OH^-吸收损耗峰值，系统可以工作在整个1360~1530nm波段。

4）G.652D：与G.652B的基本属性相同，与G.652C的损耗性能相同，即系统可以工作在1360~1530nm波段。

近年来ITU-T对G.652光纤标准的修订主要体现在G.652光纤的模场直径、纤芯-包层同心度误差和包层不圆度等尺寸参数指标有所提高。显然，对于光纤几何参数性能的要求趋于严格，将会使实际光纤线路中安装、敷设和接续时光纤连接的损耗性能有所改善，可以进一步提高通信线路质量。此外，对光纤的宏弯损耗性能和要求大幅度提高，曲率半径由37.5mm缩小到30mm，色散斜率和偏振模色散性能要求也有所提高，充分反映了对通信系统传输速率提高和多信道复用的支持。另一方面，为了进一步减小光纤线路的损耗，适应超大容量相干传输系统的需要，基于G.652标准还提出了超低损耗光纤，其最大特点是使用了纯硅纤芯，由于纤芯中没有掺杂，减弱了瑞利散射等引起的损耗，从而进一步将光纤的损耗降低至接近理论最低值0.15dB/km。

2. G.653光纤

G.653光纤是针对1550nm工作波长进行传输性能优化的光纤。通过改变折射率分布形状和剖面结构参数等手段改变光纤的波导色散，可以将G.652光纤在1310nm附近的零色散点移至1550nm处，故称为色散位移光纤。G.653光纤在1550nm波长处的损耗系数和色散系数均很小，可以用于单信道长距离海底或陆地通信干线。需要特别注意的是，当G.653光纤应用于波分复用系统中时，由于多个位于零色散工作波长区域内的光信号间易受到非线性效应——四波混频的影响，容易产生寄生频率对初始信号形成干扰。因此，G.653光纤一般不能用于多信道系统。

G. 653 光纤的性能指标见表 2-5。

表 2-5 G. 653 光纤的性能指标

特性参数	工作波长/nm	1550nm 处的损耗系数/(dB/km)	1550nm 处的色散系数/[ps/(nm · km)]
典型性能	1550	≤0. 25	≈0

3. G. 654 光纤

G. 654 光纤是截止波长位移光纤（1550nm 波长损耗最小光纤），其针对 1550nm 处的损耗性能进行了优化，可以做到小于 0. 2dB/km。G. 654 光纤的设计初衷主要是用于无须插入有源器件的长距离无再生海底或陆地光缆系统，其缺点是制造工艺复杂、成本较高。

G. 654 光纤的性能指标见表 2-6。

表 2-6 G. 654 光纤的性能指标

特性参数	工作波长/nm	损耗系数/(dB/km)		色散系数/[ps/(nm · km)]	
		1310nm	1550nm	1310nm	1550nm
典型性能	1550	≤0. 45	≤0. 20	0	18

ITU-T 将 G. 654 光纤分为 A、B、C 和 D 四个子类，主要区别在于模场直径范围和宏弯性能。在 G. 654 标准最新的版本修订中，针对陆地高速相干通信系统应用（400Gbit/s 及以上），增加了 E 子类。G. 654. E 标准相对于原有的 G. 654. B 和 G. 654D 标准，对光纤弯曲性能的要求更为严格，可以在保持与现有陆地应用单模光纤基本性能一致的前提下，进一步地增大光纤有效面积，同时降低光纤损耗系数，从而提升系统传输性能。由于 G. 654E 光纤的主要工作波段在 1530~1625nm，因此针对该波段规范了色散和色散斜率的范围。通过有效面积的增加，G. 654E 光纤可以进一步降低光纤中非线性效应的影响，提升最佳入射光功率，从而延长传输距离。

4. G. 655 光纤

G. 655 光纤称为非零色散位移光纤，也是针对 1550nm 波长进行性能优化的单模光纤。G. 655 光纤在 1550nm 波长处有较低的色散（但不是零色散），在降低色散对系统性能影响的同时有效抑制了四波混频现象，适用于系统容量高于 10Gbit/s 的使用光纤放大器的多信道系统。

G. 655 光纤的性能指标见表 2-7。

表 2-7 G. 655 光纤的性能指标

特性参数	工作波长/nm	损耗系数/(dB/km)	色散系数/[ps/(nm · km)]
典型性能	1540~1565	≤0. 24	$1\leqslant \vert D\vert \leqslant 4$

ITU-T 针对适用于不同应用场合的 G. 655 光纤进行了性能指标的细化，具体分为以下三个亚型号。

1）G. 655A：支持 200GHz 及其以上间隔的密集波分复用（DWDM）系统在 C 波段的应用。

2）G. 655B：支持以 10Gbit/s 为基础的 100GHz 及其以下间隔的密集波分复用系统在 C

波段和L波段的应用。

3）G. 655C：支持100GHz及其以下间隔的密集波分复用系统在C波段和L波段的应用，又支持 $N\times10$Gbit/s系统传送3000km以上，或支持 $N\times40$Gbit/s系统传送80km以上，除了偏振模色散为0. 20 ps/km$^{1/2}$之外，其他与G. 655B相同。

ITU-T近年来对G. 655光纤标准的修订主要对低色散的工作波段进行了扩展，由早期1530~1565nm扩展为较宽的1460~1625nm波段，同时色散也由只规定边界波长的最小和最大色散改变为对不同波段各个波长的色散都提出了要求，偏振模色散指标也做了进一步修订。

5. G. 656光纤

为充分开发和利用光纤的有效带宽提供更高的系统容量，需要光纤在整个光纤通信的波段（1310~1550nm）能有一个较低的色散，G. 656光纤是一种能在1310~1550nm波段内呈现低色散［≤1ps/(nm · km)］的光纤。

G. 656光纤的性能指标见表2-8。

表2-8　G. 656光纤的性能指标

特性参数	工作波长/nm	损耗系数/(dB/km)		色散系数/[ps/(nm · km)]	
		1310nm	1550nm	1310nm	1550nm
典型性能	1310~1550	≤0. 5	≤0. 4	≤1	≤1

6. G. 657光纤

单模光纤由于其纤芯尺寸较小，弯曲时会引起辐射损耗，一般在现场敷设及安装时需要留有足够大的曲率半径以减小辐射损耗，因此对敷设和施工要求较高，特别是在空间狭窄的光纤接入环境中受限较多。为此ITU-T规定了适用于接入环境的对辐射损耗不敏感的G. 657光纤，G. 657光纤的曲率半径可以小于10mm，仅产生极小的辐射损耗，可以像铜缆一样沿着建筑物内很小的拐角安装（甚至进行直角拐弯），有效降低了光纤敷设的施工难度和成本。

ITU-T将G. 657光纤分为以下两个亚型号。

1）G. 657A：可用在O、E、S、C和L五个波段，可以在1260~1625nm整个波段内工作，其传输性能与G. 652D相同。

2）G. 657B：工作波长分别是1310nm、1550nm和1625nm，G. 657B光纤只限用于建筑物内的信号传输。

ITU-T最新的标准修订将A、B两类G. 657光纤分别细化为A1、A2和B2、B3两大类别。从分级变化来看，为更加适应接入网和用户网线路形式多样、环境复杂多变的要求，对光纤的辐射损耗要求有了大幅度提高，曲率半径也趋向于更小，最小曲率半径达到5mm。

图2-17所示为常用单模光纤的色散特性。

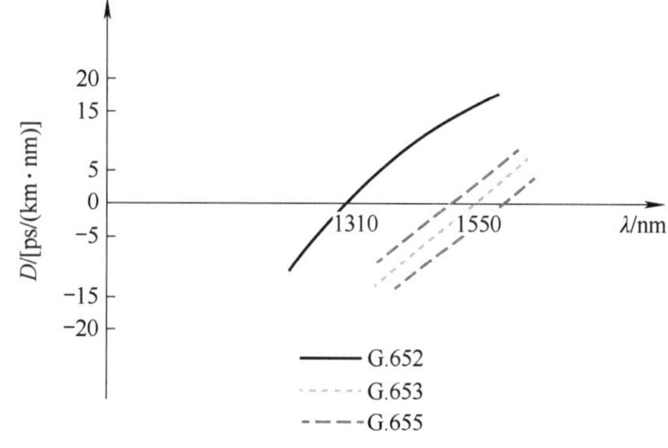

图2-17　常用单模光纤的色散特性

2.4.2 其他特殊光纤

1. 色散补偿光纤

光脉冲信号经过长距离光纤传输后，由于光纤色散的影响会产生脉冲展宽或畸变。为了减小或克服色散的影响，可以使用与单模光纤同一个传输波段内色散性能相反（具有负色散系数）的特殊光纤进行补偿。色散补偿光纤（DCF）就是一种在1550nm波长处具有负色散系数的光纤，可以用来补偿如G.652光纤等单模光纤在1550nm波长处的正色散，从而减小或抵消光脉冲的展宽，延长系统的中继距离。色散补偿光纤主要分为两类，一类是基于基模（LP_{01}模）的单模色散补偿光纤，其基本原理是纤芯为高折射率，纤芯周围设有不同折射率的多包层结构，以增强LP_{01}模的负波导色散；另一类是基于高阶模（LP_{11}模）的双模色散补偿技术，它是利用工作在截止波长附近的LP_{11}模有很大负色散系数的特点实现色散补偿的。

色散补偿光纤的主要性能指标为品质因数（FOM），单位为ps/(nm · dB)，定义为

$$\mathrm{FOM}=\frac{D}{\alpha} \tag{2-35}$$

式中，D为色散补偿光纤的色散系数；α为损耗系数。

色散补偿光纤的优点是性能稳定、可靠，在已有光纤线路上安装和接续较为容易，同时具有较宽的带宽，适用于多信道系统的宽带色散补偿。色散补偿光纤的主要缺点是损耗较大，一般需要同时使用光纤放大器以补偿其引入的损耗，同时由于色散补偿光纤的模场直径较小，容易激发明显的非线性效应，使用时需要仔细控制入射光功率或选择适宜的安装位置。色散补偿光纤的性能指标见表2-9。

表2-9 色散补偿光纤的性能指标

特性参数	工作波长/nm	损耗系数/(dB/km)		色散系数/[ps/(nm · km)]	
		1310nm	1550nm	1310nm	1550nm
典型性能	1550	≤1.0		-80	-150

2. 保偏光纤

光纤中由于可能存在制造缺陷或残余应力，使得光信号在传输过程中的偏振态是随机变化的，保偏光纤则是通过特殊的结构保持光的偏振态，即具有很强的双折射，因此保偏光纤也称为高双折射光纤。只要入射光的偏振方向与保偏光纤的一个轴平行，即使光纤存在弯曲，光纤中传输光的偏振态也不会发生变化。常用的引入强双折射的一种方法是在光纤预制棒的纤芯相反两侧加入两种改进玻璃组分的应力棒（具有不同程度的热膨胀），采用这种光纤预制棒拉制光纤时，应力棒会使机械应力在某一特定的方向；另一种方法是在纤芯周围采用椭圆形的不同玻璃材料的包层，这时即使没有机械应力，椭圆形本身就会产生一定程度的形状双折射。图2-19所示为两种保偏光纤横截面。

保偏光纤主要应用在一些不允许光纤中传输信号的偏振态发生变化的器件或场景中，例如光纤干涉仪、光纤激光器和光调制器等。相对于普通单模光纤而言，保偏光纤的制造过程比较复杂，同时传输损耗和成本均比普通光纤高。

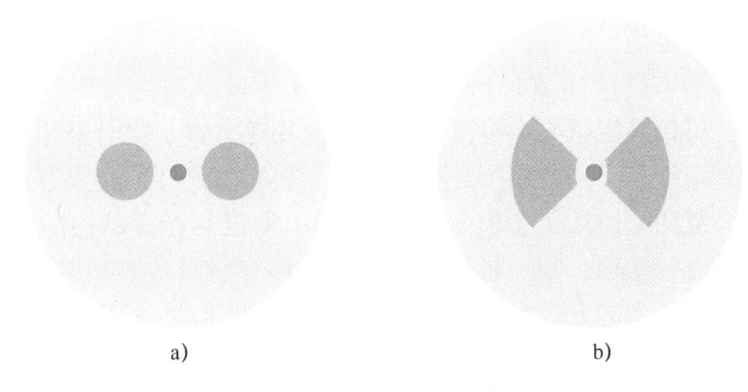

图 2-18　两种保偏光纤横截面

a）熊猫型保偏光纤　b）领结型保偏光纤

3. 光子晶体光纤

光子晶体光纤（PCF）又称为多孔光纤或微结构光纤，与普通石英光纤相比，这种光纤具有许多独特的特性，如无截止波长单模传输、色散可灵活设计、高非线性和绝对单模（单偏振）特性等。光子晶体光纤由于具有特殊的色散和非线性特性，在光通信领域具有广泛的应用前景。光子晶体光纤的横截面上有较复杂的折射率分布，通常含有不同排列形式的气孔，这些气孔的尺寸与光波波长大致在同一量级且贯穿整个器件，光波可以被限制在低折射率的纤芯区域传播。光子晶体光纤横截面如图 2-19 所示。

光子晶体光纤按照其导光机理可以分为两大类：折射率引导型和带隙引导型。折射率引导型光子晶体光纤可以分为无截止单模型、增强非线性效应型和增强数值孔径型等；带隙引导型光子晶体光纤中，导光中心的折射率低于覆层折射率，光纤主要通过堆叠的方式拉制而成，可以分为蛛网真空型和布拉格反射型等。

光子晶体光纤制造时需要首先制作专门的光纤预制棒，常用的方法有对实心或空心毛细硅管进行排列堆积、挤压法、溶胶凝胶铸造法和钻孔法等，其中堆积方法最为常见。例如，为了获得期望的折射率导引型光子晶体光纤预制棒，可以将实心管和毛细管环绕一个实心石英玻璃棒排列组成一个二维阵列。阵列堆积完成后，按照光纤制造工艺制作光纤预制棒并完成拉丝，就可以获得所需的光子晶体光纤。光子晶体光纤预制棒制作示例如图 2-20 所示。

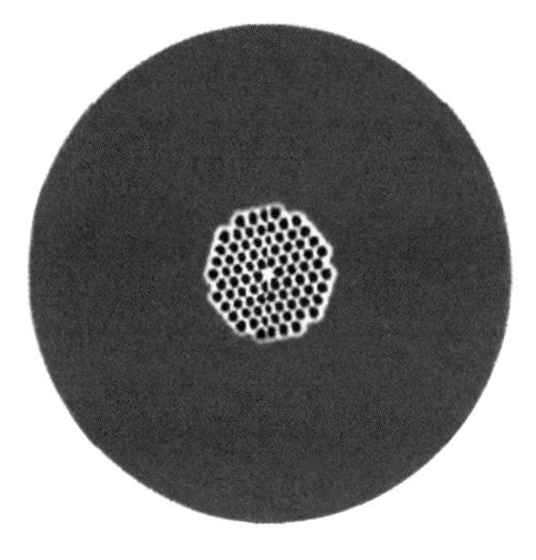

图 2-19　光子晶体光纤横截面

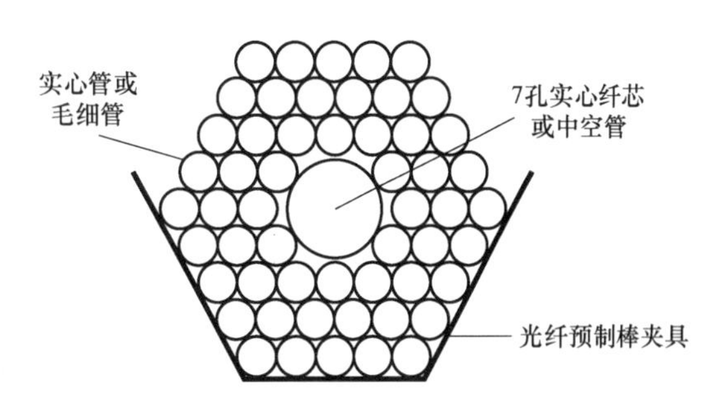

图 2-20　光子晶体光纤预制棒制作示例

4. 多芯光纤与少模光纤

通过综合运用时分复用、波分复用、极分复用及先进的调制方式等，目前在实验室中已经实现单根光纤总传输容量达到 100Tbit/s，接近单纤容量的理论极限。为了进一步提升光纤通信系统的容量，可以考虑引入空分复用和模分复用等方案。空分复用一般是指多芯光纤的一个包层中包含多个纤芯，构建多个光信道，使一根多芯光纤的传输容量随纤芯数的增加而成倍增长。而模分复用是使用了少模光纤（FMF），通过对光纤结构的优化在一根纤芯中同时以多个传输模式进行传输，使一根少模光纤的传输容量随传输模式的增加而成倍增长。目前关注较多的是综合了多芯光纤和少模光纤的多芯-少模光纤（MC-FMF），即将多芯光纤的空分复用和少模光纤的模分复用相结合的二维空分复用技术，在一个光纤包层内放置多根纤芯，每根纤芯可以同时传输多个 LP 模，多芯-少模光纤是光纤通信系统实现超大容量和超高频谱效率（SE）传输的很有潜力的技术方案之一。图 2-21 所示为多芯-少模光纤的纤芯间距和排列结构。

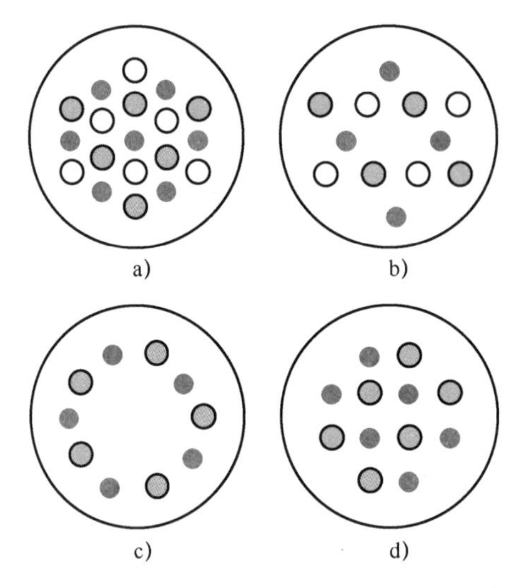

图 2-21　多芯-少模光纤的纤芯间距和排列结构

a）六边形分布　b）双环分布　c）单环分布　d）正方形分布

5. 掺杂光纤

掺杂光纤本身可以是单模光纤或多模光纤，针对特定的应用场合在光纤预制棒制造时添加某些特殊材料以达到预期目的，可以用于制作光纤放大器、光传感器和光开关等。掺杂稀土元素的光纤是最常见的掺杂光纤，如掺杂铒和镨等，用于制作光纤放大器。掺铒光纤放大器的核心就是一段长度为 10~30m 的铒离子掺杂光纤，可以根据需要通过改变掺杂量、模场直径和包层直径等获得所需的掺杂浓度。光敏光纤是另一种特殊的掺杂光纤，其主要掺杂元素有硼和锗等。当暴露于紫外光下时，其折射率会发生变化，可以作为光分插复用器、光滤波器和色散补偿模块中的光纤光栅制造基础。

小　　结

光纤的基本结构包括纤芯、包层、涂覆层等部分，其中纤芯和包层是构成介质波导的主要部分，目前采用最多的 SiO_2 材料。根据纤芯-包层折射率分布、纤芯结构、二次涂覆结构、构成材料、传输模式等，可以把光纤分为不同的类型。光纤制造工艺中需要首先通过改进的化学气相沉积法、轴向气相沉积法、管外气相沉积法或等离子化学气相沉积法等方法制备光纤预制棒，再通过加热拉制等工艺制造出足够长的光纤。

基于光的波粒二象性原理，可以分别采用射线光学理论和波动光学理论对光纤传输原理进行分析。射线光学理论的核心是斯涅尔定律，其给出了光在不同介质表面入射、反射和折射的关系。射线光学理论可以通过纤芯-包层表面的全反射条件，分析给出光纤端面的数值孔径参数。波动光学理论则通过求解圆柱坐标系下的波动方程，借助纤芯和包层分界面上的边界条件，讨论不同参数组合下波动方程解的存在情况。从基模的存在条件引出归一化频率这一重要参数，由此可判断光纤中传输模式的数量和截止波长等重要参数。

对于光纤而言，光信号在其中传输时会出现随传输距离增加信号幅度变小和形状失真等情况，引起这些原因的是光纤的损耗、色散和非线性等传输特性参数。损耗可以分为功率相关和功率无关两类，引起功率无关损耗的主要原因包括吸收、散射和辐射，产生功率相关损耗除了与光纤自身材料及结构有关外，还和入射功率有直接的关系。色散是指由于不同频率或不同模式成分的光脉冲在光纤中传输的时延差引起光脉冲形状的变化（失真），包括模式色散和模间色散两类。非线性效应主要是由于较高的入射光功率集中在较小的纤芯有效面积上引起的，分为受激散射和非线性折射两类。

习　　题

1）光纤传输信号产生能量衰减的原因是什么？光纤的损耗系数对通信有什么影响？

2）在一个光纤通信系统中，经过 10km 长的光纤线路传输后，其光功率下降了 50%，则该光纤的损耗系数 α 为多少？

3）光脉冲在光纤中传输时，为什么会产生瑞利散射？瑞利散射损耗的大小与什么有关？

4）光纤存在色散的原因是什么？色散对通信有什么影响？

5）单模光纤中主要存在什么色散？多模光纤中主要存在什么色散？

6）单模光纤的基本参数截止波长、模场直径的含义是什么？

7）什么是模式截止？单模光纤的传输条件是什么？

8）单模光纤中传输的是什么模式？其截止波长为多大？

9）由光源发出的 $\lambda=1.31\mu m$ 的光，在 $a=9\mu m$、$\Delta=0.01$、$n_1=1.45$，光纤折射率分布为阶跃型的光纤中导模的数量为多少？

10）某阶跃折射率光纤的参数为 $n_1=1.5$、$n_2=1.485$，现有一光波在光纤端面轴线处以 15°的入射角入射进光纤，试问该入射光在光纤中成为传导模还是辐射模？为什么？

11）已知 $n_1=1.45$、$\Delta=0.01$ 的光纤和 $\lambda=1.31\mu m$ 的光，估算光纤的模场直径。

12）光谱线宽度为 1.5nm 的光脉冲经过长为 20km、色散系数为 3ps/(km · nm) 的单模光纤传输后，光脉冲被展宽了多少？

13）为什么 G.653 光纤不适用于波分复用系统？

第3章 光源和光发送机

光发送机是光纤通信系统中负责光信号的产生和电信号到光信号转换的主要部分，其工作目的是使光信号以某种形式变化（如幅度或相位）携带信息并注入光纤线路进行传输，狭义来说其主要功能是完成电/光转换。光源器件是构成光发送机的主要器件，主要包括发光二极管（LED）和半导体激光器（LD）。本章首先介绍半导体物理学中关于原子结构、激光产生机理和光源器件等的主要原理，然后介绍典型光源器件及其调制的主要方式，最后介绍光发送机的组成结构及其性能参数。

3.1 激光的产生机理

1. 半导体物理基础

（1）能级

人们很早就开始探索物质的内在结构。古希腊哲学家留基伯（约公元前500~约公元前440年）首先提出了关于原子论的学说，后经他的学生德谟克利特（约公元前460~约公元前370年）进一步发展，形成了最早的朴素唯物主义原子论，德谟克利特认为原子是构成一切事物的最后单位，而运动是原子的固有属性。近现代的科学家认为自然界中的一切物质都是由原子组成，不同物质的原子结构各不相同，牛顿（1643~1727年）、道尔顿（1766~1844年）、汤姆孙（1856~1940年）和密立根（1868~1953年）等分别通过理论和实验研究提出了原子结构的设想。1911年，英国物理学家卢瑟福（1871~1937年）在汤姆孙提出的原子模型基础上，设计了著名的α粒子散射实验（见图3-1a），并从实验结果中提出了著名的原子行星模型：即原子的质量几乎全部集中在直径很小的原子核（由质子和中子构成）上，原子核带正电荷，带负电荷的电子在原子核外绕核作轨道运动，就如同行星围绕恒星运行一样，如图3-1b所示。

随着研究的不断深入，人们已经认识到原子内部还有复杂的结构，组成原子核的质子和中子都可以进一步分为不同类型的夸克（Quark）。进一步地，在粒子物理标准模型中，还定义了六种类型的夸克和希格斯玻色子（Higgs Boson）等基本粒子。当然，讨论激光产生原理所需的半导体物理学基础中，采用卢瑟福提出的原子模型已经可以说明粒子间的运动规律及其影响了。

1915年，爱因斯坦在玻尔的氢原子能级结构模型和普朗克的量子理论基础上提出了光电效应方程，首次提出光也是一种粒子的概念，并且指出每个光子的能量只取决于光的频率。人们对于光电效应的认识和理解也进一步促进了对物质内部结构，特别是电子在原子中分布规律的认识。对于每一个物质而言，其原子内部处于运动状态的电子只能停留在特定轨道上，而电子所处的不同轨道之间不连续，每一条轨道具有确定的能量，因此对应的能量也不连续。离原子核较近的轨道对应的能量较低，离核较远的轨道对应的能量较高。可以用不同的水平线表示电子所处的能量状态（即能量不同的轨道），称为能级（Energy Level）。

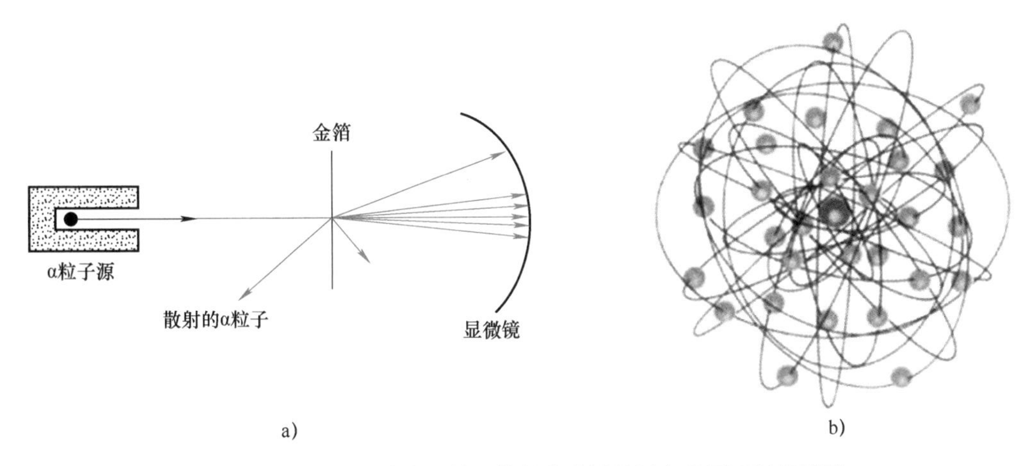

图3-1　卢瑟福设计的α粒子散射实验及其提出的原子行星模型

图3-2所示为一个仅有两个能级的原子的能级图，原子核外只有 E_1 和 E_2 两个能级，纵坐标表示原子内部能量值的大小。对于单个原子而言，核外电子分布需要满足能量最低原理，即电子应优先分布在能量最低的能级里，然后分布在能量逐渐升高的能级里。图3-2中的较低能级称为基态能级（或基态），能量比基态高的其他能级称为激发态能级（或激发态）。更一般地，能量最低原理表述的是整个原子处于能量最低状态，需要满足泡利原理和洪特规则。因此，在没有外部激励或与外部没有发生能量交换的情况下，原子中的绝大部分电子通常处于基态。

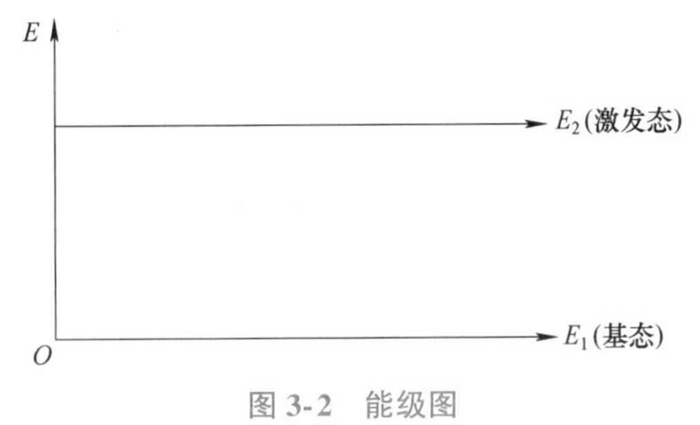

图3-2　能级图

根据爱因斯坦提出的光电效应方程，讨论原子对外发光或吸收光能量时，可以把光看作是由光子组成，光子的能量 E 可以表示为

$$E = hf \tag{3-1}$$

式中，$h = 6.626 \times 10^{-34}$ Js，为普朗克常数；f 为光的频率。

（2）跃迁

由于能级的存在，围绕原子核做轨道运动的电子，其运动轨道不是连续可变的，电子只能占据某些可能的轨道绕核运动，而不能占据轨道间的任意位置。当原子与外部有能量交互时，原子中的电子可能从一个轨道跳到另一个轨道，这种过程称为跃迁（Transition）。一般地，若原子中的两个能级满足一定的能量交换条件（此处仅考虑能量的变化对应于特定频率光子的吸收和发射），则可能出现下述情况：

1）处于高能级 E_2 的电子，发射一个能量为 $E = hf = E_2 - E_1$ 的光子后，由于能量的减小返回到低能级 E_1。

2）处于低能级 E_1 的电子，从外界吸收一个能量为 $E = hf = E_2 - E_1$ 的光子，由于能量的增加被激发到高能级 E_2。

这种处于原子内部特定能级上的电子，由于发射或吸收光子能量而从一个能级改变位置到另一个能级的运动称为辐射跃迁（即与外界有能量交换）。辐射跃迁必须满足特定原子与外部的能量交换和原子内部能级间能量差的对应关系，即原子发射或吸收光子只能出现在某些特定的能级之间。需要指出的是，电子辐射跃迁伴随的能量变化除了吸收和发射光子外，还可以有热、振动或其他形式。

当电子从高能级跃迁到低能级时，所发射的光子频率（波长）取决于这两个能级之间的能量差。两个能级之间的能量差越大，发出光的频率越高（波长越短）。同一种物质中，电子可能在不同能级之间进行跃迁，即可能发出不同频率（波长）的光。但由于每种物质的原子能级结构是一定的，因此只能发出特定频率（波长）范围的光。这些频率（波长）就称为原子的固有频率（固有波长）。所以，对于任何一种激光器而言，满足激光产生条件时也仅能发出特定的固有频率（固有波长）的光。

（3）费米能级和费米统计

物质中的电子不停地做无规则的运动，任意时刻都有可能在不同的能级间进行跃迁，也就是说对于某个电子而言，其具有的能量是不断变化的。根据半导体物理学理论，一般情况下电子占据各个能级的概率并不相等，电子占据某个能级的概率遵循费米能级统计规律：在热平衡条件下，能量为 E 的能级被一个电子占据的概率可以表示为

$$f(E)=\frac{1}{1+\mathrm{e}^{(E-E_{\mathrm{F}})/k_0T}} \tag{3-2}$$

式中，$f(E)$ 为电子的费米分布函数；$k_0=1.38\times10^{-23}\mathrm{J/K}$，为玻尔兹曼常量；$T$ 为热力学温度；E_{F} 为费米能级，反映电子在原子中不同能级间分布的情况。

由式（3-2）可以绘出费米分布曲线，如图 3-3 所示。

由图 3-3 可以看出，在 $T>0\mathrm{K}$ 的情况下，若 $E=E_{\mathrm{F}}$，则 $f(E)=1/2$，说明该能级被电子占据的概率等于 50%；若 $E<E_{\mathrm{F}}$，则 $f(E)=1/2$，说明该能级被电子占据的概率大于 50%；若 $E>E_{\mathrm{F}}$，则 $f(E)<1/2$，说明该能级被电子占据的概率小于 50%。

因此，费米分布反映了物质中的电子占据特定能级的概率。

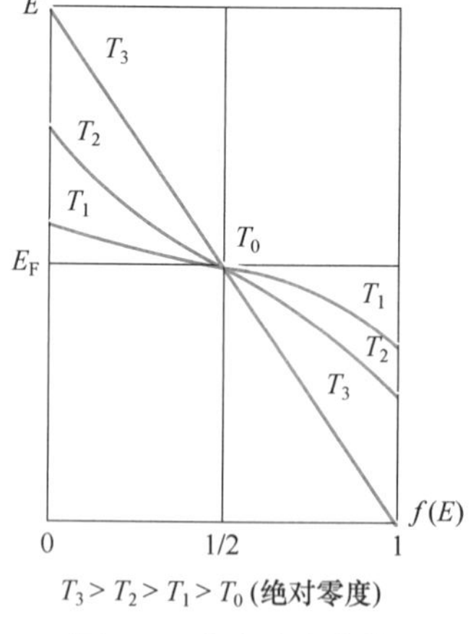

图 3-3　费米分布曲线

（4）自发辐射

在多数情况（即物质没有与外部能量交互）下，原子需要满足能量最低原理，此时处于稳态的物质中绝大多数电子分布在能量较低的基态，只有极少的一些电子分布在激发态。要使得基态能级上的电子产生辐射跃迁，首先要将其激发到较高能级上去，使之具有更高的能量，这一过程称为激发，可用光照、加热或电子碰撞等方式实现。

电子从基态能级被激发到激发态能级后，由于处于能量较高的能级，电子处于不稳定状态，有天然和自发地返回到基态能级并减小自身能量的趋势（满足能量最低原理），这个过程称为自发跃迁（Spontaneous Transition）。电子进行自发跃迁时，根据能量守恒原理，需要

释放出能量。释放出的能量有两种形式：一种是热，这种跃迁称为无辐射跃迁；另一种是光，这种跃迁称为自发辐射跃迁，其辐射称为自发辐射（Spontaneous Radiation）。

由此可见，处于高能级 E_2 的电子具有这样的趋势，即自发地跃迁返回到低能级 E_1，并发射出一个频率为 f、能量为 $E = hf = E_2 - E_1$ 的光子。

2. 受激吸收和受激辐射

当处于低能级 E_1 的电子，受到光子能量为 $E = hf = E_2 - E_1$ 的外来入射光照射时，电子吸收一个光子能量从而跃迁到高能级 E_2，这称为光的受激吸收（Stimulated Absorption），如图 3-4a 所示。

当处于高能级 E_2 的电子受到光子能量为 $E = hf = E_2 - E_1$ 的外来入射光的照射时，电子在入射光子的刺激下，跃迁回到低能级 E_1，同时发射出一个与入射光子相同频率、相同相位和相同传播方向的光子，这种类型的跃迁称为受激跃迁，如图 3-4b 所示，其辐射称为受激辐射（Stimulated Radiation），产生的光称为相干光。相反地，自发辐射产生的光子的频率、相位和偏振等状态都不一样，称为非相干光。

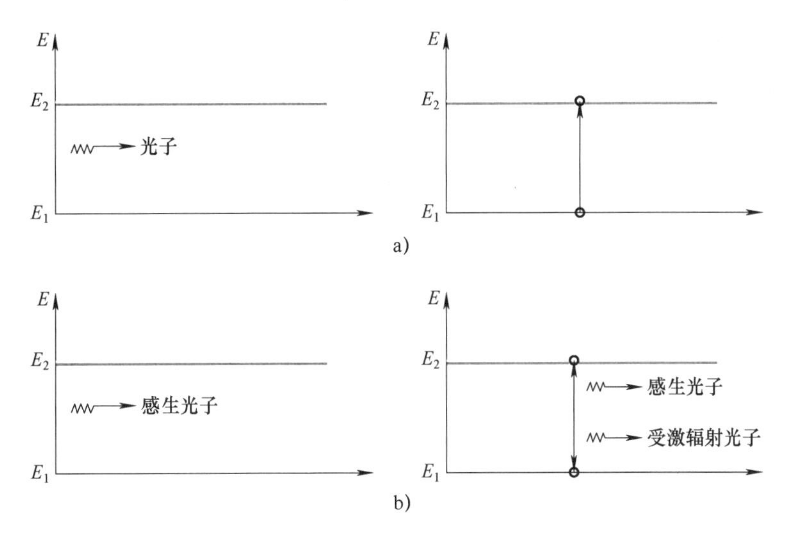

图 3-4　光的受激吸收和受激辐射
a）受激吸收　b）受激辐射

实际上，光的自发辐射、受激吸收和受激辐射三种过程是同时存在的。

在由大量同类原子构成的物质中，若部分处于高能级 E_2 的电子，通过自发辐射发射出能量为 $E=hf=E_2-E_1$ 的光子，则这些光子对于其他电子（特别是处于基态的电子）来说，可以作为外部入射光子使得低能级 E_1 上的电子产生受激吸收，而对于另一些处于高能级 E_2 的电子来说则可能发生受激辐射。

设在单位物质中，处于低能级 E_1 和处于高能级 $E_2(E_2>E_1)$ 的原子数分别为 N_1 和 N_2。当系统处于热平衡时，满足分布

$$\frac{N_2}{N_1} = \exp\left(-\frac{E_2 - E_1}{k_0 T}\right) \tag{3-3}$$

式中，k_0 为玻尔兹曼常量；T 为热力学温度。由于 $(E_2 - E_1) > 0$，$T > 0$，因此总是满足

$N_1 > N_2$。根据能量最低原理，核外电子总是先占有能量最低的轨道，只有当能量最低的轨道占满后，电子才依次进入能量较高的轨道，也就是尽可能使体系能量最低。由于电子总是首先占据较低能量的轨道，导致处于高能级的电子数总是远少于处于低能级的电子数，这种统计规律称为粒子数正常分布。

3. 粒子数反转分布

在粒子数正常分布情况下，由于低能级的电子数较多，所以总体而言光的受激吸收占优势，即宏观上物质不能对外发射光子。要获得足够的受激辐射光子输出，必须设法使物质中的受激辐射占优势。只有处于高能级的电子数量远多于低能级的电子数量，才可能实现受激辐射发射出的光远超过受激吸收的光，原子对外呈现发光状态。这种高等级电子数多于低能级电子数的分布称为粒子数反转分布。

当满足粒子数反转分布条件时，原子中的受激辐射效应超过受激吸收效应，可以实现光的输出。进一步地，通过振荡、放大并实现稳定的输出即可形成所需的光源。最常见的一种方法是利用法布里-珀罗（F-P）谐振腔结构构成一个谐振腔，将激光物质放置在由两个反射镜组成的光谐振腔之间，利用两个面对面的反射镜实现光的反馈放大，使其产生振荡。光谐振腔的轴线与激光物质的轴线重合，其中一个全反射镜 M_1 要求有 100%的反射率，另一个部分反射镜 M_2 要有 95%左右的反射率，即允许有部分光透射，F-P 谐振腔和多能级结构示例如图 3-5 所示。

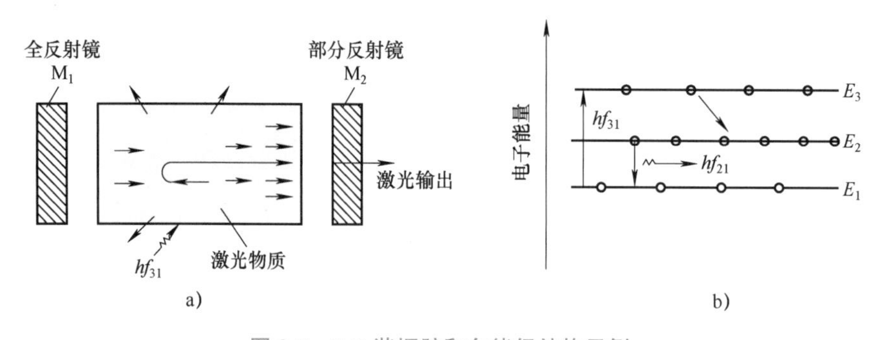

图 3-5　F-P 谐振腔和多能级结构示例

a）F-P 谐振腔　b）多能级结构示例

图 3-5b 所示为一个三能级结构，当用能量为 $hf_{31} = E_3 - E_1$ 的外界激励（如外部电源）激励物质时，处在基态能级 E_1 上的电子吸收了足够强的能量被直接激发到高能级 E_3，但因其自发辐射机理和能级间运动规律，会很快地跃迁返回到亚稳态级 E_2，停留一段时间后可能再继续以自发辐射形式跃迁返回基态能级 E_1。此时如果持续不断地提供外部激励，可以使大量处于 E_1 能级上的电子源源不断地被激发至 E_3 能级并迅速跃迁至 E_2 能级，这样就可能在 E_2 与 E_1 能级间形成粒子数反转分布。此时受激辐射占主导地位，原子向外发射能量为 (E_2-E_1) 的光子。大量频率为 $f_{21}=(E_2-E_1)/h$ 的受激辐射光子在 F-P 谐振腔内沿任意方向运动，其中那些运动方向与谐振腔轴线不一致的光子，将很快通过谐振腔的侧面射出腔外。只有沿着轴线方向运动的光子，可以在腔内继续前进，以及在腔内形成振荡。光子在运动过程中可以继续激励处于 E_2 能级上的电子，使其发生受激辐射并激发出新光子，类似的运动反复进行，使得原子内部产生的受激辐射光子数快速增加。保持足够强度的外部激励，使得上述

连续反应持续不断，将使原子激发出大量受激辐射光子，谐振腔内的光子流不断加强。需要指出的是，原子在谐振腔内产生的受激辐射光子总数，一定要远大于由于受激吸收及各种原因所损失掉的光子数，这样才可能在光谐振腔内产生足够的受激辐射光和反馈放大，形成稳定的振荡并最终通过 F-P 谐振腔射出，形成强度高、方向性一致的相干光，也就是激光。

激光的本意是受激辐射的光放大（Light Amplification by Stimulated Emission of Radiation），我国著名科学家钱学森于 1964 年 10 月在给《光受激发射情报》杂志的复信中，首次提出建议用“激光”一词代替“光受激发射”，形象地概括了受激辐射光及振荡放大的特点。1964 年 12 月，在上海召开的第三届光受激发射学术报告会上，全体代表一致接受了钱学森的建议，从此之后激光成为最广为人知的术语。用来产生激光的装置称为激光器。

不难看出，激光器最基本的组成部分包括以下三个。

1）工作物质：激光器的组成核心，也就是发光物质。除了光纤通信中常用的半导体材料外，还包括固体激光物质（如各类激光晶体）、气体激光物质（如各类原子、分子和离子气体）和液体激光物质（如有机荧光染料或稀土螯合物）等。

2）光学谐振腔：用以形成激光振荡和输出激光。

3）激励系统：将各种形式的外界能量转换为激发受激辐射所需的能源。

4. 半导体材料与 PN 结

如前所述的能级分布和运动规律主要是针对单个原子，当多个原子彼此靠近时，外层电子不仅受所属原子的作用，还要受其他原子的作用，这使电子的能量发生微小变化。当半导体材料的原子结合成晶体时，原子最外层的价电子受束缚最弱，它同时受到原来所属原子和其他原子的共同作用，实际上是晶体中所有原子所共有，称为共有化。共有化使得孤立原子的每个能级演化成由密集能级组成的准连续能带（Energy Band）。共有化程度越高的电子，其相应能带也越宽。可以用图 3-6 所示的晶体能带结构示意图说明半导体材料的导电特性。在半导体材料中，价电子占据的能带称为价带（Valence Band），这也是电子能够允许存在的能量最低的区域。电子允许占据的较高能带称为导带（Conduction Band）。由图 3-6 可以看出，晶体中的原子外层的能级互相重叠且原子数目巨大，因此分裂形成了非常密集的能带。

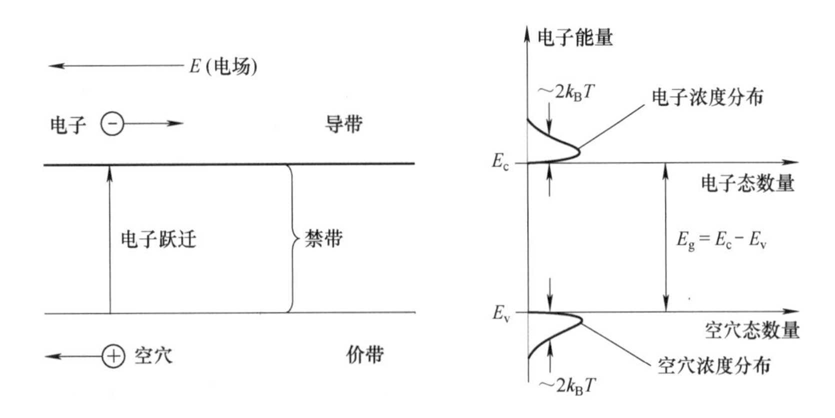

图 3-6　晶体能带结构示意图

在低温下，纯晶体的导带中完全没有电子，价带中充满电子，两个能带间的区域称为能隙（Energy Gap）或禁带（Forbidden Band），该区域中没有能带存在。对于晶体而言，其禁带带隙较窄，因此当 $T=0\mathrm{K}$ 时，晶体不导电；当温度升高（$T>0\mathrm{K}$）时，将有部分电子从价带顶部被激发到导带的底部，晶体因而具有一定的导电能力。

通过向晶体中加入微量的Ⅲ族（如 Al、Ga、In）或Ⅴ族（如 P、As、Sb）元素，使晶体的导电能力大为增加，这个过程称为掺杂。若在半导体材料中掺杂Ⅴ族元素，则该材料的能带结构中位于导带的自由电子浓度较高，即这种材料中电流主要由带负电荷的电子传导，称为 N 型半导体。对应地，若掺杂了Ⅲ族元素，则该半导体材料中电流主要由带正电荷的空穴携带，称为 P 型半导体。当 P 型半导体与 N 型半导体接触时，在两者中间的接触区会形成一个相对稳定的空间电荷区，称为 PN 结（PN Junction）。

当 PN 结形成后，多数载流子会在空间电荷区扩散，这导致了 N 区的电子去填充 P 区的空穴，同时又会在 N 区靠近 PN 结的区域产生空穴。这种由于 P 型和 N 型半导体材料在 PN 结附近的扩散运动，最终会导致在 PN 结附近的区域中形成带反向电荷的区域，称为耗尽区。耗尽区的存在使 PN 结附近产生的电位差 V_D，称为势垒（Potential Barrier）。PN 结和势垒的形成如图 3-7 所示。若定义在 PN 结上任一点 x 处扩散运动产生的势能变化为 $V(x)$，则电场强度 $E(x)$ 和 PN 结上最终得到的势能分布如图 3-7 所示。

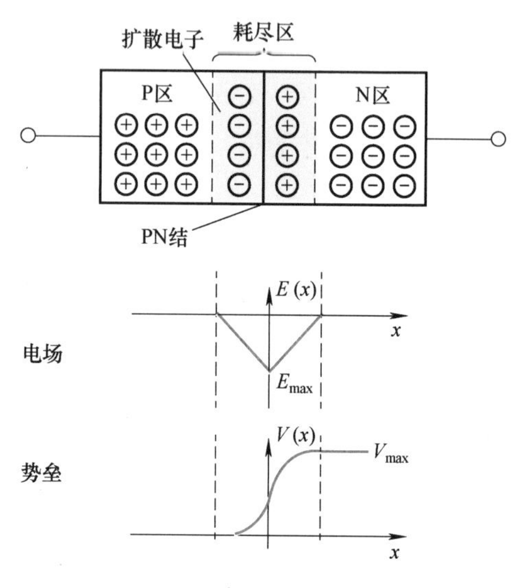

图 3-7 PN 结和势垒的形成

如果将 PN 结连接至外电源上，当外电源的正极接 N 型半导体材料，负极接 P 型半导体材料，称此时的 PN 结为反向偏置或反向偏压。由于反向偏压的作用，耗尽区向 N 区和 P 区扩展而得到加宽。相应地，如果 PN 结为正向偏压，外电场的作用抵消或克服势垒的影响，N 区的导带电子和 P 区的价带空穴有可能在结区扩散。高掺杂 PN 结中的自建场如图 3-8 所示。

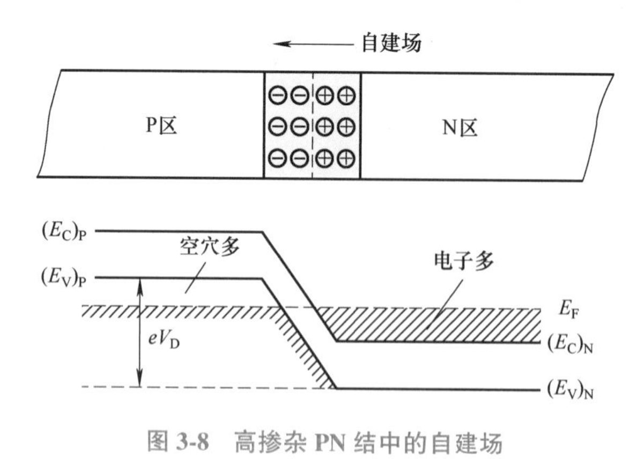

图 3-8 高掺杂 PN 结中的自建场

对于独立的 P 型和 N 型半导体而言，P 型半导体能带分布中费米能级较低，处于价带中；而 N 型半导体能带分布中费米能级较高，处于导带中。PN 结是一个热平衡系统，此时

有统一的费米能级 E_F。势垒的存在使得P型半导体空间电荷区一侧的能量比N型半导体空间电荷区一侧的能量提高了 $eV(x)$ （e 是电子能量）。如果PN结是高度掺杂的，空间电荷区可能会出现较大的势垒，最终导致N型半导体空间电荷区部分导带底部的能带 $(E_C)_N$ 比P型半导体空间电荷区价带顶部的能带 $(E_V)_P$ 还要低。此时，N型半导体空间电荷区中 E_F 和 $(E_C)_N$ 间各能级被电子占据的概率大于1/2，而P型半导体空间电荷区部分 E_F 和 $(E_V)_P$ 之间各能级被电子占据的概率小于1/2，这也意味着热平衡时PN结的空间电荷区中电子主要位于具有较低能量的能带上，属于粒子数正常分布，不满足形成受激辐射所需的粒子数反转分布条件。根据前述分析不难看出，如果实现基于PN结发射激光，必须通过外部激励系统克服势垒的影响。

3.2 光源器件

3.2.1 发光二极管

光纤通信系统中常用的光源包括LED和LD两类，其中LED是首先成熟并商用化的光源器件。对于传输速率较低的通信系统而言，LED因其结构简单、价格便宜、线性响应较好、可靠性高且对温度不敏感等优点，是较为适用的光源类型。

与LD相比，LED没有谐振腔，发出的光以自发辐射光为主。LED发光的光谱范围较宽，是低相干光源，相比LD而言，具有发光效率低、输出功率小、调制带宽低（数百MHz）和输出谱宽宽（可达20~100nm）等特点，因此一般适用于中低速短距离光纤通信系统。需要指出的是，近年来随着基于白光LED的照明系统的成熟，将照明和通信融为一体的可见光通信（VLC）在室内短距通信、室外车联网及水下激光通信等场景中的应用受到了广泛的关注。

1. LED的结构

LED按其结构可以分为面发光型LED（SLED）和边发光型LED（ELED），如图3-9所示。

面发光型LED中，有源区与光纤轴垂直。实用的面发光型LED发出的光称为朗伯光。在这种形式的光辐射方向图中，各个方向观察到的光源亮度相同，但光功率按照余弦定理递减。边发光型LED结构上主要包括有源区和相邻的导光层等。由于导光层的折射率比有源区的折射率低，但又比周围材料的折射率高，这样就构成了一个波导通道，使得辐射光的出射方向指向整体结构的侧面（边）。相对而言，面发光型LED结构简单、价格便宜、可靠性较高，同时与光纤对准也较为容易，缺点是输出功率较低，难以满足长距离传输时的光功率要求。边发光型LED由于有源区可以较长，因此其出射光具有更好的方向性，输出功率较高。

LED的核心是一个PN结，当正向偏置时，由于注入PN结的空穴和电子复合作用产生辐射光，其发光波长为

$$\lambda = \frac{1.24}{W_g} \tag{3-4}$$

式中，W_g 是带隙能量，单位为 eV；λ 单位为 μm。不同的材料和组合具有不同的带隙能量。

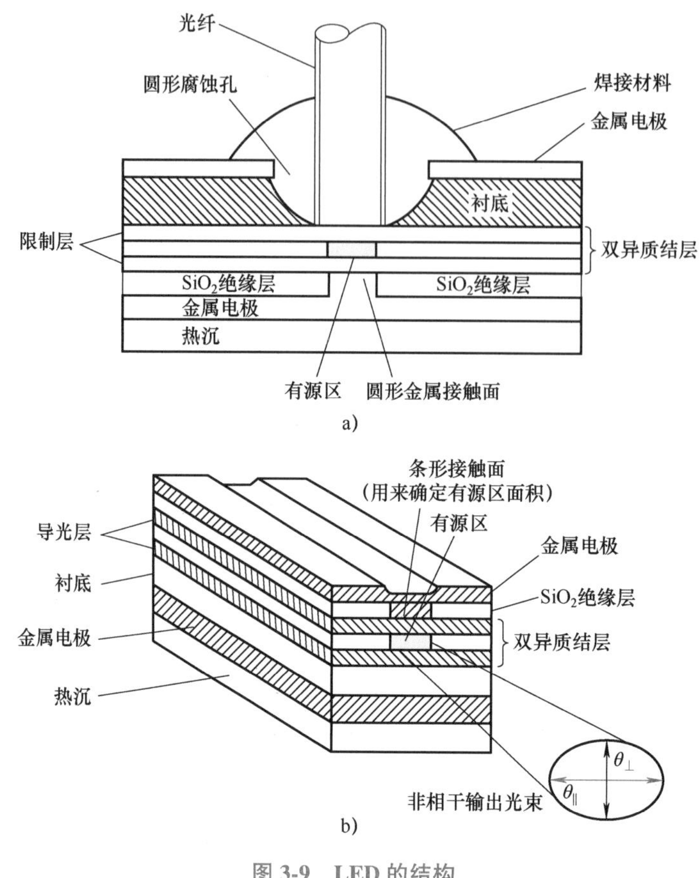

图 3-9　LED 的结构

a）面发光型 LED　b）边发光型 LED

2. LED 的工作特性

（1）*P-I* 特性

P-I 特性反映了光源器件输出输入间的关系，LED 的典型 *P-I* 特性如图 3-10 所示。可以看出，LED 的输出光功率基本上随驱动电流线性增加。但需要指出的是，LED 并不具有理想的线性 *P-I* 特性，在输出光功率较高的区域，其 *P-I* 特性会呈现非线性，即存在输出饱和现象。因此在 LED 的工作电路中一般要设计预畸变和负反馈等线性优化技术。

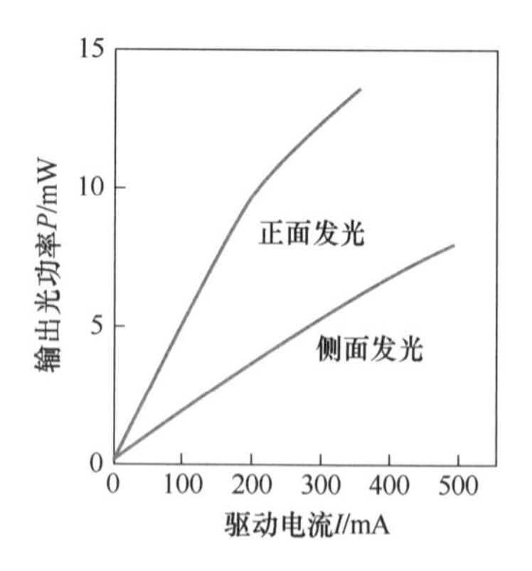

图 3-10　LED 的典型 *P-I* 特性

（2）光谱特性

由于 LED 中没有选择波长的谐振腔，所以其自发辐射发出的光具有较宽谱宽。在室温下，典型的短波长 LED 的谱宽为 30～50nm，长波长 LED 的谱宽为 60～120nm。随着温度升高，谱宽增大，且相应的发射峰值波长向长波长方向漂移，其漂移量为 0.3nm/℃左右。表 3-1 给出了面发光型和边发光型 LED 的典型参数。

表 3-1　面发光型和边发光型 LED 的典型参数

LED 类型	材　料	波长/nm	工作电流/mA	标准 FWHM（半高全宽）/nm
面发光型	GaAlAs	850	110	35
边发光型	InGaAsP	1310	100	80
面发光型	InGaAsP	1310	110	150

（3）调制特性

作为光源器件，其响应时间或频率响应表征了随电信号输入改变光信号输出的速度能力。当用电信号调制 LED 时，信号的码速率受其调制特性的限制。当注入电流较小时，LED 的带宽受结电容的限制，而当大的偏置电流工作时，LED 的带宽主要由注入有源区的载流子寿命时间 τ_e 的限制，τ_e 一般为 10^{-8}s 的量级，所以 LED 的频率响应可以表示为

$$H(f)=\frac{P(f)}{P(0)}=\frac{1}{\sqrt{1+(2\pi f\tau_e)^2}} \tag{3-5}$$

式中，$P(0)$ 和 $P(f)$ 分别是调制频率为 0 和 f 时 LED 的输出功率。

3.2.2　半导体激光器

用半导体材料做激光物质的激光器称为 LD，根据发光波长可以分为可见光 LD 和红外激光 LD。目前在光纤通信方面用得较多的是砷化镓（GaAs）类半导体材料，如镓铝砷-砷化镓（GaAlAs-GaAs）和铟镓砷磷-磷化铟（InGaAsP-InP）等。

1. LD 的工作原理

以 F-P 激光器为例，其核心部分是一个 PN 结，PN 结的两个端面是按晶体的天然晶面剖切开的，表面非常光滑，成为两个平行的反射镜面，也称为解理面，两个解理面之间构成了一个典型的 F-P 腔，其结构如图 3-11 所示。

如前所述，为了实现受激辐射光放大以产生激光，必须采取措施使 PN 结中空间电荷区形成粒子数反转分布，即采用外部电源、光泵或高能电子束等外加激励措施，使得外部电场克服和抵消自建场形成的势垒的影响，从而形成粒子数反转分布。外加正向电压时的 PN 结如图 3-12 所示。

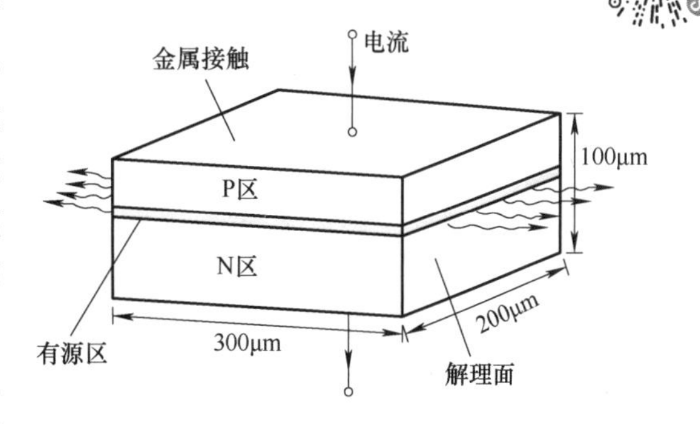

图 3-11　F-P 激光器结构

如图 3-12 所示，在 PN 结上施加的正向电压克服和抵消了自建场形成的势垒影响，使势垒持续降低。所加的正向电压破坏了原来的热平衡状态，使得费米能级分离并最终形成以下情况：N 型半导体空间电荷区中 $(E_F)_N$ 以下各能级，电子占据的可能性大于 1/2；P 型半导体空间电荷区中 $(E_F)_P$ 以上的各能级，空穴占据的可能性大于 1/2，形成了粒子数反转分布。因此，当 PN 结上施加足够的正向电压并保证注入电流足够大时，P 区的空穴和 N 区的电子大量地注入空间电荷区，空间电荷区中形成电子反转分布的区域，称为有源区。有源区内，由于电子分布满足粒子数反转分布，受激辐射大于受激吸收和各种损耗，不断产生的受激辐射光子在谐振腔内进行运动并最终从腔内

射出，形成激光。

需要指出的是，只有足够大的正向电压，保证激励电流足够大，才能产生激光。当外部激励电流较小时，PN结中的受激辐射小于各种吸收和损耗，只能发出普通的荧光（非相干光）。只有注入电流持续加大，注入结区的电子和空穴增多，大量的受激辐射光子形成光放大，在腔内产生振荡并输出后才能形成激光。对于LD而言，当外加激励电流满足某一门限值时可以产生激光振荡，该电流门限值称为阈值。

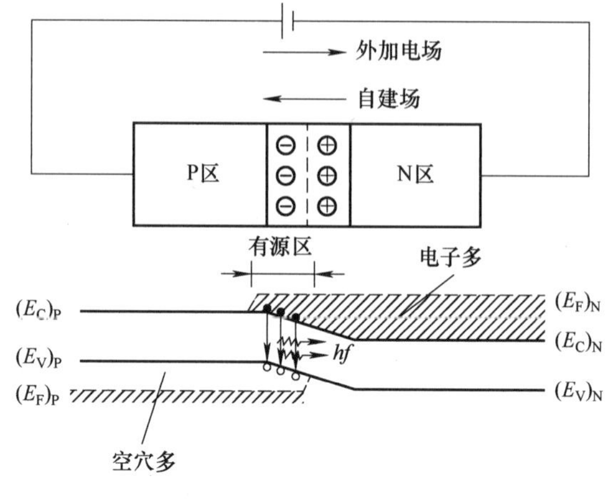

图3-12 外加正向电压时的PN结

若LD的PN结由同一种半导体材料组成，则为同质结LD。同质结LD的主要缺点是阈值电流密度J_{th}较大（室温下$J_{th} \geqslant 5 \times 10^4 A \cdot cm^{-2}$）。为了满足阈值条件，需要使用较大的注入电流，这易导致PN结升温较快，器件发热量较大，因此不能在室温下连续工作。为了降低阈值电流，可以使用不同材料构成LD的PN结，称为异质结LD。异质结结构通过将电子与空穴局限在中间层内，可以显著提高载流子的注入效率。

2. LD的工作特性

（1）阈值

LD是一个阈值器件，其工作状态随注入电流而变化。只有当外部激励超过某一阈值时，PN结中的粒子数反转达到一定程度，LD才能克服谐振腔内的损耗产生激光。对于LD而言，其阈值一般用阈值电流I_{th}描述。LD的输出特性曲线（也称P-I特性曲线）如图3-13所示。

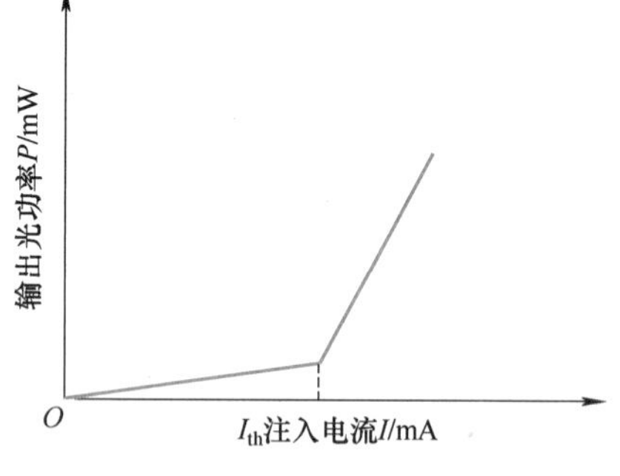

图3-13 LD的输出特性曲线

对于LD而言，其阈值电流越小越好。因为阈值电流小，要求的外加激励能源就小，LD工作中发热就少，利于系统长时间连续稳定工作。

（2）转换效率和量子效率

LD是一个把输入的电功率转换成光功率并发射出去的器件，可用功率转换效率和量子效率衡量LD的转换效率。

转换效率定义为发射的光功率与输入的电功率之比，可以表示为

$$\eta_P = \frac{P_{ex}}{IV_j + I^2 R_s} \tag{3-6}$$

式中，P_{ex}为LD发射的光功率；V_j为LD结电压（PN结上的正向电压）；R_s为LD等效串联电阻；I为注入电流。

量子效率定义为输出光子数与注入电子数之比，可以表示为

$$\eta_{ex}=\frac{\text{LD 每秒输出的光子数}}{\text{LD 每秒注入的电子－空穴对数}}=\frac{P_{ex}/hf}{I/e} \tag{3-7}$$

（3）温度特性

LD 的阈值电流和发光波长等参数随温度而变化的特性统称为温度特性。其中，阈值电流随温度的变化对 LD 性能影响最大。

阈值电流受温度的影响原因是温度上升会导致异质结中势垒的载流子限制作用下降，继而引起阈值电流增大。阈值电流与温度变化的关系可以表示为

$$I_{th}(T)=I_{th}(T_1)\cdot\exp\left(\frac{T-T_1}{T_0}\right) \tag{3-8}$$

式中，T_1 和 T 分别是起始和终止温度；T_0 是阈值电流的温度敏感参数，与 LD 材料密切相关，其值越大受温度影响越小。对于常见的 GaAlAs 和 InGaAsP 材料而言，T_0 分别为 100～180℃ 和 50～80℃，相当于阈值电流的增加斜率分别为 0.6%/℃～1.0%/℃ 和 1.2%/℃～2.0%/℃。

图 3-14 所示为不同温度下 LD 的 *P-I* 特性曲线，可见随着温度的升高，在注入电流不变的情况下，LD 的输出光功率会变小。

（4）性能退化特性

LD 的阈值电流不仅随温度变化，而且还与器件的老化程度有关。随着 LD 工作时间增长，器件老化，会出现性能退化。通常将阈值电流增加 50%的时间定义为寿命终了点，此时需要更换 LD。

图 3-15 所示为 LD 的 *P-I* 特性曲线随器件老化的变化情况，可见随着器件的老化，其阈值电流变大，而且 *P-I* 特性曲线的斜率也会变小。

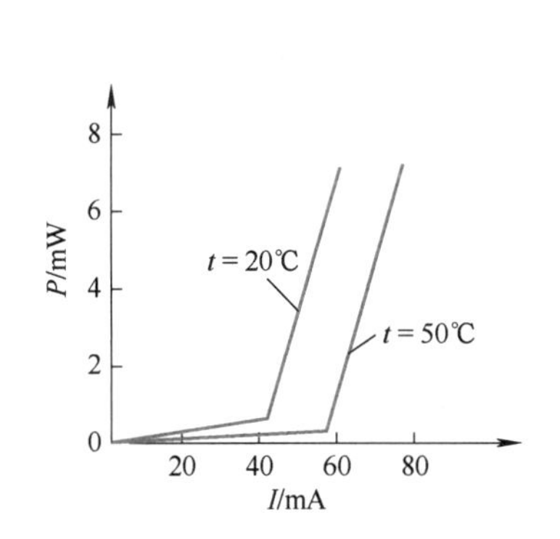

图 3-14　不同温度下 LD 的 *P-I* 特性曲线

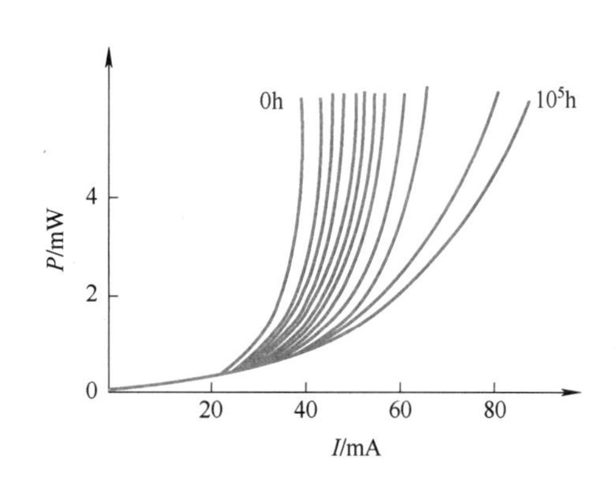

图 3-15　LD 的 *P-I* 特性曲线随器件老化的变化情况

LD 的性能退化可以分为快退化和慢退化，快退化的主要原因是暗线缺陷（Dark Line Defect）的发展，慢退化的主要原因是残余点缺陷的移动和积累。快退化一般在数百或数千小时后表现出来，而慢退化一般要数千或数万小时，因此在 LD 生产和应用中可以采用加速老化的方法筛选出快退化的器件。

（5）光谱特性

LD 的发射波长取决于导带的电子跃迁到价带时所释放的能量，这个能量近似等于禁带宽度 E_g。不同的半导体材料有不同的禁带宽度，因而有不同的发射波长，一般 GaAlAs-GaAs

材料适用于 0.85μm 波段，InGaAsP-InP 材料适用于 1.3~1.5μm 波段。

LD 的光谱特性随激励电流的变化而变化，当激励电流小于阈值电流时，LD 发出的是荧光，此时谱线宽度很宽；当激励电流大于阈值电流时，LD 发出的是激光，此时谱线宽带变窄，谱线中心出现明显的峰值。光谱线图如图 3-16 所示。

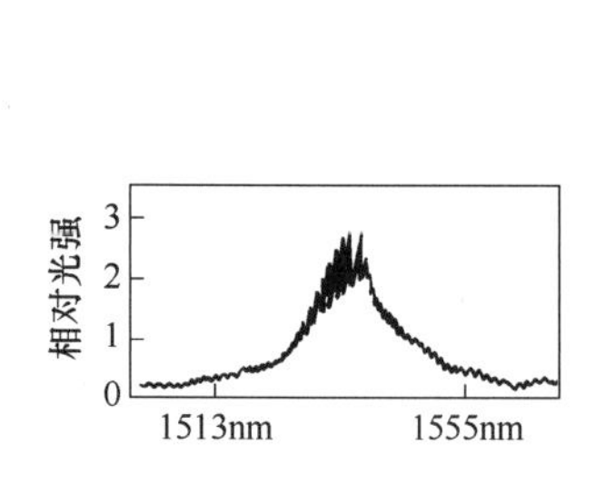

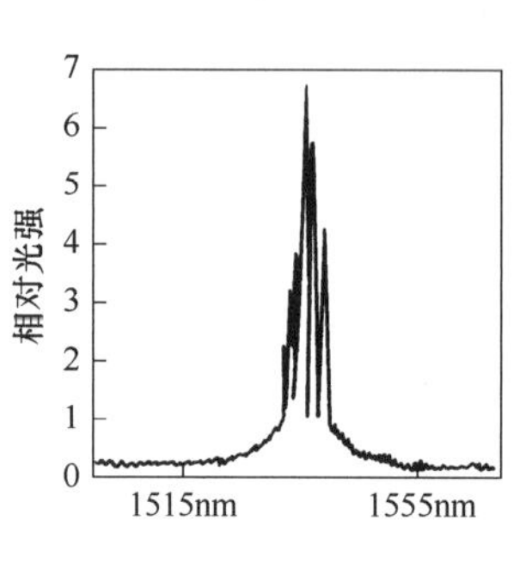

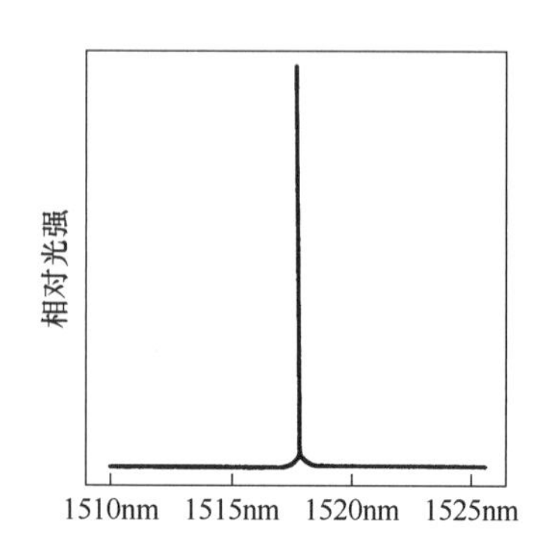

图 3-16 光谱线图

除受材料影响外，LD 的光谱特性还受到输出光功率、温度和调制等影响，而谱线宽度则是光纤通信系统设计中最重要的参数之一。通常用相对主模峰值功率下降-20dB 的间隔作为谱线宽度（20dB 谱宽），也可以用相对主模峰值功率下降一半（3dB）的间隔作为半高全宽。

（6）调制响应

由于 LD 是阈值器件，通常可以采用先加直流偏置再加调制信号的方法以获得较好的调制响应。直流偏置电流一般略小于阈值电流，使 LD 处于近阈值状态。当外加的调制信号加在 LD 上时，较小的调制信号电流即可获得足够的激光输出，同时响应时间较短。对于间接调制（外调制）而言，调制响应主要是由调制器件性能决定。

3. LD 的类型

LD 是现代光纤通信系统中最主要的光源器件，目前实用化较多的类型主要有分布式反馈（DFB）激光器、分布式布拉格反射（DBR）激光器和量子阱（QW）激光器等。

（1）DFB 激光器

与 F-P 激光器利用反射镜实现反馈的机制不同，DFB 激光器在靠近有源区沿长度方向刻有光栅，反馈通过折射率周期性变化的光栅产生的布拉格衍射得到，并使正向和反向传播的光波相互耦合从而产生激光振荡。由于反馈是沿有源区在整个光栅长度上进行的分布式反馈，所以称为 DFB 激光器。由分布式反馈产生模式选择的条件为布拉格条件，表达式为

$$\Lambda = m\frac{\lambda_B}{2\bar{n}} \tag{3-9}$$

式中，Λ 为光栅周期；$\bar{n}$ 为材料的折射率；λ_B 为布拉格波长；m 为布拉格衍射的级数。通过选择适当的光栅周期 Λ，就能实现在选定波长的反馈。

图 3-17 所示为 DFB 激光器结构示意。

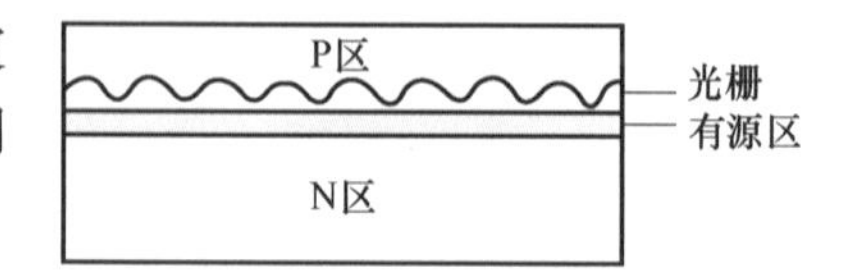

图 3-17 DFB 激光器结构示意

（2）DBR 激光器

与 DFB 激光器不同，DBR 激光器将光栅刻在有源区的外部，相当于在有源区的一侧或两侧加了一段 DBR 激光器，起衍射光栅的作用，因此也可以将其看成是端面反射率随波长变化的激光器。DBR 激光器的工作原理也是布拉格反射，因此其主要工作特性与 DFB 激光器类似。当 DBR 激光器在有源区与分布式布拉格光栅将存在耦合损耗，因此其阈值电流要比 DFB 激光器高。

（3）QW 激光器

DFB 激光器和 DBR 激光器的有源区厚度一般远大于激光器的工作波长，通常可达 100~200nm。当把有源区的厚度减小到 10nm 级别时，有源区中的载流子运动会呈现量子特性，其动能量子化为离散的能级。由于这一现象类似于一维势能阱的量子力学问题，因此将此类器件称为 QW 激光器。

QW 激光器的主要特性有：可以在极低的载流子密度下实现高增益，因而其阈值可以比传统 DFB 激光器小一半左右，输出光功率可达 100mW 量级。发光波长由材料能带结构和阱的物理尺寸共同决定，因此只要改变有源区的厚度就可以灵活地改变波长。QW 激光器的增益随载流子密度的变化速率较高，因而较为有利于工作在超高速率光纤通信系统。同时，QW 激光器的线宽比 DFB 激光器约减小一半，因此受光纤色散的影响较小。

3.3　光源调制

将信息加载到载波上的过程称为调制，对于光纤通信系统而言，就是通过对光信号某个属性（如幅度或相位）的改变，使其能够携带所需发送的信息的过程。在光发送机中，通过某种手段将信息加载到光源上，使光源发出的光脉冲携带信息的过程称为光源调制。光源调制既可以采用通过信息流直接控制光源的驱动电路，从而获得输出光功率的变化来实现，也可以通过使用间接调制机制改变光源输出的稳定光功率来实现。

3.3.1　直接调制

直接调制是把要传送的信息转变为驱动电流信号注入 LD 或 LED，从而获得光功率相应变化的光信号。直接调制的基本思想是使光源发出的光功率大小在时间上随驱动电流变化而变化，也称为光强调制。

直接调制可以分为模拟信号和数字信号调制方式，现代光纤通信系统中一般采用数字信号调制方式。数字调制中最常见的是光强（幅度）调制，可以理解为由数字信号“1”和“0”对光源器件进行幅移键控（ASK）或通断键控（OOK）。直接调制的优点是结构简单，调制部分电路可以和激光器的驱动部分电路集成；但缺点是调制速率受半导体器件的开关频率限制，其调制响应存在固有上限。此外，直接调制还会引入频率啁啾现象，即光脉冲信号的频率随着时间的变化而变化。当啁啾光脉冲在光纤中传输时，信号包含的不同频率分量群速度不一致，导致携带信息的脉冲形状发生变化，限制了脉冲的有效传输距离。

3.3.2 间接调制

间接调制是利用晶体的光电效应、磁光效应和声光效应等实现对光源发出的稳定激光进行调制。间接调制也称为外调制，即激光器形成稳定的激光信号输出（连续光输出）后，在激光器谐振腔外的光路上放置调制器。通过改变调制器上的外加信号，使调制器的某些物理特性发生相应的变化，光源发出的激光在通过调制器时获得调制。可以看出，间接调制与直接调制最大的区别在于间接调制不是直接调整或控制激光器的参数，而是改变激光器输出激光的参数，如光强、频率或相位等。间接调制在超高速率传输系统和相干光纤通信中得到了广泛的应用。直接调制和间接调制如图 3-18 所示。

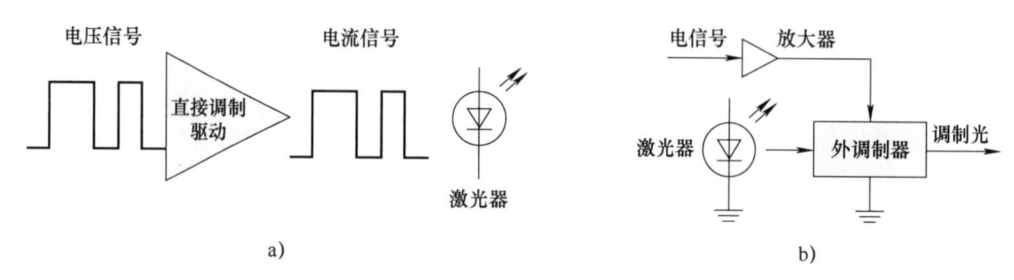

图 3-18 直接调制和间接调制

a）直接调制 b）间接调制

目前常用的外调制器类型有基于铌酸锂（$LiNO_3$）材料的电致吸收器和基于Ⅲ/Ⅴ族半导体材料的马赫-曾德尔调制器（MZM）等。调制器的原理和性能将在第 5 章中进行介绍。

3.3.3 调制方案

对于光源的直接调制而言，无论是模拟调制还是数字调制，一般只能对激光的幅度进行调制，而间接调制可以对光源发出激光的不同参数分别调制或者进行联合调制。由于相干光通信系统比直接调制-直接检测系统具有显著的灵敏度改善，因此相干调制技术得到了广泛关注，目前已经提出和采用的包括差分相移键控（DPSK）、差分正交相移键控（DQPSK）、正交调幅和光正交频分复用等调制方案。

1. 相移键控

对于数字调制的光纤通信系统而言，对光信号的调制不仅可以采用直接调制，也可以采用正交调制技术。正交调制是将承载信息的信号分为两部分，一部分为同相（I）分量，另一部分为正交（Q）分量，同相分量是信号的实值，正交分量是信号的移相，这种调制方法也被称为 IQ 调制或相移键控，显然，与直接调制仅能控制信号的光功率（幅度）不同，相移键控可以通过改变光信号的相位实现调制。

差分相移键控是最常见的相移键控调制方案，用光载波相位的相对变化携带（调制）信息，其实现方式如下：通过载波相位相对于前一个时隙的载波相位相移 180°实现信息“1”的传输，载波相位与前一个载波相位一致表示信息“0”的传输，通过控制相邻时隙光载波相移为 0 或 π 实现二进制数据编码。

2. 差分正交相移键控

早期商用的光纤通信系统大多数采用的直接调制，由于受到光源啁啾效应和光纤色散等的限制，单信道系统的最高调制速率一般限制在 10Gbit/s 以下。随着高速率大容量业务需求的快速增长，使用多电平调制的方案得到了广泛关注，这其中较早实现商用化的是差分正交相移键控方案。在该调制方案中，信息通过四种不同的相移编码，信息组集合可以被指配给四种不同的相移。用 IQ 图上的数据点表示调制的符号位置，差分正交相移键控调制 IQ 图如图 3-19 所示。

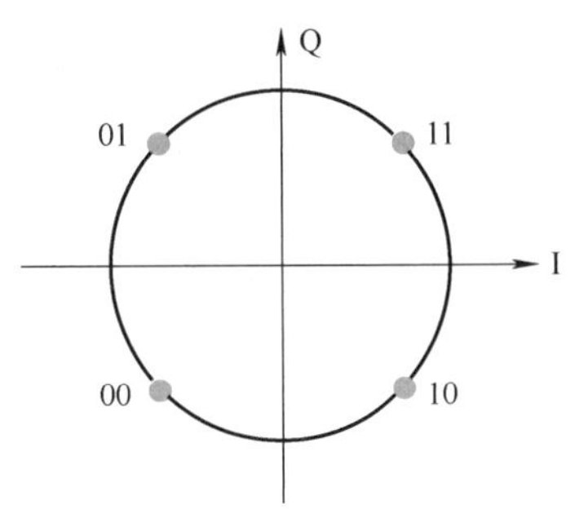

图 3-19　差分正交相移键控调制 IQ 图

由于对给定数据速率的信号，差分正交相移键控调制可以将符号速率降低为直接调制的一半，从而可以降低发送机和接收机所需的频谱带宽，也同时降低了色散和偏振模色散的限制。但是，相对于差分相移键控而言，差分正交相移键控调制达到同样的误码率所需的信噪比增大了 1～2dB，因此接收机的设计相对更为复杂。

3. 正交调幅

通过每个符号采用 M 个状态实现数据比特编码，可以将差分正交相移键控的概念进一步扩展到更高阶的调制方案，这样可以减小频谱宽度以降低对昂贵的高速光器件的需求。图 3-20 所示为不同进制数的高阶调制星座图。

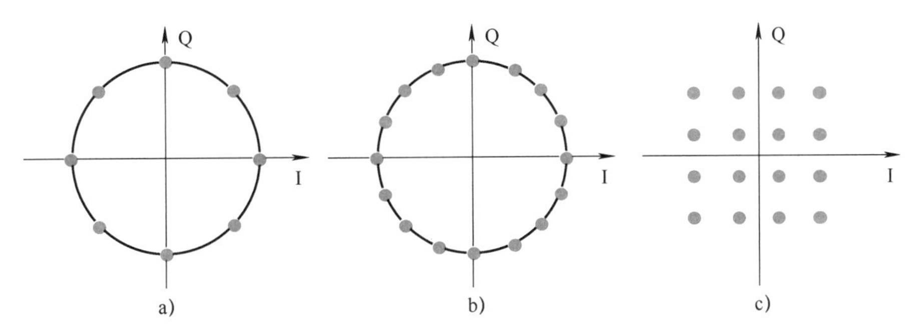

图 3-20　不同进制数的高阶调制星座图
a）8-PSK　b）16-PSK　c）16-QAM

利用光信号的其他特性（如偏振态），还可以进一步提升频谱效率。例如，在偏振复用系统中，每个波长以原始比特率的一半传输两个正交偏振的比特率。如第 2 章中关于偏振模色散的描述，光纤中的双折射起伏偏振态是沿光纤传输方向随机起伏的，因此只有保证每个波长的两个偏振复用信道在整个链路上保持接近正交。在接收机处采用相干检测，通过适当的偏振分集方案可以将两个偏振复用信道有效分离。进一步地，将差分相移键控（或差分正交相移键控）与偏振复用结合，可以将符号速率降低至实际比特率的 1/4，这也意味着频谱效率提升了 4 倍。

需要指出的是，对于纯相位编码信号（如差分相移键控），采用不归零（NRZ）格式时数据流的振幅或功率最初不随时间变化，即每个符号占据整个时隙，这可能会带来两个问题：一是入射进光纤信道的平均光功率较高，可能会引起非线性效应；另一个是色散和非线性效应等可能导致随与时间相关的功率变化，这些都会造成系统性能下降。为了降低这些因素的影响，可以采用归零码方案，如归零差分相移键控（RZ-QPSK）等。

3.4 光发送机

光发送机的主要功能是将输入的电信号进行必要处理后，对光源进行调制并将已调制的光载波信号耦合入光纤。光发送机最基本的功能是如何将光源发射的光功率高效地耦合入光纤，并保证注入光纤的光信号质量。光发送机的主要性能参数包括光源的谱宽和最小边模抑制比、平均发送光功率，以及消光比和眼图模板等。

3.4.1 光源与光纤的耦合

光纤通信系统中光信号是信息的载体，因此光发送机的核心是如何将光源发出的携带信息的光脉冲能量尽可能高效地耦合入光纤中，而耦合效率的高低主要取决于光源类型和光纤类型。如第2章所述，光纤的数值孔径对耦合效率有很大的影响。边发射型和面发射型光源器件的耦合效率也有很大差别，光源器件制造厂家为提高耦合效率，以及尽可能减小光源器件端面和光纤线路间直接耦合引入的附加损耗，一般会在光源器件封装时即将其与一小段光纤（尾纤）封装在一起，这样光源器件与光纤线路之间的耦合问题就转化为光纤与光纤间的问题，可以采用第5章中将要介绍的光纤连接器实现，同时便于器件故障或寿命终了时进行更换。

光源与光纤的耦合主要有两种方法，一种是直接耦合或对接耦合，将光源的发光侧与光纤端面研磨后，相互靠近并采用环氧树脂进行粘合；另一种是透镜耦合，采用微型透镜以提高耦合效率。考虑到典型的以 SiO_2 为主要材料的单模光纤，其模场直径典型值为 6~9μm，而 LD 的光斑尺寸大约为 1μm，可以通过加热拉锥工艺使得光纤末端逐渐变细并在光纤尖端形成微型透镜结构，有效地提高耦合效率。图3-21所示为采用微型透镜改进耦合效率的方案。

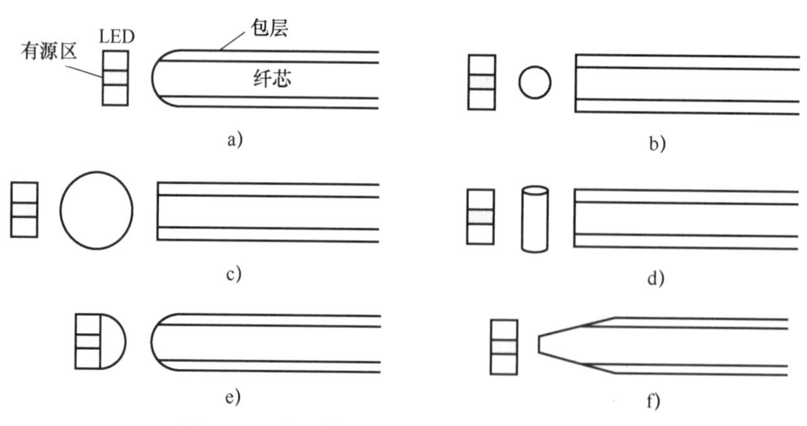

图 3-21 采用微型透镜改进耦合效率的方案

a）圆形端面光纤 b）非成像微球体 c）成像球体 d）柱状透镜 e）球面 LED 和球形端面光纤 f）锥形头端光纤

3.4.2 光发送机的组成结构

从狭义上说，光发送机主要包括光源器件和光发送电路两部分，其中光源器件是光发送机中完成电/光转换的核心器件，而光发送电路在主要完成光源调制功能的同时，还要保证输出光满足系统性能的要求，以及在光源器件出现故障时进行必要的告警和备份切换等。在实际的光纤通信系统中，为了便于各种不同类型的业务信号接入光发送机，一般还集成了各类输入的电接口及相关的适配功能部分，这部分一般称为输入电路。从广义上说，光发送机主要由输入电路和光发送电路两部分组成。

1. 输入电路

输入电路主要包括输入接口和线路码型变换（线路编码或信道编码）两部分。输入接口是光发送机的入口电路，各类模拟和数字复用设备的输出信号均需经该接口连接至光发送机的输入电路。由于通信网络中业务形态的多样化特性，存在不同通信协议、编码格式和电平分布的多种业务信号，光发送机的输入接口除需要适应业务信号的幅度和阻抗特性外，还要根据光纤通信系统的传输特性对业务信号调制和编码类型进行必要的处理。以直接调制光发送机为例，通断键控调制方案对应信号“1”和“0”两种状态，而有些输入业务信号采用的是多电平编码方案，如HDB3（三阶高密度双极性码）或CMI（信号反转码），因此需要进行双/单变换，首先将其变换为单极性码（如标准的不归零码或归零码）的数字序列。

输入电路的另一个重要功能是完成线路码型变换，主要用来解决或克服输入信号中可能存在的连续“0”或“1”对接收造成的影响，有利于接收端定时提取和减小由图案噪声等引起的系统抖动等。线路码型变换的目的是打乱其中的连续“0”“1”分布，减少其直流分量的起伏，同时也可以插入冗余信息以便进行检错和纠错。常用的线路码型包括扰码、字变换码和插入码三种类型。

1）扰码也称加扰二进制，是将输入的原始数字信号序列按照特定的扰码规则进行打乱的处理方法，其实现机制为加入一个扰码器，将原始的码序加以变换，使其接近于随机序列后再进行调制和传输。相应地，在光接收机的判决器后附加一个解扰器，利用与发送端一样的加扰序列进行处理后恢复原始序列。扰码的主要优点是不会改变（提高）接口的传输速率，缺点是不能完全解决连续“1”码和“0”码出现的问题，此外，扰码未在原始码流中加入冗余信息，难以实现不中断业务的误码检测。

2）字变换码是将输入二进制码分解成一个个“码字”（也称为图案），输出用对应的另一种“码字”代替。一种典型的字变换码为mBnB编码方案，即将输入的信号序列按照每m比特为一组，然后变换成另一种排列规则的n比特为一组的码流。字变换码中的n、m均为正整数，且$n>m$。显然该方式引入了一定的冗余信息，可以满足线路码型变换的要求。采用mBnB编码方案后，光纤线路上的信号传输速率将比原始信号传输速率提高n/m倍。

3）插入码是把输入原始信号序列分成每m比特（mB）一组，然后在每组mB码末尾按一定的规律插入一位码，组成（m+1）个码为一组的线路码流。根据插入码的规律，可以分为mB1C（补码），mB1H（混合码）和mB1P（极性码）等。采用插入码后的接口速率提高了$(m+1)/m$倍。

2. 直接调制驱动电路

以直接调制光发送机为例，光发送电路主要包括光源器件、光源驱动（调制）电路、自动功率控制（APC）电路和自动温度控制（ATC）电路等组成，框图如图3-22所示。

图3-22中虚线框内的光发送电路是光发送机的核心，由于直接调制是由数字信号直接控制光源器件的输出并完成电/光转换过程，光源输出的光功率与调制电流变化成正比，因此直接调制驱动电路面临的首要挑战是维持稳定的输出光脉冲峰值，即输出光功率保持稳

定。此外，光脉冲的通断比足够高（或消光比足够小），以保证光接收机的性能。

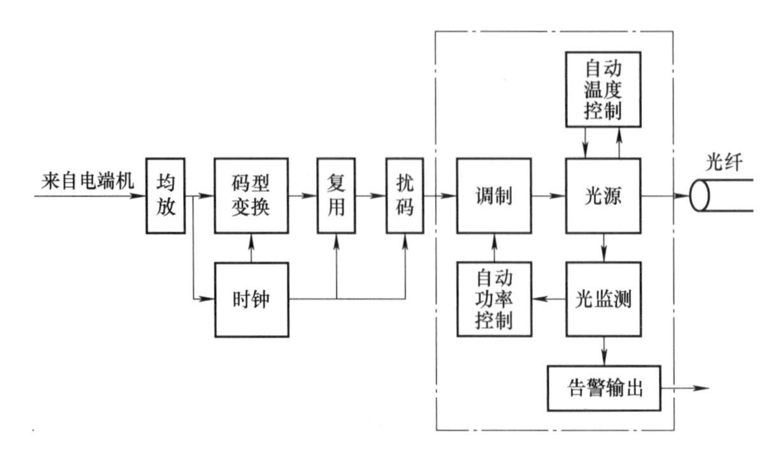

图 3-22 直接调制光发送机光发送电路框图

通断比和消光比都是用以描述光发送机输出特性的参数，通断比定义为

$$通断比=\frac{全“1”码时的平均输出光功率}{全“0”码时的平均输出光功率} \tag{3-10}$$

而与之对应的消光比则定义为

$$消光比=\frac{全“0”码时的平均输出光功率}{全“1”码时的平均输出光功率} \tag{3-11}$$

对于采用直接调制的理想光源器件而言，调制信号为全“0”码时平均输出光功率应该为0，因此通断比的理想值应为无穷大，而消光比的理想值应为0。但是由于LD是阈值器件，为保证其有较好的调制特性，需要在其驱动电路上加直流偏置，也就是说即使在调制信号为全“0”时光源仍有一定的输出光功率，这也使得通断比和消光比都无法达到理想值。为了保证直接调制光接收机具有较好的接收性能，一般希望通断比足够大，消光比足够小。

光发送机应具有较好的调制（响应）性能以满足较高的系统传输速率，但采用直接调制的光源驱动电路可能会由于张弛振荡（Relaxation Oscillation）现象造成对系统性能的不良影响。在3.2节中已经指出，由于LD是阈值器件，如果其阈值较大的话，需要用较大幅度的调制电流信号进行驱动。而调制电流脉冲从零上升的时间至激光开始发生的时间之间存在一定的延迟，在产生光脉冲的开始时间会产生暂态过击，然后又出现反复振荡的现象，这种现象称为张弛振荡，又称驰豫振荡，图3-23给出了引起张弛振荡现象的注入电流、有源区中的电子密度和谐振腔中的光子密度间的关系。

由图3-23中可知，若调制电流I_D从0开始，则张弛振荡现象限制了其调制响应性能。为了减小张弛振荡的影响，可以采取先加直流偏置电流I_B，使LD的输出特性（P-I特性）工作在接近阈值电流附近，然后再加调制电流I_D，这样可以获得较好的调制响应性能。一般地，直流偏置电流的取值应接近（略小于）LD的阈值电流I_{th}，这可以有效减小调制光输出的延迟和抑制张弛振荡现象。采用直流偏置结合调制电流后，LD的总驱动电流$I=I_B+I_D$，LD的输出特性如图3-24所示。

需要指出的是，采用直流偏置方式虽然可以在一定程度上克服张弛振荡的影响，但是光源器件本身的固有调制频率仍然限制了直接调制光发送机的工作性能，一般对于调制速率在 40Gbit/s 及以上的光纤通信系统，必须采取相干调制方案。

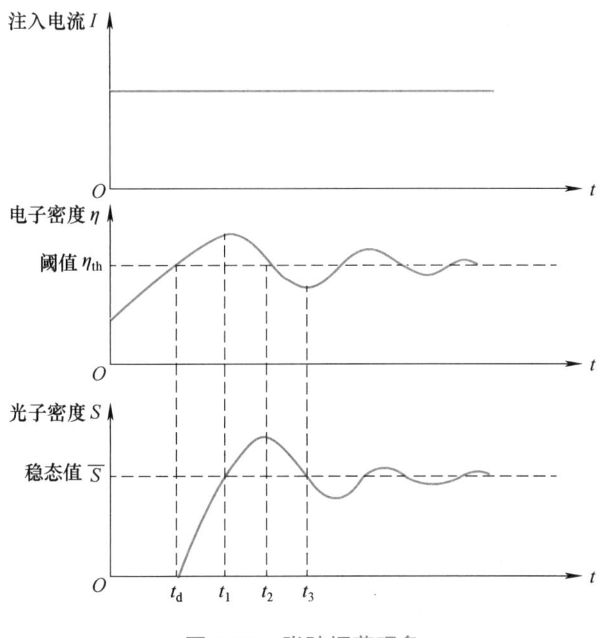

图 3-23　张弛振荡现象

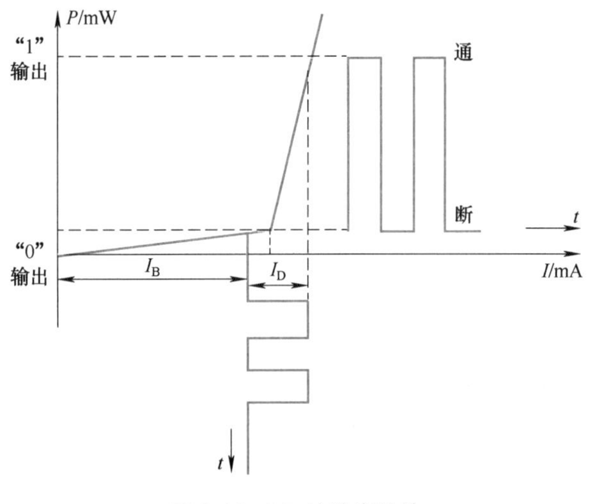

图 3-24　LD 的输出特性

3. 相干调制驱动电路

与直接调制驱动电路不同，相干调制是在光源发出的光路上进行调制，此时光源器件工作在连续光模式，有效克服了直接调制驱动电路可能引起的张弛振荡，并可以通过外部电路的设计和优化获得稳定的连续光输出，调制的实现则是通过在光源的外光路上设置电光、声光或磁光调制器实现。典型的相干调制光发送机结构示意如图 3-25 所示。

由图 3-25 可知，相干调制与直接调制最大的区别在于调制信号如何加载在光源器件发出的激光上。输入的电信号经过数字信号处理（DSP）和数模转换（DAC）后，分别送至两对正交设置的 MZM 中。LD 发出的连续光首先分为两路，分别注入两对 MZM，实现 IQ 调制，最后再通过偏振合波器合并后注入光纤线路。

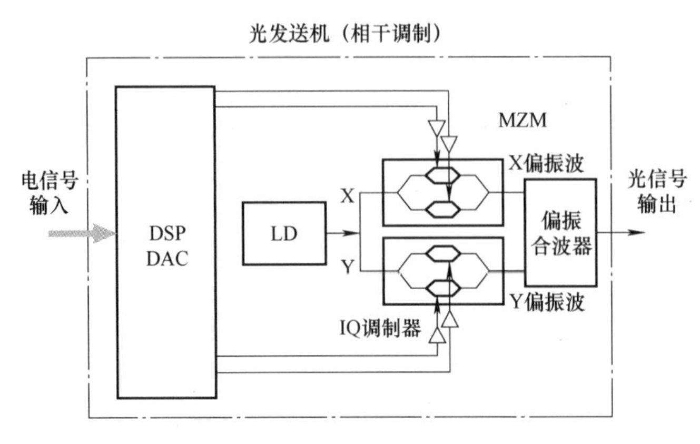

图 3-25　相干调制光发送机结构示意

4. 其他辅助电路

由于 LD 的阈值电流会因温度变化和时间退化而增大，若驱动电流保持不变，则工作一段时间后光源的输出光功率会逐渐变小，因此需要采取必要措施以保证温度变化或 LD 老化时，光源的输出光功率稳定。为了稳定输出光功率，必须采用自动功率控制电路。自动功率控制电路的主要工作原理是通过在光源的输出侧插入的光电二极管监测 LD 的输出光功率，当发现输出光功率下降时，调整光源驱动电路中的偏置电流，使 LD 的输出光功率保持稳定。

如果是温度变化（包括环境温度变化和光源器件 PN 结温度变化）引起 LD 阈值电流增大，继而导致输出光功率降低的情况，固然可以通过自动功率控制电路进行调节，使输出光功率恢复正常值。但若环境温度升高较多，使 I_{th} 增大较多，则经自动功率控制电路调节后偏置电流增大较多，LD 中的 PN 结温度会随之升高，进一步导致 I_{th} 增大，形成恶性循环。因此，对于仅由温度变化导致的输出光功率下降，可以采用自动温度控制电路，使 LD 的 PN 结温度保持稳定，这对光源的长期稳定工作有利。自动温度控制电路的实现可以采用被动和主动两种方式，除了常见的风扇和空气对流等强制物理散热方法外，常用的是半导体致冷器。致冷器由特殊的半导体材料制成，当其通过直流电流时，一端致冷（吸热），另一端放热。将致冷器的冷端贴在热沉上，测温用的热敏电阻也贴在热沉上，封装在同一管壳中，再利用自动温度控制电路控制通过致冷器电流的大小，就可以达到自动温度控制的目的。

为了确保光发送机长期稳定工作，还需要有必要的监测、告警和保护等辅助电路。监测和告警电路的主要功能是在出现光发送电路故障、输入信号中断、LD 失效、LD 输出光功率低于设定门限等情况下，及时发出告警信号指示。保护电路的主要作用是减小驱动电路启动时瞬时冲击电流对光源器件的影响，同时避免 LD 老化或寿命临近终了时可能出现的偏置电流过大导致 PN 结击穿等情况。

3.4.3　光发送机的性能参数

1. 光接口位置

光发送机完成电/光转换和信号调制后，将调制光脉冲信号耦合入光纤线路进行传输。需要指出的是，在实际的光纤通信系统中，光发送机和光纤线路之间还包括了光纤配线架（ODF）等设备。因此，光发送机的输出光接口并不是 LD 的输出接口。ITU-T 规定，光发送机的光接口称为发送参考点（S 点），是紧靠光发送机输出端的光纤连接器 C_{TX} 之后的参考点；对应的光接收机的接收参考点（R 点）是紧靠光接收机之前的光纤连接器 C_{RX} 之前的参考点。光接口位置示例如图 3-26 所示。

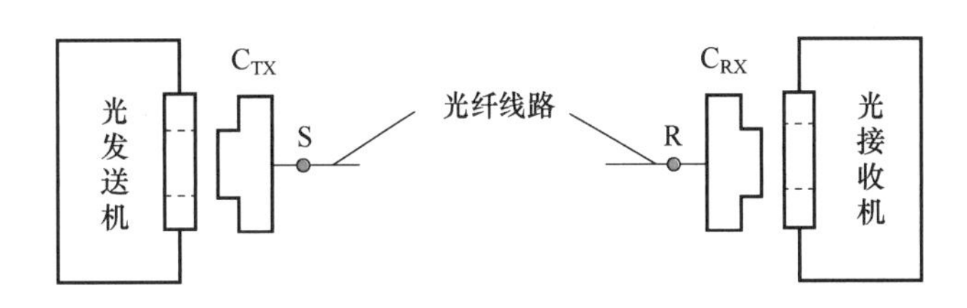

图 3-26　光接口位置示例

2. 主要性能参数

光发送机的主要性能参数有平均发送光功率、光源的均方根谱宽（RMS）、-3dB 谱宽或半高全宽和-20dB 谱宽、边模抑制比、消光比和眼图模框等。

平均发送光功率是指在正常的工作条件下，光发送机的平均输出光功率。对于采用 LD 为光源的光发送机而言，其平均发送光功率一般为 mW 级。

均方根谱宽定义为用高斯函数 $\sigma_{\mathrm{rms}}^2=P(\lambda)$ 近似光谱包络分布，若 σ_{rms} 为均方根谱宽值，则有

$$\sigma_{\mathrm{rms}}^2=\int_{-\infty}^{+\infty}(\lambda-\lambda_0)^2P(\lambda)\,\mathrm{d}\lambda\Big/\int_{-\infty}^{+\infty}P(\lambda)\,\mathrm{d}\lambda \tag{3-12}$$

式中，λ 为光源波长；λ_0 为光源中心波长。

-3dB 谱宽定义为光源谱线中主模峰值波长的幅度下降一半处光谱线两点间的波长间隔。

-20dB 谱宽定义为光源谱线中主模峰值波长的幅度下降 20dB 处光谱线两点间的波长间隔。

边模抑制比定义为主模光功率与最大边模光功率之比的对数。

小　　结

光源器件是光发送机的核心器件，其主要功能是实现电信号到光信号的转换，主要包括 LED 和 LD。LED 结构简单，其发光机理是自发辐射，适用于工作速率较低和传输距离较短的场景。LD 中引入了谐振腔，通过正向偏压克服 PN 结中自建场的影响，形成粒子数反转分布。受激辐射的光子在谐振腔中通过振荡放大，从而形成受激辐射光放大。将信息加载到光载波上的过程称为调制，对于光源器件而言主要有直接调制和间接调制两种方式，直接调

制又称强度调制，是通过控制光源器件的驱动电流大小改变输出的光信号功率。间接调制则使用了外调制器，可以单独或同时调制光信号的幅度、相位、频率等多个参数，从而可以支持高阶的调制方案以获得较高的调制效率。

光发送机中除了光源器件和相应的调制（驱动）电路外，还需要根据实际应用的需求，配置相应的输入接口电路及保护和控制等辅助电路。

习 题

1）比较 LD 和 LED 工作特性的异同。

2）为什么 LD 要工作在正向偏置状态？何谓 LD 的阈值电流？LD 的阈值电流与 LD 的使用温度、使用时间有什么关系？

3）采用直接调制方案为什么会产生张弛振荡现象，如何消除或减小该现象？

4）直接调制驱动电路中为什么一定要加直流偏置电流，偏置电流大小的选取有何要求？

5）某数字光纤通信系统，在实际使用中发现光发送机的输出光功率慢慢下降，试分析其原因并提出解决办法。

6）简述字变换码（mBnB 码）和插入码（mB1H 码）各自的特点。

7）直接调制和间接调制哪一种方案更适用于高速光纤通信系统，为什么？

第4章

光检测和光接收机

光发送机输出的光信号经过光纤传输后到达光接收机，光接收机中负责完成光/电转换的器件称为光电检测器。由于经过长距离光纤线路传输后受到光纤损耗、色散和非线性效应等影响造成光信号的劣化，严重时甚至无法进行正确识别或恢复，这也要求光接收机在完成光/电转换的同时，能对光信号在光纤线路中传输时受到的损伤和干扰具有较强的处理能力。本章首先介绍光电检测器工作原理，分析两种主要的光电检测器的异同，在此基础上讨论直接检测和相干检测两种光接收机的工作原理及性能。

4.1 光电检测器

由于现代光纤通信系统的传输距离一般较长，因此光发送机输出的光功率经过光纤线路传输到达光接收机时信号已经非常微弱，因此光电检测器首要的性能要求是灵敏度高，灵敏度高意味着光电检测器把微弱光信号功率转变为电流的效率高。同时，光电检测器应该具有较好的响应性能、较低的噪声，以及能够长时间稳定工作等优点。

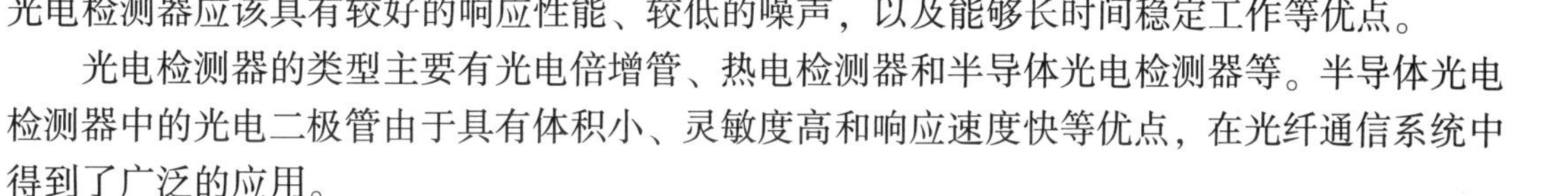

光电检测器的类型主要有光电倍增管、热电检测器和半导体光电检测器等。半导体光电检测器中的光电二极管由于具有体积小、灵敏度高和响应速度快等优点，在光纤通信系统中得到了广泛的应用。

4.1.1 光电二极管

最基本的光电二极管由反向偏置的PN结构成。如第3章中所述，在PN结分界面上，电子和空穴的扩散运动形成了自建场，自建场的存在使得在PN结分界面附近形成了高电场区域，称为耗尽区，而在耗尽区两侧的P型半导体和N型半导体中电场基本为0，称为扩散区。光电二极管中的PN结如图4-1所示。

当光入射到PN结上时，如果入射光子的能量hf大于半导体的禁带宽度E_g，就会发生受激吸收现象，即价带的电子吸收光子能量，跃过禁带并到达导带，在导带中形成光生电子，在价带形成光生空穴，即产生光生电子-空穴对或光生载流子（Photocarrier）。将PN结的外电路构成回路时，外电路中的负载上就有电流。这种在入射光作用下，由于受激吸收过程产生电子-空穴对的运动，在外电路中形成的电流称为光生电流（Photocurrent）。最简单的应用场景就是当入射的光信号光强发生变化时，光生电流的幅度也会随之变化，从而把光信号转变成了电信号，完成了光/电转换，这种方式也称为直接检测。

在扩散区内，因为光生载流子的扩散速度比耗尽区内光生载流子的漂移速度慢得多，这部分光生载流子扩散运动的时延，将使光电检测器输出电流脉冲后沿的拖尾加长，这影响了光电二极管的响应时间，也即限制了光/电转换速度。光生电流中的漂移和扩散如图 4-2 所示。

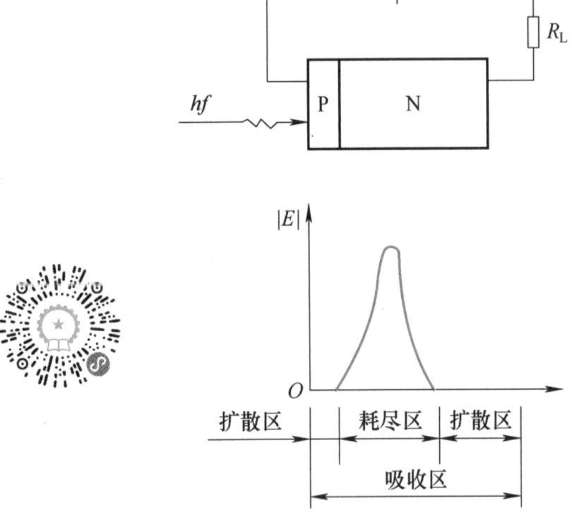

图 4-1 光电二极管中的 PN 结

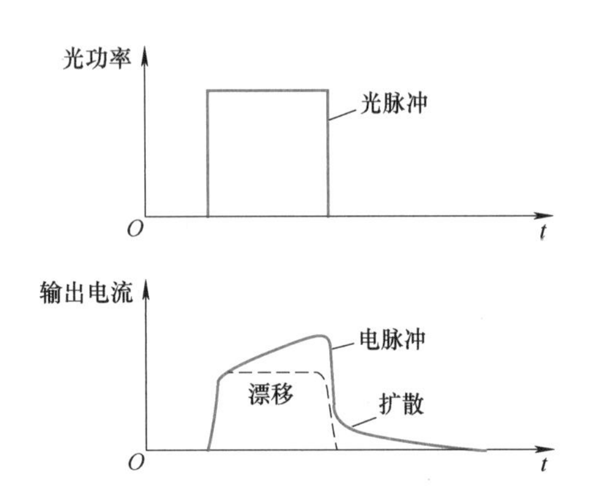

图 4-2 光生电流中的漂移和扩散

如果在光电二极管上加反向偏压，即外电源的负极加在光电二极管的 P 型半导体侧，使得 PN 结中外电场与自建场方向一致，这等效于间接增加了耗尽区的宽度，缩小了耗尽区两侧扩散区的宽度，从而减小了光生电流中的扩散分量。此外，反向偏压也增强了耗尽区内的电场，加快了光生载流子的漂移速度，有利于加快光电二极管的响应时间。

4.1.2 PIN 型光电二极管

1. PIN 型光电二极管的原理

除了在 PN 结上加反向偏压外，另一种提高光电二极管响应速度的方法是在 PN 结中间掺入一层浓度很低的 N 型半导体，这样可以增大耗尽区的宽度，达到减小扩散运动的影响，提高响应速度的目的。由于掺入层的掺杂浓度低，近乎本征（Intrinsic）半导体，因此也称为 I 区，这种结构称为 PIN 型光电二极管。

由于 I 区较厚，几乎占尽了整个耗尽区。绝大部分的入射光在 I 区内被吸收并产生大量的光生电子-空穴对。I 区两侧是掺杂浓度很高的 P 型半导体和 N 型半导体，且 P 区和 N 区很薄，吸收入射光的比例很小，因而光生电流中漂移分量占了主导地位，这大大加快了响应速度。PIN 型光电二极管的结构和各区电场分布如图 4-3 所示。

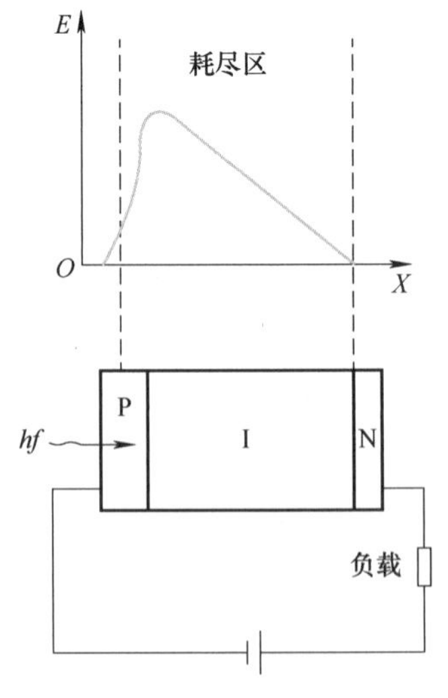

图 4-3 PIN 型光电二极管的结构和各区电场分布

2. PIN 型光电二极管的特性参数

（1）截止波长和吸收系数

根据前述的半导体物理知识可知，只有入射光子的能量 hf 大于半导体材料的禁带宽度 E_g，才能产生光电效应。因此对于由某种特定材料制造的光电检测器而言，存在着一个满足光生电流的入射光下限频率 f_c 和上限波长 λ_c 表达式为

$$hf_c = E_g \tag{4-1}$$

或

$$\lambda_c = \frac{c}{f_c} = \frac{hc}{E_g} = \frac{1.24}{E_g} \tag{4-2}$$

式中，h 为普朗克常量；c 为光速；λ_c 为截止波长；E_g 为禁带宽度。

由式（4-2）可见，只有波长小于 λ_c 的入射光才能用由这种材料做成的光电检测器检测，λ_c 称为该光电检测器的截止波长。

另一方面，入射进半导体材料的光信号，在其中会按指数律衰减，即有

$$P(d) = P(0)\exp(-\alpha d) \tag{4-3}$$

式中，$P(0)$ 为半导体表面的光功率；$P(d)$ 为半导体深度为 d 处的光功率；α 为材料对光的吸收系数。

在式（4-3）中若令 $d = 1/\alpha$，则可以简化为 $P(d) = P(0)/e$，此时称 $1/\alpha$ 为光在半导体中的穿透深度（入射光功率在半导体中衰减为表面处 $1/e$ 时的深度)，用 δ 表示，$\delta = 1/\alpha$。

半导体材料的吸收作用随光波长的减小而迅速增强，即 α 随光波长的减小而变大。因此当入射光的波长较短时，入射光在半导体表面就被吸收殆尽，使得光/电转换效率很低，这限制了半导体光电检测器在较短波长上的应用。

由上分析可见：对于光电检测器而言，其工作波长同时受到截止波长和吸收系数的限制，需要综合考虑。一方面由材料禁带宽度决定的截止波长要大于入射光波长，否则材料对光透明，不能进行光/电转换；另一方面，较短工作波长的入射光能量在材料表面被迅速吸收，需要考虑其对光/电转换效率的影响。

（2）响应度和量子效率

响应度和量子效率是表示 PIN 型光电二极管能量转换效率的参数。

若平均输入光功率为 P_0，PIN 型光电二极管的平均输出电流为 I_p，则响应度 R_0 定义为

$$R_0 = I_p/P_0 \tag{4-4}$$

量子效率 η 定义为

$$\eta = \frac{\text{光生电子}-\text{空穴对数}}{\text{入射光子数}} = \frac{I_p/e}{P_0/hf} = \frac{I_p}{P_0}\frac{hf}{e} \tag{4-5}$$

由式（4-4）和式（4-5）可知

$$R_0 = \frac{e}{hf}\eta \tag{4-6}$$

显然，PIN 型光电二极管的响应度和量子效率都与入射光信号的频率（波长）有关。

（3）响应时间

响应时间是指 PIN 型光电二极管所产生的光生电流随输入光信号变化快慢的关系。在 PIN 型光电二极管中，光生载流子的复合和运动都需要时间，同时器件的结电容和外电路的负载电阻也会影响响应时间。一般而言，PIN 型光电二极管的响应时间主要取决于光电检测电路的上升时间、光生载流子在耗尽区中的渡越时间及耗尽区外载流子的扩散时间等。

PIN 型光电二极管的响应速度还可以用截止频率（带宽）表示。

(4) 线性饱和

PIN 型光电二极管可以检测的输入光信号功率有一定的范围，当入射光功率太大时，光生电流和入射光功率将不成正比，从而产生非线性失真，这种状态称为线性饱和。产生线性饱和的原因是随着平均输入光功率 P_0 和输出电流 I_p 的增大，PIN 型光电二极管外电路中负载上的压降增大，PN 结上的实际压降反而减小，导致耗尽区内电场减弱。当内电路不足以使光生载流子达到饱和漂移速度时，单位光功率产生的光电流变小，I_p 和 P_0 不再成正比。线性饱和如图 4-4 所示，图 4-4 中实线表示的是非线性光/电转换，当 P_0 较小时，I_p 和 P_0 呈线性关系；P 超过一定值后，I_p/P_0 减小，响应度降低。

(5) 暗电流

理想的 PIN 型光电二极管，当没有入射光信号时，应该无电流输出。但是实际中处于反向偏压下的 PIN 型光电二极管，无光照时仍有电流流过，这部分电流称为暗电流。暗电流产生的机理主要包括两部分：一部分为反向偏压下的反向饱和电流，称为体暗电流，由载流子的热扩散形成，其大小由半导体材料和掺杂浓度决定；另一部分是由半导体表面缺陷引起的表面漏电流，称为表面暗电流。若增加 PIN 型光电二极管的反向偏压，则暗电流也会随之增大，同时暗电流会随器件温度的升高而增大。暗电流的存在限制了 PIN 型光电二极管所能检测的最小光功率，也就是降低了光接收机的灵敏度。

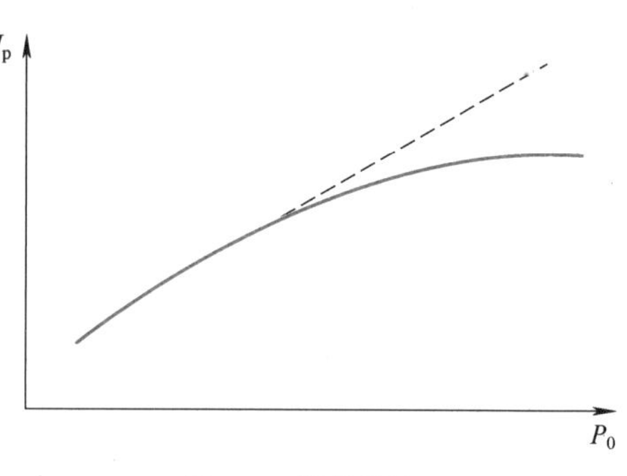

图 4-4　线性饱和

(6) 噪声

噪声是 PIN 型光电二极管的一个重要特性参数，其存在也限制了 PIN 型光电二极管所能检测的最小光功率，直接影响了光接收机的性能。PIN 型光电二极管的噪声有散粒噪声（又称量子噪声）和热噪声，噪声的大小通常用噪声电流的均方值（或在 1Ω 标准负载上消耗的噪声功率）描述。

1) 散粒噪声。当 PIN 型光电二极管受到入射光照射时，其所产生的光生电子-空穴对具有离散性和随机性，这使得产生的信号电流带有随机散粒噪声，这种噪声随信号强度变化，频带极宽；另外，光生载流子越过耗尽区时的随机起伏也构成了散粒噪声。散粒噪声电流的均方值可以表示为

$$\langle i_s^2 \rangle = 2eI_0B \tag{4-7}$$

式中，e 为电子电荷；B 为带宽；I_0 为 PIN 型光电二极管的直流电流。

通过 PIN 型光电二极管的电流有信号电流 I_p 和暗电流 I_d，所以式（4-8）可以改写为

$$\langle i_s^2 \rangle = 2e(I_p + I_d)B \tag{4-8}$$

2) 热噪声。热噪声由 PIN 型光电二极管的负载电阻和后接的放大器输入电阻产生，热噪声电流的均方值为

$$\langle i_T^2 \rangle = \frac{4k_0TB}{R} \tag{4-9}$$

式中，k_0 为玻尔兹曼常量；T 为绝对温度；B 为带宽；R 为等效电阻，即 PIN 型光电二极管外电路中负载电阻和放大器输入电阻并联的等效电阻。

因此，PIN 型光电二极管总噪声电流的均方值可以表示为

$$\langle i^2 \rangle = \langle i_s^2 \rangle + \langle i_T^2 \rangle = 2e(I_p + I_d)B + \frac{4k_0TB}{R} \tag{4-10}$$

PIN 型光电二极管的典型性能参数见表 4-1。

表 4-1　PIN 型光电二极管的典型性能参数

材　　料	Si	InGaAs
响应波长 $\lambda/\mu m$	0. 7~0. 9	1. 0~1. 6
量子效率 $\eta\%$	80(0. 8μm)	80(1. 3μm)
响应度 $R_0/(A/W)$	0. 5(0. 8μm)	0. 8(1. 3μm)
暗电流 I_d/nA	0. 1	1
截止频率 f_c/GHz	>0. 3	>1

4. 1. 3　雪崩光电二极管

光发送机发出的光信号经过长距离的光纤线路传输，到达光接收机侧的信号非常微弱，光电检测器需要有较高的光/电转换效率才能完成信号还原，显然，如果能减小光/电转换过程中引入的噪声，或增大光/电转换的电流，都可以提高光接收机的性能。

PIN 型光电二极管的散粒噪声很小，所以采用 PIN 型光电二极管的光接收机，其噪声主要由外电路中的负载电阻和后级放大器决定，放大器的引入不可避免地会带来噪声，降低光接收机的灵敏度。如果在光电检测器内部对光生电流产生放大作用，即使光电检测器在进行电流放大过程中会产生附加噪声，但只要附加噪声小于负载电阻和后级放大器的噪声，光接收机的信噪比和灵敏度等性能就都可以得到改善。雪崩光电二极管（APD）就是这样一种具有内部电流增益的光/电转换器件，其不仅可以完成光/电转换，而且可以通过内部的雪崩倍增效应实现光生电流的放大。

1. 雪崩倍增效应

APD 的内部电流增益通过雪崩倍增效应实现：在光电检测器的 PN 结上加高反向偏压(数十伏乃至数百伏)，从而可以在结区附近形成强电场。这样耗尽区内产生的光生载流子会在强电场作用下获得很高的动能并得到加速，在渡越耗尽区的过程中光生载流子可能与半导体晶格内的原子相碰撞，碰撞的结果使得束缚在价带中的电子获得能量并激发到导带，产生新的（第二代）电子-空穴对，这种现象称为碰撞电离（Collision Ionization）。第二代载流子在强电场的加速下可以再次引起碰撞电离，产生第三代载流子，如此反复循环使得载流子数量如雪崩似的急剧增加，从而使光电流在光电检测器内部实现倍增，这就是雪崩倍增效应。

APD 就是利用雪崩倍增效应实现内部电流增益的半导体光电检测器。APD 的结构有多种类型，图 4-5 给出了一个典型的 N^+-P-I-P^+结构的 APD，其外侧与电极接触的是高掺杂的 P 区、N 区（分别以 P^+、N^+表示），中间是宽度较窄的 P 区和很宽的 I 区（I 区实际上是轻微掺杂的 P 型半导体）。

在高反向偏压下，耗尽区从 N^+-P 区一直扩展（或者称为拉通）并延伸至 P^+区（包括

了中间的 P 区和 I 区)。从图 4-5 中可以看到，半导体中的电场分布并不均匀，I 区电场相对较弱，而 N^{+}-P 区有强电场，雪崩倍增效应主要就发生在这里。由于 I 区很宽，可以充分吸收光子，从而提高光/电转换效率。I 区吸收了光子并产生初始电子-空穴对，然后初始在强电场作用下从 I 区向雪崩区漂移，并进入雪崩区产生雪崩倍增效应。

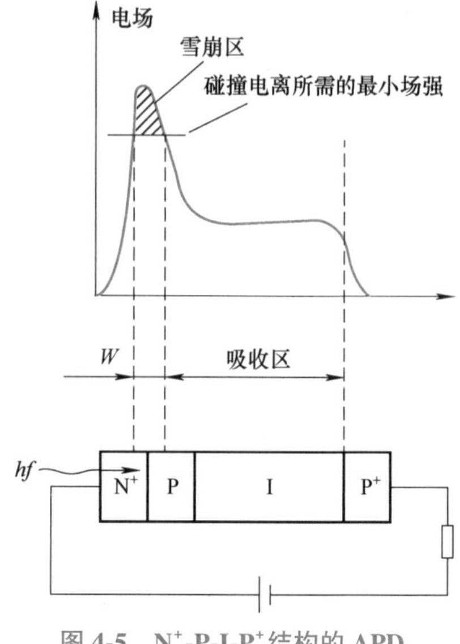

图 4-5 N^{+}-P-I-P^{+}结构的 APD

2. APD 的特性参数

APD 可以理解为工作在高反向偏压下的 PIN 型光电二极管，因此其大部分特性参数与 PIN 型光电二极管相似，但由于其存在雪崩倍增效应，因此也有特有的特性参数。

(1) 雪崩倍增因子

雪崩倍增因子是描述 APD 内部电流增益系数的特性参数，在忽略暗电流等影响的条件下，雪崩倍增因子 g 定义为 APD 雪崩倍增后输出电流 I_{M} 和初始光生电流 I_{P} 的比值，即

$$g=\frac{I_{\mathrm{M}}}{I_{\mathrm{P}}} \tag{4-11}$$

雪崩倍增过程是一个随机过程，即光生电子-空穴对与半导体晶体内的原子碰撞电离后产生的电子-空穴对的数目是随机的，因而雪崩倍增因子 g 也是随机变化的，一般用平均倍增因子（电流增益系数）G 表示为

$$G=\langle g \rangle \tag{4-12}$$

APD 的典型 G 值一般在 40~100 之间，其变化规律与外加的反向偏压有关。电流增益系数与反向偏压和温度的关系如图 4-6 所示。

由图 4-6 可见，G 随反向偏压增大而增加。这是因为反向偏压上升，耗尽区内的电场增强，使靠近雪崩区的部分吸收区中电场超过碰撞电离所需的最低电压，也变成了雪崩区，因此总的雪崩区变宽，倍增作用增大，G 随之增大。因此，实际应用中可以通过适当调节反向偏压改变 G，以适应不同光强的入射光信号，使输出电流保持恒定。

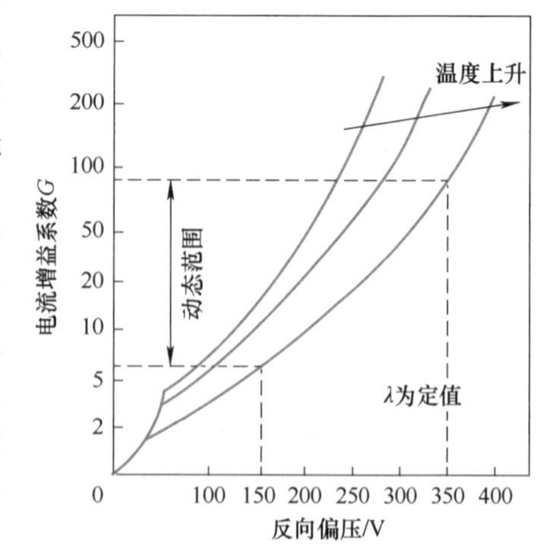

图 4-6 电流增益系数与反向偏压和温度关系

G 随反向偏压变化的特性，使 APD 可提供适当的动态范围。当进入 APD 的光信号功率较大时，可适当降低反向偏压使增益 G 减小。图 4-6 中，最小增益 $G=6.5$ 处，反向偏压为 150V；最大增益 $G=80$ 处，反向偏压为 350V；最大增益与最小增益比为 12∶1，相当于光功率的动态范围约为 11dB，APD 提供适当的动态范围可以减轻对放大器动态范围的要求。

此外，在外加反向偏压保持不变的情况下，G 也会随温度变化。温度上升，G 下降，继而使输出电流

发生变化。若使 APD 提供固定的电流增益，则当温度变化时，必须相应地改变反向偏压值，温度变化 1℃，大约需要改变反向偏压 1.4V。所以在实际运用 APD 时，必须采取自动控制措施进行温度补偿。

（2）倍增噪声

APD 对光生电流的有雪崩倍增效应，但同时也会造成噪声的倍增。倍增噪声可以用过剩噪声系数 $F(G)$ 表征，定义为

$$F(G)=G^{x} \tag{4-13}$$

式中，x 为过剩噪声系数。对于 Si-APD（硅 APD），$x=0.5$；对于 Ge-APD（锗 APD），$x=0.6\sim1$。

$F(G)$ 的物理意义是 APD 中因雪崩倍增效应而增加的噪声，因此选择 APD 时应选择 x 值较小的器件。

（3）响应度和量子效率

由于在 APD 中光生电流被倍增了 G 倍，所以其响应度比 PIN 型光电二极管提高了 G 倍。但量子效率只与初始载流子数目有关，与雪崩倍增效应无关，所以不管 PIN 型光电二极管还是 APD，量子效率总是小于 1。

典型的 APD 特性参数见表 4-2。

表 4-2　典型的 APD 特性参数

材　料	Si	Ge	InGeAs
响应波长 $\lambda/\mu m$	0.7~0.9	1.0~1.5	1.0~1.6
量子效率 $\eta\%$	80(0.8μm)	80(1.3μm)	80(1.3μm)
响应度 $R_0/(A/W)$	0.5	0.8	0.8
击穿电压 V_B/V	150	30	95
暗电流 I_d/nA（对应于 $0.9V_B$）	0.3	100	60
截止频率 f_c/GHz	0.5	>1	>1
过剩噪声系数 $F(G)$	4	9	5
过剩噪声指数 x	0.3	0.95	0.7

4.2　直接检测光接收机

4.2.1　直接检测光接收机的结构

光接收机的主要功能是将经光纤线路传输后的微弱光信号进行光/电转换，然后经过必要处理后恢复成原始的信号。一个典型的直接检测光接收机的结构框图如图 4-7 所示。

1. 光接收电路

光接收电路由光电检测器、前置放大器、主放大器和均衡放大器等组成，其主要功能是将光信号变换成一定幅度、波形规则的电信号，供后续电路进行定时判决。

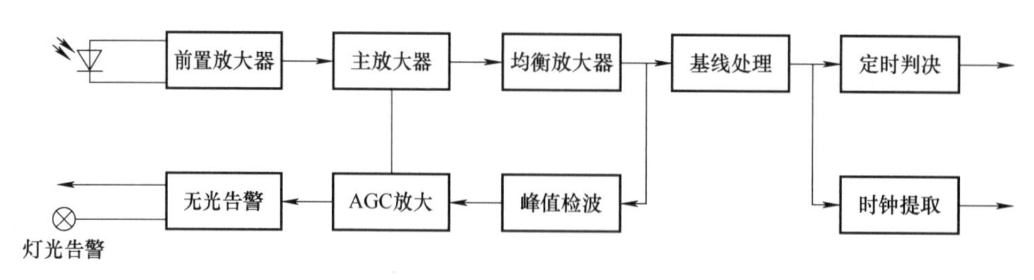

图 4-7 直接检测光接收机结构框图

AGC-自动增益控制

（1）光电检测器和前置放大器

光电检测器是完成光/电转换的核心器件，可以使用 PIN 型光电二极管或 APD。由发送端发出的光信号经过光纤线路传输后，到达接收端已经很微弱，所以必须采用多级放大，将微弱的电信号放大至判决电路能正确识别的电平。由于信号微弱又带有噪声，如果采用一般的放大器进行放大，放大器本身会引入较大的噪声，导致信噪比不但得不到改善甚至还会下降。因此，光接收机的前端放大器必须满足低噪声、高增益的要求，才能保证整个光接收机的信噪比。

前置放大器电路有很多类型，如低阻抗前置放大器、高阻抗前置放大器和互阻抗前置放大器。其中互阻抗前置放大器具有宽频带、低噪声的优点，得到了广泛应用。直接检测光接收机中常用的是以场效应晶体管（FET）构成最前端的互阻抗前置放大器，并采用混合集成工艺将 PIN 型光电二极管与 FET 前置放大器电路集成在一起，构建 PIN-FET 光接收组件。PIN-FET 光接收组件可以有效减少引线电容等杂散电容，提高检测速度和灵敏度，使用效果较好。

（2）主放大器和均衡放大器

经前置放大器放大输出的电信号仍然比较微弱，不能满足幅度判决的要求，因此必须再加以放大。由于光接收机的入射光功率可能在一定的范围内波动，因此放大器增益也应具有随入射光功率变化而进行相应调整的能力，以适应在不同输入信号情况下仍能保持输出电平稳定，即实现自动增益控制。光接收机中实现自动增益控制的放大器称为主放大器。

主放大器的输出信号将送到均衡放大（简称均放）电路。均放电路的主要作用是对经过光纤线路传输后，发生畸变且可能存在码间干扰的信号进行均衡，以利于定时判决。由于均衡网络是由 *LC* 元件构成作为放大器的负载电路，因此称为均衡放大器。均放电路的作用，就是对失真的波形进行补偿，以减少码间干扰。均放电路中的滤波器不可能将波形全部恢复原样，而是进行必要的修正，成为判决电路容易识别的波形。一般多采用升余弦波形滤波器，其输出的信号尽管还有拖尾，但在判决时刻的信号拖尾都过零点，从而基本消除码间干扰，利于判决电路进行判决再生。

（3）基线处理和定时判决

尽管在光发送机的输入电路中已经采用了码型变换以降低信号中的连“0”或连“1”，但是经过光纤线路传输的信号码流中不可避免地还存在“0”“1”分布不均匀，以及可能出现的突发连续“0”或“1”等情况，这会使得信号中的直流成分有起伏变化。光接收机中因各级间的耦合均为交流耦合（*RC* 耦合），会使信号的基线随直流成分的变化而漂移。这种漂移的现象严重时，会使判决产生误码。因此，在定时判决电路中，首先要对基线漂移进行处理，将信号的基线（低电平）固定在某一电平上。实现基线处理的方法有钳位法、负反馈自动跟随法等。

经过基线处理的信号，要进行幅度判决以恢复出原始信号。幅度判决的方法很多，常用的有限幅放大法。限幅放大法采用比较器将经基线处理后的电信号与预先设定的直流门限电压相比较，幅度高于门限时，比较器输出“1”；幅度低于门限时，比较器输出“0”。

经过幅度判决的信号是不归零信号，其功率谱不包含时钟定时成分，因此不能直接从不归零信号中提取时钟信号，只能将不归零信号进行非线性处理，例如用微分整形法和逻辑乘法等变换成归零信号，再进行时钟提取。从归零码中提取时钟，最常用的是锁相法和窄带滤波器法。定时判决电路最常用的是D型触发器。将经幅度判决后的信号加于D型触发器的D端，定时提取电路送来的时钟加在触发器的时钟端，这个时钟是经过相位调整后的时钟，通过时钟信号触发后，输出就是经过定时判决的再生信号。

2. 输出电路

输出电路是光接收机在定时判决之后的信号处理部分，通常包括线路码型反变换和输出接口两大部分。码型反变换是光发送机中码型变换的逆过程，它将光接收电路输出的光线路码型还原成普通二进制码。码型反变换电路包括反变换逻辑、时钟频率变换、字同步和解扰码等部分。输出接口是光接收机的出口电路，经码型反变换的数字信号，经过输出电路变换成符合各类业务输出信号送给数字复用设备。

输出接口应符合接口的码型、阻抗、波形和最大峰-峰抖动等要求。

3. 其他电路

除了光接收电路和输出电路等主要电路外，考虑到运行、管理和维护等需要，保证设备稳定、可靠地工作，还必须有指示故障的告警电路、维护人员联络用的公务电路、使通信信道尽可能不中断地倒换电路和适应机房供电系统的直流电源变换电路等。

为了使维护人员能有效地识别有故障的设备，恢复业务和修理有故障的设备，在设备上应有告警指示，这种告警指示由设备中告警电路产生的信号发出。故障告警指示可以由可见的（如指示灯）和可闻的（如告警提示音）信号组成。告警信号一般分为两大类，一类为即时维护告警信号（简称即告）当发生这一类指示时，维护人员应立即开始维护工作，将有故障的设备撤出业务（即业务切换至备用系统），并对发生故障的设备进行检修；另一类为延迟告警信号（简称延告），当发生这一类指示时，并不要求维护人员立即动作，但应提醒维护人员系统或系统的某一部分性能已有劣化，低于预设标准，须考虑采取相应措施，以防止性能进一步劣化以至严重影响业务。典型的即时维护告警信号有信号丢失（LOS）、接收无光信号（LOL）、同步丢失（LOS）和电源中断等；典型的延时维护告警信号有性能下降、辅助功能失效等。

4.2.2 光接收机的性能指标

光接收机的主要性能指标有灵敏度、过载功率、动态范围、误码率、信噪比和Q值等，其中灵敏度、过载功率和动态范围是光接收机的关键指标。灵敏度表示在给定的误码率（或信噪比）条件下，光接收机接收微弱信号的能力；过载功率是指在给定的误码率（或信噪比）条件下，光接收机能够承受的最大输入信号功率；动态范围是指光接收机在满足一定的误码率（或信噪比）条件下适应输入信号变化的能力。

1. 灵敏度、过载功率和动态范围

光接收机灵敏度表征光接收机调整到最佳状态时接收微弱光信号的能力。灵敏度可用下列三种形式表示：在保证达到所要求的误码率（或信噪比）条件下，光接收机所需的输入的最小平均光功率 P_R、每个光脉冲的最低平均光子数 n_0 或每个光脉冲的最低平均能量 E_d。

对“1”“0”码等概率出现的不归零码脉冲，三者之间的关系可以表示为

$$P_R = \frac{E_d}{2T} = \frac{n_0 hf}{2T} \tag{4-14}$$

式中，T 为脉冲码元时隙，$T = 1/f_b$；hf 为一个光子能量；P_R 的单位为 W，由于实际接收到的光信号功率较小，因此也常用 mW 作为单位。

若用绝对功率电平 dBm 表示灵敏度 S_r，则可写为

$$S_r = 10\lg \frac{P_R}{1\text{mW}} \tag{4-15}$$

显然，对于不同的误码率（或信噪比）要求，光接收机能够达到的灵敏度性能也不相同。误码率（或信噪比）要求越高，光接收机需要的接收光功率就越大，即灵敏度性能会下降。

过载功率是与灵敏度相对的接收机性能指标，表征光接收机调整到最佳状态时能承受或容忍的输入最大光信号的能力。动态范围是灵敏度和过载功率之间的差值。例如，某光接收机在保证误码率为 10^{-9} 的条件下，所需接收的最小光功率为 10nW，而正常工作时最大接收光功率为 1μW，计算可得其动态范围为 $10\lg \frac{1\mu\text{W}}{10\text{nW}} = 20\text{dB}$。

2. 影响光接收机性能的主要因素

影响光接收机性能的主要因素有码间干扰、消光比、暗电流、量子效率、入射光波长、信号调制速率及各种噪声等。

（1）码间干扰

在光纤通信系统中，光接收机的输入光脉冲信号宽度与发送光脉冲线宽（谱宽）及光纤的带宽有关。多模光纤由于其带宽较窄，因此脉冲展宽引起的码间干扰主要是光纤带宽引起的。对于单模光纤系统而言，由于光纤色散的存在，光脉冲随着传输距离的延长会产生频谱展宽，继而引起码间干扰。特别是对于直接调制-直接检测光纤通信系统而言，色散和非线性效应引起的码间干扰是影响光接收机灵敏度的重要因素。

（2）消光比

采用直接调制的光发送机，为了减小激光器的张弛振荡现象，提高光发送机的调制响应性能，加入了直流偏置电流，这也使得光发送机在无信号输入时仍会有一定的输出光功率。这种残留的光将在光接收机中产生噪声，影响光接收机的灵敏度。当消光比不为 0 时，光源的残留光使光电检测器产生噪声。消光比越大，对灵敏度的影响也越大，其值与使用的光电检测器有关。

（3）暗电流

光电检测器中的暗电流对光接收机灵敏度的影响与消光比的影响相似，暗电流与光源无信号时的残留光一样，在光接收机中产生噪声，降低光接收机的灵敏度。APD 中有两种暗电流，一种是无倍增的，一种是有倍增的，后者对灵敏度的影响要比前者更大一些。

此外，光纤通信系统中使用的光波长越短，信号速率越高，光电检测器量子效率越低，系统噪声越大，这些都会使光接收机在一定误码率条件下的最小接收光功率增大，从而降低了光接收机的灵敏度。

4.2.3　直接检测光接收机的噪声分析

1. 直接检测光接收机的噪声源

光接收机中存在各种噪声源，根据产生的机理不同，噪声可分为两类：散粒噪声和热噪声。直接检测光接收机的主要噪声源如图 4-8 所示。其中散粒噪声包括光电检测器的量子噪声、暗电流噪声、漏电流噪声和倍增噪声；热噪声主要指负载电阻产生的噪声，放大器噪声（主要是前置放大器噪声）中，既有热噪声，又有散粒噪声。

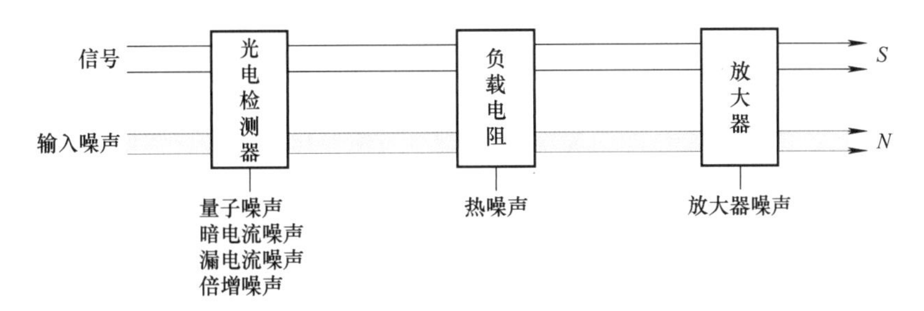

图 4-8　直接检测光接收机的主要噪声源

2. 光电检测器的噪声分析

假设平均光功率为 $P(t)$ 的光脉冲入射进光电检测器，光电检测器在时间 $\{t_n\}$ 内产生一定数量的电子-空穴对并产生位移电流，继而在负载上建立电压。为了分析简便，假设一个电子-空穴对产生的位移电流与其他任意电子-空穴对产生的位移电流相同，负载上建立的电压可用式（4-16）求得：

$$V(t) = e\sum_{n=1}^{N} h_{\mathrm{T}}\{t - t_n\} \tag{4-16}$$

式中，$eh_{\mathrm{T}}(t)$ 是 $t=0$ 时产生的电子-空穴对在光电检测器和负载上产生的冲击响应；N 为产生的电子-空穴对总数。总数 N 和产生的时间 $\{t_n\}$ 都是随机量，符合泊松分布随机过程。

若将时间 $\{t_n\}$ 记为若干小段 $\mathrm{d}t$，则在任一 $\mathrm{d}t$ 内光电检测器可能产生或不产生电子-空穴对。如产生 1 个电子-空穴对的概率是 $\lambda(t)\mathrm{d}t$，即有

$$\lambda(t) = \frac{\eta}{hf}P(t) \tag{4-17}$$

显然，产生 0 个电子-空穴对的概率可以记为 $1-\lambda(t)\mathrm{d}t$。假设 $\mathrm{d}t$ 足够小，使每一小段内产生多于 1 个电子-空穴对的概率忽略不计。进一步地，假设在这一小段时间内是否产生电子-空穴对和任意其他小段内是否产生电子-空穴对相互独立，根据上述的假设可以得到：在 $[t,t+T]$ 时间内产生的电子-空穴对总数是随机变量，概率分布为

$$P(N=n) = \Lambda^n \mathrm{e}^{-\Lambda}/n! \tag{4-18}$$

式中，

$$\Lambda = \int_t^{t+T}\lambda(t)\mathrm{d}t = \int_t^{t+T}\frac{\eta}{hf}P(t)\mathrm{d}t \tag{4-19}$$

式（4-18）和式（4-19）中，$P(N=n)$ 是出现 n 个电子–空穴对的概率；Λ 是出现电子–空穴对数的统计平均，即 n 的数学期望。可知，在时间 T 内光功率 $P(t)$ 的积分就是总的能量 E_d。若光脉冲宽度为 T，则 E_d 就代表光脉冲能量。这样在时间 T 内产生的平均电子–空穴对数可以表示为

$$\Lambda = \frac{\eta E_d}{hf} \tag{4-20}$$

时间 T 内产生 n 个电子–空穴对的概率分布为

$$P(N=n) = \left(\frac{\eta E_d}{hf}\right)^n e^{-\frac{\eta E_d}{hf}} / n! \tag{4-21}$$

对于理想的直接调制–直接检测光纤通信系统而言，假设接收光脉冲中包含的“1”和“0”脉冲概率相等，如果“1”和“0”脉冲产生的电子–空穴对数分别记为 $\overline{N}$ 和 0，则当量子效率为 $1(\eta=1)$ 时，单位比特的平均光子数 $\overline{N_p}$ 可以表示为

$$\overline{N_p} = \frac{1}{2}\overline{N} + \frac{1}{2}(0) \tag{4-22}$$

出现误码的概率表示为

$$\frac{1}{2}P_r(0) = \frac{1}{2}e^{-2\overline{N_p}} \tag{4-23}$$

也就是说，对于直接检测光接收机而言，达到 10^{-9} 的误码率需要的单位比特光子数约为 10。

3. 光接收机误码性能分析

光接收机中产生误码的原因很复杂，一般而言主要与散粒噪声、倍增噪声和热噪声等噪声有关。误码的多少和分布不仅与总噪声的大小有关，还与总噪声的分布有关。入射光子在光电检测器内产生的光生载流子通常可以认为服从泊松分布，但经过雪崩倍增、放大和均衡等环节后，噪声分布变得很复杂，所以要精确计算误码率和灵敏度就比较困难。

由于噪声的存在，光接收机放大器的输出是一个随机过程，判决时的取样值也是随机变量。所以判决时可能会产生误码，把接收的“1”码误判为“0”码，或把接收的“0”码误判为“1”码。

以幅度判决为例，判决点上的噪声电压如图 4-9 所示。

图 4-9 中，$V_1(t)$ 为考虑噪声的“1”码瞬时电压，V_m 为“1”码的平均电压值，$V_0(t)$ 为考虑噪声的“0”码瞬时电压，“0”码的平均电压为 0，判决点门限 $D=V_m/2$。

当接收“1”码时，若在取样时刻 $V_1<D$，则可能被误判为“0”码；当接收“0”码时，若在取样时刻 $V_0>D$，则可能被误判为“1”码。

假定噪声电压（电流）的瞬时值服从高斯分布，则其概率密度函数为

$$P(V) = \frac{1}{\sigma\sqrt{2\pi}}\exp\left(-\frac{V^2}{2\sigma^2}\right) \tag{4-24}$$

式中，σ 是噪声电压有效值；$\sigma^2=N$ 为噪声平均功率。

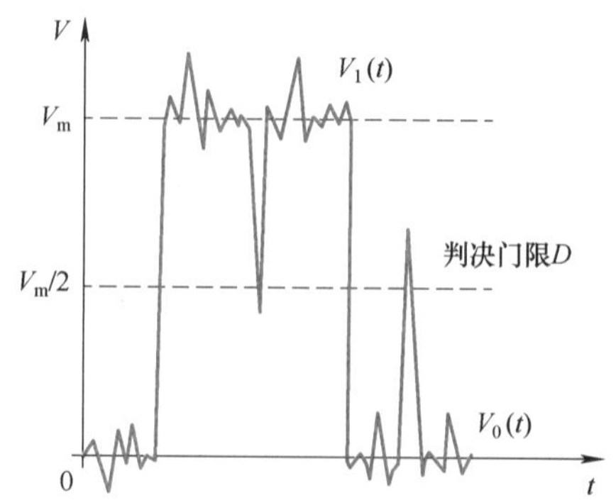

图 4-9　判决点上的噪声电压

在已知光电检测器和前置放大器的噪声功率，并假设噪声功率满足高斯概率分布后，就可以计算“0”码和“1”码的误码率。

当光接收机接收“0”码时，平均噪声功率 $N_0=N_A$，N_A 为前置放大器的平均噪声功率。因为此时无光信号输入，光电检测器的平均噪声功率 $N_D=0$（不考虑暗电流）。

由式（4-24）可知，接收“0”码时噪声电压的概率密度函数为

$$P(V_0)=\frac{1}{\sqrt{2\pi N_0}}\exp\left(-\frac{V_0^2}{2N_0}\right) \tag{4-25}$$

在判决点上电压 V_0 超过 D 的概率，即把“0”码误判为“1”码的概率 $P_{e,01}$ 可以表示为

$$P_{e,01}=P(V_0>D)=\frac{1}{\sqrt{2\pi N_0}}\int_D^{\infty}\exp\left(-\frac{V_0^2}{2N_0}\right)dV_0=\frac{1}{\sqrt{2\pi}}\int_{D/\sqrt{N_0}}^{\infty}\exp\left(-\frac{x^2}{2}\right)dx \tag{4-26}$$

式中，$x=V_0/\sqrt{N_0}$。

当光接收机接收“1”码时，平均噪声功率 $N_1=N_A+N_D$，N_D 为光电检测器的平均噪声功率。这时噪声电压幅度为（V_1-V_m），判决门限仍为 D，则只要取样值（V_m-V_1）>（V_m-D）或（V_1-V_m）<($D-V_m$)，就可能把“1”码误判为“0”码。所以把“1”码误判为“0”码的概率 $P_{e,10}$ 为

$$P_{e,10}=P((V_m-V_1)>(V_m-D))=\frac{1}{\sqrt{2\pi N_1}}\int_{-\infty}^{-(V_m-D)}\exp\left[-\frac{(V_1-V_m)^2}{2N_1}\right]d(V_1-V_m)$$

$$=\frac{1}{\sqrt{2\pi}}\int_{-\infty}^{-(V_m-D)/\sqrt{N_1}}\exp\left(-\frac{Y^2}{2}\right)dY \tag{4-27}$$

式中，$Y=(V_1-V_m)/\sqrt{N_1}$。

误码率 $P_{e,01}$ 与 $P_{e,10}$ 不一定相等，但对于“0”码与“1”码等概率出现的码流，可通过调节判决门限 D，使 $P_{e,01}=P_{e,10}$，此时可获得最小的误码率，记为

$$P_e=\frac{1}{2}P_{e,01}+\frac{1}{2}P_{e,10}=P_{e,01}=P_{e,10} \tag{4-28}$$

即有

$$P_e=\frac{1}{\sqrt{2\pi}}\int_Q^{\infty}\exp\left(-\frac{x^2}{2}\right)dx \tag{4-29}$$

式中，$Q=\frac{D}{\sqrt{N_0}}=\frac{V_m-D}{\sqrt{N_1}}$，表示判决门限与噪声电压（电流）有效值的比值，称为超扰比，含有信噪比的概念。不同的 Q 值对应不同的误码率，由此可见只要知道 Q 值，就可以求出误码率。误码率和 Q 值的关系如图 4-10 所示。

实际中，由于 Q 值不易直接测量，一般使用的是误码率-灵敏度曲线，如图 4-11 所示。

不难看出，对于图 4-11 中所示的两个光接收机 A 和 B 而言，在同样的误码率条件下，光接收机 B 可以检测更小功率的输入光信号；另一方面，如果输入光功率相同，光接收机 B 具有更好的误码性能（误码率更低），因此光接收机 B 较光接收机 A 具有更好的灵敏度性能。

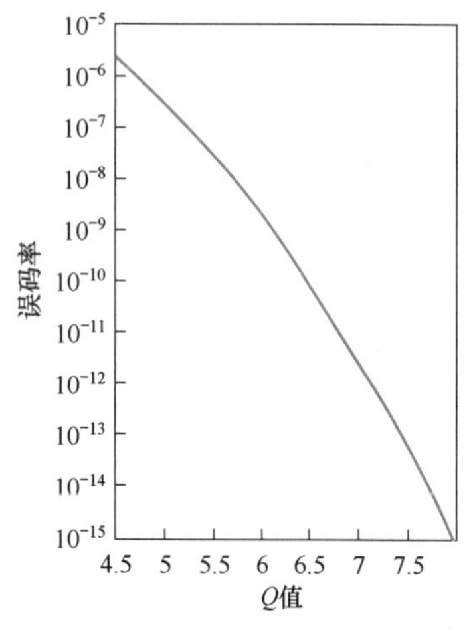

图 4-10 误码率和 Q 值的关系

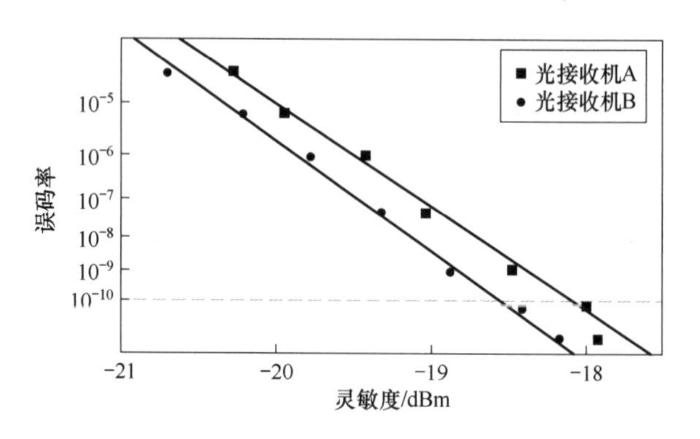

图 4-11 误码率-灵敏度曲线

4.3 相干检测与相干检测光接收机

4.3.1 相干检测的基本原理

传统的光接收机采用直接检测方式，即接收侧的光电检测器只响应接收到的光功率大小，而对光载波的频率或相位不敏感。直接检测方法相对较为简单且光接收机易于实现，但是其灵敏度受限于光电检测器与光接收机前端放大器的噪声。相关理论研究表明，这种噪声会以平方率形式对系统的接收灵敏度造成影响，其值比散粒噪声极限灵敏度大约低10~20dB。

20世纪70~80年代，LD的频率稳定度等指标得到了很大改善，使得光信号的零差和外差检测成为可能，由于其实现过程与光载波的相位相干性有关，因此也称为相干光通信系统。在相干光通信系统中，不仅光载波的幅度可以携带信息，而且可以通过对光载波的频率、相位乃至多个特征联合进行调制，得到了学术界的广泛重视，并被广泛视为是一种高速率长距离光纤通信系统中重要的候选解决方案。但是研究表明，相干光通信系统需要有高精度的本地光源作为中频信号，这使其在使用中受到很大限制。另一方面，随着光放大器的迅速成熟和实用化，使得直接调制系统进行级联光放大后也可以获得足够的传输距离。因此，对相干光通信系统的研究陷入了暂时的低潮。

进入21世纪以来，移动互联网等各种宽带数据业务的迅猛增长，使得光纤通信系统的单端口传输速率由10Gbit/s级提高至40~100Gbit/s级，研究人员再次把注意力放到具有较高频谱效率的相干光通信系统上，并且随着先进的调制解调方案和数字信号处理等技术进展，传统制约直接调制-直接检测系统的色散容限、偏振模色散和非线性效应等都可以得到有效抑制，相干光通信系统得到了广泛的应用。目前，商用系统中100Gbit/s的系统已经普遍采用相干光通信系统。

图4-12所示为相干光通信系统的基本结构示例。相干光通信系统的关键技术之一是将

接收到的光信号与本地产生的连续波信号进行混频，以产生混频增益。用以产生本地连续波信号的是一个窄线宽激光器，也称为本地振荡器或振荡源。混频过程中光接收机的噪声是主要来自本地振荡器的散粒噪声，即光接收机的灵敏度主要受限于散粒噪声。

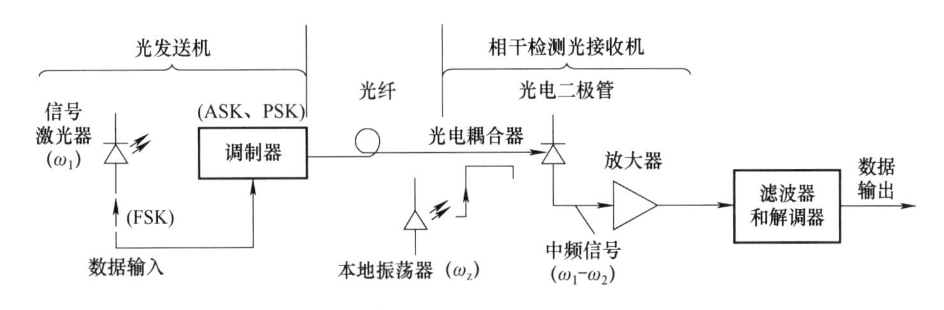

图 4-12　相干光通信系统的基本结构示例

假设光发送机发射的光信号电场强度表示为

$$E_S = A_S\cos[\omega_S t + \varphi_S(t)] \tag{4-30}$$

式中，A_S 是光信号幅度；ω_S 是光载波频率；φ_S 是光信号相位。为了发送信息，可以对光载波的幅度、频率和相位进行分别调制或联合调制。根据第 3 章中对于直接调制光发送机的介绍，不难看出，如果采用的是幅移键控或通断键控方案的直接调制，光信号电场中的 φ_S 是常量，而光信号幅度 A_S 在每个比特周期中随“0”“1”变化。对于直接检测光接收机而言，光接收机产生的电流与光信号幅度成正比，可以表示为

$$I_{DD} = \frac{1}{2}A_S^2 \tag{4-31}$$

式中，I_{DD} 是直接检测光接收机的输出电流。

对于相干光通信系统而言，光发送机处可以采用幅度、频率、相位及其组合等调制方案，在相干检测光接收机的检测过程中，首先将本地产生的光信号（本振光）与接收到的包含信息的光信号（接收光）进行混频，然后检测混合的光信号。如果本地产生的光信号，即本地振荡器的电场强度表示为

$$E_{LO} = A_{LO}\cos[\omega_{LO}t + \varphi_{LO}(t)] \tag{4-32}$$

式中，A_{LO} 是本地振荡幅度；ω_{LO} 和 $\varphi_{LO}(t)$ 分别是频率和相位。检测到的电流与光电检测器信号总的电场强度的平方成比例，即光接收机产生的电流 I_{coh} 为

$$I_{coh}(t) = (E_S + E_{LO})^2 = \frac{1}{2}A_S^2 + \frac{1}{2}A_{LO}^2 + A_S A_{LO}\cos[(\omega_S - \omega_{LO})t + \varphi(t)]\cos\theta(t) \tag{4-33}$$

式中，$\varphi(t)$ 是接收信号与本地振荡间的相位差；

$$\cos\theta(t) = \frac{E_S E_{LO}}{|E_S||E_{LO}|}$$

表示接收光与本振光之间的极化失配。由于光功率与光强成比例，因此在光电检测器处有

$$P(t) = P_S + P_{LO} + 2\sqrt{P_S P_{LO}}\cos[(\omega_S - \omega_{LO})t + \varphi(t)]\cos\theta(t) \tag{4-34}$$

式中，P_S 和 P_{LO} 分别是接收光和本振光功率，且 $P_S \gg P_{LO}$。两个光信号的角频率差（$\omega_S - \omega_{LO}$）是一个中频信号，$\varphi(t)$ 是两个光信号间时变的相位差。

4.3.2 零差检测和外差检测

当接收光与本振光频率相等，即 $\omega_{IF}=\omega_S-\omega_{LO}=0$ 时，为零差检测，此时式（4-34）可以表示为

$$P(t)=P_S+P_{LO}+2\sqrt{P_SP_{LO}}\cos\varphi(t)\cos\theta(t) \tag{4-35}$$

可以使用通断键控 P_S 变化而 $\varphi(t)$ 为常量，或相移键控（$\varphi_S(t)$ 变化而 P_S 为常量）调制来传输信息。

由式（4-35）可以看出，零差检测将检测频率降低至基带频率，因此不需要复杂的电信号解调。零差检测时光电检测器输出光功率与接收光功率和本振光功率有关，而本振光功率可以比接收光功率大得多，这也意味着零差检测可以获得较高的输出光功率，零差接收系统也被称为最灵敏的相干光通信系统。但是，零差接收系统也存在缺点：由于本地振荡器需要由光锁相环进行控制，因此零差检测光接收机的实现难度较高。此外，接收光和本振光频率较严格的一致性需求对器件性能提出了较高要求，如较窄的激光器线宽和较高的波长调制能力等。

在外差检测中，中频不为0，因此不需要光锁相环。因此，外差检测光接收机比零差检测光接收机容易实现。类似地，外差检测光接收机也可以借助于较高的本振光功率提高光电检测器的输出光功率，但是相对于零差检测而言提高幅度较小，这也被称为外差检测代价，这使外差检测光接收机的灵敏度比零差检测光接收机低 3dB。

4.3.3 相干检测光接收机的信噪比

如前述分析可知，数字通信系统的性能可以用误码率进行评价，而误码率与光接收机的信噪比和噪声概率密度函数有关。对于零差检测和外差检测，在较高的本振光功率下，可以认为概率密度函数满足高斯分布，因此误码率只与信噪比有关，可以通过光接收机输出端的信噪比描述或评价灵敏度性能。

对通断键控调制的零差检测系统而言，假设接收到持续时间为 T_b 的“0”脉冲时，其平均电子-空穴对的数目 $\overline{N_0}=A_{LO}^2T_b$；由本地振荡器产生，对于“1”脉冲而言，其平均电子-空穴对数 $\overline{N_1}$ 可以表示为

$$\overline{N_1}=(A_{LO}+A_S)^2T_b\approx(A_{LO}^2+2A_{LO}A_S)T_b \tag{4-36}$$

由于本振光的输出光功率远大于接收光功率，因此在“1”脉冲时接收端译码器处的电压可以表示为

$$V=\overline{N_1}-\overline{N_0}=2A_{LO}A_ST_b \tag{4-37}$$

而均方根噪声 σ 可以表示为

$$\sigma\approx\sqrt{\overline{N_1}}\approx\sqrt{\overline{N_0}} \tag{4-38}$$

此时可以获得误码率

$$P_e=\frac{1}{2}\left[1-\mathrm{erf}\left(\frac{V}{2\sqrt{2}\sigma}\right)\right]=\frac{1}{2}\mathrm{erfc}\left(\frac{V}{2\sqrt{2}\sigma}\right)=\frac{1}{2}\mathrm{erfc}\left(\frac{A_ST_b^{\frac{1}{2}}}{\sqrt{2}}\right) \tag{4-39}$$

为达到 10^{-9} 量级的误码率，需要满足 $\frac{V}{\sigma}=12$，此时可得 $A_S^2 T_b=36$，即每个光脉冲包含的最低光子数为 36。也就是说，对于通断键控零差检测，平均每个光脉冲必须包括 36 个电子–空穴对。假定量子效率为 1，通断键控序列中 "1" 和 "0" 脉冲等概率出现，则单位信息比特平均接收光子数 $\overline{N_p}=18$。

对于相移键控零差检测而言，其具有理论上最佳的接收灵敏度。采用类似通断键控零差检测的分析方法，达到 10^{-9} 量级的误码率，需要 $A_S^2 T_b=9$，即每个光脉冲包含的最低光子数为 9。注意与通断键控不同的是，相移键控光信号无论 "1" "0" 都有功率，因此其单位脉冲和单位比特所需的最低光子数一致。

对于外差检测系统而言，其分析过程相对零差检测系统要复杂得多。以相移键控外差检测系统为例，通常需要采用微波锁相环的恢复电路产生本地参考相位，其误码率可以表示为

$$P_e=\frac{1}{2}\mathrm{erfc}\sqrt{\eta \overline{N_p}} \tag{4-40}$$

理想情况下，达到 10^{-9} 量级的误码率，每个光脉冲包含的最低光子数为 18。

两种不同类型光接收机的对比见表 4-3。

表 4-3　两种不同类型光接收机的对比

光接收机类型	直接检测光接收机	相干检测光接收机
发送端调制方案	直接调制	间接调制
接收端检测方案	直接检测	相干检测
调制方案	通断键控为主	差分相移键控、差分正交相移键控和正交调幅等
系统结构	简单，易与光源和光电检测器集成	复杂
频谱效率	低，一般无法利用光信号的频率和相位信息，单信道容量受限	高，可以同时利用光信号的幅度、频率和相位信息，单信道容量高
色散容限	低，一般需要配置色散补偿模块（DCM）	高，采用数字信号处理技术抵消光纤色散

4.4　光中继器

光发送机输出的光脉冲信号，经过光纤传输后，因光纤的吸收和散射而产生衰减，又因光纤材料和结构上引起的色散影响，导致光脉冲信号的失真。这些失真会使通信系统噪声和误码率增大，且随距离增加而加剧。因此，为了补偿光信号的衰减，对波形失真的脉冲进行整形，延长光纤通信距离，可以在光纤线路中每隔一定距离设置光中继器，对受传输损伤的光脉冲进行整形和恢复。

传统的光纤通信系统中，由于无法实现全光通信和有效地光放大，因此光中继器采用了所谓背靠背的光–电–光转换方式，包括光接收、判决和光发送三部分。光–电–光转换方式

的光中继器（3R 中继器）的组成如图 4-13 所示。

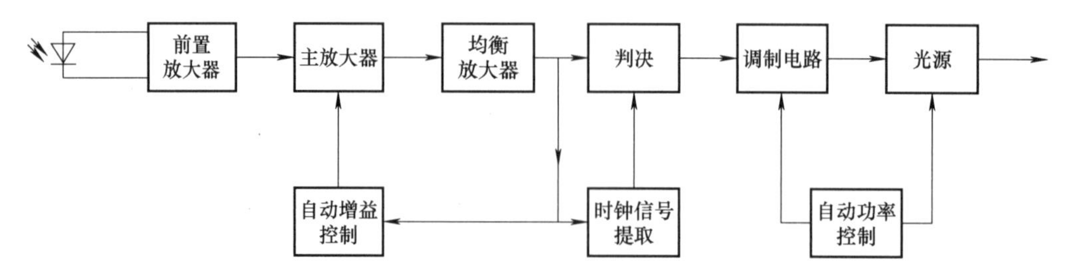

图 4-13　光–电–光转换方式的光中继器的组成

显然，光–电–光转换方式的光中继器可以视为光接收机和光发送机的组合，除此之外，还有其他一些用以处理辅助业务信号的电路，完成公务、监控和区间通信等功能。

由于光–电–光转换方式的光中继器需要双向的收发部分，因此结构比较复杂，成本较高。20 世纪 90 年代以来，全光处理技术和光放大技术获得了很大发展，特别是光放大器的出现，使得在光纤线路中间可以不需要设置昂贵且复杂的 3R 中继器，而是使用光放大器（1R 中继器）直接对光信号实现放大，这极大地提高了系统的可靠性，降低了成本。光放大器的有关内容将在第 6 章中加以介绍。

小　　结

光接收机的主要功能是对经过长距离光纤线路传输后的光信号进行接收、检测、识别和判决，从中恢复出正确的信息。光信号在光纤线路中传输会受到光纤损耗、色散、非线性效应及其他外干扰等影响，这也要求光接收机能够检测微弱信号，并且能够有效地处理各种类型的干扰或噪声，尽可能无差错地恢复原始信号中包含的信息，同时满足系统规定的误码率或信噪比。从某种角度来说，光接收机的性能决定了整个光纤通信系统的性能。

PIN 型光电二极管和 APD 是两种主要的光电检测器，其中 APD 因其雪崩倍增效应，具有较高的增益。最早广泛应用的多为直接检测光接收机，其结构相对简单，在满足一定性能要求的前提下具有优越的成本优势。对于当前乃至未来的超高速率和超长距离光纤通信系统而言，相干检测光接收机是综合性能最佳的解决方案。

习　　题

1）光纤通信系统对光电检测器有什么要求？比较 PIN 型光电二极管和 APD 的特点。

2）光电二极管为什么必须工作在反向偏压状态？光电二极管产生的光电流中包括哪些分量？这些分量与哪些因素有关？光电二极管的响应时间与什么有关？

3）光电检测电路为什么会产生非线性失真？非线性失真对接收信号会产生什么影响？

4）什么是暗电流？暗电流是怎么产生的？暗电流的存在对接收信号会产生什么影响？

5）试述 APD 的工作原理。何谓雪崩倍增效应？拉通型雪崩光电二极管有什么特点？APD 的电流增益系数 G 与什么有关？

6）光接收机中的噪声包括哪些？这些噪声是怎么产生的？

7）什么是动态范围？何谓光接收机的灵敏度？灵敏度怎么表示？在保证误码率为 10^{-9} 的条件下，测得光接收机所需输入光功率的范围为 $P_{max}=0.5\mu W$、$P_{min}=10nW$，求该光接收机的动态范围和灵敏度。

8）分析光纤通信系统误码率的大小与光接收机接收光功率大小的关系。

9）什么是平均噪声功率？平均噪声功率与什么因素有关？它的大小意味着什么？

10）光接收机电路中为什么用 FET 构成最前端的互阻抗放大器？

11）列出影响光纤通信系统中光接收机灵敏度的各种因素，并说明这些因素是怎样影响光接收机灵敏度的。

第5章 无源和有源光器件

光纤通信系统中，光源、光纤线路和光电检测器是构成系统最基本的部分。除此之外，还有大量的各类无源和有源光器件承担系统中信号的分支、合路、隔离和滤波等各种功能，也是系统正常运行不可或缺的部分。本章主要介绍光纤通信系统中典型的无源和有源光器件及其应用。

5.1 光纤连接器

5.1.1 光纤连接器的原理

光纤连接器是两根光纤之间完成活动连接的器件，主要用于各类有源和无源光器件之间、光器件与光纤线路之间、各类测试仪器与光纤通信系统或光纤线路之间的活动连接。第2章中已经讨论过，光纤连接时引入的损耗与待连接光纤的参数和对准精度有很大的关系。因此，在长距离光纤线路中，往往需要采用精密的光纤熔接设备将两根光纤进行永久性连接（熔接）并保证在线路上引入的附加损耗最小。另一方面，光纤线路终端侧的活动连接主要是指可以进行多次重复连接，且重复性能好。与之相对的是，光纤线路中的光纤与光纤之间的连接（光纤接续）是一个永久性（固定）连接，一般不具备重复性。

光纤连接器是光纤通信系统中应用最广泛的一种无源器件，光纤耦合器、光衰减器、光隔离器、光环行器、光调制器和光开关等几乎所有无源光器件，以及光源和光电检测器等有源光器件都需要使用光纤连接器进行连接。对光纤连接器的一般要求是插入损耗小、重复性好、互换性好以及稳定可靠等。

光纤连接时引起的损耗与多种因素有关，例如光纤的结构参数（纤芯直径、数值孔径等）、光纤的相对位置（横向位移、纵向间隙等）和端面状态（形状、平行度等）。产生光纤连接损耗的因素如图5-1所示。

以最常见的轴向偏差（见图5-2）为例，设两根光纤半径为a，轴向偏差为d，则耦合效率η_F和由此引入的附加损耗L_F可以分别表示为

$$\eta_F = \frac{A_{comm}}{\pi a^2} = \frac{2}{\pi}\arccos\frac{d}{2a} - \frac{d}{\pi a}\left[1 - \left(\frac{d}{2a}\right)^2\right]^{\frac{1}{2}} \tag{5-1}$$

$$L_F = -10\log\eta_F \tag{5-2}$$

光纤连接器的种类很多，按结构可以分为调心型和非调心型，按连接方式可以分为对

接耦合式和透镜耦合式，按光纤端面相互接触形状可以分为平面接触式和球面接触式等。使用最多的是非调心型对接耦合式光纤连接器，其核心是一个插针-套筒式结构，如图 5-3 所示。

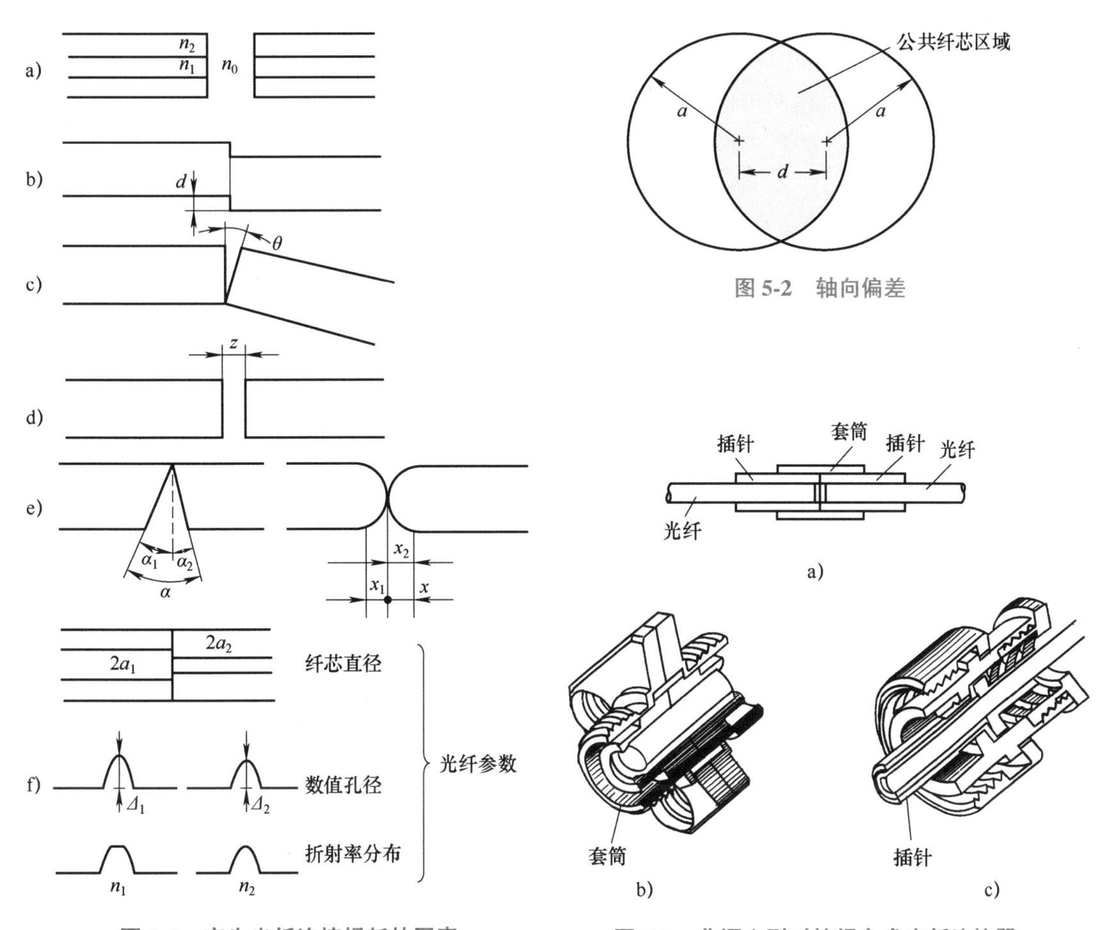

图 5-1　产生光纤连接损耗的因素

图 5-2　轴向偏差

图 5-3　非调心型对接耦合式光纤连接器

图 5-3 中，光纤连接器主要由带有微孔（ϕ125μm，与光纤包层外径一致）的插针和用于对准的套筒（内径 ϕ125μm）构成。待连接的光纤去除涂覆层后插入插针中心的微孔，并用环氧树脂类黏结剂固定后对端面进行打磨处理以确保平整。两根光纤对准时，将插针插入套筒中，就可完成光纤的对接耦合，插针与套筒之间通过精密公差配合，可以保证两根光纤的轴线对准，再采用弹簧或卡口等机械装置保证插针与套筒之间的位置固定，即可实现光纤的活动连接。插针和套筒材料传统上多采用坚硬耐久的金属材料如不锈钢等，但现在多使用性能更加稳定的氧化锆。氧化锆是一种陶瓷材料，其机械性能好、耐磨，热膨胀系数和光纤相近，使光纤连接器的寿命和工作温度范围大大改善。

5.1.2　光纤连接器的类型

1. FC 型光纤连接器

FC 型光纤连接器外形为圆形，紧固方式为螺丝扣（旋转固定），传统 FC 型光纤连接器采用的陶瓷插针的对接端面是平面接触方式，此类光纤连接器结构简单、操作方便、制作容易，但光纤端面对微尘较为敏感，且容易产生菲涅耳反射，提高回波损耗性能较为困难。后期的改进主要是采用了对接端面为 SPC（球面物理接触）的插针，而外部结构没有改变，使得插入损耗和回波损耗性能有了较大幅度的提高。

2. SC 型光纤连接器

SC 型光纤连接器外形为矩形，所采用的插针与耦合套筒的结构尺寸与 FC 型光纤连接器完全相同。其中插针的端面可以是 FC、SPC 或 APC（角度物理接触）；紧固方式是采用插拔销闩式，不需旋转。此类光纤连接器价格低廉，插拔操作方便，介入损耗波动小，抗压强度较高，安装密度高。

3. ST 型光纤连接器

ST 型光纤连接器最初是针对局域网（LAN）环境中设计，采用了类似同轴电缆基本网络卡（BNC）的卡接方式，其外形为圆形，紧固方式为插拔卡接式，插入后旋转半圈直至卡口固定。

4. LC 型光纤连接器

LC 型光纤连接器外形紧凑，采用操作方便的模块化插孔（RJ）闩锁机理制成，其所采用的插针和套筒的尺寸是普通 SC 型、FC 型等所用尺寸的一半。这样可以提高光纤配线架中光纤连接器的密度。当前 LC 型光纤连接器在实际应用中已经占据了主导地位。

光纤连接器如图 5-4 所示。

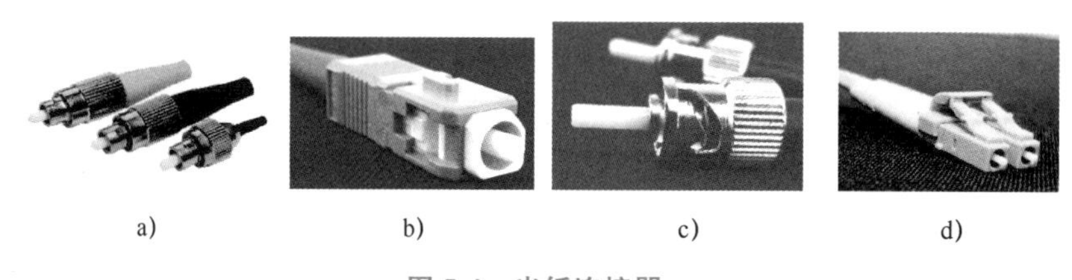

a)　　b)　　c)　　d)

图 5-4 光纤连接器

a）FC 型 b）SC 型 c）ST 型 d）LC 型

为了进一步减小插入损耗和反射损耗，光纤连接器的插针也有不同的形式。常用的插针体有 PC（物理接触）、SPC 和 APC 等。PC 插针的端面之间直接接触，使得光纤端面间微小空气间隙引起的损耗大为减少。SPC 插针的端面被研磨成球面，利用自聚焦特性获得较小的插入损耗。APC 插针有 8°倾角，这样可以大大提高回波损耗。

5.1.3 光纤连接器的性能参数

光纤连接器的性能首先是光学性能，此外还要考虑互换性、重复性、抗拉强度、温度和插拔次数（寿命）等。

1）光学性能：对于光纤连接器光学性能的要求，主要是插入损耗和回波损耗。

插入损耗也称连接损耗，是指因光纤连接器的引入而引起的线路有效光功率的损耗。插入损耗越小越好，一般要求不大于 0.5dB。

回波损耗是指光纤连接器对线路光功率反射的抑制能力，其典型值应不小于 25dB。实际应用的光纤连接器，插针表面经过了专门的抛光处理，使回波损耗更大，可达 30~40dB。

2）互换性或重复性：光纤连接器是通用的无源器件，对于同一类型的光纤连接器，一般都可以任意组合使用，并可以重复多次使用，由此而导入的附加损耗一般都小于 0.2dB。

3）抗拉强度：对于封装固定好的光纤连接器，一般要求其抗拉强度应不低于 90N。

4）温度：一般要求光纤连接器必须在-40～70℃下能够正常使用。

5）插拔次数：现在使用的光纤连接器基本都可以插拔 1000 次以上。

FC/PC 型单模光纤连接器的性能参数见表 5-1。

表 5-1 FC/PC 型单模光纤连接器的性能参数

参 数	FC/PC 型单模光纤连接器	参 数	FC/PC 型单模光纤连接器
插入损耗/dB	≤0.2	重复性/dB	≤±0.1
最大插入损耗/dB	≤0.5	温度/℃	-20～+70
回波损耗/dB	≥40	插拔次数	2000
互换性/dB	≤±0.01		

5.2 光纤耦合器

5.2.1 光纤耦合器的原理

光纤耦合器的功能是实现光信号的分路/合路，即把一个输入的光信号分配给多个输出或者把多个输入的光信号组合成一个输出。根据光信号合路和分路的依据，可以把光纤耦合器分为功率耦合器和波长耦合器。功率耦合器是对同一波长光信号，按照平均或设定的比例对光功率进行分路或合路，也称为定向耦合器。波长耦合器则是针对不同波长的光信号进行合路和分路（也称为合波器和分波器）。光纤耦合器的使用将会给光纤线路带来一定的附加插入损耗及串扰和反射等影响。

常用的功率耦合器包括 3 端口、4 端口光纤耦合器和星形耦合器（多端口），光纤耦合器的类型如图 5-5 所示。

1. 3 端口和 4 端口光纤耦合器

这是一种有 3 个端口或 4 个端口，不同端口之间有一定光功率分配比例的光纤耦合器。图 5-5a 所示为 3 端口光纤耦合器，其功能是把一根光纤输入的光信号按一定比例分配给两根光纤（作为分路器或分功器使用），或把两根光纤输入的光信号合在一起输入一根光纤（作为合路器或合功器）。图 5-5b 所示为 2×2 的 4 端口光纤耦合器，其功能是完成光功率在不同端口间的分配。当端口 1 输入光功率时，端口 3、4 按一定比例输出，而端口 2 无输出；当端口 3 输入光功率时，端口 1、2 按一定比例输出，而端口 4 无输出。

2. 星形耦合器

图 5-5c 所示为有多个输入端口（M 个或 N 个）和多个输出端口（N 个）的星形耦合器，其功能是把 M 根光纤输入的光功率分配给 N 根光纤，M 和 N 不一定相等。这种星形耦合器通常用作多端口光功率分配器，例如光接入网中的光分支器。

3. 波长耦合器

图 5-5d 所示为波长耦合器。前述的光纤耦合器只涉及光功率的分配，与光波长无关，

而波长耦合器是一个与光波长有关的波分复用/解复用器。波长耦合器可作为合波器，功能是将多个不同波长的光信号组合在一起，输入进一根光纤；也可作为分波器，功能是把一根光纤输出的多个波长的光信号分配给不同的光接收机。

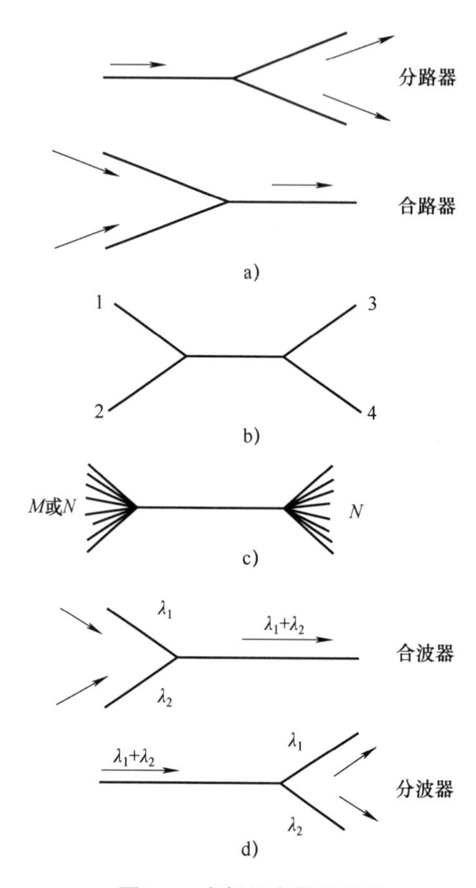

图 5-5 光纤耦合器的类型

a）3 端口光纤耦合器 b）4 端口光纤耦合器 c）星形耦合器 d）波长耦合器

5.2.2 光纤耦合器的结构

1. 熔锥型光纤耦合器

2×2 功率耦合器和 $N \times N$ 星形耦合器多采用此种结构。首先将两根（或多根）去除涂覆层的光纤扭绞在一起，然后在施力条件下加热，将软化的光纤拉长形成锥型，并稍加扭转使其熔接在一起。两根或多根光纤的熔融区会重新分布形成渐变双锥结构，即熔融区各光纤的包层合并成同一包层，纤芯变细、靠近。熔锥型光纤耦合器如图 5-6 所示。

以 2×2 单模光纤功率耦合器为例，在锥形耦合区，两根光纤的纤芯直径变小且两个芯区非常靠近，因而归一化频率 V 显著减小，导致模场直径增加，这使两根光纤的消逝场产生强烈的重叠耦合。光功率可以从一根光纤耦合到另一根光纤，随后又可以耦合回来，使两根光纤消逝场的重叠部分增加。根据耦合区的长度和包层厚度，可以在两根输出光纤中获得预期的光功率比例。

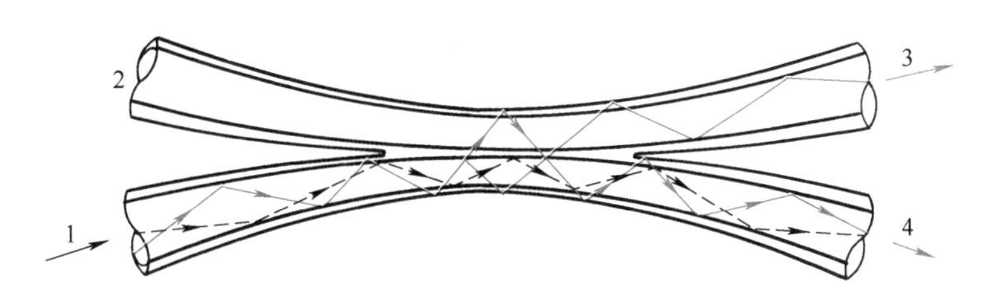

图 5-6　熔锥型光纤耦合器

2. 研磨型光纤耦合器

将两根光纤一边的包层研磨掉大部分，剩下很薄的一层，然后将经研磨的两根光纤并接在一起，中间涂上一层折射率匹配液，于是两根光纤靠透过纤芯与包层分界面的消逝场产生耦合，得到所需的耦合功率。

研磨型光纤耦合器的原理与熔锥型光纤耦合器的相同，都是利用消逝场的耦合在输出光纤中获得一定的功率分配。但熔锥型光纤耦合器具有更多的优点，如简单、易于生产，附加损耗小，串扰也较小，可以适合于任何光纤类型和几何尺寸；其主要缺点是分光比与模式和波长有关，以至于产生不同的损耗。

3. 微光元件型光纤耦合器

微光元件型光纤耦合器采用两个 1/4 焦距的梯度折射率透镜（GRIN），中间夹有一层半透明涂层镜面，如图 5-7 所示。

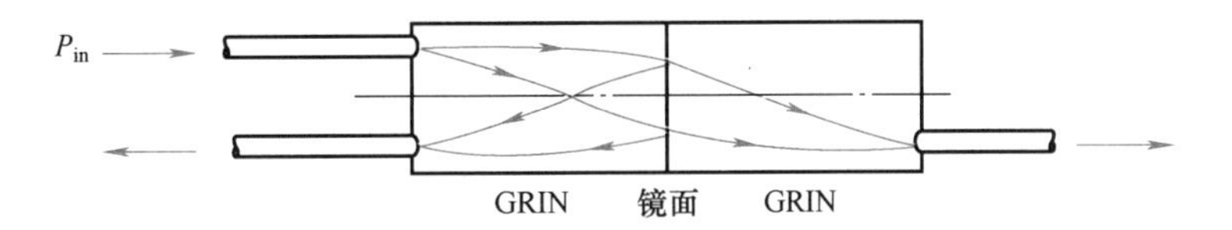

图 5-7　微光元件型光纤耦合器

输入光束（光功率 P_{in}）投射到第一个 GRIN，其中部分光被半透明涂层镜面反射回来耦合进第二根光纤，而透射光则聚焦在第二个 GRIN 并耦合进第三根光纤。这种微光元件光纤耦合器结构紧凑、简单，插入损耗低，对模功率分配不敏感，因此也得到广泛应用。如果采用一个干涉滤波器代替半透明涂层镜面，也可作为波分复用器件。

4. 集成光波导型光纤耦合器

集成光波导型光纤耦合器的制作工艺分为两步，首先利用光刻技术将所要求的分支功能的掩模沉积到玻璃衬底，然后利用离子交换技术将波导扩散进玻璃衬底，在其表面掩模形成圆形的嵌入波导。图 5-8a 所示为最简单的 Y 型（1×2）分支耦合器的基本结构，将多个 1×2 分支耦合器级联，可以构成图 5-8b 所示的树形耦合器。

5.2.3　光纤耦合器的性能参数

光纤耦合器的性能参数主要有插入损耗、附加损耗、耦合比或分光比和串扰等。

以 4 端口光纤耦合器为例，其主要性能参数的关系如图 5-9 所示。

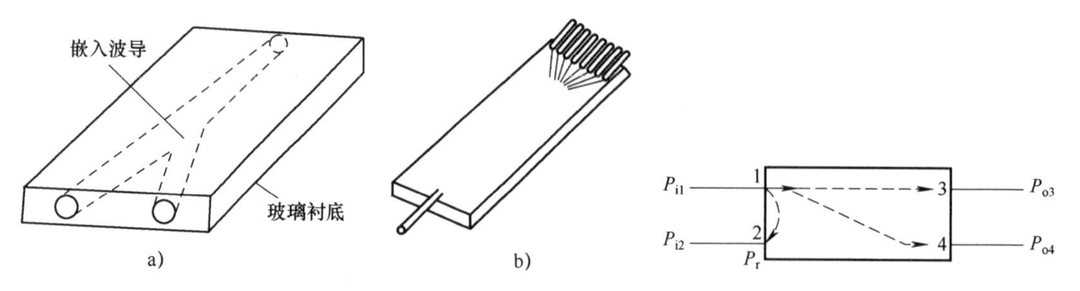

图 5-8 集成光波导型光纤耦合器
a）分支耦合器 b）树形耦合器

图 5-9 4 端口光纤耦合器主要性能参数的关系

（1）插入损耗 L_i

指一个指定输入端口（如端口 1）的输入光功率 P_{i1} 和一个指定输出端口（如端口 3）的输出功率 P_{o3} 的比值，用 dB 表示为

$$L_i = 10\lg \frac{P_{i1}}{P_{o3}} \tag{5-3}$$

（2）附加损耗 L_e

指全部输入端口（端口 1 和 2）的输入光功率总和与全部输出端口（端口 3 和 4）的输出光功率总和的比值，用 dB 表示为

$$L_e = 10\lg \frac{P_{i1} + P_{i2}}{P_{o3} + P_{o4}} \tag{5-4}$$

（3）耦合比 CR

指某一个输出端口（如端口 3）的输出光功率 P_{o3} 与全部输出端口（端口 3 和 4）的输出光功率总和的比值，表示为

$$CR = \frac{P_{o3}}{P_{o3} + P_{o4}} \times 100\% \tag{5-5}$$

（4）串扰 L_c

指一个输入端口（端口 1）的输入光功率 P_{i1} 与由光纤耦合器泄漏到其他输入端口（端口 2）的光功率 P_r 的比值，用 dB 表示为

$$L_c = 10\lg \frac{P_{i1}}{P_r} \tag{5-6}$$

5.2.4 合波器和分波器

合波器/分波器也称为波分复用/解复用器，是多信道光纤通信系统的关键器件，主要功能是将多个波长不同的光信号复合后送入同一根光纤中传送（合波）或将一根光纤中多个不同波长的光信号分解后送入不同的光接收机（分波）。

波分复用/解复用器性能的优劣对波分复用系统的传输质量有决定性影响，其性能指标有插入损耗和串扰。波分复用系统对波分复用/解复用器的特性要求是损耗和偏差要小，信道间的串扰要小，通带损耗平坦等。

1. 波分复用/解复用器的原理

根据制造工艺和技术特点，波分复用/解复用器大致有熔锥光纤型、干涉滤波器型、光栅型和集成光波导型四种类型。

（1）熔锥光纤型

熔锥光纤型波分复用/解复用器总的耦合功率分光比只取决于锥形耦合长度和包层厚度。利用熔锥型光纤耦合器的波长依赖性，可以制成波分复用/解复用器。在这种器件中，改变熔融拉锥工艺可使分波器输出端的分光比随波长急剧变化。熔锥光纤型波分复用/解复用器如图 5-10 所示，该器件结构类似于 2×2 单模光纤耦合器。通过设计熔融区的锥度，控制拉锥速度，使直通臂对波长为 λ_1 的光有接近 100%的输出，而对波长为 λ_2 的光输出接近于零；使耦合臂对波长为 λ_2 的光有接近 100%的输出，而对波长为 λ_2 的光输出接近于零。这样当 λ_1 和 λ_2 两个波长的光信号同时输入时，波长为 λ_1 和 λ_2 的光信号分别从直通臂和耦合臂输出，此时器件作为解复用器。反之，如果直通臂和耦合臂分别有波长为 λ_1 和 λ_2 的光信号输入，也能合并后从另一端输出，此时器件作为波分复用器。

对于更多波长需求的波分复用/解复用器，可以采用级联的方法实现。熔锥光纤型波分复用/解复用器的特点是插入损耗低（最小值低于 0.5dB），结构简单，不需要波长选择器，有较高的通路带宽和通路间隔比；缺点是复用路数偏少，串扰较小（约为 20dB）。

（2）干涉滤波器型

干涉滤波器型波分复用/解复用器一般采用多层介质薄膜作为光滤波器，使某一波长的光通过而其他波长的光截止。

干涉滤波器由多层不同材料（如 TiO_2 和 SiO_2）、不同折射率和不同厚度的介质薄膜按照设计要求组合而成，每层厚度为 $\lambda/4$，由一层高折射率层、一层低折射率层交替叠加而成。干涉滤波器如图 5-11 所示。当光入射到高折射率层时，反射光不产生相移；当光入射到低折射率层时，反射光经过 360°相移，与高折射率层的反射光同相叠加。这样在中心波长附近，各层反射光叠加在干涉滤波器输入端面形成很强的反射光。在偏离反射光波长两侧，反射光陡然降低，大部分光成为透射光。据此原理，可对某一波长范围的光呈带通，而对其他波长呈带阻，从而达到所要求的滤波特性。利用这种对某指定波长有选择性的干涉滤波器就可以将不同波长的光信号分离或合并起来。

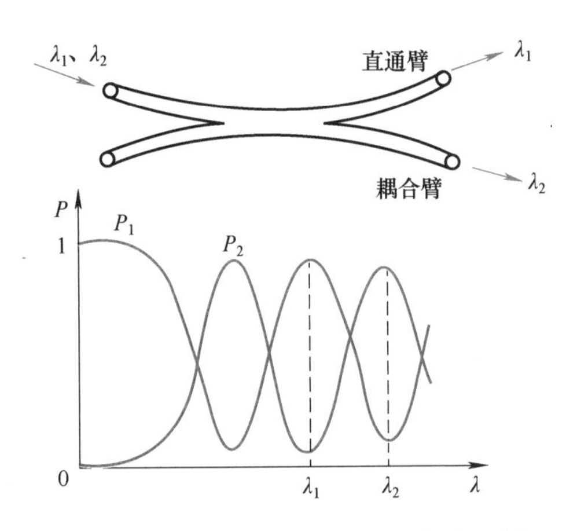

图 5-10 熔锥光纤型波分复用/解复用器

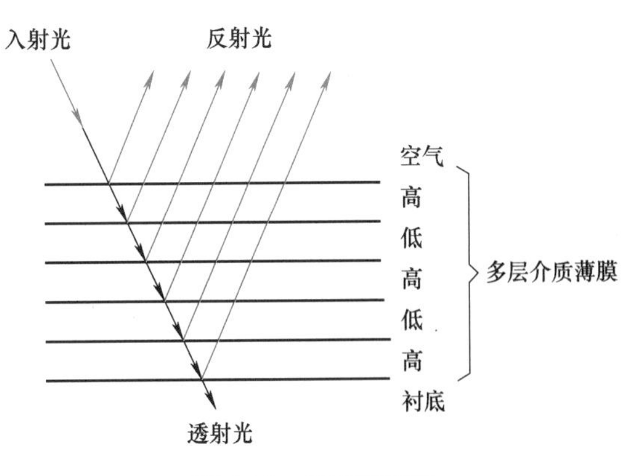

图 5-11 干涉滤波器

图 5-12 所示为用 GRIN 与干涉滤光片组成的干涉滤波器型波分复用/解复用器。

入射波长为 λ_1 和 λ_2 的光信号，由于 GRIN 的作用聚焦于干涉滤光片上。波长为 λ_1 的光透过干涉滤光片，经 GRIN 成为平行光，由输出光纤输出；波长为 λ_2 的光由干涉滤光片反射，由输出光纤输出，从而完成了 λ_1 和 λ_2 的解复用功能。若从两根输出光纤分别输入波长为 λ_1 和 λ_2 的光，则两个波长的光可以复合从一根光纤输出，从而完成波分复用功能。

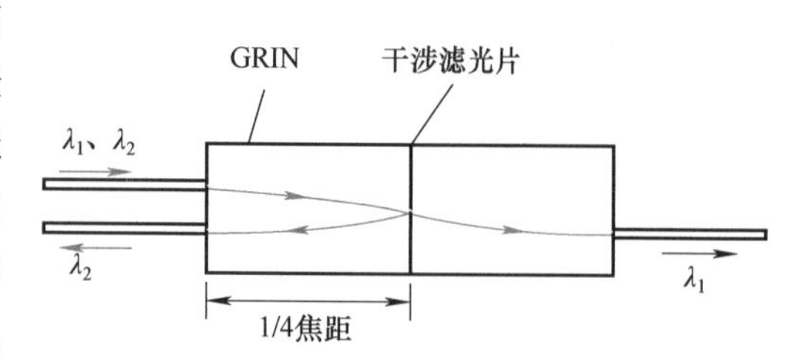

图 5-12 干涉滤波器型波分复用/解复用器

（3）光栅型

使用光栅特别是衍射光栅，也能使入射的多波长复合光分散为各个波长分量的光，或者将各个波长的光聚集成多波长复合光。在原理上，任何具有一定宽度、平行、等节距或变节距的波纹结构都可以作为衍射光栅。光栅型波分复用/解复用器种类很多，下面只介绍一种体型光栅波分复用/解复用器，如图 5-13 所示。

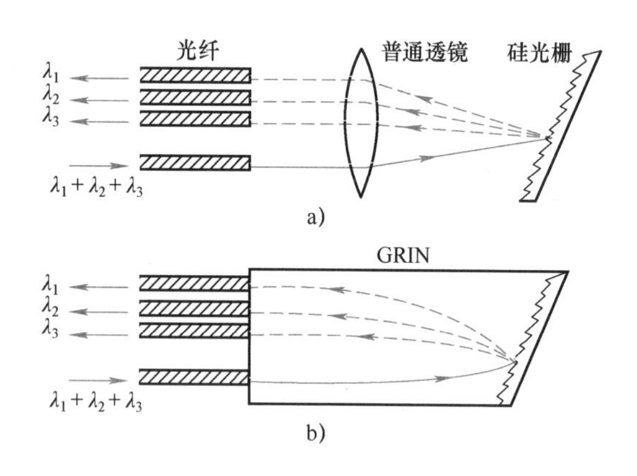

图 5-13 体型光栅波分复用/解复用器

体型光栅波分复用/解复用器是在 Si 衬底上沉积环氧树脂后制造成光栅。输入光纤输入的多波长光信号经普通透镜或 GRIN 聚焦在反射光栅上，反射光栅将各波长的光分开，然后经透镜将各波长的光聚焦到各自的输出光纤，实现了多波长光信号的分接；反之，也可实现各个波长的复合。

（4）集成光波导型

集成光波导型波分复用/解复用器是以光集成技术为基础的平面波导型器件，具有一切平面波导技术的潜在优点，如适于批量生产，重复性好，尺寸小，可以在光掩模过程中实现复杂的光路，与光纤对准容易等。目前集成光波导型波分复用/解复用器已有不少实现方案。一种典型的结构是平面波导分路器，由两个星形耦合器经 M 个耦合波导构成，耦合波导不等长从而形成光栅。两端的星形耦合器由平面设置的两个共焦阵列经向波导组成。集成光波导型波分复用/解复用器十分紧凑，通路损耗差小，隔离度可达 25dB 以上，通路数多，易于生产。但目前还存在着如对温度和极化敏感等缺点，但长远来看具有很好的发展前途。图 5-14 所示为集成光波导型波分复用/解复用器。

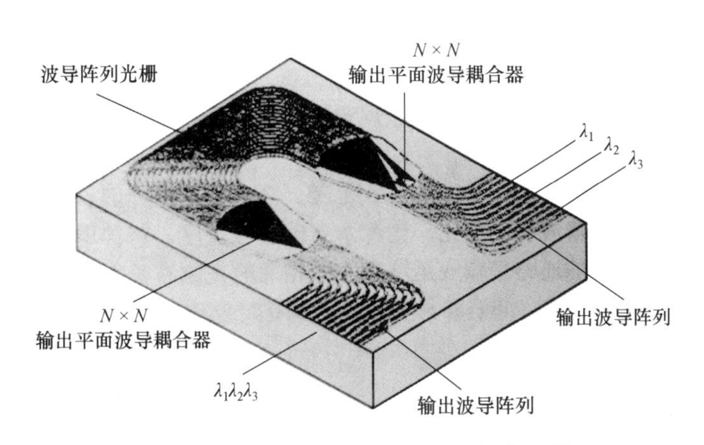

图 5-14　集成光波导型波分复用/解复用器

2. 波分复用/解复用器的性能

波分复用/解复用器是一种有波长选择的光纤耦合器，它的性能及评价方法与普通耦合器有相似之处，但也有不同之处。例如，插入损耗指某特定波长的光信号，通过波分复用/解复用器后的功率损耗，也就是因增加了波分复用/解复用器而产生的附加损耗；串扰 C_{ij} 就是其他信道的信号耦合进某信道，并使该信道的传输质量下降的程度，也可用隔离度表示。在系统应用要求中，希望信道间的串扰越小越好，即信道间的隔离度越大越好。信道间的串扰大小不仅与波分复用/解复用器的设计和制造有关，还与所用的光发送机的光源谱线宽度有关。谱线宽度越窄的光源，串扰越小，其影响可以忽略不计；但谱线宽度较宽的光源，串扰影响不可忽视，它将影响光接收机的灵敏度。

5.3 光衰减器

光衰减器是一种用来降低（改变）光功率的器件，分为可变型光衰减器和固定型光衰减器两大类。可变型光衰减器主要用于插入并调节通过光衰减器的光信号功率，用以控制或改变光纤通信系统或测试系统所传输、接收、分支和合并的光信号功率，使系统达到良好的工作状态或处于特定的工作状态。特别是在测量和检测光接收机的灵敏度和动态范围等性能指标时，必须使用可变型光衰减器进行连续调节，以观察不同接收光功率时光接收机的误码率，此外，在校正光功率计等光纤通信测试仪器时也需要可变型光衰减器。固定型光衰减器主要用于调整光纤通信系统特定接口处的信号功率。

根据插入或调整的衰减量大小，光衰减器还可进一步分为固定型光衰减器、分级（步进）可调型光衰减器、连续可调型光衰减器和连续与分级组合型光衰减器等，其主要性能参数是衰减量和精度。通常在玻璃基片上蒸发、溅射金属膜或采用有高吸收作用的掺杂玻璃制成衰减片，通过控制镀膜厚度或控制玻璃的掺杂量及其厚度的方法获得所需的衰减量。

固定型光衰减器一般做成光纤连接器形式，便于与光纤线路或测试仪器连接。除采用镀膜等方式外，也可用空气衰减式，即在光的通路上设置一个较小气隙（空气间隙），从而获得固定衰减；还可用两段光纤对接时的耦合损耗制成光衰减器，如基于衰减片的固定型光衰减器，如图 5-15 所示。

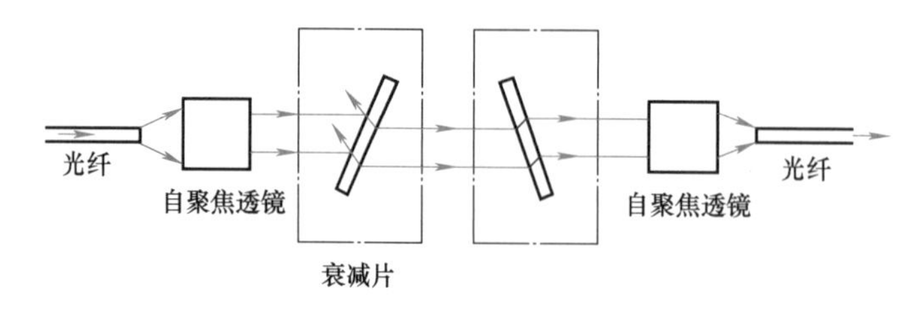

图 5-15 固定型光衰减器

图 5-15 中光纤输入的光经自聚焦透镜变成平行光束，平行光束经过若干呈一定角度级联设置的衰减片后，再送到自聚焦透镜耦合到输出光纤，从而在光路上获得固定的功率衰减量。

可变型光衰减器一般采用旋转式结构，如图 5-16 所示，光路中插入的圆盘式衰减片在不同位置的衰减量不一，通过两块衰减片组合可以获得较大的功率可调范围。通过设计，可变型光衰减器可做成分级可调型、连续可调型和连续与分级组合型。

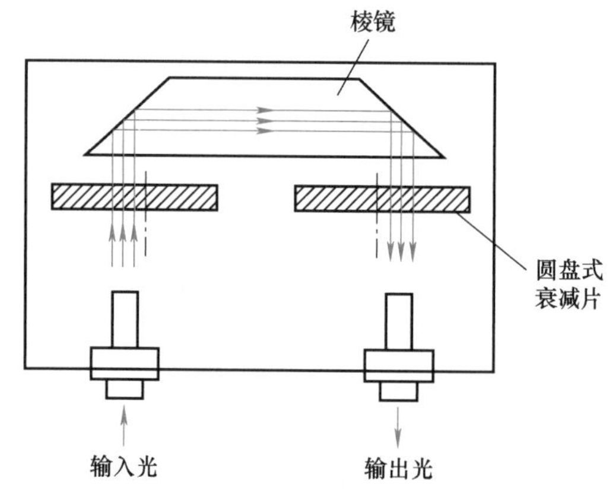

图 5-16 可变型光衰减器

光衰减器也可采用有源方式实现，有源光衰减器的原理是在光路上插入可改变透射功率的开关器件，如电光器件、声光器件等，通过改变电压等参数，可以实现光衰减器的连续调节和精密调节。

5.4 光隔离器与光环行器

5.4.1 光隔离器

光隔离器是一种利用法拉第效应制成的使光单向传输的非互易器件，只允许光信号往一个方向传输，阻止光信号往其他方向特别是反方向传输。在光发送机和光放大器等器件中，光隔离器是非常重要的部分。在光纤通信系统中，从 LD 后与光纤线路连接的光纤连接器端面，以及所连接的光纤线路近端或远端反射的光，若再次进入 LD 将会使激光振荡产生不稳定现象，或者使 LD 发出的光波长发生变化。对于光纤通信系统而言，反射光会产生附加噪声，使系统性能恶化，因此必须在 LD 输出端接入一个光隔离器抑制反射光方向的传输。在配置了光放大器的光纤通信系统中，作为增益介质的掺杂光纤两端均应接入光隔离器，以避免端面反射可能带来的寄生腔体效应。

按构成材料，光隔离器可分为体结构型、光纤型和波导型三类。光隔离器基于光的偏振特性制成，都是由起偏器、检偏器和旋光器组成。旋光器的材料多为磁性晶体，如钇铁石榴石（YIG）、铋铁石榴石（BIG）等。图 5-17 所示为光隔离器结构示意。

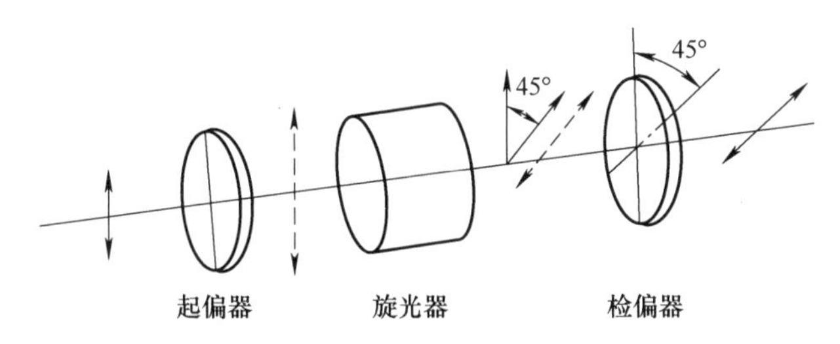

图 5-17　光隔离器结构示意

当入射光进入起偏器时，其输出光束变成某一形式的偏振光。起偏器有一个透光轴（偏振轴），当光的偏振方向与透光轴完全一致时，光可以全部通过。旋光器由旋光材料和套在外面的电流圈（永久磁铁）组成，它的作用是借助磁光效应，使通过它的光偏振状态发生一定程度的旋转后，按照检偏器的偏振方向输出。图 5-17 中起偏器的偏振方向为垂直方向，因此当垂直偏振光入射时，由于该光与起偏器透光轴方向一致，所以能全部通过。旋光器使通过的光的偏振方向发生 45°旋转，恰好与检偏器透光轴一致，光能顺利通过并输出。此时如果检偏器的输出侧反射光（如光纤连接器接头处的反射光）出现，能反向进入光隔离器的只是与检偏器透光轴一致的部分光，这部分反射光的偏振也在 45°方向，这一部分光经过旋光器时再继续旋转 45°，变成水平偏振光，正好与起偏器透光轴垂直，不能通过，所以光隔离器能够阻止反射光通过。

光隔离器的主要技术指标是对正向入射光的插入损耗，其值应越小越好；对反向反射光的隔离度，其值应越大越好。

5.4.2　光环行器

光环行器是一种多端口的光器件，从某一特定端口输入的光信号只能在特定端口输出，而在其他端口处几乎没有输出。图 5-18 所示为三端口和四端口光环行器示意。在三端口光环行器中，端口 1 输入的光信号在端口 2 输出，端口 2 输入的光信号在端口 3 输出，端口 3 输入的光信号在端口 1 输出。

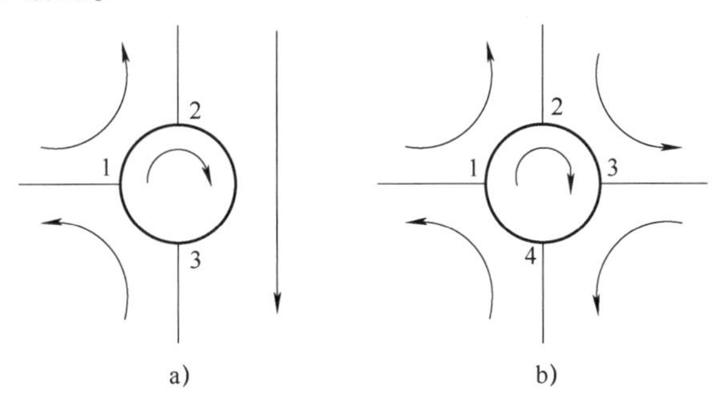

图 5-18　光环行器示意
a）三端口　b）四端口

前述的光纤耦合器和光纤连接器等光无源器件，它们的输入端和输出端可以互换，称之为可互易器件，而光隔离器和光环行器是非互易器件。光环行器的原理类似于光隔离器，其在光纤通信系统中的中继、复用、分路和测试等应用场合中有重要的作用。

5.5 光调制器

光调制器是利用电光效应、磁光效应和声光效应等对光源发出的激光进行调制以改变其幅度和相位信息的器件，常用的有电光调制器、MZM、声光布拉格调制器和电吸收 MQW（多量子阱）调制器等。

1. 电光调制器

电光调制器利用了晶体材料的电光效应，电光效应是指外加电压引起的晶体非线性效应：当晶体的折射率与外加电场幅度成正比时，称为线性电光效应，即泡克耳斯效应（Pockels Effect）；当晶体的折射率与外加电场幅度的平方成正比时，称为克尔效应（Kerr Effect），电光调制器主要采用泡克耳斯效应。

最基本的电光调制器是电光相位调制器，它是构成其他类型的调制器的基础。当一个表示为 $A\sin(\omega t+\varphi_0)$ 的光波入射到电光调制器时，经过外电场作用后，输出光场为 $A\sin(\omega t+\varphi_0+\Delta\varphi)$，相位变化因子 $\Delta\varphi$ 受外电压的控制从而实现相位调制。

两个电光相位调制器组合便可以构成一个电光强度调制器，因为两个调相光波在输出相互叠加时发生了干涉，当两个光波的相位同相时出现光强最大，当两个光波的相位反相时出现光强最小，从而实现了外加电压控制光强的开和关。

2. MZM

MZM 是由分路器、相位调制器和合路器共同组成的器件，MZM 典型结构如图 5-19 所示，其中相位调制器就是上述的电光调制器。输入光信号被分路器分成完全相同的两部分，两路光信号分别在对应的相位调制器中受到不同的相位调制，然后再由合路器耦合后输出。两个相位调制器可以设置为相位差 π/2 或 π，这样两路信号在合路器的输出侧因相位不一致产生干涉，获得了调制的信息。

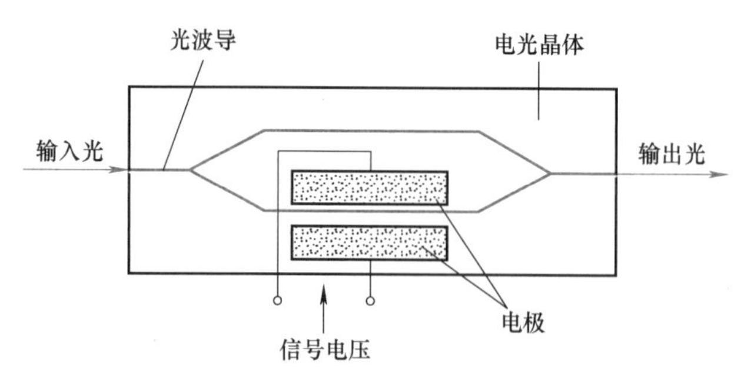

图 5-19 MZM 典型结构

3. 声光布拉格调制器

声波（主要指超声波）在介质中传播时会使介质的折射率发生疏密变化，因此受超声波作用的晶体相当于形成了一个布拉格光栅，光栅的条纹间隔等于声波的波长，光波通过此晶体介质时，将被介质中的光栅衍射，衍射出光的强度、频率、相位和方向等随声波场变化，这种效应称为声光效应。声光布拉格调制器由声光介质、电声换能器和吸声（反射）装置等组成。电压调制信号经过电声换能器转化为超声波，然后加到电光晶体上，电声换能器是利用某些晶体（如 $LiNbO_3$）的压电效应，在外加电场的作用下产生机械振动形成声波。超声波使介质的折射率沿传播方向随时交替变化，当一束平行光束通过它时，由于声光效应产生的光栅使出射光束成为一个周期性变化的光波。

4. 电吸收 MQW 调制器

电吸收 MQW 调制器是很有前途的光调制器，它不仅具有低的驱动电压和低的啁啾特性，而且还可以与 DFB 激光器实现单片集成。MQW 调制实际上是类似于 LD 的结构，对光具有吸收作用。电吸收 MQW 调制器如图 5-20 所示，通常情况下电吸收 MQW 调制器对发送波长是透明的，一旦加上反向偏压，吸收波长在向长波长移动的过程中产生光吸收，利用这种效应，在调制区加上 0V 到负压之间的调制信号，就能对 DFB 激光器产生的光输出进行直接调制。

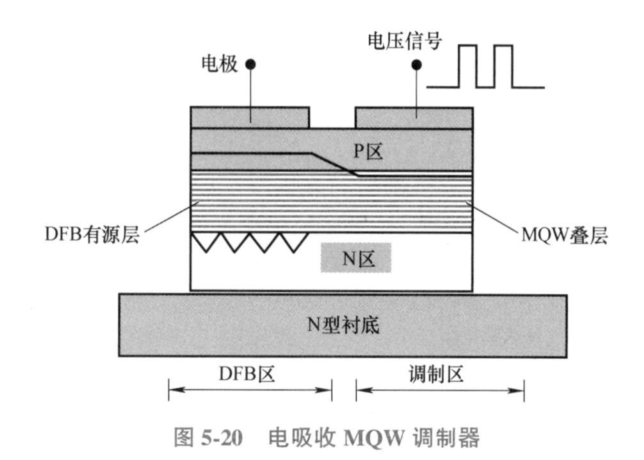

图 5-20 电吸收 MQW 调制器

5.6 光开关

光开关的主要功能是实现光信号在不同光路上的快速切换，对光开关的基本要求是插入损耗小、串扰低、开关速度快、扩展信号和寿命长等。不同的应用场合对光开关的性能要求也不一样，例如用于业务保护和恢复切换使用的光开关速度在 ms 级即可，而用于光交换的则需要达到 ns 级。

光开关从基本原理上可以分为三类：第一类是机械光开关，使用电动机或压电元件等驱动光纤、棱镜或反射镜等实现光信号的机械（空间位置）切换；第二类是固体波导光开关，主要是利用电光、磁光、热光和声光等器件实现光信号在端口上的切换；第三类是其他类型光开关，利用如液晶、全息和气泡等技术实现切换。其中，微机电系统光开关结合了机械光开关和固定波导光开关的优点，是当前应用和发展的主要方向之一。

1. 机械光开关

机械光开关是最成熟的光开关类型，其基本思想是移动光纤或光器件改变光路方向（连接关系），从而实现光开关功能。

（1）光纤开关

光纤开关的工作原理是通过电动机驱动和平移一组光波导，使其改变与另一组光波导的位置，从而实现光路信号的连通与关断。一个最简单的光纤开关示意如图 5-21 所示。机械驱动机构带动活动光纤，使活动光纤根据要求分别与光纤 A 或 B 对准连接，从而实现输入与输出间光路的切换。

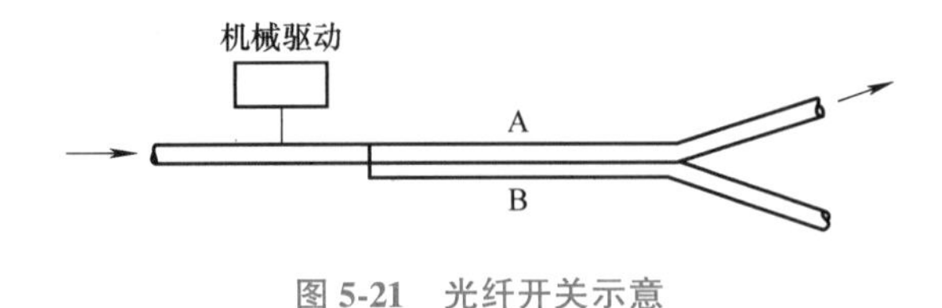

图 5-21 光纤开关示意

（2）棱镜开关

棱镜开关的基本结构是固定透镜加移动反射镜，最基本的单元结构是在一个固定镜面前配置两个旋转棱镜，实现对光路信号的切换。棱镜开关的主要缺点是需要大量的级间互连光纤。

（3）宏机械开关

宏机械开关的基本结构是输入光纤出射的光信号经由一个发送透镜变为平行光射向接收透镜，再由接收透镜将其聚焦在接收光纤芯区。通过改变输入光纤与透镜的相对位置实现输入光纤与所需要的输出端口间的切换，从而实现光路切换。宏机械开关的优点是极化相关损耗和色散较低，但缺点是开关速度较慢。

2. 固体波导光开关

（1）电光开关

电光开关是利用光电晶体材料（如 $LiNiO_3$ 晶体、Ⅲ/Ⅳ族化合物或聚合物）等的电光特性实现光路切换。例如，$LiNiO_3$ 光开关通过控制一对分支波导间电压变化引起的相位差，即可控制输出端信号的有无。电光开关的优点是开关速度快和结构紧凑，缺点是插入损耗、极化相关损耗和串扰等指标受限。

（2）声光开关

在某些介质中，声波会引起介质密度的变化进而导致折射率的变化，最终使承载光信号的相位发生变化，声光开关就是利用这种声光效应实现开关功能。在声光开关中，只需要加入一定大小的横向声波就可以使所承载光信号的相位发生变化，使其从一根光纤引导至另一根光纤，从而实现光开关功能。声光开关的优点是速度较快，缺点是需要复杂的改变频率的技术以控制光开关，因此不太适合大规模应用。

（3）热光开关

热光开关是利用材料的热光效应构成，通过改变器件温度使其间接控制波导中的光信号相位，其缺点是对波长敏感。

3. 其他类型光开关

其他类型光开关有液晶光开关、全息光开关和气泡光开关等。液晶光开关的工作原理是通过改变外加电压改变液晶材料的分子趋向，从而改变材料的透光特性以实现光开关的功能。由于液晶材料的电光系数远高于前述电光开关材料，因此驱动效率较高。液晶光开关的缺点是开关速度较慢，温度敏感程度高和插入损耗较大等。当在晶体上施加电压时，晶体内部可以产生全息图形式的电驱动布拉格光栅，光栅可以反射不同的波长，据此可以制成全息光开关，针对光纤中的每一个波长设置相应的晶体，通过改变晶体上的电压实现对不同波长的开关选择和导通。气泡光开关又称为微流体开关，其原理类似于气泡喷墨打印机。

5.7 光滤波器

5.7.1 光纤光栅

光栅是材料或结构中具有周期性结构或周期性扰动的光学器件，可以对于某个特定波长实现全透传输或反射，光纤通信系统中最常见的光纤光栅是光纤布拉格光栅。一个典型光栅的基本参数如图 5-22 所示，其中是 θ_i 光的入射角，θ_d 是衍射角，Λ 是光栅周期（光栅中结构变化的周期）。如果光纤光栅中包含了一系列等间隔的缝隙或图案，两个相邻缝隙的间隔称为光栅的间距。当以 θ_d 角度衍射的光射线满足以下光栅方程时，在像平面内就会产生波长上的干涉现象：

$$\Lambda(\sin\theta_i - \sin\theta_d) = m\lambda \tag{5-7}$$

式中，m 是光栅的阶数，一般情况下只考虑 $m=1$ 的一阶衍射条件。对于具有不同波长的入射光而言，可以在像平面内的不同点满足光栅方程，因此光栅可以实现将不同的入射光波长进行分离。

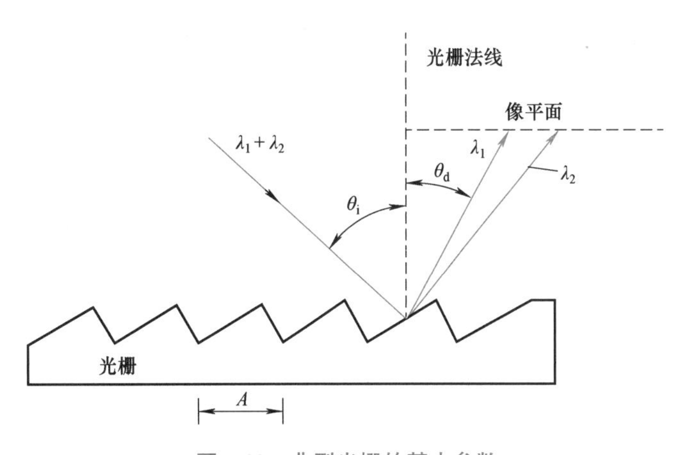

图 5-22 典型光栅的基本参数

利用光栅的反射特性可以构建光纤布拉格光栅，用于多波长同时传输的系统中分离或聚合间距极小的多个光信号。光纤布拉格光栅的优点有价格较低、插入损耗小，易于与传输光纤线路或终端设备耦合，对偏振不敏感，以及封装简单等。光纤布拉格光栅本质上是一个窄带反射滤波器，利用了基于掺锗石英光纤对紫外光的光敏性，将其暴露在约 244nm 的紫外光辐射中，从而在纤芯中形成折射率的周期变化。当一束宽光谱光经过光纤布拉格光栅时，满足光纤布拉格光栅条件的波长将产生反射，其余的波长透过光纤布拉格光栅继续传输。

表 5-2 给出了光纤通信系统中常用的光纤布拉格光栅的工作特性。

表 5-2 光纤布拉格光栅的工作特性

参　数	典 型 值		
	25GHz	50GHz	100GHz
反射带宽	>0. 08nm(−0. 5dB)	>0. 15nm(−0. 5dB)	>0. 3nm(−0. 5dB)
	<0. 2nm(−3dB)	<0. 4nm(−3dB)	<0. 75nm(−3dB)
传输带宽	<0. 25nm(−25dB)	<0. 5nm(−25dB)	<1nm(−25dB)
	>0. 05nm(−25dB)	>0. 1nm(−25dB)	>0. 2nm(−25dB)
相邻信道隔离度	>30dB		
插入损耗	<0. 25dB		
中心波长 λ 公差	<±0. 05nm(25℃)		
λ 热漂移	<1pm/℃(无热补偿设计)		
封装尺寸(直径×长度)	5 mm×80mm		

特别地，如果在紫外光辐射制作光纤布拉格光栅过程中构建的光栅周期是非均匀的，即光栅间隔沿光纤长度变化，意味着可以实现同一个光栅在不同区域反射不同的波长，这也是实现光纤色散补偿等使用的啁啾光纤光栅的基础。

5. 7. 2 介质薄膜光滤波器

介质薄膜光滤波器是最常用的光学带通滤波器，只允许特定的窄带光波长信号通过，其余波长均被反射。介质薄膜光滤波器的主要部分是一个 F-P 结构，如图 5-23 所示，该结构有两个平行高度的反射平面形成的腔，这种结构也称为 F-P 干涉仪或 F-P 标准具。

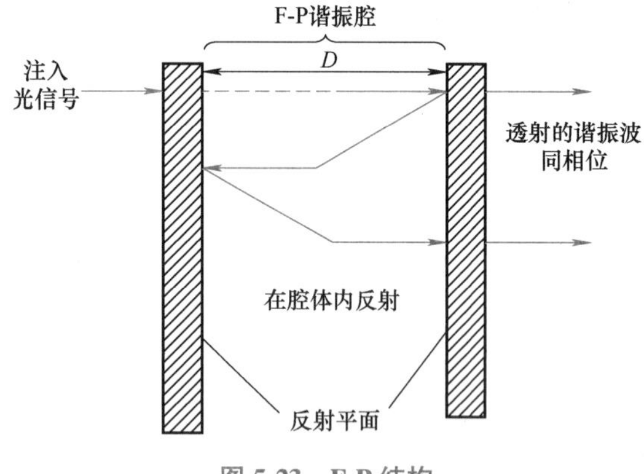

图 5-23 F-P 结构

假设从 F-P 结构左侧注入光信号，当光信号通过腔体到达右侧内表面时，部分光穿透腔体，另一部分光被反射回腔内，反射光的大小与反射平面的反射率 R 有关。如果腔体两个反射镜面的来回距离是波长 λ 的整数倍，通过右侧平面的所有光信号同相位，意味着这些光波在器件的输出端会产生相加干扰，强度会增强，与之对应的波长称为 F-P 结构的谐振波长，此时对其他波长会产生抵消。

实际使用时，较多采用的是多层低折射和高折射薄膜交替构建的结构，每个介质层作为一个非吸收的反射面，因此也可以理解为是一个多组镜面间构成的串联形式谐振腔。随着谐振腔数量的增加，光滤波器的通带变陡产生平顶，恰好满足要求的光滤波器特性。典型的 50GHz 介质薄膜光滤波器的工作特性见表 5-3。

表 5-3　典型 50GHz 介质薄膜光滤波器的工作特性

参　数	单　位	数　值
信道通带	GHz	>±10(0.5dB)
插入损耗（f_c=±10GHz）	dB	<3.5
偏振相关损耗	dB	<0.2
相邻信道隔离度	dB	>25
非相邻信道隔离度	dB	>40
回波损耗	dB	>45
偏振模色散	ps/km$^{1/2}$	<0.2
色度色散	ps/(nm · km)	<50

5.8 新型有源光器件

5.8.1 微机电系统

微机电系统（MEMS）是指能够处理热、光、磁、化学和生物等结构或器件，其可以通过微电子工艺或其他微加工工艺制造在同一块芯片上，并通过与电路的集成来构建的完成一定功能的微型系统。换言之，微机电系统在同一个芯片上集成了感知外界信息（力、热、光、声、磁和化等）的传感器和控制外界信息的执行器，以及进行信号处理和控制的电路。目前较为实用化的 MEMS 中一般包括了微型机构、微型传感器、微型执行器、信号和控制电路，以及相关的接口、通信甚至电源等模块。作为输入信号的自然界各种信息首先通过传感器转换成电信号，经过信号处理（如模拟/数字信号间的转换）后再通过执行器对外部世界发生作用。传感器可以实现能量的转化，从而将加速度、热等现实世界的信息转换为系统可以处理的电信号。执行器根据信号处理电路发出的指令自动完成所需要的操作。信号处理部分可以进行信号转换、放大和计算等处理。

对于光纤通信系统而言，可以基于 MEMS 技术制作出光调制器、可变型光衰减器、均衡器、光分插复用器、光交叉连接器、色散补偿器、光开关和可调谐激光器，以及各种自适应光学器件等。例如，对于多信道光纤通信系统中必需的可调谐器件，可以借助 MEMS 技术实现机械方法的波长精确调谐。典型的 MEMS 可调谐激光器采用微机械加工的反射镜形成外腔，通过微反射镜的平移改变外腔的长度，从而实现波长调谐，同时还具有低功耗、高动态性能和可用集成电路工艺制造等优点。此外，可以引入基于 MEMS 的光开关，这样可以在光通信网络中直接使用光开关切换光信号，有效避免或减少光/电和电/光转换过程，从而提高光通信容量和开关速度。基于 MEMS 的光开关将微制动器、微机械机构和微光学器件集成在同一半导体衬底上，通过磁电、静电效应移动或旋转微反射镜，利用这些微反射镜的二维或者三维空间运动，将光直接反射到不同的输出端。MEMS 光开关既有传统机械光开关低损耗、低串扰、低偏振敏感性和高消光比的优点，又有波导开关体积小、集成度高和开关速度快的优点，目前已成为光交换器件的主流之一。随着 MEMS 光开关技术的逐步成熟和不断发展，未来可望设计和制造出基于 MEMS 的光交叉连接器和光分插复用器，进一步地为全光网提供支撑。MEMS 光开关如图 5-24 所示。

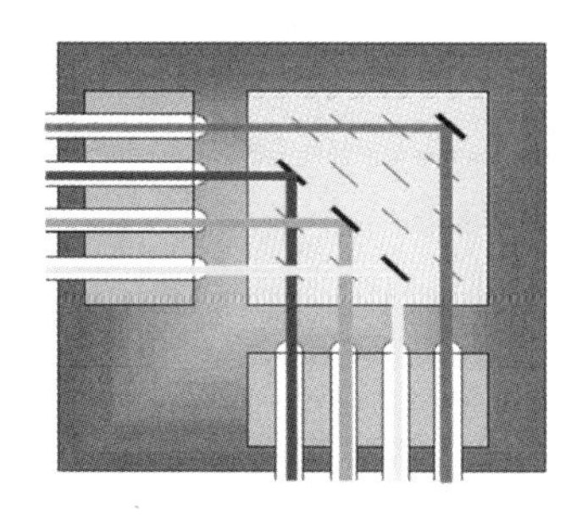

图 5-24 MEMS 光开关

基于 MEMS 的光开关基本原理是入射光信号首先通过输入光纤阵列经微透镜变为平行光束后射向可移动的阵列微镜，再由其反射至输出光纤阵列的对应端口，完成选路功能。MEMS 的核心是一组可围绕微机械活动关节自由旋转的微镜，其结构紧凑、集成度高、性能优良等优点使其成为光交叉连接器或光交换中最具潜力的方案，如图 5-24 所示。

5.8.2 硅基光子集成器件

随着现代社会信息化的蓬勃发展，对于通信带宽的需求日益增长，网络侧和用户侧设备面临着性能要求更高、体积要求更小和功耗要求更低的严峻挑战。光纤通信系统内部各部件间、板卡间、芯片间和芯片内互连传统上多采用的是电互联方案，尽管半导体工艺已经从数十 nm 进步至小于 10nm，但晶体管特征尺寸的不断减小，使电互联面临着信号延迟大、传输带宽小、功耗大、信号串扰大、加工困难和成本高等局限，集成度提高的速度逐渐减慢甚至趋于停滞。光子集成（PIC）是一种以介质波导为中心集成光器件的光波导型集成电路，它将若干光器件集成在一片基片上，构成一个整体，器件之间以半导体光波导连接，使其具有或完成某些特定功能，例如光源、光子开关阵列、光接收机和光发送机等。相比于电互联方案，PIC 在尺寸、能耗、成本和可靠性等方面拥有巨大优势，是未来的主流发展方向。

传统 PIC 所采用的基底材料主要包括 InP、GaAs、$LiNbO_3$、Si 和 SiO_2 等。由于硅材料在集成电路领域中应用广泛，它具有成本低廉、性能稳定和工艺成熟的优点，但因其是间隙能带材料，禁带宽度较大，发光效率和光电效应较弱，目前在 PIC 领域主要应用于无源器件，基于硅材料的探测器、调制器等有源器件已取得了一定突破，但距离大规模商用尚有距离。

硅基光子集成按材料和制造工艺可分为单片集成和混合集成两类。单片集成是目前比较常见的一类硅基光子集成，指在同一硅晶圆上利用半导体制造工艺技术，使多个相同或不同功能的硅基光子器件在整体上构成阵列化、模块化的单个芯片，以此实现基于硅光子单元的一种或多种光学信息处理功能，即同一芯片上光子器件的平面集成。混合集成所要实现的功能目标与单片集成基本相似，但所用材料通常为多个孤立的半导体衬底，且往往包含不同体系的材料，如Ⅲ-Ⅴ族半导体材料、铁电体材料、有机聚合物、液晶等，将这些具有不同功能、不同材料的芯片用焊接或键合技术在物理上组成一个整体而实现一个完整的功能。

未来硅基光子集成的发展趋势将是更高速率、更低功耗以及更集成化，学术界和工业界正在共同努力将硅基单片集成逐渐扩展到硅基混合集成和硅基光电集成。

小　　结

光纤通信系统中除了光源和光检测器之外，还有大量无源和有源器件，它们共同完成光信号的产生、处理、检测等全过程。光纤通信系统中最常见的是光纤连接器，其可以用于几乎所有需要进行连接（包括重复连接）的场合，目前广泛应用的是基于插针-套筒结构的连接器，通过连接结构和插针端面的改进，已经可以实现较低的插入损耗，支持多次插拔。实现光信号合路和分路的是光纤耦合器，分为功率耦合器和波长耦合器两类，广泛应用于需要将单个信号进行分支或多个信号合并的场景。光衰减器可以提供固定或可变的插入损耗，光隔离器用于保证光信号单向传输，而光环行器则可以实现多端口间器件中特定端口对之间的输入输出。光调制器、光开关和光滤波器等都是现代光纤通信系统中最重要的器件，可以实现对光信号的幅度、相位、频率等不同信息进行控制，并在空间不同端口（位置）间改变信号传输对应关系，滤除不需要的波长或信号等功能。

习　　题

1）光纤连接器应用在什么地方？影响光纤连接器损耗的因素有哪些？

2）两根纤芯直径为 50μm 的阶跃折射率光纤相连接时，横向错位距离为 3μm，这会引起多大的连接损耗？

3）光纤连接器有哪些种类，叙述 FC 型光纤连接器的原理。

4）光纤耦合器有哪几种？叙述熔锥型光纤耦合器的原理。

5）怎么定义光纤耦合器的插入损耗、附加损耗、耦合比和串扰？

6）光衰减器有几种，各有什么作用？

7）简述光隔离器和光环行器的工作原理，并比较它们的异同。

8）常用的光调制器有哪些？简述 MZM 的工作原理。

第6章 光放大器

光放大器是一种不需要进行光-电-光转换即可实现对光信号功率增强的器件，在现代光纤通信系统与网络中得到了普遍的应用。光放大器的实现机理是通过受激辐射或受激散射等，将泵浦光源的能量转化为光信号的能量，从而实现光功率的直接放大。本章首先介绍光放大器的基本原理及其主要参数，然后重点分析掺铒光纤放大器（EDFA）和拉曼光纤放大器（RFA）两类代表性光纤放大器，并对新型光纤放大器及其应用进行讨论。

6.1 光放大器原理

6.1.1 光放大器的基本原理

光放大器是一种能在保持光信号特征不变的条件下，增加光信号功率的有源设备。光放大器的基本工作原理是受激辐射或受激散射效应，其工作机制和激光器的发光原理非常相似。实际上，也可以将光放大器理解为一个没有反馈或反馈较小的激光器。对于某种特定的光学介质，当采用泵浦（电能源或光能源）方法，达到粒子数反转时就产生了光增益，即可实现光放大。一般来说，光增益不仅与入射光频率（波长）有关，也与光放大器内部光束强度有关。光增益与频率和强度的关系取决于光放大器增益介质的特性。

光放大器根据工作机理的不同，可以分为以下四种。

（1）半导体光放大器

半导体光放大器是一种光直接放大器，其基本原理是利用受激辐射对进入增益介质的光信号进行直接放大，其结构相当于一个处于高增益状态下的无谐振腔的LD。半导体光放大器就其工作方式而言，可以分为三种类型：F-P半导体光放大器（FPSOA）、注入锁定式半导体光放大器（ILSOA）和行波式半导体光放大器（TWSOA）。它们的优点是体积小、增益高、频带宽，并可对ps级的光脉冲进行放大；缺点是引入噪声大，对串扰和偏振敏感，与光纤耦合时损耗大，工作稳定性差等，因而直接用于光纤通信系统中信号中继等会受到一定的局限。

另一方面，半导体光放大器在非线性光学及其应用中的研究近年来取得了较大进展，特别是在波长转换和光开关等方面已显示出很大的应用潜力。利用半导体光放大器引入的交叉增益调制、交叉相位调制或四波混频效应，可以将某一波长上的信号转换到同时输入的另一个连续波段上，这在波分复用系统中很有用处，不仅可以减少所需LD的数量，同时可以将这种光纤放大器置于网络节点上实现开关功能。

（2）掺稀土元素光纤放大器

20 世纪 60 年代，研究人员发现向光纤中掺杂少量稀土元素后就可成为激活介质，进而构成光纤放大器以放大光信号，现阶段实用化的掺稀土元素光纤放大器主要是掺铒光纤放大器和掺镨光纤放大器。掺稀土元素光纤放大器能放大光信号的基本原理在于稀土元素离子吸收泵浦光的能量，实现粒子数反转分布。当光信号通过已被激活的掺杂光纤时，亚稳态上的粒子以受激辐射的方式跃迁到基态。每一次跃迁都将产生一个与激发该跃迁的光子完全一样的光子，从而实现了光信号在掺杂光纤中的传播时被放大。

掺稀土元素光纤放大器的优点有较高的增益（只需 mW 级的泵浦功率就足以产生数千倍的增益）、低噪声和宽频带，并且光纤放大器增益与信号极化状态无关，还有较高的饱和输出光功率（数十至几百 mW）等。由于它具有传统电放大器不可比拟的优点（无须进行光-电-光转换），特别适应用于长距离、大容量陆地和海底光缆通信系统，同时也在有线电视（CATV）网、宽带光纤接入网和数据中心组网等场景中发挥着重要的作用。

掺稀土元素光纤放大器的主要缺点是只能对特定波长范围内的光信号进行放大。

（3）布里渊光纤放大器

受激布里渊散射是光纤内的一种非线性效应，起源于光纤的三阶电极化率，布里渊光纤放大器（BFA）的光增益是由泵浦光的受激布里渊散射产生的。受激布里渊散射导致一部分泵浦光功率转移给光信号，使光信号得到放大。布里渊光纤放大器是一种高增益、低功率、窄带宽的光纤放大器，高增益和低功率放大性能使其可用作光接收机中的前置放大器，提高接收机灵敏度；窄带宽放大特性使其能放大信号的比特率一般比较低，所以在一般的光纤通信系统中应用不多，但布里渊光纤放大器因具有窄带放大特性，可作为一种选频放大器，在相干和多信道光波通信系统中有较大的应用潜力。

（4）拉曼光纤放大器

拉曼光纤放大器是基于受激拉曼散射效应设计的光纤放大器，由于拉曼增益的宽频谱特性，拉曼光纤放大器也是唯一能在 1260～1675nm 光谱上实现光放大的器件，具有更宽的光谱范围。拉曼光纤放大器适合任何类型的光纤，且成本较低。拉曼光纤放大器可采用同向、反向或双向泵浦。拉曼光纤放大器能显著增加光放大器之间的距离，因而可以在速率高达 40Gbit/s 及以上的高速光通信网络中发挥重要作用。

图 6-1 所示为目前主要的光放大器类型。

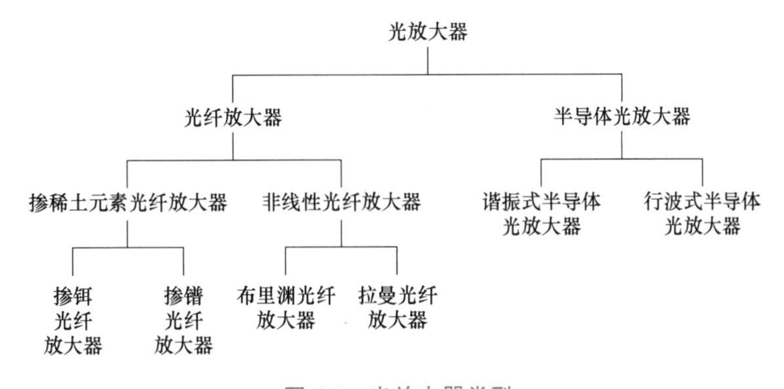

图 6-1　光放大器类型

6.1.2 光放大器的主要参数

1. 泵浦与增益系数

光放大器的能源由外界泵浦提供。根据掺杂物能级结构的不同，泵浦可以分为三能级系统和四能级系统。图6-2所示为两种泵浦系统的示意图。在两种系统中，掺杂物都是通过吸收泵浦光子而被激发到较高能态，再快速弛豫到能量较低的激发态，最后通过受激辐射释放光子以放大输入的光信号。

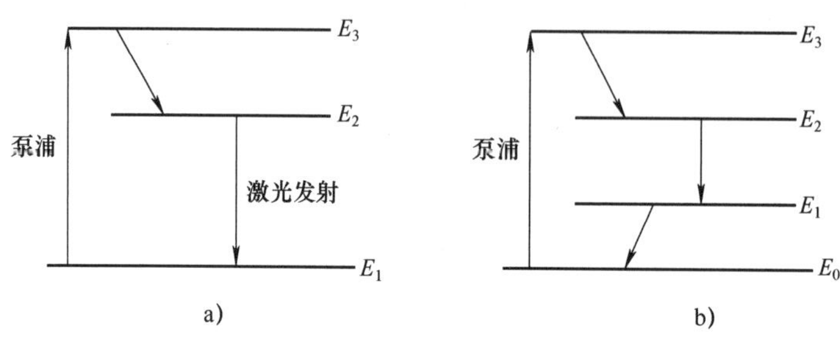

图6-2 两种泵浦系统的示意图
a）三能级系统 b）四能级系统

光学泵浦提供了所必需的能级间粒子数反转，因而也就提供了光学增益，增益系数 g 定义为

$$g=\sigma(N_1-N_2) \tag{6-1}$$

式中，σ 为阶跃截面；N_1 和 N_2 为两能级的粒子数密度。

对于三能级和四能级泵浦系统，增益系数 g 都可以用适当的速率方程计算。

一个均匀加宽的增益介质，其增益系数可以表示为

$$g(\omega)=\frac{g_0}{1+(\omega-\omega_\alpha)^2T_2^2+P/P_s} \tag{6-2}$$

式中，g_0 为由光放大器的泵浦功率决定的光增益峰值；ω 为入射信号光频率；ω_α 为原子跃迁频率；P 为正在放大的连续信号光功率；P_s 为饱和功率，与掺杂物参数，如荧光时间 T_1 和跃迁截面 σ 有关；T_2 为偶极子弛豫时间，就光纤放大器而言其值非常小（约0.1ps）。

式（6-2）可以用于讨论光放大器的一些重要特性参数，如增益谱宽、放大因子和饱和输出功率等。

2. 增益谱宽与光放大器带宽

在式（6-2）中，当取 $P/P_s \ll 1$，即在小信号或非饱和状态时，增益系数可以表示为

$$g(\omega)=\frac{g_0}{1+(\omega-\omega_0)^2T_2^2} \tag{6-3}$$

可以看出，当 $\omega=\omega_0$ 时，增益最大；当 $\omega\neq\omega_0$ 时，增益随 ω 改变且符合洛伦兹分布。定义增益谱宽为增益系数 $g(\omega)$ 下降至最大值一半处的全宽（半高全宽）。对于满足洛伦兹分布的光放大器增益谱，增益谱宽可以表示为

$$\Delta\omega_g=\frac{2}{T_2} \tag{6-4}$$

或

$$\Delta\nu_{g} = \frac{\Delta\omega_{g}}{2\pi} = \frac{1}{\pi T_{2}} \tag{6-5}$$

这表明，在小信号条件下，增益谱宽主要取决于增益介质的偶极子弛豫时间 T_2。对于 LD 而言，$T_2 \approx 0.1$ps，此时 $\Delta\nu_g \approx 3$THz。

由介质的增益谱宽可求得光放大器带宽。定义光放大器的增益或放大倍数为

$$G = \frac{P_{out}}{P_{in}} \tag{6-6}$$

式中，P_{out} 为被放大信号的输出功率；P_{in} 为被放大信号的输入功率。

在长度为 L 的光放大器中，光信号逐步被放大。光功率随距离的变化规律为$\frac{dP}{dz}=gP$，若 z 点的功率表示为 $P(z)=P_{in}\exp(gz)$，则输出功率为 $P_{out}=P(L)=P_{in}\exp[g(\omega)L]$，因此，光放大器的增益可以表示为

$$G(\omega) = \exp[g(\omega)L] \tag{6-7}$$

式（6-7）表明 G 与 g 之间存在指数依存关系，当频率 ω 偏离 ω_0 时，$G(\omega)$ 下降得比 $g(\omega)$ 快得多。定义光放大器的带宽 $\Delta\nu_A$ 为 $G(\omega)$ 降至最大放大倍数一半（3dB）处的全宽（半高全宽），它与介质增益谱宽 $\Delta\nu_g$ 的关系为

$$\Delta\nu_{A} = \Delta\nu_{g}\frac{\ln 2}{g_{0}L - \ln 2} \tag{6-8}$$

可见，光放大器的带宽比介质增益谱宽要窄得多。

3. 增益饱和与饱和输出功率

增益饱和是光放大器能力的一种限制因素，起因于式（6-2）中增益系数与功率的依存关系。当 $P/P_s \ll 1$ 时，式（6-2）简化为式（6-3），称为小信号增益。当 P 增大至可以与 P_s 比拟时，$g(\omega)$ 降低，$G(\omega)$ 也随之降低。为简化讨论，设输入信号光频率 $\omega=\omega_0$，将式（6-2）代入$\frac{dP}{dz}=gP$ 可知，光功率随距离变化的关系为

$$\frac{dP}{dz} = \frac{g_{0}P}{1+\frac{P}{P_{s}}} \tag{6-9}$$

利用初始条件 $P_0=P_{in}$，$P(L)=P_{out}=GP_{in}$，对式（6-9）积分，可得光放大器的增益为

$$G = G_{0}\exp\left(-\frac{G-1}{G}\frac{P_{out}}{P_{s}}\right) \tag{6-10}$$

式中，G_0 为小信号增益峰值。

图 6-3 所示为 G/G_0 随 P_{out}/P_s 变化的曲线，表明随着输出功率的增大，增益出现了饱和。

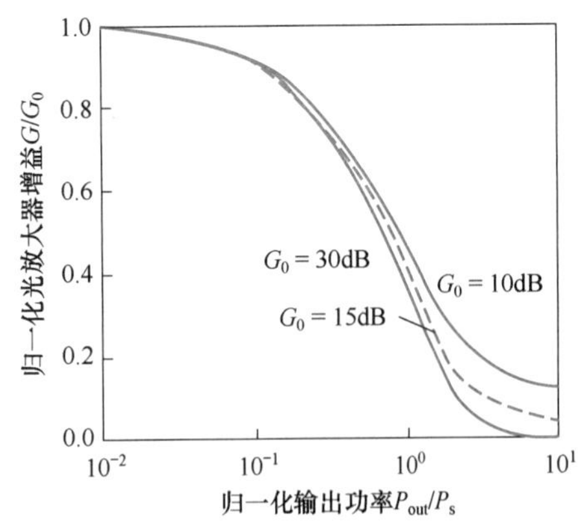

图 6-3 G/G_0 随 P_{out}/P_s 变化的曲线

通常将光放大器的增益降至最大小信号增益一半（3dB）时的输出功率定义为饱和输出功率，按此定义，将 $G=G_0/2$ 代入式（6-8），可得饱和输出功率为

$$P_{\text{outs}} = \frac{G_0 \ln 2}{G_0 - 2} P_{\text{s}} \tag{6-11}$$

一般，G_0 在100~1000(20~30dB) 范围内，因而 $P_{\text{outs}} \approx 0.69 P_{\text{s}}$，表明光放大器的饱和输出功率比增益介质的饱和功率低约30%。

4. 光放大器的噪声

光放大器在放大过程中都会把自发辐射（或散射）叠加到光信号上，导致被放大光信号的信噪比（SNR）降低，其降低程度通常用噪声系数 F_{n} 表示，定义为

$$F_{\text{n}} = \frac{(\text{SNR})_{\text{in}}}{(\text{SNR})_{\text{out}}} \tag{6-12}$$

式（6-12）中的SNR由光接收机测得，因此所得 F_{n} 值也与光接收机参数有关。若采用仅由散粒噪声限制的理想光接收机测定SNR，则 $(\text{SNR})_{\text{in}}$ 可以表示为

$$(\text{SNR})_{\text{in}} = \frac{I_{\text{p}}^2}{\sigma^2} = \frac{(RP_{\text{in}})^2}{2q(RP_{\text{in}})\Delta\nu} = \frac{P_{\text{in}}}{2h\nu\Delta\nu} \tag{6-13}$$

光接收机中引入光放大器后，新增加的噪声主要来自自发辐射噪声与信号本身的差拍噪声，因为自发辐射光在光电检测器中与放大信号相干混频，产生了光电流的差拍分量，使光电流的方差出现了新的成分，可以写成

$$\sigma^2 = 2q(RGP_{\text{in}})\Delta\nu + 4(RGP_{\text{in}})(Rn_{\text{sp}})\Delta\nu \tag{6-14}$$

等式（6-14）右边第一项由光接收机的散粒噪声产生，第二项由信号与自发辐射噪声差拍产生。为简化讨论，在忽略第一项的情况下，可得光放大器输出端的SNR为

$$(\text{SNR})_{\text{out}} = \frac{(I_{\text{p}})^2}{\sigma^2} = \frac{(RGP_{\text{in}})^2}{\sigma^2} \approx \frac{GP_{\text{in}}}{4n_{\text{sp}}\Delta f} \tag{6-15}$$

将式（6-13）和式（6-15）代入式（6-12），可得噪声系数为

$$F_{\text{n}} = 2n_{\text{sp}} \frac{(G-1)}{G} \approx 2n_{\text{sp}} \tag{6-16}$$

式（6-16）表明，即使对于 $n_{\text{sp}}=1$ 的完全粒子数反转的理想光放大器，被放大信号的SNR也降低了一半（3dB），大多数实际的光放大器 F_{n} 均超过3dB，并可能达到6~8dB。当光放大器用于光纤通信系统时，要求 F_{n} 尽可能低。

6.2 掺铒光纤放大器

1964年，美国学者Koester和Snitzer发现光纤中掺入稀土元素钕（Nd^{3+}）能够实现光放大，并提出了掺稀土元素光纤放大器的构想。1985年，英国南安普顿大学的Poole等使用改进的化学气相沉积法首次制备成功低损耗的掺铒光纤。1987年，同样来自南安普顿大学的David Payne团队发明了第一台掺铒光纤放大器。作为率先实现商用化的光放大器之一，掺铒光纤放大器改变了传统长距离光纤通信系统必须采用3R中继器的工作模式。

掺铒光纤放大器的工作波长覆盖了光纤通信系统中最常用的C波段（1530~1565nm），且对掺铒光纤进行激励所需要的泵浦光功率较低，同时还有着增益高、噪声低和输出功率高

等显著优点，而且它是光纤放大器，与光纤线路间的连接较为容易，由于这一系列突出的优点，掺铒光纤放大器已经成为现代高速大容量光纤通信系统中不可缺少的部分。

6.2.1　掺铒光纤放大器的结构和原理

1. 掺铒光纤放大器的基本结构

掺铒光纤放大器主要由掺铒光纤、泵浦光源、光纤耦合器、光隔离器和光滤波器组成，结构示意如图 6-4 所示。

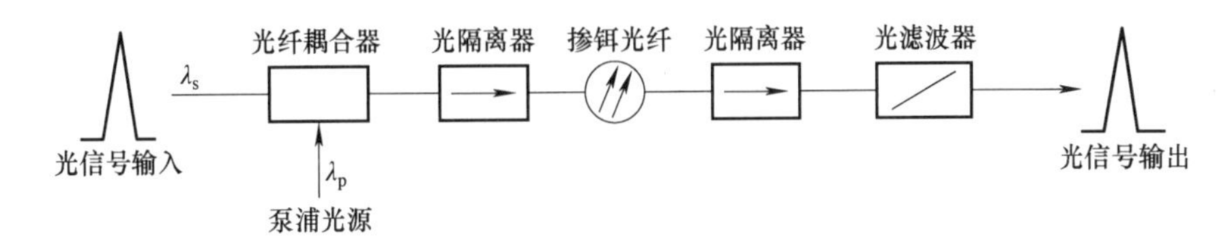

图 6-4　掺铒光纤放大器的结构示意

掺铒光纤是一段长度为 10～100m 的掺铒石英光纤，铒离子的掺杂浓度一般为 25mg/kg 左右；泵浦光源一般采用大功率 LD，输出功率为 10～100mW，工作波长为 0.98μm 或 1.48μm；光纤耦合器的作用是将光信号和泵浦光混合在一起；光隔离器的作用是保证信号单向传输，减小和防止反射光对光放大器稳定工作的影响；光滤波器的主要作用是滤除光放大器的噪声，以提高信噪比。

2. 掺铒光纤放大器的工作原理

掺铒光纤放大器的工作原理与 LD 类似：当较弱的光信号和较强的泵浦光一起输入进掺铒光纤时，泵浦光激活掺铒光纤中的铒离子并形成粒子数反转分布；在信号光子的感应下，产生受激辐射并实现光信号的放大。由于掺铒光纤放大器的核心放大元件是掺铒光纤，其具有细长的结构特点，因此可以使有源区的能量密度较高，从而降低了对泵浦功率的要求。

铒离子能级分布如图 6-5 所示，其中 E_1 能级最低，为基态；E_2 能级为亚稳态；E_3 能级最高，为激发态。

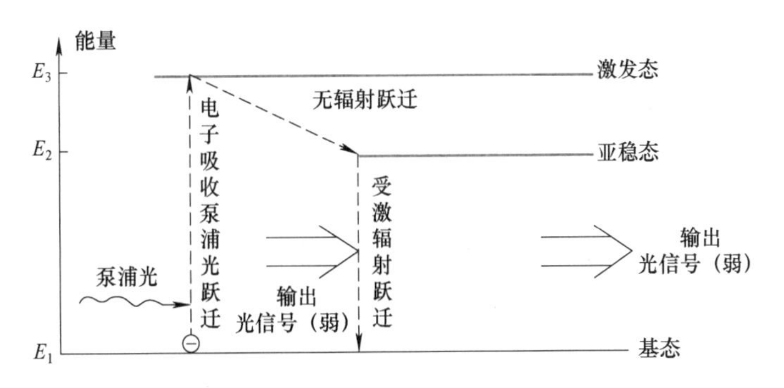

图 6-5　铒离子能级分布示意

在没有外部激励的热平衡情况下，铒离子处于基态能级 E_1 的概率最大。当泵浦光的能量注入掺铒光纤时，处于基态的粒子吸收能量后跃迁至高能级 E_3，而处于 E_3 能级的粒子具有自发地降低能量，跃迁回较低能级的运动趋势。保持泵浦光的持续激励，激发到 E_3 能级的大量粒子自发跃迁回 E_2 能级并在该能级上停留较长时间，E_2 能级上的粒子数不断增加，从而在 E_2 和 E_1 能级间形成了粒子数反转分布，满足了受激辐射光放大的必要条件。

当输入光信号的光子能量恰好等于 E_2 和 E_1 的能级差时，大量处于亚稳态的粒子以受激辐射形式跃迁回 E_1 能级，同时辐射出与输入光信号光子能量一致的大量光子，这样也就实现了输入光信号的直接放大。

图 6-6 所示为铒离子的吸收谱，可以看出其泵浦区恰好与光纤通信中最主要的光纤低损耗工作波长窗口相匹配。

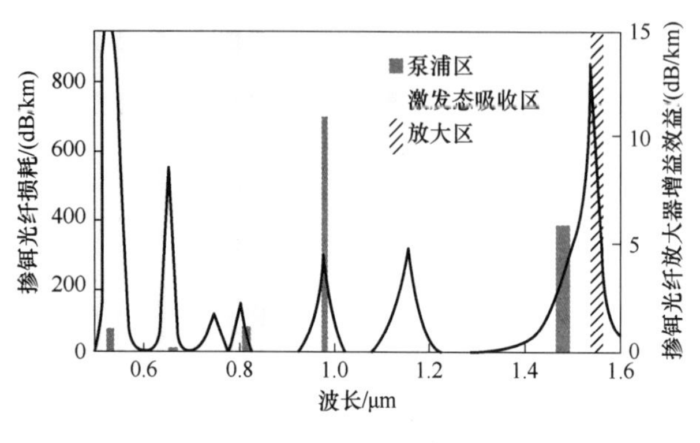

图 6-6 铒离子的吸收谱

3. 掺铒光纤放大器的泵浦方式

掺铒光纤放大器的按内部泵浦方式分，有三种基本结构：同向泵浦、反向泵浦和双向泵浦。

（1）同向泵浦

同向泵浦是指光信号与泵浦光从同一方向注入掺铒光纤的输入端的结构，也称为前向泵浦，如图 6-7 所示。

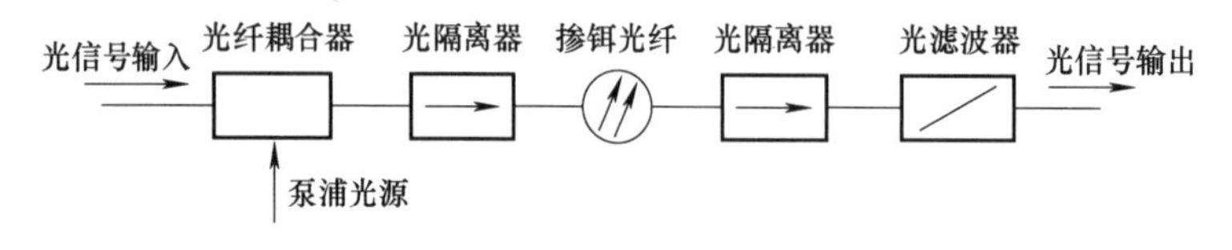

图 6-7 同向泵浦

（2）反向泵浦

反向泵浦是指光信号与泵浦光从两个不同方向注入掺铒光纤的结构，也称后向泵浦，如图 6-8 所示。

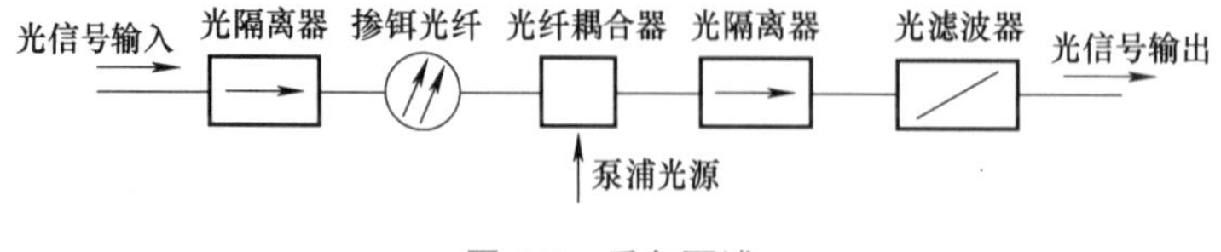

图 6-8 反向泵浦

(3) 双向泵浦

双向泵浦是指由同向泵浦和反向泵浦同时泵浦的结构，如图 6-9 所示。

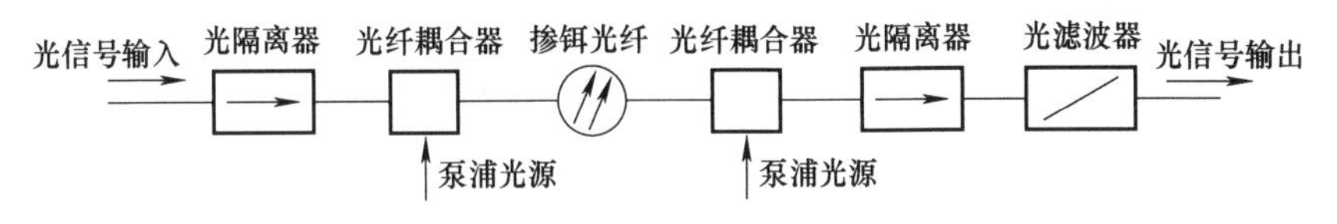

图 6-9　双向泵浦

三种泵浦方式的输出功率与泵浦功率的关系如图 6-10 所示。由于这三种方式的微分转换效率（图 6-10 中曲线的斜率）不同，因此在同样泵浦条件下，同向泵浦式掺铒光纤放大器的输出功率最低。

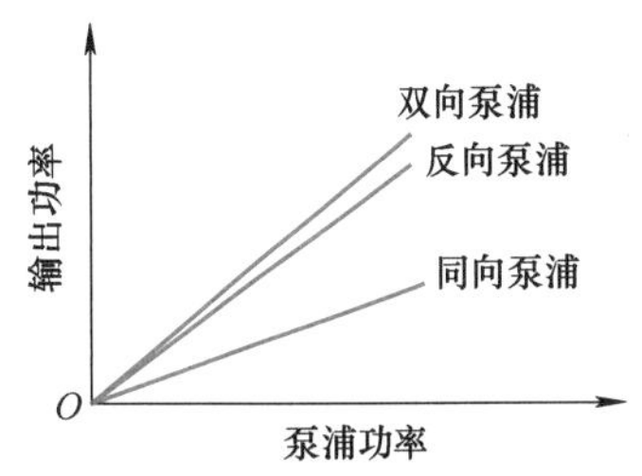

图 6-10　输出功率与泵浦功率的关系

噪声系数与输出功率之间的关系如图 6-11 所示。由于输出功率加大将导致粒子反转数下降，因此在未饱和区，同向泵浦式掺铒光纤放大器的噪声系数最小，但在饱和区情况就不同。

噪声系数与光纤长度的关系如图 6-12 所示。可见，不管掺铒光纤的长度如何，同向泵浦式掺铒光纤放大器噪声系数均较小。

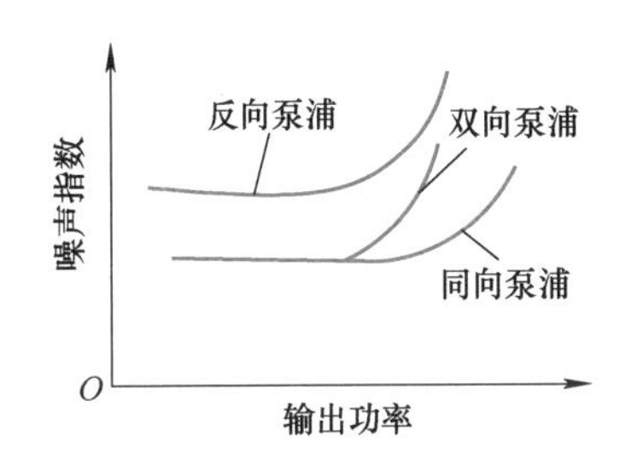

图 6-11　噪声系数与输出功率的关系

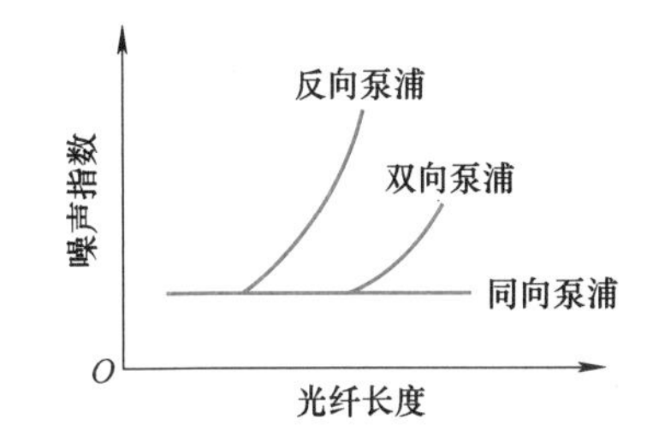

图 6-12　噪声系数与光纤长度的关系

6.2.2　掺铒光纤放大器的性能参数

掺铒光纤放大器主要的性能参数有功率增益、输出功率和噪声。

1. 功率增益

功率增益表示了掺铒光纤放大器的放大能力，其定义为输出功率 P_{out} 与输入功率 P_{in} 之比，即有

$$G = 10\lg\frac{P_{out}}{P_{in}} \tag{6-17}$$

掺铒光纤放大器的功率增益大小与输入功率、泵浦功率和掺铒光纤长度等多种因素有关，通常为 15~40dB。

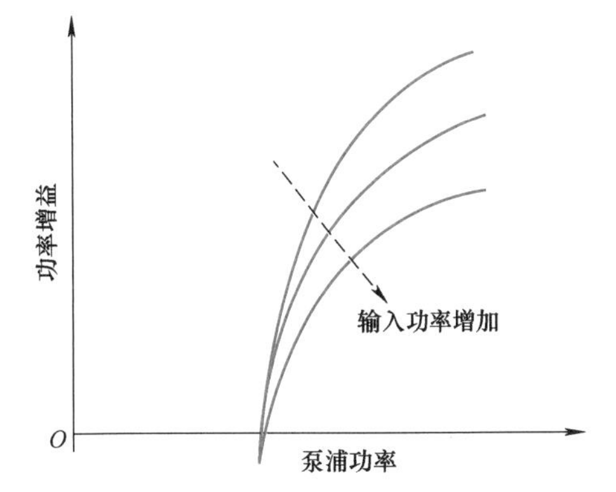

图 6-13　功率增益与泵浦功率的关系

图 6-13 所示为功率增益与泵浦功率的关系。小信号输入时的功率增益大于大信号输入时的

功率增益。当功率增益出现饱和时，即使泵浦功率增加很多，功率增益也基本保持不变。此时掺铒光纤放大器的功率增益效率（图 6-13 中曲线的斜率）将随着泵浦功率的增加而下降。

图 6-14 所示为功率增益与掺铒光纤长度的关系。

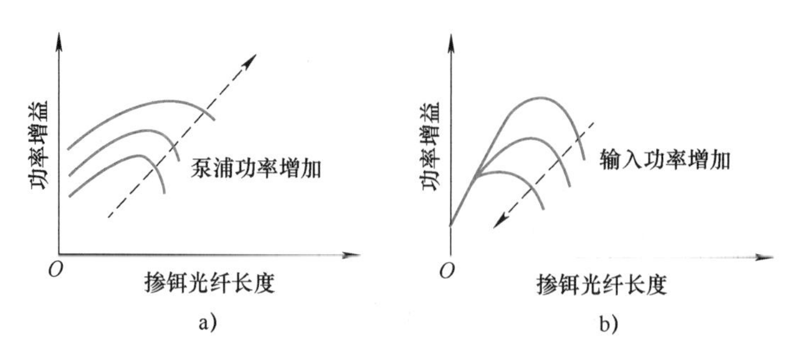

图 6-14 功率增益与掺铒光纤长度的关系

刚开始时功率增益随掺铒光纤长度的增加而上升，但当掺铒光纤超过一定长度后，由于光纤本身的损耗，功率增益反而逐渐下降，因此存在一个可获得最佳功率增益的掺铒光纤最佳长度。需要注意的是，这里的最佳长度是获得最大功率增益的长度，而不是掺铒光纤的最佳长度，因为还牵涉其他如噪声等特性。

2. 输出功率

对于掺铒光纤放大器而言，当输入功率增加时，受激辐射加快，从而减少了粒子反转数，使受激辐射光减弱，输出功率趋于平稳。掺铒光纤放大器的输入/输出关系如图 6-15 所示。

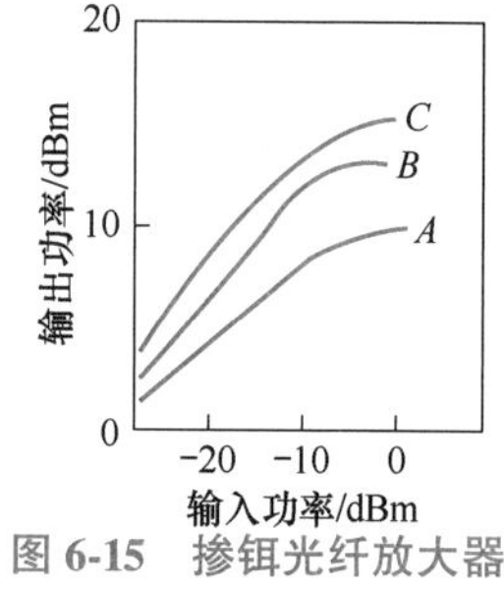

图 6-15 掺铒光纤放大器的输入/输出关系

A—同向泵浦 *B*—反向泵浦 *C*—双向泵浦

衡量掺铒光纤放大器的输出功率特性通常使用 3dB 饱和输出功率，其定义为饱和增益下降 3dB 时对应的输出功率。

3. 噪声

掺铒光纤放大器的输出光中，除了有信号光外，还有自发辐射光，它们一起被放大，形成了影响信号光的噪声源。掺铒光纤放大器的噪声主要有以下四种：

① 信号光的散粒噪声。

② 被放大的自发辐射光的散粒噪声。

③ 自发辐射光与信号光之间的差拍噪声。

④ 自发辐射光间的差拍噪声。

以上四种噪声中，后两种影响最大，尤其第三种噪声是决定掺铒光纤放大器性能的主要因素。

理论分析表明，掺铒光纤放大器的噪声系数 F_n 的极限值是 3dB，这表明在即使在理想情况下，每经过一个掺铒光纤放大器，信噪比也会下降一半。因此，即使掺铒光纤放大器的功率增益完全补偿光纤线路的损耗，实际使用中也不能无限制级联掺铒光纤放大器，这样会导致接收到光信号的信噪比难以承受。

6.2.3　掺铒光纤放大器的应用

1. 基本作用

在长距离、大容量、高速率光纤通信系统中，掺铒光纤放大器有多种应用形式，其基本作用如下。

1）延长中继距离。采用掺铒光纤放大器后的系统无电中继传输可以长达数百千米或更长距离。

2）克服各类器件的插入损耗，便于采用波分复用等实现光纤通信系统的扩容升级。

3）实现超大容量、超长距离光纤通信。

4）与光接入网等技术结合，增大分路比数量，便于推进大规模光纤到户。

2. 基本应用形式

掺铒光纤放大器的应用形式有三种，如图 6-16 所示。

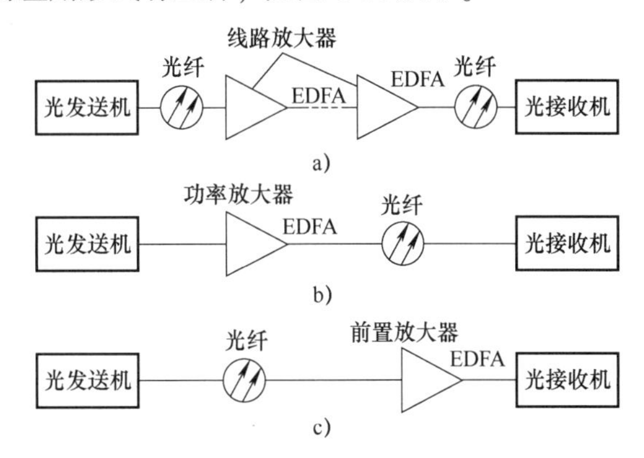

图 6-16　掺铒光纤放大器的应用形式

a）线路放大　b）功率放大　c）前置放大

（1）线路放大（LA）

线路放大是指将掺铒光纤放大器设置于光纤线路中原有光中继器的位置，对信号进行在线放大，如图 6-16a 所示。线路放大是掺铒光纤放大器最常见的应用形式，广泛用于长途和本地通信系统，替代昂贵复杂的光中继器。

（2）功率放大（BA）

功率放大是指将掺铒光纤放大器设置于光发送机后，如图 6-16b 所示。功率放大可以提高注入光纤的有效光功率，从而延长中继距离。但功率放大的引入会导致入射光功率的大幅提高，可能会在光纤中激发出较强的非线性效应，因此在实际使用中需要对其输出功率进行仔细控制。

（3）前置放大（PA）

前置放大是指将掺铒光纤放大器设置于光接收机之前，如图 6-16c 所示。前置放大可以将经光纤线路传输的微弱光信号进行放大，从而提高光接收机的灵敏度。前置放大一般工作在小信号状态，因此需要有较高的噪声性能和增益系数，而不需要很高的输出功率以避免造成光接收机过载。

需要指出的是，虽然掺铒光纤放大器可以用于线性放大、功率放大和前置放大等多种场景，但不同场景下对于掺铒光纤放大器的输入功率、输出功率、功率增益和噪声系数等的要求不一样。

6.3 拉曼光纤放大器

6.3.1 拉曼光纤放大器的工作原理

拉曼光纤放大器对光信号的放大主要利用了受激拉曼散射效应。在非线性介质中，受激拉曼散射效应造成入射光的一部分功率转移到频率较低的另一个光束上，频率下移量由介质的振动模式决定。量子力学中将受激拉曼散射效应描述为入射光波的一个光子被一个分子散射成另一个低频光子，同时分子完成振动态之间的跃迁，入射光作为泵浦光产生称为斯托克斯波的频移光。受激拉曼散射的工作原理如图 6-17 所示。

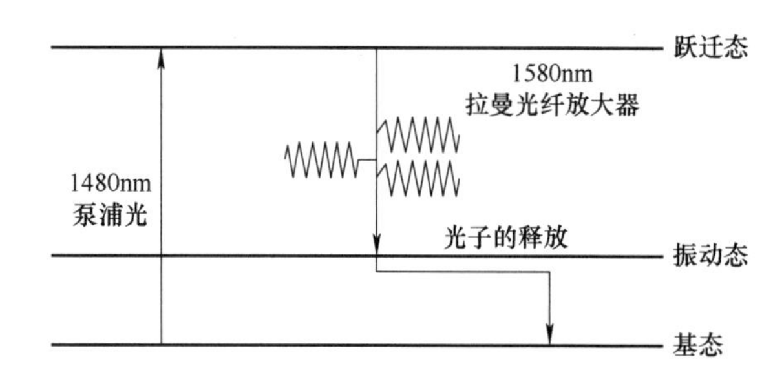

图 6-17 受激拉曼散射的工作原理

在稳态或连续波情况下，斯托克斯波的初始增长可描述为

$$\frac{\mathrm{d}I_s}{\mathrm{d}z} = g_R I_p I_s \tag{6-18}$$

式中，I_s 为斯托克斯光强；I_p 为泵浦光强；g_R 为拉曼增益。

拉曼增益与拉曼极化率的虚部有关，此极化率可通过量子力学方法算出。另外，拉曼增益谱也可通过实验测得，g_R 一般与光纤纤芯的成分有关，对于不同的掺杂物，g_R 有很大变化。泵浦光波长为 1μm 时测得的拉曼增益谱如图 6-18 所示。

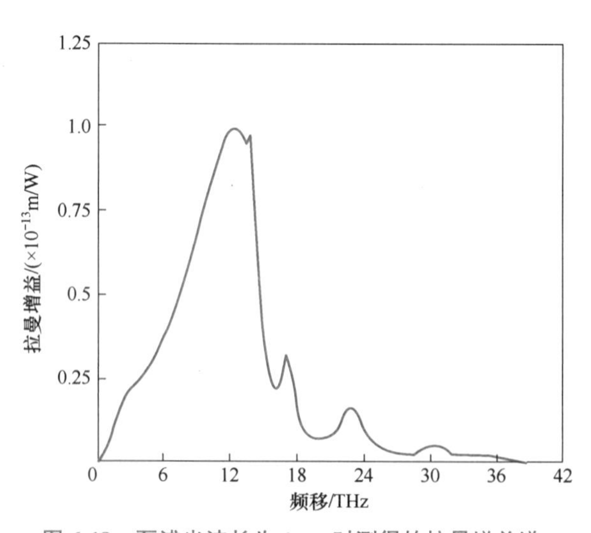

图 6-18 泵浦光波长为 1μm 时测得的拉曼增益谱

由图 6-18 可见，拉曼增益谱宽约为 40THz，其中在 13THz 附近有一个较宽的主峰，峰值增益约为 1×10^{-13}m/W。对于不同的泵浦光波长，g_R 与 λ_p 成反比，其峰值增益与泵浦光波长 λ_p 的关系满足

$$g_{max} = 1.34\times10^{-6} g_0 \frac{(1+80\Delta)}{\lambda_p} \tag{6-19}$$

式中，g_0 为石英光纤在泵浦光波长为 1.34μm 时的拉曼增益；Δ 为光纤的相对折射率差，其值约为 0.22%~1%。

6.3.2　拉曼光纤放大器的结构

拉曼光纤放大器的基本结构示意如图 6-19 所示。输入端和输出端各有一个光隔离器，目的是使光信号单向传输。泵浦激光器用于提供能量，主要有三种：一是大功率 LD 及其组合，二是拉曼光纤激光器（RFL），三是二极管泵浦固体激光器（DPSSL）。比较三者，LD 的特点是工作稳定，与光纤耦合效率高，体积小，易集成等，而后两者存在稳定性及与普通常用光纤耦合困难等问题，所以通常选择 LD 作为拉曼光纤放大器的泵浦光源。光纤耦合器的作用是把输入光信号与泵浦光耦合进光纤中，通过受激拉曼散射的作用把泵浦光的能量转移到输入光信号中，实现光信号的能量放大。实际使用的拉曼光纤放大器为了获得较大的输出光功率，同时又具有较低的噪声系数等其他参数，往往采用两个或多个泵浦光源，中间加上隔离器进行相互隔离。为了获得较宽、较平坦的增益曲线，还可加入增益平坦滤波器。

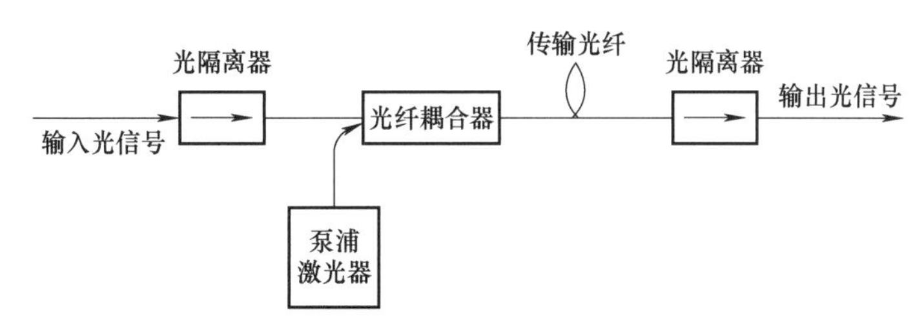

图 6-19　拉曼光纤放大器的基本结构示意

一般来说，拉曼光纤放大器可以分为两种类型：分立式拉曼光纤放大器和分布式拉曼光纤放大器。

分立式拉曼光纤放大器采用拉曼增益较高的特种光纤（如高掺锗光纤等），这种光纤长度一般为几千米，泵浦功率要求很高，一般为数瓦。分立式拉曼光纤放大器可产生 40dB 以上的高增益，可以和掺铒光纤放大器一样用来对光信号进行集总式放大，因此主要用于掺铒光纤放大器无法放大的波段。典型的如利用色散补偿光纤本身拉曼增益较高的特点，在其基础上加以改进，可以实现分立式拉曼光纤放大器，在保持色散补偿特性的同时进一步提高其拉曼增益。分布式拉曼光纤放大器直接使用传输光纤作为增益介质，泵浦功率可降低至数百 mW，可以与掺铒光纤放大器混合使用。对于长距离传输系统而言，采用分布式拉曼光纤放大器辅助可以降低入射功率，减小非线性影响。

按照光信号和泵浦光传播方向来分，拉曼光纤放大器也可以分为前向泵浦、后向泵浦和双向泵浦三种泵浦方式。图 6-19 所示为前向泵浦，图 6-20 所示为后向泵浦和双向泵浦。在前向泵浦中，泵浦光和光信号从同一端注入传输光纤，由于拉曼放大过程是一个瞬态的过程，传输末端的功率波动会让前向泵浦在使用时使光信号产生抖动，泵浦噪声较大。而使用后向泵浦时会将拉曼泵浦内的功率波动平衡下去，并降低传输末端的光功率，有效地降低单元噪声及由此引起的光纤非线性效应，因此在实际应用中一般多采用后向泵浦的方式。

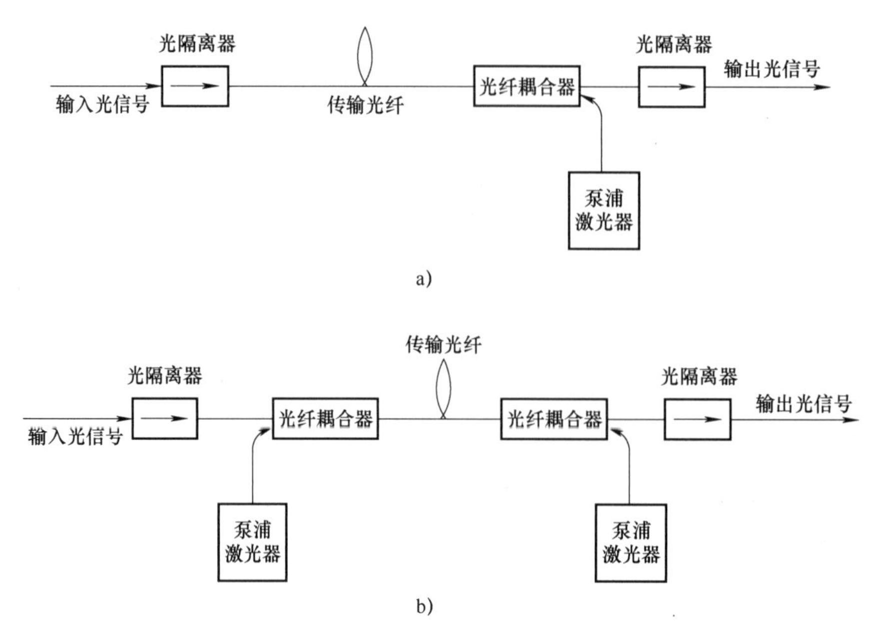

图 6-20 拉曼光纤放大器的不同泵浦方式

a）后向泵浦 b）双向泵浦

6.3.3 拉曼光纤放大器的特点及应用

由于掺铒光纤放大器是最先实现商业化的光放大器，其在光纤通信系统中得到了广泛的应用。随着光纤通信系统速率的不断提高和使用波长的拓展，掺铒光纤放大器由于仅能针对特定波段信号放大的局限性，已经不能完全满足光纤通信系统发展的要求，此时可以引入拉曼光纤放大器，与掺铒光纤放大器一起完成光信号的放大。掺铒光纤放大器与拉曼光纤放大器的特性比较见表 6-1。

表 6-1 掺铒光纤放大器与拉曼光纤放大器的特性比较

特　性	掺铒光纤放大器	拉曼光纤放大器
放大带宽	20nm	48nm
增益	20dB	可达 30dB
饱和功率	取决于发射功率和介质材料	取决于泵浦功率
放大频带	取决于媒质	取决于泵浦波长
设计	复杂	简单
泵浦光源波长	980nm 或 1480nm	比光信号峰值低 100nm 的任何波长

由于拉曼光纤放大器特殊的增益机理，使其具有许多优良的特性。

1）带宽较宽。拉曼光纤放大器的增益谱宽可达 40THz，其可用平坦增益范围有 30nm，因此拉曼光纤放大器可作为宽带放大器，同时对多个不同波长进行放大。

2）设计简单。受激拉曼散射效应可在任意光纤中发生，即使在普通单模光纤中，也可获得一定增益，因此利用拉曼光纤放大器可在原有光纤基础上直接扩容，减少投资，还可以制成分布式拉曼光纤放大器，直接以传输线路作为增益介质。

3）低噪声。拉曼光纤放大器具有优良的噪声特性，其自发辐射噪声优于掺铒光纤放大器，附加噪声也很小。

4）可以通过灵活排列泵浦光的频率对光信号进行放大。从理论上讲，只要有合适波长的高功率泵浦光源，拉曼光纤放大器就可放大任意波长的光信号，可充分利用光纤的巨大带宽。

6.3.4 拉曼光纤放大器的噪声特性

拉曼光纤放大器中主要有三种噪声，一是放大器自发辐射（ASE）噪声，二是串扰噪声，三是瑞利散射噪声。另外，拉曼光纤放大器还受非线性效应和受激布里渊散射等造成的噪声影响。

1. ASE 噪声

ASE 噪声是由自发拉曼散射经泵浦光的拉曼放大产生、覆盖整个拉曼增益谱的背景噪声，包括放大信号注入噪声、ASE 注入噪声、信号-ASE 自拍频噪声和 ASE 拍频噪声等。拉曼增益较小时，信噪比随着拉曼增益的增加而增大，当拉曼增益足够大时（30dB 以上），信噪比趋于一个定值。当增益较大时，噪声主要由拍频噪声，特别是信号自拍频噪声决定。因此对于一个性能优化的拉曼光纤放大器，ASE 噪声主要表现为自发拍频噪声。另外，接收端的光滤波器带宽越窄，ASE 光纤噪声功率越小，因此降低信号自发拍频噪声最好的方法是采用窄带光滤波器。一般分立式拉曼光纤放大器的 ASE 噪声可以低至 4.5dB。

2. 串扰噪声

拉曼光纤放大器中的串扰噪声可以分为两种：一种是由泵浦光波动造成的泵浦-信号串扰，另一种是由于泵浦光同时对多信道放大而导致的泵浦引入-信号间串扰。第一种串扰是由于泵浦光波动造成增益波动从而导致信号的噪声，因此必须通过反馈等技术稳定泵浦，另外采用后向泵浦也可以稳定增益。第二种串扰主要由泵浦光对放大单一信道与放大多个信道的增益不同造成，具体表现为当两个相邻的信道同时传号时，信号的增益小于一个信道传号而另一个信道空号时的增益，从总体上来看就表现为两信道间传号与空号的相互影响，且信道数越多，串扰影响越大。研究表明，光信号功率越大或泵浦功率越大，串扰就越严重；泵浦光到光信号的转化效率越高，串扰越严重。并且当采用后向泵浦时，由于泵浦功率的平均作用，串扰性能优于前向泵浦。

3. 瑞利散射噪声

瑞利散射噪声是由瑞利后向散射引起的，它在光纤中的反射会在输出端形成噪声，导致信噪比恶化。根据反射次数的不同，又可以分为单瑞利散射和双瑞利散射。单瑞利散射经过一次后向散射再反射到输出端，表现为信号自发拍频噪声；双瑞利散射则经过两次后向散射再反射到输出端，主要表现为多径串扰。由于在拉曼光纤放大器中发生的瑞利散射要经过双倍放大，因此这也是一个重要的噪声因素。理论和实验都表明，瑞利散射噪声与光放大器增益和传输距离有关。光放大器增益越高，传输距离越长，则瑞利散射噪声越大。对于多级光放大器级联使用的光纤通信系统，光放大器级联个数越多，则瑞利散射的影响越小。因此为了抑制瑞利散射噪声的影响，可以采用多级放大的方式，避免泵浦功率过高或传输距离过长。另外还可以采用双向泵浦的方法降低瑞利散射噪声。

6.3.5 混合拉曼/掺铒光纤放大器

拉曼光纤放大器和掺铒光纤放大器各有其独特的特点，将拉曼光纤放大器和掺铒光纤放大器结合起来构成混合拉曼/掺铒光纤放大器，也是提高光放大器性能的一种重要方法。使用混合拉曼/掺铒光纤放大器可以获得更加平坦的增益谱，从而提高系统的带宽，改善光信噪比。

设计混合拉曼/掺铒光纤放大器的基本思想就是将掺铒光纤放大器和拉曼光纤放大器进行级联，组成混合光放大器，此时获得的总增益为两个光放大器增益的叠加。对于在特定波段（如 1.55μm）增益较为平坦的掺铒光纤放大器，可采用拉曼光纤放大器的增益补偿掺铒光纤放大器放大波段相对不平坦的波长区域。例如，选用具有双波长泵浦光的拉曼光纤放大器，调整泵浦光波长使其峰值增益位于掺铒光纤放大器放大波段的两边。对于增益较倾斜的掺铒光纤放大器，选择泵浦光波长使拉曼光纤放大器的增益和掺铒光纤放大器的增益相互补偿，形成在整个放大波长区域范围内增益均较为平坦的光放大器。

6.4 新型光纤放大器

6.4.1 新型光纤放大器的需求

光纤放大器的出现极大地提升了光纤通信系统应用的灵活性，也有力地推动了大容量、长距离、多信道光纤通信系统的迅速普及。例如，为了确保多信道光纤通信系统的传输质量，要求使用的光纤放大器具有足够的带宽、平坦的增益、低噪声系数和高输出功率。对于包括光开关、波长转换、可重构光分插复用器等应用场合的光纤放大器提出了更高的要求。

1. 增益带宽

目前光纤通信中应用最广泛的是 C 波段和 L 波段，掺铒光纤放大器的可用增益频谱范围为 1530~1565nm，其增益带宽可以基本满足 C 波段窗口多信道光纤通信系统的需求。但随着对光纤通信系统容量需求不断增加，所使用的波长已经拓展到 S 波段、O 波段和 E 波段等更宽的波长范围，这也对光纤放大器的增益带宽提出了更高的要求，寻找可以在如此宽的波长范围内实现有效增益的光纤放大器是未来重要的研究方向之一。

2. 增益平坦

光纤放大器的增益平坦度（GF）定义为在可用的增益带宽范围内，最大增益波长点的增益与最小增益波长点的增益之差（ΔGF）。特别是对于多信道光纤通信系统而言，要求所使用的光纤放大器有很好的增益平坦性能，否则当多个光纤放大器级联使用时，会出现不同信道的增益不一致导致信号电平起伏变化的现象。

3. 增益均衡

增益均衡是利用均衡器的损耗特性与光纤放大器的增益波长特性相反的增益均衡器抵消增益不均匀性。需要指出的是，增益均衡不仅要满足光纤放大器的增益曲线和均衡器的损耗特性的精密吻合，同时还应该具有动态的增益波动监控及调整机制，当出现增益带宽范围内某个波长的增益波动时，能够进行对应的调整使增益保持均衡。典型的增益控制技术有利用光电反馈环的增益控制、利用激光器辐射的全光控制和利用双芯有源光纤的控制等。

4. 噪声系数和饱和输出功率

级联光纤放大器的光纤通信系统中，光信号的传输质量主要取决于光信号经传输后的信噪比，因此光纤放大器的噪声系数是一个非常重要的性能指标。此外，为降低级联光纤放大器的光纤通信系统的造价，在光纤线路损耗确定的情况下，希望每一个光纤放大器能达到尽可能长的跨距。这需要光纤放大器有足够可以利用的饱和输出功率和低噪声系数。光纤放大器的噪声系数越小，饱和输出功率越大，可能实现的跨距就越长。一般而言，光纤放大器的噪声系数、最大可利用的饱和输出功率、光纤非线性损伤阈值和线路损耗系数等参数，都是分析光纤放大器跨段长度时必须综合考虑的因素。

6.4.2 新型光纤放大器

1. 掺镨氟基光纤放大器

掺镨氟基光纤放大器（PDDFA）是一种主要工作在1310nm波长窗口的光纤放大器，其增益谱覆盖了1275~1360nm区间。掺镨氟基光纤放大器的优点是有很高的饱和输出功率、极化独立的增益特性及低畸变噪声系数等。对于已经敷设的采用G.652光纤的光纤通信系统而言，其在1310nm处传输损耗较大，掺镨氟基光纤放大器可以作为功率放大器或前置放大器在这样的系统中使用，使其在1310nm波长窗口也可以适应高速率、大容量传输的要求。

掺镨氟基光纤放大器的主要缺点是氟基光纤与硅基光纤之间的接续较为困难，典型接续损耗大约为0.3dB。此外，掺镨氟基光纤放大器的增益-温度特性也不太理想，其增益会随温度升高而下降。

2. 掺铒波导放大器

掺铒波导放大器（EDWA）的工作原理与掺铒光纤放大器类似，但其是一种基于集成光波导的掺铒光纤放大器，由嵌入在非晶体的掺铒玻璃衬底的波导组成，可以采用离子交换技术或阴极溅射技术制造。当连续的泵浦光入射进掺铒的平面波导后，波导中的稀土离子形成粒子数反转，激发稀土离子从基态到激发态再回落到亚稳态。此时若有适宜波长的入射光子进入粒子数反转的掺铒平面波导，则两者之间的量子力学谐振效应会导致亚稳态离子返回基态并释放出与入射光子波长一致的光子，形成光放大。

掺铒波导放大器的最大优点是小尺寸和低成本，在同一个衬底上同时集成了有源平面波导和相关无源器件。同时，掺铒波导放大器采用的掺铒波导中铒离子的浓度较大，因此只需要较小的长度既可以实现高增益。掺铒波导放大器的主要缺点是制造工艺复杂，特别是在较短的掺杂波导上获得高增益所需的低背景损耗和高稀土掺杂浓度对工艺要求非常高。

3. 遥泵光纤放大器

遥泵放大技术是适用于单个长跨距传输的专门技术，主要解决单长跨距传输中光信号的光信噪比受限问题。在对光信号进行放大时，光纤放大器输入端的光信号功率越小，光纤放大器输出光信号光信噪比也越低，这是光纤放大器产生ASE噪声的缘故（假设光纤放大器具有恒定不变的增益和噪声系数），因此应尽量避免对低功率光信号进行放大。在单长跨距传输系统中，光纤输出端口处的光功率总是很小，经光功率放大后，极易造成接收端光信噪比受限，因此单长跨距系统一般都采用更高的入射光功率。由于高入射光功率极易引发多种光纤非线性效应并造成系统损伤，因此光功率上限一般在控制 30dBm 以下。

为进一步解决光信噪比受限的问题，可以在传输光纤的适当位置熔入一段掺铒光纤，并从单长跨距传输系统的端站（发送端或接收端）发送一个高功率泵浦光，经过光纤传输和合波器后注入掺铒光纤进行激励。光信号在掺铒光纤内部获得放大，并显著提高传输光纤的输出光功率。由于泵浦激光器的位置和增益介质（掺铒光纤）不在同一个位置，因此称为遥泵放大。根据泵浦光和光信号是否在一根光纤中传输，遥泵又可以分为“旁路”（泵浦光和光信号经由不同光纤传输）和“随路”（两者通过同一光纤传输）两种形态。随路方式中泵浦光还可以对光纤中的光信号进行拉曼放大，从而进一步增加传输距离。

小 结

长距离传输的光信号受到光纤线路损耗的影响导致能量衰减，传统上需要配置昂贵复杂的光中继器对信号进行再生。如果能够直接对受损耗影响的光信号能量进行补偿，同时又无须进行光/电/光变换，那么可以很大程度减少光中继器的配置，从而降低系统总的成本和复杂度，光放大器即为实现这一功能的器件。

光放大器的实现机理是通过受激辐射或受激散射等将泵浦光源的能量转化为信号光的能量，从而实现信号光功率的直接放大。根据工作机理的不同，光放大器目前主要包括半导体光放大器和光纤放大器两类，其中光纤放大器应用较为普遍。光纤放大器主要分为掺杂稀土元素光放大器和非线性光纤放大器两种，掺铒光纤放大器的工作带宽可以有效覆盖最常用的 C 波段，同时结构较为简单，在现网中得到了广泛的应用。以拉曼放大器为代表的非线性光纤放大器可以作为掺杂稀土元素的放大器的有效补充。

光放大器的主要参数包括增益、饱和输出功率、放大器带宽、噪声系数等。需要指出的是，绝大多数情况下引入光放大器仅能补偿能量衰减，而对于光信噪比和色散等性能劣化无法改善。

习 题

1）光放大器主要有几种，各自的实现机理是怎样的？

2）掺铒光纤放大器从结构上可以分为哪几种形式？

3）掺铒光纤放大器在应用上有哪几种形式，对性能参数的要求有何异同？

4）为什么前置放大的掺铒光纤放大器对增益系数和噪声系数有较高要求？

5）应用在单信道和波分复用系统中的掺铒光纤放大器，其性能要求有何异同？

6）拉曼光纤放大器与掺铒光纤放大器相比优缺点分别有哪些？

7）对于超长距离的波分复用系统而言，采用何种放大技术较为适宜？

8）使用掺铒光纤放大器和拉曼光纤放大器有何注意事项？

第7章 光纤数字通信系统

光纤通信系统是当前通信网络、计算机网络和广播电视网络最主要的信息传输手段。由于一般情况下终端用户（包括个人用户和企业用户）所需带宽相对于光纤通信系统而言较低，因此需要采用复用技术将若干个用户业务组合在一起传输，以提高光纤信道的资源利用率，基于时分复用的光纤数字通信系统是最常见和应用最为广泛的，本章将对准同步数字体系（PDH）、同步数字体系（SDH）、多业务传送平台（MSTP）、分组传送网（PTN）和光传送网（OTN）等技术进行介绍和讨论。

7.1 准同步数字体系

数字通信的基础是模拟信号数字化，最常用的方法是脉冲编码调制（PCM）。以标准的语音信号为例，经过抽样、量化和编码后可以将其转换为速率为64kbit/s的数字信号。显然，对于具有极高带宽的光纤通信系统而言，仅由语音信号这样的低速率业务占据整个信道带宽是非常不经济的。因此可以通过时分复用技术，将若干路信号按照一定规则组合成高速率信号后，再送入光纤信道进行传输。PDH是数字通信发展初期最早提出并实现标准化的通信体制，其核心是基于PCM的时分复用技术，基于PDH的光纤数字通信系统的基本思路是将若干个较低传输速率的业务信号，按照时分复用的原则组合成较高传输速率的数字信号（复用前的业务称为支路，复用后的业务称为群路），再由光纤通信系统实现传输。

由于历史原因，ITU-T关于PDH的标准体系分为欧洲和北美两个体制，即欧洲选用的PCM30/32体制和北美（日本）选用的PCM24体制，主要区别是第一次复用时群路信号中包括32个还是24个64kbit/s的语音信号。我国选用PCM30/32体制，PDH一般采用每四个支路信号通过时分复用组合成一个更高等级的群路信号，用数字一、二、三等表示不同等级的业务接口（即某次群）。PDH接口标准速率及等效语音话路见表7-1。

表7-1 PDH接口标准速率及等效语音话路

体　制	我国及欧洲	北　美	日　本
一次群	30路 2.048Mbit/s	24路 1.544Mbit/s	24路 1.544Mbit/s
二次群	30×4路=120路 2.048Mbit/s×4+0.256Mbit/s=8.448Mbit/s	24×4路=96路 1.544Mbit/s×4+0.136Mbit/s=6.312Mbit/s	24×4路=96路 1.544Mbit/s×4+0.136Mbit/s=6.312Mbit/s

（续）

体　制	我国及欧洲	北　美	日　本
三次群	120×4 路=480 路 8. 448Mbit/s×4+0. 576Mbit/s= 34. 368Mbit/s	96×7 路=672 路 6. 312Mbit/s×7+0. 552Mbit/s= 44. 736Mbit/s	96×5 路=480 路 6. 312Mbit/s×5+0. 504Mbit/s= 32. 064Mbit/s
四次群	480×4 路=1920 路 34. 368Mbit/s×4+1. 792Mbit/s= 139. 264Mbit/s	672×2 路=1344 路 44. 736Mbit/s×2+0. 528Mbit/s= 90Mbit/s	480×3 路=1440 路 32. 064Mbit/s×3+1. 536Mbit/s= 97. 728Mbit/s

PDH 的复用过程不是标准的时分复用，而是采取了码速调整+时分复用的方法，主要考虑是进行时分复用时，较低速率的支路信号可能来自不同的设备，其最初的参考时钟频率不能保证完全一致，也就是说同一个速率等级的 PDH 支路信号，其瞬时速率可能存在偏差，这就要求进行复用时考虑信号的瞬时速率与其标称速率间的偏差范围（称为容差）。为了解决这一问题，PDH 在进行复用时采用插入调整比特位的方法解决各个支路不同步的问题，即采用异步复用（复接），首先对参与复用的各支路信号均插入同样的调整比特位，对齐瞬时速率后再进行复用。

由于采用了固定插入的码速调整机制，PDH 中存在着固有的相位抖动（即信号的有效瞬间相对于理想位置的短时偏差）。除了码速调整引入的抖动以外，PDH 技术另一个主要缺点是复杂的复用和解复用过程。特别是由于各级支路信号进行复用时需要进行码速调整，以及解复用时需要进行码速恢复，因此无法在高等级 PDH 群路信号中直接对支路信号进行分插处理，这也使得 PDH 在网络中上下业务非常困难。此外，由于 PDH 中包含了不同的地区性标准，这对于国际互联互通而言非常不便。进入 20 世纪 90 年代后，PDH 逐渐被 SDH 所取代。

7.2 同步数字体系

针对 PDH 存在的固有缺点，1985 年美国提出了同步光网络（SONET）概念，在此基础上，ITU-T 的前身，国际电报电话咨询委员会（CCITT）制定了 SDH 标准。SDH 具有全球统一的标准数据接口及结构，基于同步时钟控制的时分复用方法，通过标准的复用单元为基础的灵活映射方式，可以适应不同的应用环境。与 PDH 技术相比，SDH 因其具有全球统一的光接口、灵活的分插复用结构和完善的网络管理功能等鲜明特点，一经提出就得到了广泛认可和应用。

7.2.1 SDH 的基本原理

SDH 按照 4 倍规律进行时分复用，其接口速率等级定义为同步传送模块（STM-N，N=1，4，16，…）。高等级的 STM-N 信号是在基本模块 STM-1 基础上以字节交错间插的方式进行同步复用的结果，其速率是 STM-1 的 N 倍，中间没有码速调整和插入。SDH 中光发送机侧采用扰码机制，线路编码后保持光接口速率不变，这为不同厂家的设备在网络中互联互通提供了很大方便，实现了很好的横向兼容性。ITU-T 规范的 SDH 标准速率等级见表 7-2。

表 7-2　ITU-T 规范的 SDH 标准速率等级

等　级	标称速率/(Mbit/s)	工程中的简化记法
STM-1	155.520	155M
STM-4	622.080	622M
STM-16	2488.320	2.5G
STM-64	9953.280	10G
STM-256	39813.120	40G

1. SDH 帧结构

SDH 是作为全球统一的传输体制提出的，要能对不同类型的支路信号进行同步的复用、交叉连接和交换，因此 ITU-T 采纳了一种以字节结构为基础的矩形块状帧结构，SDH 帧结构如图 7-1 所示。SDH 帧结构中，每一帧都由 $270\times N$ 列和 9 行字节组成（N 对应 STM-N 的等级），每字节 8bit。以 STM-1 为例，每一帧包括了 270 列和 9 行，一共有 $270\times9=2430$ 字节，相当于每一帧中包括 19440bit。而 SDH 采用的是时分复用机制，对于任何 STM-N，每一帧的周期均为 125μs，即每秒传输 8000 帧，容易得出，STM-1 的标准传输速率为 $270\times9\times8\times8000$bit/s = 155.52Mbit/s。SDH 帧结构中字节的传输按照从左到右、由上而下按顺序进行，由左上角第 1 个字节开始，直至整个帧结构中所有字节都传完，再转入下一帧，如此重复。

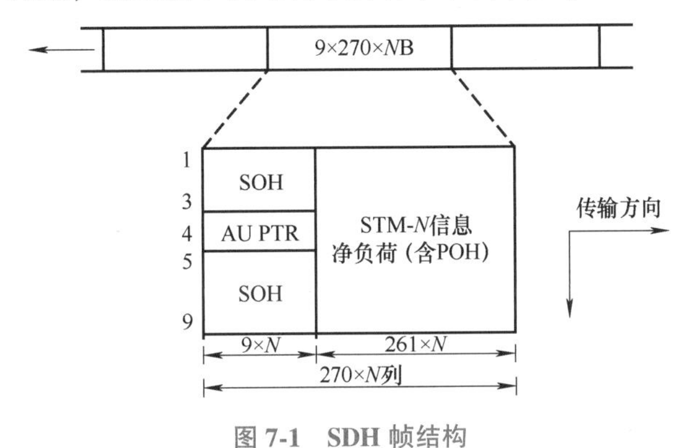

图 7-1　SDH 帧结构

SOH—段开销　POH—通道开销　AU PTR—管理单元指针

由图 7-1 可知，SDH 帧结构有三个主要区域。

（1）段开销（SOH）

段开销是指 SDH 帧结构中为了保证信息净负荷（Payload）正常灵活传送所必需的附加字节，主要是供网络操作、管理和维护（OAM）使用。图 7-1 中横向 $1\sim9\times N$ 列、纵向 1～3 行和 5～9 行共 $8\times9\times N$ 个字节分配为段开销，其中 1～3 行的段开销称为再生段开销（RSOH），5～9 行的段开销称为复用段开销（MSOH）。具有丰富的段开销用于网络 OAM 是 SDH 的重要特点。图 7-2 所示为 STM-1 的段开销。

图 7-2 中，A1 和 A2 为帧定位字节，其功能是识别帧的起始位置，从而实现帧同步。J0 为再生段踪迹字节，该字节用来重复发送段接入点识别符，以便光接收机据此确认其与指定的光发送机是否处于连续的连接状态。D1～D12 为数据通信通路（DCC），提供了 SDH 网络管理系统所需网管信息的专用传送链路。E1 和 E2 为公务联络字节，E1 提供了再生段开销

的公务联络的 64kbit/s 的语音通路，而 E2 提供了复用段开销公务管理的 64kbit/s 的语音通路。K1 和 K2(b1～b4) 为自动保护倒换（APS）控制字节，当 SDH 传输链路出现故障时，可以通过 K1 和 K2 字节发送和交换 APS 指令实现故障链路（复用段）的切换。K2(b5～b8) 为复用段远端缺陷指示（MS-RDI）字节。S1(b5～b8) 为同步状态字节，表征当前获取的时钟同步信号的等级和状态等。B1 为再生段比特间插奇偶校验，实现不中断业务的再生段误码监测。B2 为复用段比特间插奇偶校验，实现不中断业务的复用段误码监测。M1 可以用来表示复用段远端误码指示（MS-REI），但是对于不同的 STM 等级，M1 的意义不同。

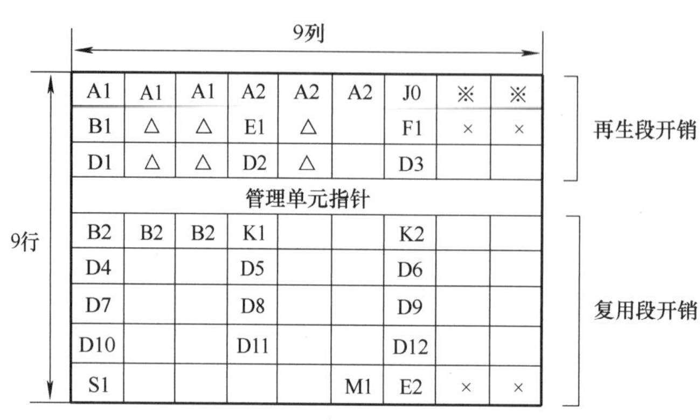

图 7-2 STM-1 的段开销

再生段开销在再生段始端产生并加入帧中，在再生段末端终结，所以在 SDH 网络中的每个网元［包括再生中继器（REG)］，再生段开销都会终结。复用段开销在复用段始端产生，在复用段末端终结，所以复用段开销在再生中断器上透明传输，在除再生中继器以外的其他网元处终结。

（2）管理单元指针（AU PTR）

管理单元指针是 SDH 帧结构中重要的指示符，用来指示信息净负荷的第 1 个字节在 SDH 帧内的准确位置，以便在接收端正确地分解。图 7-1 中横向为 1～9×N 列、纵向 4 行共 9×N 个字节是保留给管理单元指针用的。以 STM-1 为例，第 4 行前 9 列的 9 个字节为管理单元指针，其中共有 10bit 用来表示填充进帧结构的信息净负荷首字节相对于管理单元指针的位置。采用指针方式是 SDH 的重要创新，使之可以在准同步环境中完成复用同步和 STM-N 信号的帧定位，消除了 PDH 中采用码速调整机制引入的抖动以及采用滑动缓存器可能引起的延时和性能损伤。

（3）信息净负荷（payload）

信息净负荷是 SDH 帧结构中存放各种信息容量的地方，即有效的信息传送空间。图 7-1 中横向为 10～270×N 列、纵向 1～9 行的共 9×261×N 个字节都属于信息净负荷。以 STM-1 为例，有效的信息传输速率为 261×9×8×8000bit/s = 150. 336Mbit/s。信息净负荷中还包括用于通道性能监视、管理和控制的通道开销字节。通常，通道开销作为信息净负荷的一部分与其一起在网络中传送。

2. SDH 复用和映射过程

SDH 的其中一个优点便是可以兼容传统 PDH 的各次群信号和通信网络中其他各种类型的业务信号，SDH 复用和映射过程如图 7-3 所示。

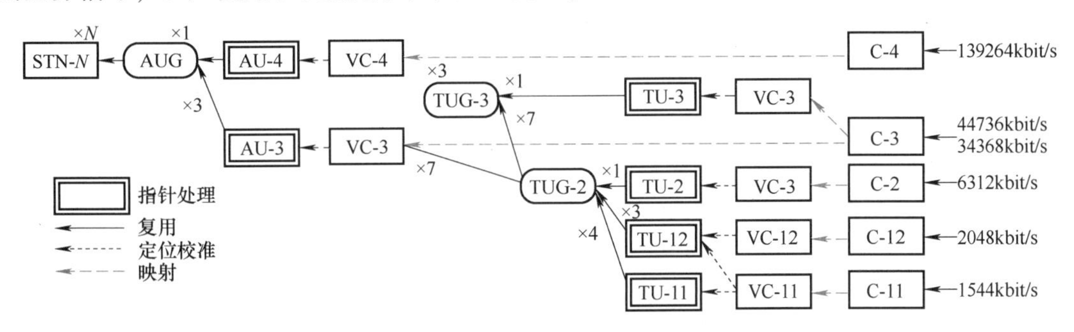

图 7-3　SDH 复用和映射过程

C—容器　VC—虚容器　TU—支路单元　TUG—支路单元组　AU—管理单元　AUG—管理单元组

SDH 复用和映射过程主要是按照一定的规则对标准的信息结构进行处理，包括映射、定位和复用等。SDH 中的信息结构由一系列的基本单元组成，包括容器，虚容器、管理单元和支路单元等。不同速率的支路业务信号首先适配入相应的容器，完成瞬时速率适配等功能后形成标准的信息结构。容器输出加上通道开销后就构成了虚容器，这个过程称为映射。虚容器在 SDH 中传输和复用时是保证承载信息完整的最基础的单元，可以作为一个独立的实体在高速率 SDH 信号中分出或插入，以便进行同步复接和交叉连接等处理。虚容器输出的信号根据其速率等级高低可以直接进入管理单元或先形成支路单元，再经由支路单元组及复用后进入管理单元并形成 SDH 帧结构。如果存在瞬时速率偏差，SDH 通过管理单元指针或支路单元指针进行调整，此过程称为定位。最后在 N（$N \geqslant 1$）个支路单元组的基础上，再附加段开销，便形成了 STM-N 的帧结构，从支路单元到高阶虚容器或从管理单元到 STM-N 的过程称为复用。

需要指出的是，图 7-3 所示为 ITU-T 给出的对应所有可能的业务信号复用和映射过程，对于特定的国家或地区而言，必须明确对于每一个业务接口只有唯一的 SDH 复用和映射路径

3. SDH 网元设备

相对于 PDH 仅能提供基本的复用和解复用功能，SDH 基于灵活的复用和映射过程拓展了光纤数字通信系统的应用场景，SDH 支持的网元设备类型有终端复用器（TM）、分插复用器（ADM）、再生中继器和数字交叉连接（DXC）设备等。

终端复用器的主要功能是将 PDH 支路信号复用进 SDH 信号中，或将低等级 SDH 信号复用进高等级 STM-N 信号中，以及完成上述过程的逆过程。终端复用器基本部分包括 SDH 接口、PDH 电接口、交叉连接矩阵、时钟处理单元、开销处理单元和系统控制与通信单元。终端复用器的特点是只有一个线路（群路）光接口，实际网络应用中，终端复用器常用作网络末梢端节点。

分插复用器将同步复用和数字交叉连接功能综合于一体，利用内部的交叉连接矩阵，不仅实现了低速率的支路信号可灵活地插入/分出到高速率的 STM-N 中的任何位置，而且可以在群路接口之间灵活地对通道进行交叉连接。分插复用器是 SDH 网络中应用最多的设备，其最大的特点是在无须分接或终结整个 STM-N 帧中所有信号的条件下，灵活地分出和插入

帧结构中任意的支路信号。与终端复用器不同的是，分插复用器有两个方向的线路光接口，可以用作链状网络的中间节点或者环形网上的节点。

再生中继器的功能就是接收经过长途传输后衰减和畸变的 STM-N 信号，对其进行放大、均衡和再生后发送出去。再生中继器只对再生段开销进行处理，对复用段开销和通道开销而言都是透明处理的。与终端复用器和分插复用器相比，再生中继器没有分插业务的功能。实际上，如果分插复用器没有进行分插业务，也不终结段开销，而将所有的信号在群路接口之间直通，那么分插复用器也可以完成再生中继器的功能，因此实际组网中常用分插复用器直接替代终端复用器和再生中继器。

数字交叉连接设备是一种具有一个或多个 PDH 或 SDH 信号接口，可以在任何接口之间对信号及其子速率信号进行可控连接和再连接的设备。数字交叉连接设备的核心部件是高性能的交叉连接矩阵，其基本结构与分插复用器相似，只是数字交叉连接设备的交叉连接矩阵容量比较大，接口比较多，具有一定的智能恢复功能，常用于网状网节点。

7.2.2　SDH 网同步

网同步是 SDH 中最重要的特征之一，只有保证 SDH 全网同步，才可以借助于帧结构中的指针实现支路信号灵活的上/下及定位。SDH 网同步的基本思想是通过不同的技术手段，使网络中所有节点都遵循同一个参考时钟（即同步时钟信号），理想情况下所有节点的频率和相位都应该与参考时钟保持一致或限定在特定的范围内。考虑到实际网络中实现所有节点时钟信号的相位一致非常困难，因此网同步主要是保证所有节点的参考频率一致。为与通信网络中常用的传输和交换设备接口互连方便，网络中采用的同步时钟信号是 2048kHz 或 2048kbit/s。

1. 网同步方式

伪同步和主从同步（MS）是解决 SDH 网同步的两种方式。伪同步是指网内各节点都具有独立的基准时钟且其精度足够高。虽然各节点间时钟不完全相同，存在一定的绝对误差，但由于节点间时钟的误差值极小，对全网而言几乎接近同步。主从同步是指网内设一主局（基准时钟参考源），配置最高精度的时钟作为参考时钟（频率）源，网内其他节点均受控于该主局，并且采用逐级下控方式，直至最末端的节点。伪同步和主从同步如图 7-4 所示。

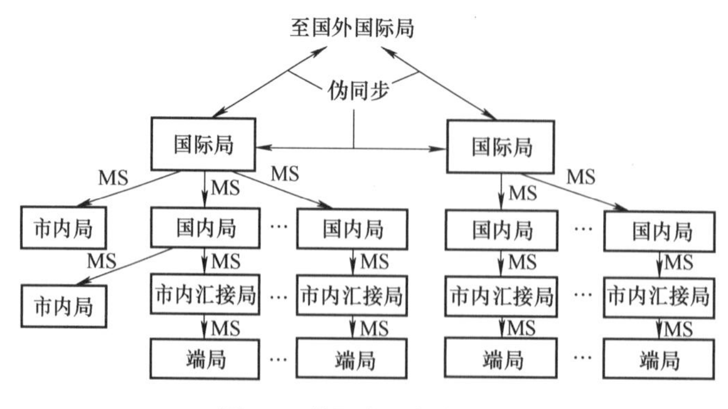

图 7-4　伪同步和主从同步

显然，在同一个网同步区域内（如一个国家或一个运营商内部）应采用主从同步方式，不同国家或地区间可以采用伪同步方式。除了上述两种基本的网同步方式外，还有互同步和外基准输入等同步方法。进入21世纪以来，随着原子钟小型化和卫星通信技术的发展，美国的全球定位系统（GPS）、俄罗斯的全球导航卫星系统（GLONASS）和我国的北斗导航卫星系统（BDS）等卫星导航与授时系统已经可以提供地区乃至全球范围的高精度授时信号广播。此时可以在网络中的重要节点处配置基于卫星接收机的大楼综合定时供给（BITS），形成地区基准时钟（LPR），该地区内的其他节点则采用主从同步方式同步于LPR，从而实现全网同步于统一的高精度时钟源。

2. 从时钟的工作模式

在采用主从同步方式的同步网内，节点时钟通常有三种工作模式。

（1）正常工作模式

正常工作模式指外部输入时钟信号正常工作情况下的节点时钟工作模式。此时，节点时钟同步于输入的外部输入时钟信号，影响时钟精度的主要因素是外部输入时钟信号的相位噪声和从时钟控制环（从时钟振荡器的锁相环）的相位噪声。SDH网络中规定，节点时钟必须同步于同级或更高等级的外部输入时钟信号。

（2）保持模式

当外部输入时钟信号中断后，节点失去参考频率基准，将转入保持模式。此时，从时钟利用定时基准信号丢失前所存储的最后的频率信息作为其定时基准使用。虽然振荡器的固有频率会慢慢漂移，但仍可以保证从时钟频率在较长的时间内只与基准频率存在较小的偏差，这种方式可以应付数十小时至数天的外部输入时钟信号中断故障。

（3）自由运行模式

假设外部输入时钟信号中断的时间超出了保持模式所能维持的最长时间，节点就会进入自由运行模式。此时各节点依赖设备单板中配置的内部晶体振荡器维持SDH成帧必需的频率信息，当网络中节点数量较少时，由于节点间时钟信号的相互牵引作用尚能维持正常的通信。但是当自由运行的时间较长或网络中节点数量较多时，就会难以维持正常的通信，此时SDH网络可以认为基本失去工作能力。

从时钟的工作模式如图7-5所示。

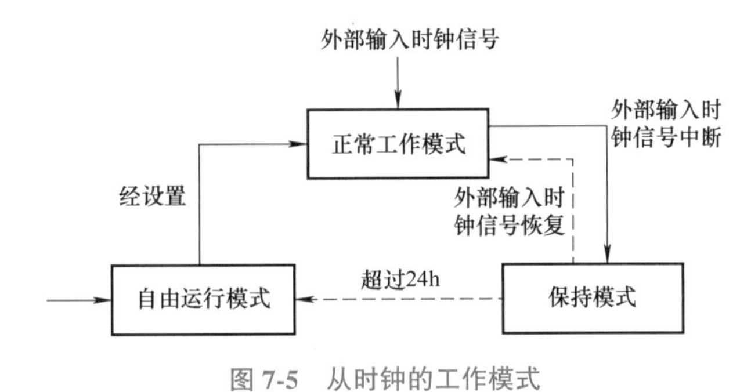

图7-5　从时钟的工作模式

7.2.3　SDH传送网

1. SDH传送网的结构

SDH传送网可从垂直方向分解为三个独立的层网络，即电路层、通道层和传输媒质层，每一个层网络在水平方向又可以按照该层内部结构分割为若干分离的部分，组成适合网络管理的基本骨架。SDH 传送网的结构如图 7-6 所示。

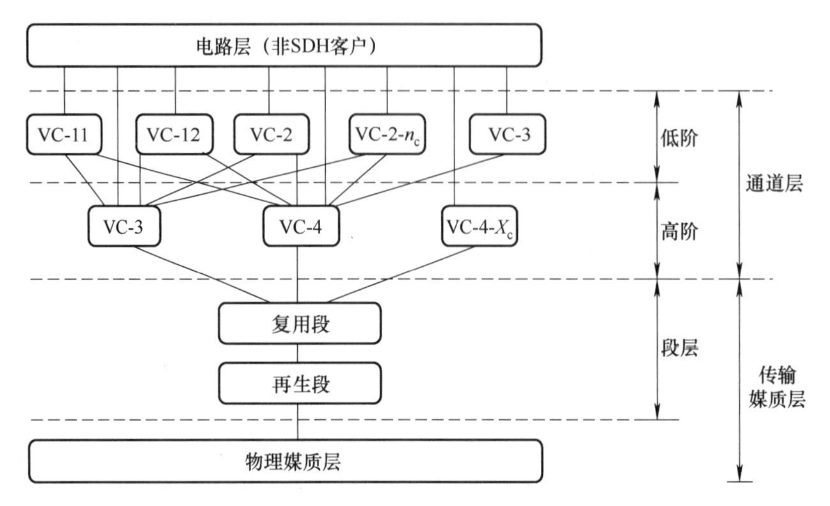

图 7-6　SDH 传送网的结构

（1）电路层

电路层直接为用户提供通信服务，如电路交换业务、分组交换业务和租用线业务（如伪线等虚拟专线业务）等。按照提供业务不同，可以区分不同的电路层网络。电路层网络与相邻的通道层网络相互独立。电路层的主要设备是交换机和用于租用线业务的交叉连接设备，电路层中的端到端电路连接一般由交换机等建立。

（2）通道层

通道层支持一个或多个电路层，为电路层中的网络节点（如交换机）提供透明的通道（单条或多条电路）。对于 SDH 而言，支持 E1 等级接口的 VC-12 可以看作电路层网络节点间通道的基本传送单位，VC-3/VC-4 可以作为局间通道的基本传送单位。通道的建立由分插复用器或数字交叉连接设备负责，可以提供较长的保持时间。

通道层的高阶通道和低阶通道主要是指支持的业务需求（电路带宽）不同，SDH 传送网的一个重要特点是能够对通道层网络的连接进行管理和控制，因此网络应用十分灵活和方便。通道层网络与其相邻的传输媒质层网络相互独立，但它可以将各种电路层业务信号映射进复用段所要求的格式内。

（3）传输媒质层

传输媒质层与传输媒质（光缆或微波）有关，为通道层中的网络节点间提供合适的通道容量，STM-N 是传输媒质层的标准等级容量。传输媒质层可以进一步划分为段层和物理媒质层（简称物理层）。段层涉及为通道层两个节点间信息传递的所提供的全部功能，而物理层涉及具体的支持段层网络的传输媒质，如光缆和微波数字通信系统。段层还可以细分为复用段层和再生段层，复用段层为通道层提供同步和复用功能并完成复用段开销的处理和传递，而再生段层涉及再生中继器之间或再生中继器与复用段终端设备之间的信息传递，如定帧、扰码、中继段误码监视以及中继段开销的处理和传递。

图 7-7 所示为通道和段的关系示例。

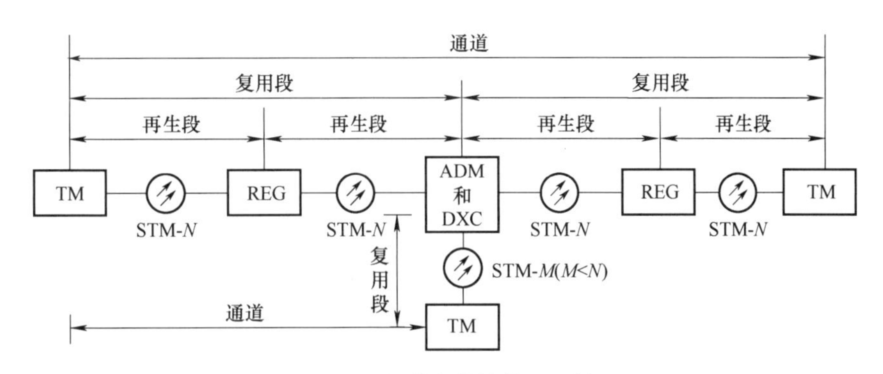

图 7-7 通道和段的关系示例

2. SDH 网络的生存性

SDH 支持很高的通信容量，一旦发生光缆切断等意外或节点失效故障，将会产生严重的业务中断等损失，因此 SDH 必须具有较强的抵御故障或灾害的能力，即生存性（Survivability）。生存性是指当网络中出现节点或链路失效时能够继续提供业务的能力，实现生存性主要有保护（Protection）和恢复（Restoration）两种方法。保护的基本思想是利用预先规划的备用系统容量对受损或中断的主用系统进行切换保护，恢复则是在业务失效后利用快速路由等机制寻找网络中的空闲资源并重新建立连接。

保护是最成熟的生存性方案，可以分为 1+1 和 1∶*n* 两种形式 。1+1 保护中，承载用户业务的信号同时在主用系统和备用系统上传输，接收侧从接收到的信号中选取一个进行接收，称为“并发选收”模式。主用系统一旦出现了失效或中断，接收侧就切换至另一个系统接收信号。1∶1 方式是 1∶*n* 的特例，该保护方式中备用系统平时是空闲的，即承载用户业务的信号仅在主用系统中传输。当主用系统出现故障后，需要发送侧和接收侧同时进行切换，将用户业务信号切换到备用系统上。为了提高效率和节约成本，也可以多个主用系统共享一个备用系统，称为 1∶*n* 方式。

1+1 和 1∶*n* 保护如图 7-8 所示。

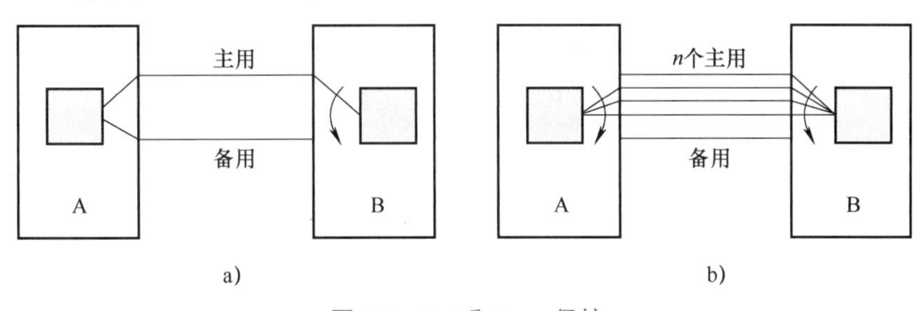

图 7-8 1+1 和 1∶*n* 保护

a）1+1 保护 b）1∶*n* 保护

在网络中具体实施时，还可以进一步分为 APS、SHR（自愈环）和基于数字交叉连接的 SHN（自愈网）。APS 通过主备用系统之间的 1+1 或 1∶*n* 保护恢复失效业务。实际的网络中备用系统和主用系统可能配置在同一个物理地点（路由），因此备用系统最好选取与主用系统不同的路由，即异径保护（DRP），同时提供保护的备份系统尽可能不与被保护的主用系统同时存在于一个物理空间中。

SHR 可以理解为点对点保护机制在环形网络拓扑上的拓展。例如单向 SHR（U-SHR）使用两条互为反方向的光缆，环上的节点对两个方向来的信号形成 1∶1 保护。而共享保护环 SHR 类似于 1∶n 的 APS 系统。若采用类似“并发选收”的 SHR，则不需要 APS 协议参与，切换所需的时间非常短。

SHN 是基于数字交叉连接的自愈机制。SHN 与预先保留容量的 APS 和 SHR 相比具有更为灵活的优点，它能够灵活地处理网络故障或业务量的变化，进行资源自组织。SHN 在每个节点上配置数字交叉连接，利用光波链路形成节点间的连接。当一个链路失效，导致两个节点间服务通道中断时，通过对其他链路上的备用通道进行交叉连接形成恢复通道。

7.2.4 多业务传送平台

由于 SDH 复用和映射过程采用的是固定标准的信息结构（容器），对于数据包长度可变的 IP（互联网协议）数据业务而言显然不适合。这个问题在覆盖城市及其郊区范围的城域网络环境中最为明显，这是因为城域范围的光纤通信网络面向企事业用户和普通家庭用户（类型多样），最大可覆盖城市及其郊区范围（传输距离中等），须同时提供语音、数据和图像等多种类型业务（业务综合性），其中又以 IP 数据业务为重点并支持多种通信协议的本地公用网络。

城域范围的光纤通信网络一般可以分为核心层、汇聚层和接入层三个层次。核心层的主要功能是给各业务汇聚节点提供高带宽业务承载和交换通道，完成和其他类型网络间的互联互通。汇聚层主要完成对各业务接入节点的业务汇聚、管理和分发处理，起着承上启下的作用，对上连至核心层，对下将各种宽带多媒体通信业务分配到各个接入层的业务节点。所有业务在进入骨干节点之前，都由汇聚节点完成如对用户进行鉴权、认证、计费管理等智能业务处理机制，实现各类二层隧道协议的终结和交换等。接入层主要利用多种接入技术覆盖各种类型的终端用户。接入层的基本特征是简单灵活，可根据用户对象和业务的不同采用灵活的组网和接入手段。

城域光纤通信网络的解决方案主要包括了以 SDH 为基础的多业务平台、城域以太网技术、城域波分复用和光纤直连技术等。对于已经建设了 SDH 网络的传统运营商而言，采用基于 SDH 的 MSTP 是较为稳妥的系统平滑升级方案，其在满足了现阶段各类业务并存需求的同时，也为未来升级到全 IP 内核的 PTN 和 OTN 提供了过渡手段。

1. 基于 SDH 的 MSTP

能够满足多业务（主要是数据业务和电路交换业务）传送要求的、基于 SDH 技术的多业务传送技术称为基于 SDH 的 MSTP 技术。MSTP 具有将分组数据业务高效地映射到 SDH 虚容器的能力，并可以采用 SDH 物理层保护使承载的数据业务和时分复用业务一样具有高可靠性，其良好的多业务拓展能力、业务服务质量保证已经充分得到认可。

一般意义上，MSTP 设备是指基于 SDH 的多业务传送节点，同时实现时分复用、异步传输模式（ATM）和以太网等不同类型业务的接入处理和传送，即将传统的 SDH 复用器、数字交叉连接器、波分复用终端、二层交换机和 IP 边缘路由器等多个独立设备的功能进行集成，并可以为这些综合功能进行统一控制和管理的一种网络设备。MSTP 从本质上讲是多种现有技术的优化组合，图 7-9 所示为一个典型的 MSTP 业务接口及适配过程。

MSTP 技术的发展主要体现在对 TCP/IP（传输控制协议/互联网协议）业务的支持上，

其发展可以划分为三个阶段。

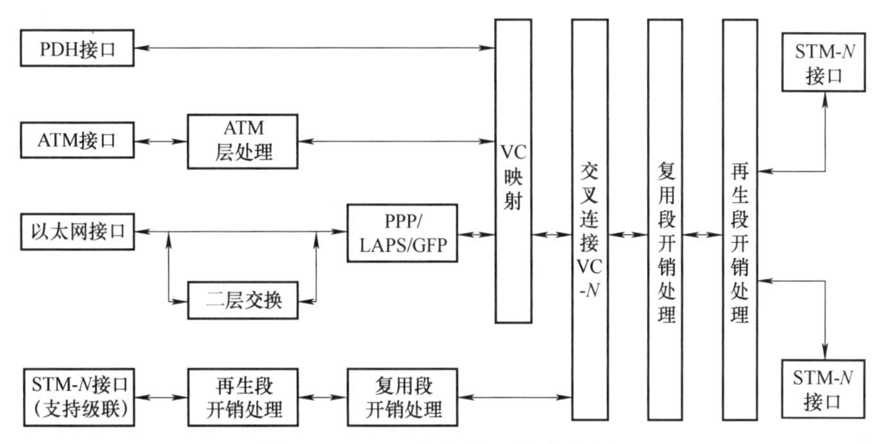

图 7-9　MSTP 业务接口及适配过程

PPP—点到点协议　LAPS—链路接入规程-SDH　GFP—通用成帧协议

第一代 MSTP 的特点是提供了以太网点到点透传的支持，将以太网信号直接映射到 SDH 虚容器中进行点到点传送，但是不能提供不同以太网业务的 QoS（服务质量）区分、流量控制、多个以太网业务流的统计复用和带宽共享以及以太网业务层的保护等功能。

第二代 MSTP 的特点是支持以太网二层交换。它是在一个或多个用户以太网接口与一个或多个独立的基于 SDH 虚容器的点对点链路之间实现基于以太网链路层的数据帧交换，增加了基于 802.3x 的流量控制、多用户隔离和 VLAN（虚拟局域网）划分、基于 STP（生成树协议）的以太网业务层保护以及基于 802.1p 的优先级转发等多项以太网方面的支持。

第三代 MSTP 的特点是支持较为完善的以太网 QoS。在第三代 MSTP 中，引入了中间的智能适配层、GFP 高速封装协议、VCAT（虚级联）和 LCAS（链路容量调整机制）等多项全新技术，支持较完善的 QoS、多点到多点的连接、用户隔离和带宽共享等功能，能够实现服务等级协议（SLA）增强、阻塞控制及公平接入等，同时还具有相当强的可扩展性。

2. MSTP 关键技术

（1）VCAT

ITU-T G.707 中定义了连续级联的方法：将几个相连的容器结合成一个大的容器并通过 SDH 传输。VCAT 是在连续级联基础上进行的改进，可以分别映射若干独立的容器到一个虚的级联链路，提供了更精细的带宽颗粒度；此外，VCAT 最大的优点是使运营商能够根据用户业务需要有效地调整传输容量，有利于光纤通信系统容量的更高效利用。VCAT 的特点是将不连续的 SDH 同步净负荷（数据）按级联的方法，构成一个 VCAT 信号组（VCG）进行传输，以达到匹配业务带宽的目的。表 7-3 给出了采用 VCAT 前后的传送效率对比，表中虚容器后的数字代表级联的个数，c 和 v 分别代表连续级联和 VCAT。

表 7-3　传送效率对比

业　　务	采用连续级联的传送效率	采用 VCAT 的传送效率
10Mbit/s 以太网	VC-3，约 20%	VC-12-5v，约 92%
100Mbit/s 快速以太网	VC-4，约 67%	VC-12-47v，约 100%

（续）

业 务	采用连续级联的传送效率	采用VCAT的传送效率
20M以太网	VC-4-4c，约33%	VC-3-4v，约100%
1Gbit/s光纤通道	VC-4-4-16c，约33%	VC-4-6v，约89%
千兆比以太网	VC-4-4-16c，约42%	VC-4-7v，约85%

如表7-3中所示，如果有一个千兆以太网客户业务，用传统的SDH映射方法需要占用一个完整的STM-16（2.488Gbit/s），会浪费约60%的固定带宽。引入VCAT后其可以映射到7个STM-1中（7×155.5Mbit/s=1088Mbit/s），带宽利用率达92%。

采用VCAT技术时，业务信号中的数据净负荷将被分拆并组成VCG，VCG可以经过两个或多个路径在SDH网络中传输。由于这两个或多个路径的距离和其路径中所包括的网元数量不可能完全相同，故VCG成员不可能同时到达终点，接收端设备必须补偿其时延差后再重组净负荷。

（2）LCAS

LCAS可以根据业务流量对所分配的虚容器带宽进行动态调整，并且在调整过程中不会对数据的传送性能有影响。LCAS的引入是光纤通信网络中一个重大创新，实现了无中断调整链路容量的控制机制。LCAS一般和VCAT共同工作，通过VCAT实现对不同带宽需求的业务信号的高效承载，LCAS则是通过对VCAT中的VCG进行动态配置，即通过动态增加或减少VCG中的级联容器数实现链路的容量调整。

（3）GFP

GFP既可以在字节同步的链路中传送长度可变的数据包，又可以传送固定长度的数据块，是一种简单又灵活的数据适配方法。GFP采用了与ATM技术相似的帧定界方式，可以透明地封装各种数据信号，利于多厂商设备互联互通；GFP引进了多服务等级的概念，实现了用户数据的统计复用和QoS功能。GFP采用不同的业务数据封装方法对不同的业务数据进行封装，包括GFP-F和GFP-T两种方式。GFP-F封装方式适用于分组数据，把整个分组数据［PPP、IP、RPR（弹性分组环）和以太网等］封装到GFP负荷信息区中，对封装数据不做任何改动，并根据需要决定是否添加负荷区检测域。GFP-T封装方式则适用于采用8B/10B编码的块数据，从接收的数据块中提取出单个的字符，然后把它映射到固定长度的GFP帧中。

7.3 分组传送网

从业务的发展来看，基于IP包交换的技术及应用已经是事实上的网络标准形态，因此下一代传送承载网必定是基于分组的。目前围绕PTN架构，已经提出了多种解决方案和技术路线，有T-MPLS、PBB-T（运营商骨干桥接-流量工程）、IP RAN（基于IP技术的无线电接入网）等。

1. T-MPLS技术

T-MPLS是一种面向连接的分组传送技术，T-MPLS在传送网络中将客户信号映射进MPLS（多协议标签交换）帧，利用MPLS机制（如标签交换、标签堆栈）进行转发。它选择了 MPLS 体系中有利于数据业务传送的一些特征，抛弃了 IETF（因特网工程任务组）为 MPLS 定义的繁复的控制协议族，简化了数据平面，省去了不必要的转发处理，增加了 ITU-T 传送理念的保护倒换和 OAM 功能，解决了 IP 网络扩展性和生存性的问题，增加了故障定位、性能监测等功能，增强了保护和恢复能力，能够满足多业务承载。T-MPLS 承载的客户信号可以是 IP/MPLS、以太网和时分复用，可以构建智能统一 ASON/GMPLS（通用多协议标签交换）控制面，同时传送网（T-MPLS、SDH 和 OTN）共用统一的控制面。

T-MPLS 将具有和传统传送网络相似的 OAM&P（操作、管理、维护和供应）能力，端到端的维护、保护和性能监测，能够融合任何 L2 和 L3 的协议，构建统一的数据传送平面，能够利用通用的控制平面 GMPLS 及现有的传送层面（波长或时分复用），运维成本将显著低于传统的 MPLS。

2. PBB-TE 技术和标准

PBB-TE 是对现有以太网技术的改进，通过增加标记或帧头，提升交换容量，通过增加设备级保护、环形网络保护、QoS 分级、L2 汇聚、OAM 开销等方式满足 PTN 的可扩展、可管理、可靠性和高质量等需求。PBB-TE 技术是在标准 IEEE 802.1ah PBB 的基础上进行扩展得到的一种面向连接的以太网传送技术，抛弃了以太网无连接的特性，并增加了流量工程使其 QoS 能力显著提高。PBB-TE 建立在现有的以太网标准之上，具有良好的兼容性，目前主要支持点到点与点到多点的面向连接的业务传送和线性保护，暂时还不支持多点到多点的业务传送和保护。

PBB-TE 技术的主要优点体现在关闭传统以太网的地址学习、地址广播及 STP 功能，以太网的转发表完全由管理平面（将来控制平面）进行控制；具有面向连接的特性，使得以太网业务具有连接性，以便实现保护倒换、OAM、QoS 和流量工程等传送网络的功能；PBB-TE 技术承诺与传统以太网桥的硬件兼容，DA+VID（目的地址+虚拟局域网标识）的网络中间节点不需要改变，数据包不需要修改，转发效率高。

3. IP RAN 技术

IP RAN 是指以 IP/MPLS 协议及关键技术为基础，满足基站回传承载需求的二层三层技术结合的解决方案。由于其基于标准、开放的 IP/MPLS 协议族，因此也可以用于政企客户 VPN（虚拟专用网）、互联网专线等多种基于 IP 化的业务承载。

IP RAN 针对无线接入承载的需求，增加了时钟同步功能，增强了 OAM 能力。IP RAN 网络的特点包括支持流量统计复用，承载效率较高，能满足大带宽业务的承载需求；能提供端到端的 QoS 策略服务，保障关键业务、自营业务的 QoS，并可提供面向政企客户的差异化服务；能满足点到点、点到多点和多点到多点的灵活组网互访需求，具备良好的扩展性；能提供时钟同步（包括时间同步和频率同步），满足 3G 和 LTE（长期演进技术）基站的时钟同步需求；能提供基于 MPLS 和以太网的 OAM，提升了故障定位的精确度和故障恢复能力。

IP RAN 分为核心层、汇聚层与接入层三层。核心层直接与 BSC（基站控制器）或 IP 骨干网相连，一般采用大容量路由器构建，具备高密度端口和大流量汇聚能力；汇聚层由 B 类设备（IP RAN 汇聚路由器）组成，用于接入汇聚 A 类设备；接入层由连接基站的 A 类设备（IP RAN 接入路由器）组成。IP RAN 的网络架构如图 7-10 所示。

表 7-4 给出了几种代表性城域网络环境使用的 PTN 技术方案对比。

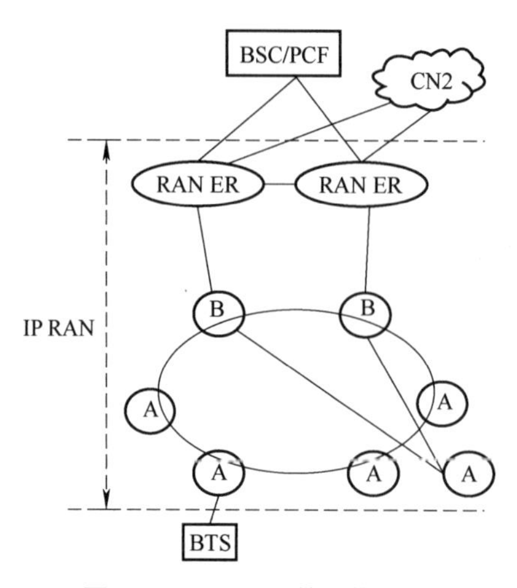

图 7-10 IP RAN 的网络架构

PCF—点协调功能 CN2—中国电信下一代承载网 RAN ER—无线接入网中的边缘路由器 BTS—基站收发机

表 7-4 PTN 技术方案对比

项　目	MSTP	PTN	IP RAN
多业务支持	时分复用业务支持能力强，支持二层以太网业务，不支持三层 IP 业务；无法实现全业务接入	支持时分复用业务，二层以太网业务支持能力强，支持较简单的三层 VPN；全业务接入存在一定困难；核心层必须通过 CE（用户网络边缘）路由器再与 RNC（无线网络控制器）互连	支持时分复用业务，支持二层以太网业务，三层 IP 业务支持能力强；可以实现全业务接入；核心层可直接与 RNC 互连
电信级 OAM	完善的 SDH 分层 OAM	较完善的 SDH-Like（类 SDH）分层 OAM	具有连通性检测、保护倒换、告警、性能监测等 OAM，但与传统电信方式有差异
电信级保护倒换	传统 SDH 保护能力强；提供环网保护、线性保护；可实现 50ms 倒换	提供线性保护（G. 8131）、环网保护（G. 8132）；可实现 50ms 倒换	提供线性保护、FRR（快速重路由）保护；在网络规模大和业务数多时难以达到电信级保护要求，大规模组网情况下（1000 个节点以上）保护倒换时间 200ms 以内
QoS	较弱	强	强
带宽统计复用	较弱，边缘层难以统计复用	强	强
同步	频率同步	频率和时间同步	频率和时间同步
标准情况	标准成熟	现有厂家设备采用原 T-MPLS 标准；由于 MPLS-TP 仍在制定当中，后期设备需要进行割接升级达到最终标准	标准成熟

（续）

项　目	MSTP	PTN	IP RAN
网络管理及运行维护	完善的网络管理系统，有成熟的运维手段和丰富的维护人员	与传统 SDH/MSTP 网络管理系统类似，可与现有传输设备统一管理，便于运维手段延续和人员培养	具备基本的网管能力，目前不能与传输统一网络管理，与现有传输运维方式差异较大，对运维人员要求较高
可扩展性	有丰富的大规模组网经验，可扩展性好；业务性能受网络规模影响小	采用静态配置方式，网络可扩展性较好	采用动态信令，管理难度较大；大规模组网经验较少

7.4 光传送网

7.4.1 OTN 的基本原理

1998 年，ITU-T 提出了光传送网（OTN）的概念，OTN 是在光域内实现业务信号的传送、复用、路由选择和监控，并保证其性能指标和生存性的传送网架构。OTN 的出发点是子网内全光透明，仅在子网边界采用光/电/光技术，也就是说在 OTN 内部是全光的信号格式，只有在业务信号进入或离开 OTN 时才需要进行光/电转换。从传送承载业务的角度，也可以把 OTN 理解为 SDH 技术在光域中的拓展。

OTN 主要包括三层：光通道（OCH）层、光复用段（OMS）层和光传输段（OTS）层。每个层网络又可以进一步分割成子网和子网连接，以反映该层网络的内部结构。OTN 分层模型如图 7-11 所示。

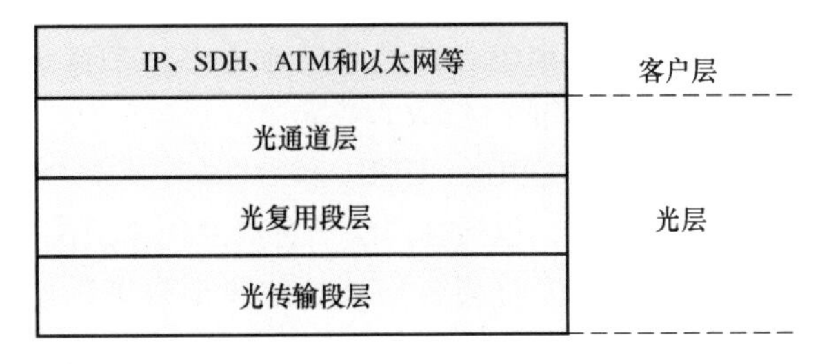

图 7-11　OTN 分层模型

光传输段层为光信号在不同类型的光媒质上提供传输功能，同时实现对光放大器或光中继器的检测和控制功能等。光传输段开销处理用来确保光传输段适配信息的完整性，整个 OTN 由最下面的物理媒质层所支持。光复用段层负责保证相邻两个波长复用传输设备间多波长复用光信号的完整传输，为多波长信号提供网络功能。例如，为灵活的多波长网络选路重新安排光复用段功能，为保证多波长光复用段适配信息的完整性处理光复用段开销，以及为网络的运行和维护提供光复用段的检测和管理功能。典型的工作在光复用段层的设备有波长复用器和交叉连接器。光通道层负责为各种不同格式或类型的客户信息选择路由、分配波长和安排光通道连接，处理光通道开销，提供光通道层的检测、管理功能，并在故障发生时，通过重新选路或直接把工作业务切换到预定的保护路由实现保护倒换和网络恢复。端到端的光通道连接由光通道层负责完成。客户层不是 OTN 的组成部分，但 OTN 光层作为能够支持多种业务格式的服务平台，能支持多种客户层网络，包括 IP、SDH、ATM 和以太网等。

简而言之，OTN 的光通道层为各种数字客户信号提供接口，为透明地传送这些客户信号提供点到点的以光通道为基础的组网功能。光复用段层为经波分复用的多波长信号提供组网功能。光传输段层经光接口与传输媒质相连接，提供在光介质上传输光信号的功能。OTN 这些相邻层之间形成所谓的客户服务者关系，每一层网络为相邻上一层网络提供传送服务，同时又使用相邻的下一层网络所提供的传送服务。

7.4.2　OTN 的复用和映射结构

ITU-T 针对光网络节点接口（ONNI）规范了两种光传送模块（OTM）的结构：OTM-n（n≥1）和 OTM-0。光网络节点接口结构如图 7-12 所示。各种不同的客户层信号如 IP、ATM、以太网和 STM-n 等，需要首先映射到光通道层中，然后通过 OTM-0 或 OTM-n 传送。

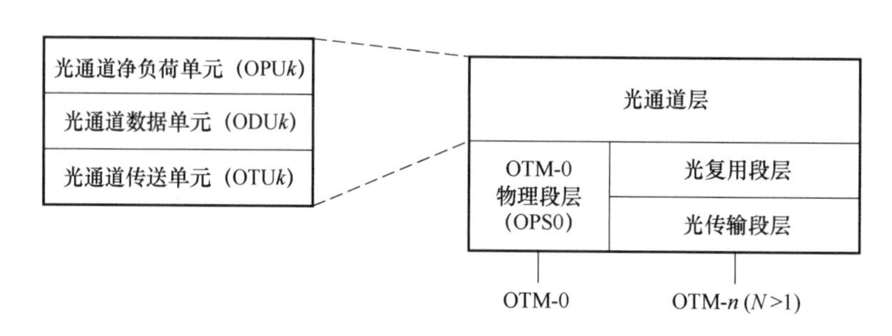

图 7-12　光网络节点接口结构

OTM-0 是用来支持 OTM-0 的物理段层的信息结构，OTM-0 不支持光监控通道（OSC）。OTM-n 是用来提供光传输段层连接的信息结构，光传输段层的特征信息包括信息净负荷和光传输段层开销信息。光传输段层开销包含在光监控通道中，OTM 的阶数 n 是由其支持的光复用单元（OMU）的阶数（即支持的波长数）决定。

光通道层分为三个子层，分别是 OPUk、ODUk 和 OTUk。其中 OPUk 是为使客户层信息能够在光通道层上传送提供适配功能，包括客户层信息以及用来适配客户层信息和 ODUk 的净负荷速率而需要的所有开销信息。k 是与客户信号的速率有关的阶数（如 ODU1、ODU2 和 ODU3）。ODUk 是用来支持 OPUk 的信息结构。由 OPUk 的信息和 ODUk 开销组成，ODUk 支持嵌套的 1~6 层的连接监视。OTUk 在一个或更多的光通道连接的基础上支持 ODUk 的信息结构，是由 ODUk、OTUk 的 FEC（前向纠错）域和 OTUk 开销组成的。

各种客户层信息（SDH、ATM、IP 和以太网等）可以按照一定的复用和映射结构接入到 OTM 中。客户层信息经过 OPUk 的适配，映射进一个 ODUk，然后在 ODUk 和 OTUk 中分别加入 ODUk 开销和 OTUk 开销，再被映射到光通道层（OCH 或 OCHr），调制到光通道载波（OCC 或 OCCr）上，r=1，2，3 分别对应 2.5Gbit/s、10Gbit/s 和 40Gbit/s 速率。多个光通道载波（例如，i 个 40Gbit/s 的光信号、j 个 10 Gbit/s 的光信号、k 个 2.5Gbit/s 的光信号，$1 \leqslant i+j+k \leqslant n$）被复用进一个光通道载波组（OCG-$n.m$ 或 OCG-$nr.m$）中，OCG-$n.m$ 再加上光监控通道后，构成 OTM-$n.m$。图 7-13 所示为 OTN 复用和映射结构。

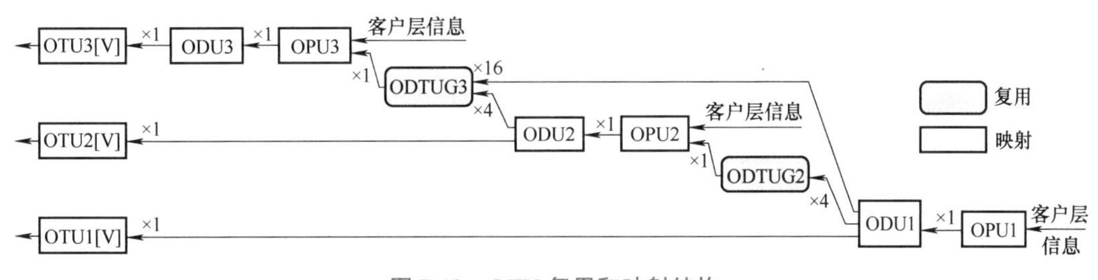

图 7-13 OTN 复用和映射结构

ODTUG—光通道数据支路单元组

7.4.3 OTN 的关键技术

1. OTN 设备类型

根据 OTN 设备的应用方式不同，可以把 OTN 设备分为 OTN 终端复用设备、OTN 电交叉设备和 OTN 光电混合交叉设备三种形式，下面将对它们分别进行介绍。

（1）OTN 终端复用设备

OTN 终端复用设备包含用户业务接口和网络接口，也称为支路接口和线路接口。其中用户业务接口顾名思义，用来接收不同的业务信号，如 SDH、以太网业务等业务信号；网络接口则主要用来实现不同 OTN 设备直接的数据传输，这里对网络接口采用符合标准协议的前向纠错编码方式。当网络接口进行传输时，可以完成对光通道数据在跨 OTN 网络之间的性能监测和故障监测。OTN 终端复用设备功能模型如图 7-14 所示。

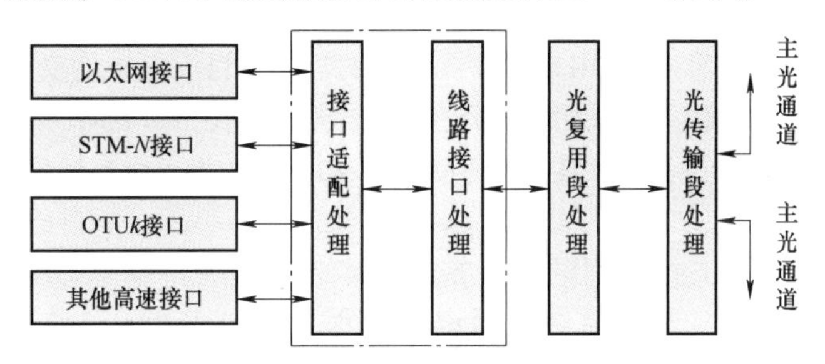

图 7-14 OTN 终端复用设备功能模型

（2）OTN 电交叉设备

OTN 电交叉设备与 SDH 交叉设备具有相同的功能，它可以单独部署，为用户提供了不同的业务上行接口和光转换接口。它一般和 OTN 终端复用模块集成在同一设备上，为用户提供光信号复用功能的同时，也提供了光信号的传输功能。以此 OTN 电交叉设备可以为用户提供灵活多变的电路调度和系统保护功能。OTN 电交叉设备的功能模型如图 7-15 所示。

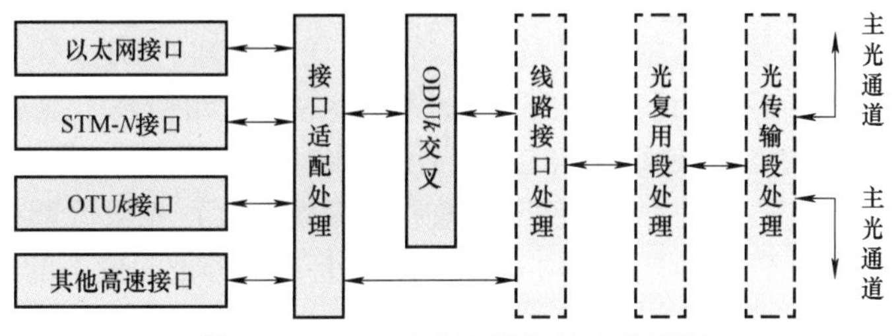

图 7-15 OTN 电交叉设备的功能模型

（3）OTN 光电混合交叉设备

OTN 光电混合交叉设备可以为用户提供一种混合多样的大容量信号调度。OTN 光电混合交叉设备实现了电交叉设备和光交叉设备的融合，能够同时为用户提供电域和光域的调度服务。当用户信号传入的是大颗粒业务时，可以使用设备中的光交叉模块，而当用户信号传入的是普通小颗粒业务信号时，可以使用设备中的电交叉模块。这样，在 OTN 光电混合交叉设备内实现两种不同业务的交叉，两种模块取长补短，实现了业务传输的多样化。OTN 光电混合交叉设备的功能模型如图 7-16 所示。

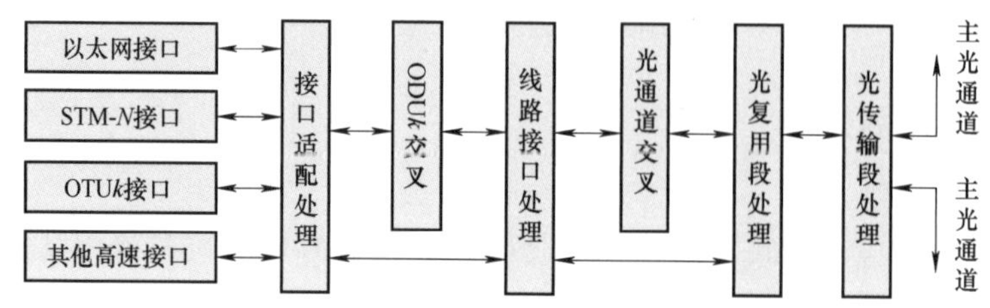

图 7-16 OTN 光电混合交叉设备的功能模型

运营商在日常 OTN 网络设备的部署过程当中，通过以上三种设备的选择和使用，可以搭建起各种类型的网络结构拓扑，常见的有线性结构、星状结构、环形结构和网状结构。

2. OTN 组网技术

OTN 技术提供了 OTN 接口、ODU*k* 交叉和波长交叉等功能，具备了在电域、光域或电域与光域联合进行组网的能力，网络拓扑可为点到点、环网和网状网等。目前 OTN 设备典型的实现方式是在电域采用 ODU1 交叉或者在光域采用波长交叉来实现，厂家中，采用电域或电域与光域联合方式实现的较少，而采用光域方式实现的较多。目前电域的交叉容量较低，典型为 320Gbit/s 量级，光域的线路方向（维度）可支持到 2~8 个波长，单方向一般支持 40×10Gbit/s 的传送容量，未来随着技术的进步，预期能出现更大容量的 OTN 设备以支持更高的业务带宽需求。

3. 保护恢复技术

OTN 在电域和光域可支持不同的保护恢复技术。电域支持基于 ODU*k* 的子网连接保护（SNCP）、环网共享保护等；光域支持光通道 1+1 保护（包含基于子波长的 1+1 保护）、光通道共享保护和光复用段 1+1 保护等。另外基于控制平面的保护与恢复也同样适用于 OTN 网络。目前 OTN 设备的实现是电域支持 SNCP 和私有的环网共享保护，而光域主要支持光通道 1+1 保护（包含基于子波长的 1+1 保护）、光通道共享保护等。另外，部分厂家的 OTN 设备在光域支持基于光通道的控制平面，也支持一定程度的保护与恢复功能。随着 OTN 技术的发展与逐步规模应用，以光通道和 ODU*k* 为调度颗粒基于控制平面的保护恢复技术将会逐渐完善实现和应用。

4. 传输技术

大容量、长距离的传输能力是 OTN 的基本特征，任何新型的 OTN 必然都不断采用革新的传输技术提升相应的传输能力。OTN 除了采用带外的前向纠错技术显著地提升了传输距离之外，目前已采用的新型调制编码（包含强度调制、相位调制、强度和相位结合调制、调制结合偏振复用）、结合色散（包含色度色散和偏振模色散）光域可调补偿和电域均衡等技术显著增加了 OTN 网络在高速（如 40 Gbit/s 及以上）大容量配置下的组网距离。

5. 智能控制技术

OTN 基于控制平面的智能控制技术与基于 SDH 的 ASON 有类似的要求，如自动发现、路由要求、信令要求、链路管理要求和保护恢复技术等。基于 SDH 的 ASON 相关的协议规范一般可应用到 OTN 网络。OTN 智能控制技术与基于 SDH 的 ASON 的关键差异是，智能功能调度和处理的带宽可以不同，前者为 VC-4，后者为 ODUk 和波长。

目前的部分 OTN 设备厂家已实现了基于波长的部分智能控制功能，相关的功能正在进一步的发展和完善当中。后续会有更多的 OTN 设备支持更多的智能控制功能，如基于 ODUk 颗粒等。

小　结

光纤通信系统是当前通信网络、计算机网络和广播电视网络最主要的信息传输手段。光纤信道有着极高的带宽资源，光纤通信系统也可以支持极大的传输容量，因此可以引入不同类型（维度）的复用技术将一定数量的用户业务组合在一起传输，提高光纤信道的资源利用率。本章主要讨论的是单个光载波上实现复用的典型技术，其中在电域采用时分复用的光纤数字通信系统是最常见和应用最为广泛的。

PDH 是最早实现商用部署的数字光纤通信系统，其在将多个较低速率的支路信号复用为较高速率信号时，采用了先进行码速调整再进行复用的方法。PDH 用于存在不同的区域标准以及难以从高速率信号中直接插入或解复用出低速率支路信号，在 20 世纪末 21 世纪初开始逐步被 SDH 所取代。SDH 具有全球统一的物理层光接口、灵活的复用/解复用、强大的网络管理能力等突出优点，首次在全球范围内实现了光纤数字通信系统的标准统一。为了增强 SDH 支持突发数据业务的能力，后续又提出了多个方案的 MSTP 方案，并逐渐演进到支持纯 IP 内核的 PTN。与之对应地，在光域支持和实现不同速率等级信号灵活复用的 OTN，随着各类新型光器件技术的成熟，也得到了广泛的应用。

习　题

1）试比较 PDH 和 SDH 的特点。

2）说明 SDH 复用结构中容器、虚容器和管理单元的主要功能。

3）计算 STM-1 帧结构中再生段开销、复用段开销和管理单元指针的速率。

4）将 2Mbit/s 映射复用进 SDH，为什么会有三种结果容量？哪种映射的效率最高？哪种映射的效率最低？哪种映射方式最为灵活？

5）当管理单元指针值=0 时，进行一次负调整，其调整后的指针值可能为多少？

6）说明分插复用器的主要种类和用途。

7）目前广泛使用的数字交叉连接设备有哪几种类型？DXC 1/0 的含义是什么？

8）说明 SDH 网同步的工作模式。

9）试分析 SDH 设备中终端复用器、分插复用器和再生中继器各自采用的同步定时信号的提取方法。

10）说明 SDH 网络管理的主要功能。

11）简述三代 MSTP 的主要技术区别。

12）分析级联和虚级联的异同。

13）分析光传送网与波分复用的关系。

14）简述 SDH 和光传送网的分层模型，并比较两者异同。

第8章 多信道光纤通信系统

为了提高光纤通信系统的容量和光纤带宽的利用率，可以采取不同的复用方法将若干数量的业务信号按照一定规则组合后再进行传输，常用的复用方法包括时分复用、波分复用、空分复用、模分复用和偏振复用等。与第 7 章中介绍的 PDH、SDH 和 OTN 等技术相比，以波分复用为代表的多信道光纤通信系统可以通过同时传输多个载波的方式提高系统的总容量，是目前实现超大容量光纤通信系统首选技术方案之一。本章将首先介绍波分复用系统的原理和关键技术，然后在此基础上包括弹性光网络和光码分复用等技术方案。

8.1 波分复用系统的原理

8.1.1 波分复用的基本概念

波分复用技术是指在一根光纤上同时传送两个及以上不同波长光信号的技术。波分复用系统通过在发送端将不同波长的光信号组合起来（复用），注入同一根光纤中进行传输，在接收端将组合波长的光信号分开（解复用）并作进一步处理后，恢复出原来不同波长的光信号并送入不同的终端分别进行接收。

波分复用技术实用化的前提是光纤具有足够的频谱资源。第 2 章中曾经讨论过，以 SiO_2 为主要材料的单模光纤，其主要工作波长区域为 O 波段（1260～1360nm）、E 波段（1360～1460nm）、S 波段（1460～1530nm）、C 波段（1530～1565 nm）、L 波段（1565 ～ 1625 nm）和 U 波段（1625～ 1675 nm）等，其中 E 波段和 S 波段间不可用的波长区域主要是 OH^- 离子吸收损耗所致。如果仅考虑这些波段，其可用波长区域总和约为 200nm，这相当于 30THz 的可用频谱资源。如果进一步地采取材料提纯和降低纤芯中 OH^- 离子含量等措施，将 1310～1550nm 间的波长区域全部用于传输，则可用的传输频谱可达 50THz 以上，因此可以同时在光纤的低损耗波长区域内同时传输多个不同波长的光信号，从而实现单根光纤的容量倍增。

图 8-1 厉鼎毅（1931—2012）

20 世纪 90 年代，面对互联网普及带来的巨大传输带宽压力，美籍华裔科学家厉鼎毅（见图 8-1）等率先提出波分复用系统的应用，以较低的成本代价极大地提升了光纤通信系统的传输容量，波分复用系统从此成为大容量光纤通信系统的首选扩容和升级方案。

根据系统中相邻信道之间的波长或频率间隔不同，波分复用系统可以分为信道间隔较大、复用信道总数较小的稀疏波分复用（CWDM）系统和信道间隔密集、复用信道总数较多的密集波分复用（DWDM）两种方案。稀疏波分复用系统的信道间隔一般为20nm，而密集波分复用系统信道间隔可以低至0.2nm以下。

与基于时分复用技术的光纤通信系统相比，波分复用技术具有以下显著优点。

1）充分利用光纤巨大的带宽资源。单信道光纤通信系统在一根光纤中只传输一个光波长的信号，波分复用技术成倍地提高了光纤低损耗波长区频谱的利用率，降低了传输系统的总成本，可以有效解决由于业务需求快速增长导致的光纤资源耗尽问题。

2）对不同类型的信号具有很好的兼容性。利用波分复用技术，不同类型的业务信号（语音、视频、数据、文字和图像等）可以调制在不同的波长上，各个波长相互独立且对数据格式和传输速率透明，可以同时进行传输。

3）极大地节约了系统的总投资成本。光纤通信系统的总成本造价中，光缆线路的施工和维护成本占据了主要部分，特别是对于高寒、高海拔和海底等特殊的应用环境而言，光缆线路的施工和维护成本占据了系统成本的70%～80%。对已有的光纤通信系统进行升级扩容，采用波分复用技术可以在不对光缆线路进行大的改造或重建的基础上，通过更换终端设备成倍地提升系统总传输容量，从而大大节约投资成本和减少建设时间。

4）有效降低了对各类光电器件的要求。对于工作速率达到40Gbit/s级乃至更高的单信道光纤通信系统而言，对光源、光调制器、光电光检测器和光滤波器等器件要求较高，成本昂贵。使用波分复用技术后，可以降低对器件高速响应等性能的要求，同时又能实现大容量传输。

5）可以支持灵活的组网方式。引入波分复用技术后，光纤通信系统中有多个波长同时传输，可以针对不同业务的需要为其配置端到端的波长光路（Lightpath）。在光纤通信系统组网时，不仅支持传统光纤数字通信系统中的电通道（VC-*n*）级别的业务配置，同时也可以实现以波长为基础的业务配置，这也在很大程度上提高了光纤通信系统作为基础通信网络的业务承载能力，为通信网络的设计和业务实现增加了灵活性和自由度。

波分复用技术对充分发掘光纤带宽潜力，实现光纤通信网络的扩容升级，以及发展各种新型网络和业务（如OTN、全关网、光虚拟专用网等）。随着光放大器技术、色散管理技术和先进调制编码技术等的引入，支持长距离、大容量传输的波分复用系统已经成为现代通信网络中最基础的传送和承载网络。未来当所有的光纤通信系统传输链路都升级支持波分复用后，可以在这些波分复用链路的节点处设置以波长为单位对光信号进行交叉连接的光交叉连接设备，或进行光波长灵活上下路的光分插复用器（OADM），这就形成了一个依托于光纤线路和光处理节点的光层网络，光层网络中的波长信道可以灵活组织和连接，形成一个跨越多个光交叉连接设备和光分插复用器的波长光路，完成端到端的信息传送和灵活分配。在智能的控制平面支持下，光层中的波长光路还可以根据需要灵活地动态建立和释放，这也是光纤通信系统发展的主要趋势之一。

8.1.2 波分复用的应用形式

波分复用系统的主要应用形式包括以下三种。

1. 双纤单向传输

双纤单向传输系统（见图 8-2）采用两根光纤实现双工通信，这里的单向是指系统中一根光纤上的多个光波长信号按照单一方向传送，即在发送端将不同波长（λ_1，λ_2，…，λ_n）的已调制光信号通过复用器组合在一起，耦合在同一根光纤中进行单向传输。在接收端通过解复用器将不同波长的光信号分开，完成多路光信号传输的任务。反方向则通过另一根光纤传输，原理相同。

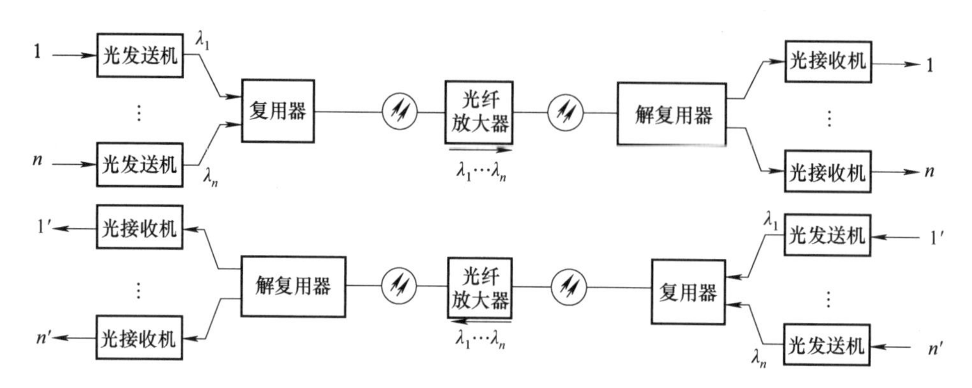

图 8-2　双纤单向传输波分复用系统

双纤单向传输波分复用系统可以方便地分阶段动态扩容。例如，在对现网进行升级和扩容的工作中，可以根据实际业务量的需要逐步增加波长实现扩容。双纤单向传输波分复用系统是目前波分复用系统最主要的应用形式之一。

2. 单纤双向传输

单纤双向传输波分复用系统如图 8-3 所示。这里的双向是指在同一根光纤上的不同光波长可以同时在两个不同方向传输，所有波长均不重叠，以实现双向全双工的通信联络。相对于双纤单向传输波分复用系统而言，单纤双向传输波分复用系统的开发和应用相对来说技术要求较高。例如，为了抑制双向同时传输的多个波长间的相互干扰，必须要处理光反射的影响、双向通路之间的隔离、串扰的类型和程度、两个方向传输的功率电平和相互间的依赖性及自动功率关断等问题，必要的时候还必须使用双向放大器。

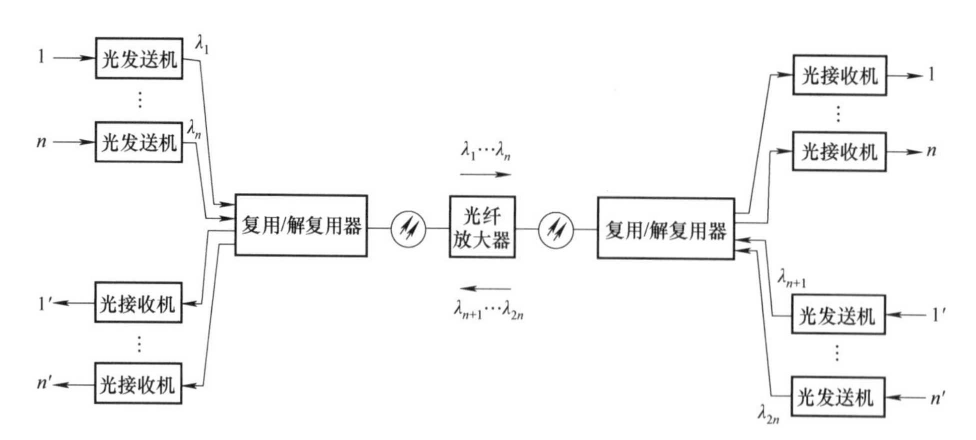

图 8-3　单纤双向传输波分复用系统

单纤双向传输波分复用系统的主要优点是可以减少使用光纤及相应线路放大器的数量，这对于光接入网等环境的使用具有明显的优点。例如，目前广泛应用的基于无源光网络的宽带接入网中就普遍采用了单纤双向传输方案，最常见的是从局端到用户端和从用户端到局端的上/下行信号分别工作在 1310nm 和 1550nm 两个波长区域，从而以较低的成本实现单根光纤上的双向双工通信。

3. 光分路插入传输

光分路插入传输波分复用系统如图 8-4 所示。MD 表示波分复用/解复用器，也称为合波器/分波器。如图 8-4 所示，波长为 λ_1 和 λ_2 的两路信号在光纤线路中传输，在第一个 MD 节点处可以将波长为 λ_1 的信号分离出来，再利用 MD 将波长为 λ_3 的光信号插入线路中进行传输；到达第二个 MD 节点时，类似地可以分离波长为 λ_3 的光信号和插入波长为 λ_4 的光信号。相应地，如果系统中所有节点都支持不同波长的分离和插入，不仅可以实现任意波长光信号的上/下通路与路由分配，还可以根据光纤通信线路沿线的业务量分布情况和光网的业务量分布情况，合理地安排插入或分出特定数量的波长信号。

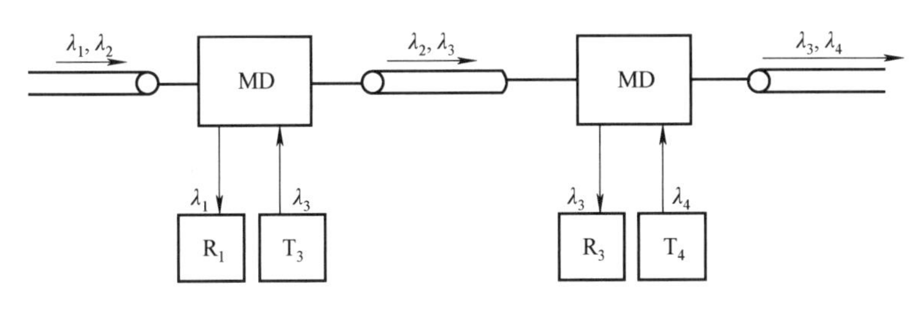

图 8-4　光分路插入传输波分复用系统

根据上/下通路是否是针对特定波长设定，可以分为固定波长光分路插入系统和可变光分路插入系统，后者使用了可重构光分插复用器，它是当前研究和应用的热点。

8.1.3　波分复用系统的波长规划

1. 波长规划

波分复用系统中有多个波长信道同时传输，为了保证不同信道间不会相互干扰，必须对每个信道的中心频率（中心波长）进行仔细规划，即需要对各个波长信道的中心频率（中心波长）进行标准化。同时考虑到不同的应用场景中，整个可用频谱区域内同时工作的信道总数可能不一样，因此也需要有一个标准化的信道间隔划分方法，以便于确定信道总数。对此，ITU-T 先后制订了两个波分复用系统波长规划标准 G. 694. 1 和 G. 694. 2，分别对应于密集波分复用和稀疏波分复用系统。

波分复用系统波长规划的基础是参考中心频率（中心波长）及相邻信道的间隔基准，ITU-T 标准规定以 193. 1THz 为参考中心频率（对应的参考中心波长为 1552. 52nm），该中心频率也称绝对频率参考（AFR）。以该频率为基准，分别向高频和低频部分以 12. 5GHz 或其整数倍划分信道间隔。对于应用最为普遍的 C 波段而言，其总的可用范围为 184. 5 ~ 195. 937THz（1624. 89 ~ 1530. 04nm）。相邻波长信道间隔为 12. 5GHz 时，可容纳约 915 个波长；相邻波长信道间隔为 25GHz 时，可容纳约 457 个波长；相邻波长信道间隔为 50GHz 时，可容纳约 228 个波长；相邻波长信道间隔为 100GHz 时，可容纳约 114 个波长。

实际使用时，密集波分复用系统的频率选择范围除了考虑需要满足的系统总容量（复用的波长总数）外，还要考虑以下因素：

1）应避开光纤的零色散区域以减小和消除四波混频效应的影响。

2）选取的波长应尽可能处于光放大器的增益平坦区域，以避免实际应用时由于多个光放大器级联造成的不同波长信道间输出功率不同的情况。

综合来看，SiO_2 系单模光纤损耗系数较低和掺铒光纤放大器增益较为平坦的区域集中在 C 波段，因此波分复用系统一般首先选取在 C 波段设置复用的波长，对于有更多复用波长需求的密集波分复用系统而言，C 波段配置完波长后可以拓展到 L 波段。典型的 32 个密集波分复用系统的波长规划见表 8-1。

表 8-1 典型的 32 个密集波分复用系统的波长规划

序　　号	标称中心频率/THz	标称中心波长/nm
1	192. 10	1560. 61
2	192. 20	1559. 79
3	192. 30	1558. 98
⋮	⋮	⋮
30	195. 00	1537. 40
31	195. 10	1536. 61
32	195. 20	1535. 82

随着各种高带宽的新业务对光纤通信系统容量需求的不断增加，超过 100 个波长的密集波分复用系统已经商业化，其信道间隔已经缩小到 25GHz 甚至更小。如此密集的信道间隔对于光源波长的稳定度、精确度和波分复用/解复用器的性能指标提出了更高的要求。同时，为了适应更多波长的需求，可以将波分复用系统的可用波长范围拓展到更多的波段，这也对进一步拓展和改进光放大器的增益范围和增益平坦程度提出了更高的要求。

对于稀疏波分复用系统而言，由于采用的是低成本的非致冷激光器，因此其波长信道间隔设置较宽。ITU-T 标准规定稀疏波分复用的中心波长信道间隔为 20nm。稀疏波分复用系统的波长规划见表 8-2，从 1271~1611nm，共规划了 18 个波长信道，间隔均为 20nm。

表 8-2 稀疏波分复用系统的波长规划

序　　号	标称中心波长/nm	序　　号	标称中心波长/nm
1	1271	10	1451
2	1291	11	1471
3	1311	12	1491
4	1331	13	1511
5	1351	14	1531
6	1371	15	1551
7	1391	16	1571
8	1411	17	1591
9	1431	18	1611

2. 中心频率偏差

中心频率偏差定义为标称中心频率与实际中心频率之差，影响其大小的主要因素包括光源啁啾、信号带宽、自相位调制效应引起的脉冲展宽、温度和老化等。对于 16 通路波分复用系统，信道间隔为 100GHz（约 0.8nm），最大允许的中心频率偏移为±20GHz（约 0.16nm）；对于 8 通路波分复用系统，信道间隔为 200GHz（约 1.6nm），最大中心频率偏差也为±20GHz。

8.2 波分复用系统的性能需求与关键技术

8.2.1 波分复用系统的性能需求

1. 串扰

波分复用系统与单信道光纤通信系统最大的区别在于，波分复用系统同时有多个不同波长信道在一根光纤中同时传输（单向或双向），因此波分复用系统对光发送机光源波长的准确度和稳定度都有特殊的要求。对于单信道光纤通信系统，只需要保证发送和接收双方的工作波长相互一致即可。但是对于波分复用系统，首先要求光源具有较高的波长精确度，即符合前述 G. 694 标准中关于波分复用系统分配波长的要求，否则可能会引起不同信道间的干扰；其次由于温度和工作寿命等因素的影响，光源器件可能会出现波长的漂移，因此必须对光源的波长进行精确的设定和控制，否则也可能会由于系统中多个波长间的相互干扰导致系统工作不稳定的情况，这称为信道串扰问题，一般来说在波分复用系统中需要配置相关的波长监测与稳定技术。

除此之外，针对可能存在的串扰及其影响，波分复用系统对波分复用器/解复用器等使用的光滤波器性能也有较高要求。对于信道数量较少，如 16~32 个波长的波分复用系统而言，满足信道隔离度大于 25dB 要求的器件较易实现，但是对于更高速率及复用波长数更高（信道间隔更小）系统而言，需要仔细考虑和选择适宜的器件以满足信道隔离度和插入损耗等性能要求。目前，采用平面阵列波导光栅技术的波分复用/解复用器已经可以支持数百至上千的信道数，信道隔离度大于 20dB，插入损耗控制在 10dB 以下。

2. 色散

第 2 章中讨论过，如果不考虑非线性效应的影响，光纤通信系统中主要的传输损耗来自光纤的损耗和色散。对于波分复用系统而言，因其广泛使用了各类光放大器（包括发送端、接收端和线路中继等），因此光纤线路中随传输距离累计的功率损耗问题得以有效解决。但是随着级联光放大器个数的增加和系统总传输距离不断延长，系统总的色散累计值也会随之增加，波分复用系统成为典型的色散性能受限系统。对于波分复用系统中单个信道速率达到 10Gbit/s 乃至 40Gbit/s 以上时，需要考虑采取色散补偿措施。同时，由于光纤的色散系数与波长有关，因此对于波分复用系统中的不同波长需要采取差异化或自适应的色散补偿措施，即针对光纤的色散斜率进行补偿。此外，还要考虑偏振模色散和高阶色散等对系统性能的影响。对于采用相干调制和检测的波分复用系统而言，可以基于数字信号处理技术实现信道估计和预补偿等减小或克服色散的影响。

3. 光放大器

波分复用系统中广泛使用了各类光放大器，特别是在长距离波分复用系统中可能有光放大器级联个数达到数十个的场景。与单信道光纤通信系统不同的时，波分复用系统中各信道之间的信号功率有可能发生起伏变化，这就要求各级光放大器能够根据不同波长信号电平的变化，实时地动态调整自身的工作状态（增益），从而减少信号波动的影响，保证整个信道的稳定。此外，由于光放大器的增益特性不可能在一定波长范围内完全平坦，因此经过多级级联放大后，增益偏差的积累可能会影响系统的正常工作，图 8-5 所示为经过多级级联放大后不同信道信号电平出现差异的示例。特别地，当波分复用系统中某个信道的输入光信号出现瞬间跳变（如激光器重启）时，级联的多个光放大器最终输出端可能会出现“光浪涌”现象，即瞬间的峰值光功率较高，可能造成接收端光电检测器和光纤连接器的损坏。

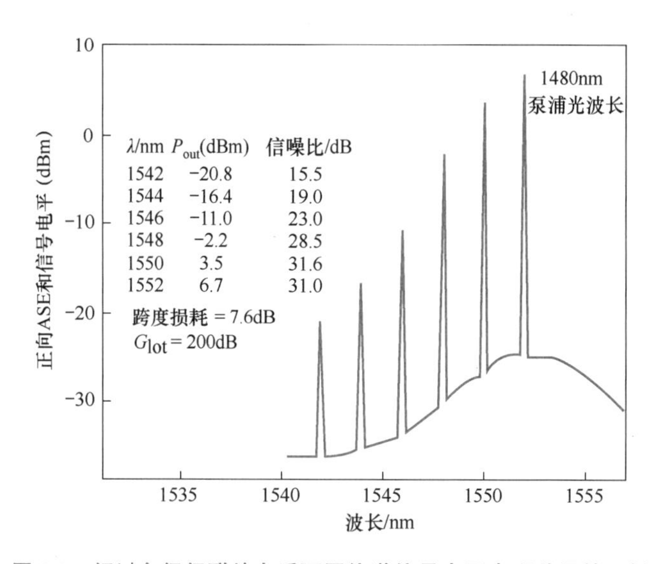

图 8-5 经过多级级联放大后不同信道信号电平出现差异的示例

波分复用系统中，个别波长信道的故障或者波长上/下路等网络配置的更改，都会引起光纤线路中实际传输波长数量的变化，光功率也随之变化。为了保证每个波长信道的输出功率稳定，光放大器的增益应能随实际应用的波长数进行自动调整，即光放大器的泵浦功率能够随着输入信号的变化进行自动调整。光放大器的增益钳制技术就是指当输入功率在一定范围内变化时，光放大器的增益随之变化，并使得其他波长信道的输出功率保持稳定的技术。光放大器的增益钳制实现机制主要有总功率控制法、饱和波长法、载波调制法和全光增益钳制法等。

4. 非线性效应

对于单信道光纤通信系统来说，入射光功率较小，光纤总体呈线性状态传输，各种非线性效应对系统的影响较小。在波分复用系统中，不仅有多个光发送机的信号同时在光纤中传输，同时还大量应用了光放大器，因此总的入射光功率较单信道光纤通信系统会成倍或呈数量级的增加，光纤的非线性效应不能忽略，可能会对系统的光信噪比和灵敏度等性能产生严重影响，需要在进行系统设计和规划时仔细考虑。

特别要指出的是，对于波分复用系统而言，四波混频效应是一种可能对系统性能造成较严重影响的非线性效应，尤其是当多个波长信道同时工作在光纤的零色散区域时，四波混频效应会导致产生新的寄生或感应信道。进一步地，如果波分复用系统中各个波长具有相同的初始传输相位，同时采用等间隔布置波长，这会使得由于四波混频效应产生的大量寄生信道波长与初始的传输信道波长一致，从而造成严重的干扰。图 8-6 所示为四波混频效应造成信道干扰的示例，是三个等间隔信号产生的四波混频光功率。

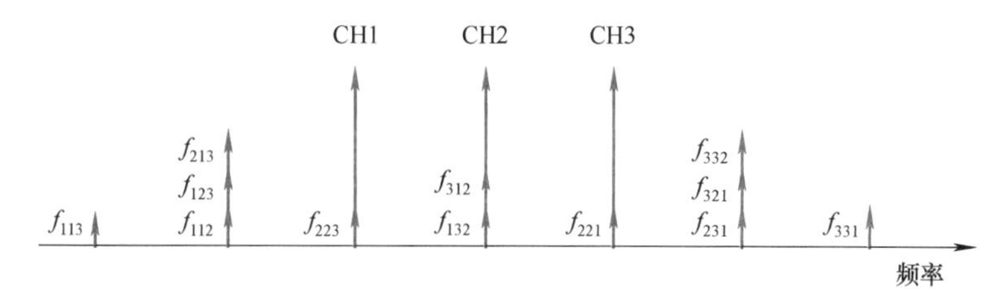

图 8-6 四波混频效应造成信道干扰的示例

图 8-6 中寄生信道频率与初始传输信道频率间的关系可以表示为

$$f_{\mathrm{FWM}} = f_1 \pm f_2 \pm f_3 \tag{8-1}$$

8.2.2 波分复用系统的关键技术

1. 光源和调制技术

高速率光纤通信系统中普遍采用了 DFB 激光器和 DBR 激光器等器件作为光源，它们与传统的 F-P 激光器相比，具有动态单纵模窄线宽振荡和波长稳定性好等优点，这些光源类型同样也适用于波分复用系统。由于 DFB 激光器中光栅的栅距很小，形成微型的谐振腔对波长具有良好的选择性，其谱线宽度比 F-P 激光器窄很多，在高速调制下也能保持单纵模振荡。此外，由于 DFB 激光器内的光栅有助于锁定在给定的波长上，其温度漂移等稳定性可以满足波分复用系统的要求。此外，QW 激光器是一种窄带隙有源区夹在宽带隙半导体材料中间或交替重叠生长的 LD，也是一种适用于波分复用系统的光源器件，具有阈值电流低、谱线宽度、频率啁啾小和动态单纵模特性好等优点。

为了保证光发送机输出的波长稳定，波分复用系统中普遍采用间接调制器进行光源调制。间接调制方式不仅可以有效减小由直接调制引起的激光器频率啁啾，同时也可以使激光器工作在连续光输出状态，具有更长的工作寿命和更稳定的输出。结合光放大器的应用、相位估计和基于高速数字信号处理的色散预补偿等，有助于波分复用系统支持长距离传输。

2. 可调谐波长技术

DFB 激光器和 DBR 激光器可以获得较好的窄谱线和调制性能，但由于其振荡波长是由器件制造时表面或内部衍射栅的周期决定，虽然可以通过改变注入电流等方法，使其折射率发生一定的变化，从而改变其发射波长，但可控制的波长范围为仅 10nm 左右，无法实现满足波分复用系统要求的较大范围的波长控制和调谐。为了实现能在较宽范围内的波长选择，可以引入超结构衍射光栅（SSG）激光器。SSG 采用了衍射光栅周期随位置而变化的结构，它具有多个波长的反射峰，基于这种衍射光栅机理的 DBR 激光器的光波长与光栅周期相对应，因此根据这种随位置而变化反射的周期性，可实现较大范围的波长输出。目前 SSG-DBR 激光器已能实现在 1550nm 波段波长可变范围超过 100nm。除了 SSG 激光器外，外腔可调的 LD、双极

DFB 激光器、三极 DBR 激光器和多波长光纤环行激光器能实现波长可调谐。

实现波长连续可调的另一种方案是使用可调光滤波器，即将宽光谱光源器件和窄带可调谐光滤波器结合，也可以实现满足波分复用系统要求的可调谐波长。光滤波器的波长选择机制可以是基于干涉或衍射，对其在波分复用系统中的性能要求有调谐范围、调谐速度（响应频率）、插入损耗、串扰、偏振和环境不敏感性及成本等。图 8-7 所示为四种典型的光滤波器。

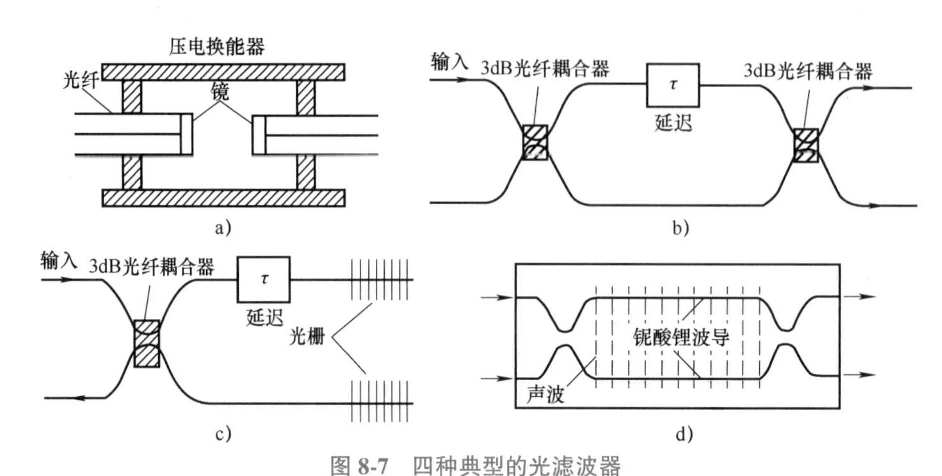

图 8-7　四种典型的光滤波器

a）F-P 波器　b）马赫-曾德尔滤波器　c）基于光栅的迈克耳孙滤波器　d）声光滤波器

3. 复用器和解复用器

复用器和解复用器是波分复用系统的核心器件，从原理上来说它属于基于波长的耦合器和解耦合器。与光滤波器类似，复用器和解复用器也需要基于干涉或衍射机制实现多个不同波长的组合和从多个波长中选择特定的波长。对于基于衍射的解复用器而言，其通过类似衍射光栅等角反射器件，将包含多个波长的入射光在空间上色散成不同的波长分量；而对于基于干涉的解复用器而言，其可以通过光滤波器和定向耦合器实现入射光中不同波长分量在空间上的分离。类似地，相反方向的传输过程及其实现由复用器完成。

基于光栅型复用器是最常见的波分复用器，其原理已在第 5 章中介绍，此处不再赘述。

基于光的干涉机理也可以制成滤波器型解复用器，其中基于马赫-曾德尔滤波器的解复用器因其结构紧凑和串扰性能优良等受到了广泛的关注。图 8-8 所示为基于马赫-曾德尔干涉仪的四通道波导复用器结构示例。通过控制每一个干涉仪中两条臂的长度差异实现波长相关的相移，再通过不同干涉仪的组合实现多个输入端口的信号功率仅在一个特定端口输出。

对于现代波分复用系统而言，采用同样的器件和制造工艺，当需要复用和解复用的端口数越多时可以获得更佳的单位成本。尤其是对于需要复用和解复用波长数量达到 100 乃至更多的系统而言，波导光栅型（也称相控阵型）器件具有显著的优势。

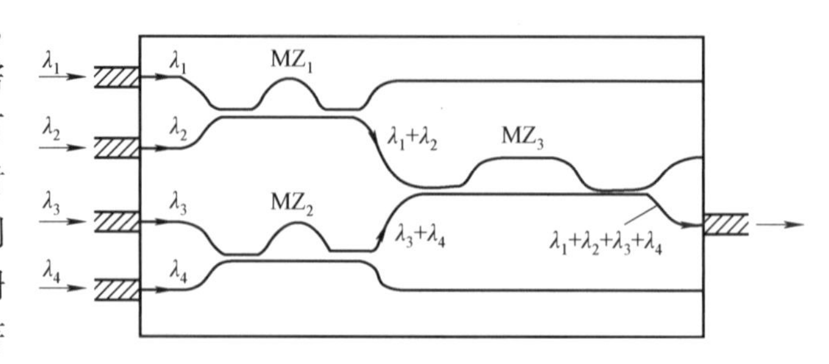

图 8-8　基于马赫-曾德尔干涉仪的四通道波导复用器结构示例

复用器和解复用器的性能参数主要包括了插入损耗、串扰和偏振敏感性等。

4. 光转换单元

波分复用系统根据光接口的兼容性可以分成开放式和集成式两种系统结构。集成式系统要求系统中所有的光接口都严格满足波分复用光接口标准（ITU-T G. 692 标准，其定义的波长符合 G. 694 标准规范），应用中受限较多；而开放式系统在波分复用器前引入了光转换单元（OTU），将各类非波分复用标准波长的光纤通信系统转换为符合波分复用系统标准波长。图 8-9 所示为波分复用系统中光转换单元的典型应用，其中 S 表示符合波分复用系统要求的 SDH 等光纤数字通信系统接口。

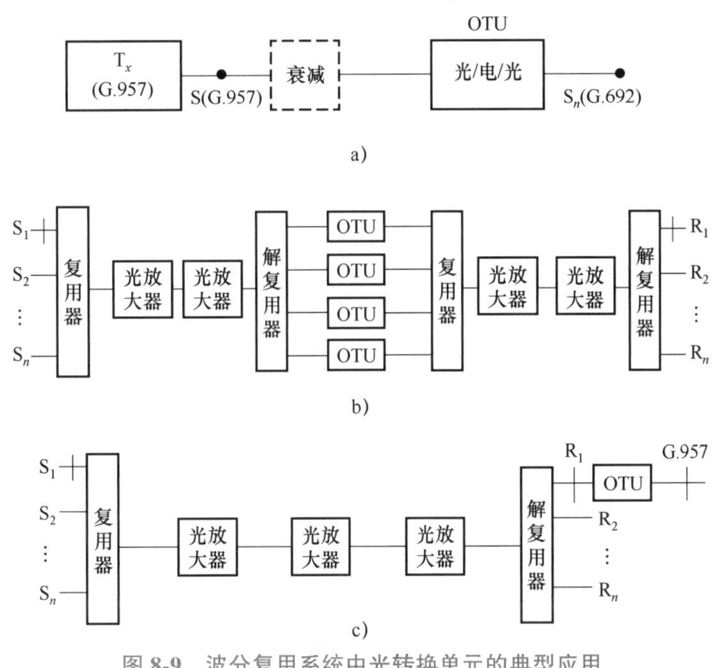

图 8-9 波分复用系统中光转换单元的典型应用

a）发送端 b）再生中继 c）接收端

光转换单元最常用的实现方法是光/电/光方式，即先由光电检测器将接收到的光信号转换为电信号，经过定时再生后产生的电信号对具备波分复用标准波长的激光器进行调制，从而得到新的符合要求的标准光波长信号。光/电/光方式光转换单元的基本结构类似于光中继器，包括全部的光电检测器、光源和驱动电路及其他辅助电路等，因此具备光/电/光方式光转换单元的波分复用系统造价较高。目前学术界已经提出的实现全光光转换单元主要有以下三种方法，基于交叉增益调制（XGM）、基于交叉相位调制（XPM）和基于四波混频。图 8-10 所示为基于交叉增益调制的光转换单元实现原理示意。

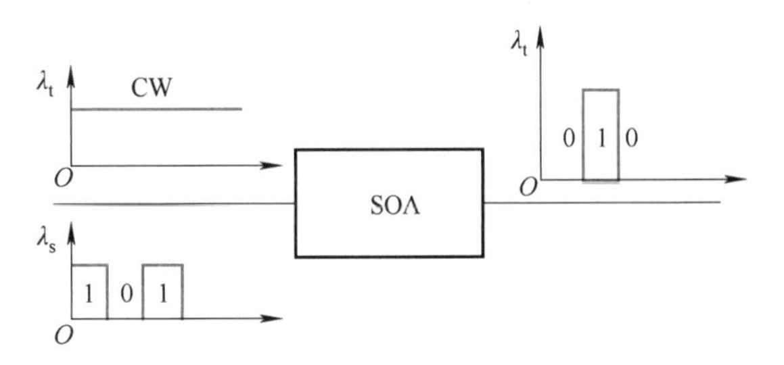

图 8-10 基于交叉增益调制的光转换单元实现原理示意

图 8-10 中 λ_t 为需要波长转换的目标光波长，其处于连续光（CW）工作状态，输出功率水平接近于半导体光放大器（SOA）

的阈值，λ_s 为需要转换的输入信号光波长。当 λ_s 和 λ_t 同时输入 SOA，对应于 λ_s 信号中的高电平“1”时，两者之和的总功率超过了 SOA 的输入阈值，使得 SOA 输出的 λ_t 功率处于低电平；对应于信号 λ_s 中的低电平“0”时，其与 λ_t 的总功率之和处于 SOA 的输入阈值之下，SOA 可以对 λ_t 进行有效增益，从而获得 λ_t 输出的高电平。这样就实现了将输入信号由 λ_s 变换到 λ_t 上（注意本例中是反相）。

5. 光纤传输技术

第2章中已经介绍过各种单模光纤的性能。对于应用于1550nm波段的单信道长距离光纤通信系统而言，采用色散位移光纤，即 G. 653 光纤，无疑同时具有最低损耗和最小色散（低至零）的显著优势。但当 G. 653 光纤应用于波分复用系统中时，由于线路中广泛采用了光放大器，光纤中注入的光功率大大增加，这就会在零色散波长区出现严重的非线性效应，其中四波混频效应对系统的影响尤为明显。如果波分复用系统中各个波长具有相同的初始传输相位，同时采用等间隔布置波长，这会使得由四波混频效应产生的大量寄生波长或感生波长与初始传输波长一致，造成严重的干扰。如果必须在已有的 G. 653 光纤线路上开通波分复用系统，可以考虑采用非等间隔布置波长和增大波长间隔等方法。但总体来看，G. 653 光纤并不适合用于高速率、大容量、多波长的波分复用系统。

为了在有效抑制四波混频效应的同时获得较好的损耗和色散性能，可以选择非零色散位移光纤，即 G. 655 光纤。G. 655 光纤的特点是将色散位移光纤的零色散点进行移动，使其在1550nm波长范围附近色散值较小，且不为零。这样既可以避开零色散区（减小或消除四波混频效应），同时又保持了较小的色散值，利于传输高速率的信号。为了适应波分复用系统单个信道的传输速率需求，可以使用偏振模色散性能较好的 G. 655B 光纤和 G. 655C 光纤。

从系统成本角度考虑，尤其是对原有大量采用 G. 652 光纤的系统升级扩容时，在 G. 652 光纤线路上增加色散补偿元件以控制整个光纤线路的总色散值，也是一种可行的办法。G. 652 光纤具有成本低、制造和施工工艺成熟等优点，特别是对于一些较短距离的波分复用系统而言仍是一种较好的选择，此时可以采用色散补偿光纤等多种色散补偿技术。对于 SiO_2 光纤而言，通过降低 OH^- 吸收峰获得在较宽波长区域内均可使用的 G. 652D 光纤是波分复用系统较理想的选择之一，其可以满足从 O 波段到 L 波段整个范围的应用。

光纤的非线性效应与光纤纤芯中的光功率密度有关。当入射光功率不变时，通过增大光纤的有效面积以降低纤芯中的光功率密度，可降低非线性效应对传输性能的影响。光纤有效面积的增加会导致截止波长的增大，但截止波长的增加必须加以控制，以免影响光纤在 C 波段的使用。因此，波分复用系统也可以采用 G. 654 光纤（截止波长位移单模光纤）。G. 654 光纤具备低损耗和大有效面积两个特征，尤其是 G. 654E 光纤的有效面积比 G. 652D 光纤增加了约 47%，在非线性效应不变的情况下，最佳入射光功率可提升 1. 7dB 左右。此外，G. 654E 光纤的损耗值要比 G. 652D 光纤低约 0. 02dB/km，一个 80km 长的光纤段，采用 G. 654E 光纤的线路功率衰减值要比 G. 652D 光纤低约 1. 6dB。表 8-3 所示为 G. 654 光纤的性能参数，不难看出，G. 654E 光纤的模场直径（11. 5～12. 5μm）较 G. 652 光纤的模场直径（典型值 9μm）明显增大，这也有效地增加了其纤芯的有效面积。

表 8-3　G.654 光纤的性能参数

类　别	G.654A	G.654B	G.654C	G.654D	G.654E
应用场景	海底光缆系统			陆地光缆系统	
1550nm 处的模场直径/μm	9.5~10.5	9.5~13	9.5~10.5	11.5~15.0	11.5~12.5
1550nm 处的最大损耗系数/(dB/km)	0.22		0.2		0.23
PMD 系数最大值/(ps/km$^{1/2}$)	0.5			0.2	
1550nm 处的色散系数/[ps/(nm·km)]	≤20	≤22	≤20	≤23	17~23
1550nm 处的色散斜率/[ps/(nm^2·km)]	≤0.07			0.05~0.07	

6. 光监控信道技术

波分复用系统本质上是一个透明的复用系统，它通过物理器件实现承载不同业务的光波长信号的复用和解复用，并未对信号进行相应的处理。这一方面是波分复用系统的突出优点，但实际工程中也对维护提出了新的要求。特别是在仅使用光放大器作为中继器的波分复用系统中，由于光放大器中不提供业务信号的分插，同时业务信号的开销位置（如 SDH 或 OTN 帧结构）也没有对光放大器进行监控的冗余字节，因此缺少能够对光放大器及放大中继信号的运行状态进行监控的手段。此外，对波分复用系统其他各个组成部件的故障告警、故障定位、运行中的质量监控、线路中断时备用线路的监控等也需要冗余控制信息。为了解决这一问题，波分复用系统中通常采用业务以外的一个新波长传送专用监控信号，即设置光监控信道。

光监控信道的设置一般应满足以下条件：光监控信道的波长不应与光放大器的泵浦光波长重叠，其提供的控制信息不受光放大器的限制，即光放大器失效时光监控信道应尽可能可用；此外，光监控信道传输应该分段，且具有均衡放大、识别再生、定时功能和双向传输功能，即在每个光放大器中继站上，信息能被正确的接收，对于双纤单向波分复用系统，在其中一根光纤被切断后，监控信息仍然能被线路终端接收到。

光监控信道设置方案分为带外波长监控技术和带内波长监控技术两类。带外波长监控技术选取的工作波长应位于业务信息传输带宽之外，对于工作在 C 波段的波分复用系统光监控信道波长可选（1510±10）nm，由于其处于光放大器的增益带宽（1530~1565nm）之外，所以称为带外波长监控。由于带外波长监控的光信号在光放大器有效增益带宽以外，所以传送监控信息的速率可以低一些，一般取 2048kbit/s。带外波长监控示意图如图 8-11 所示。

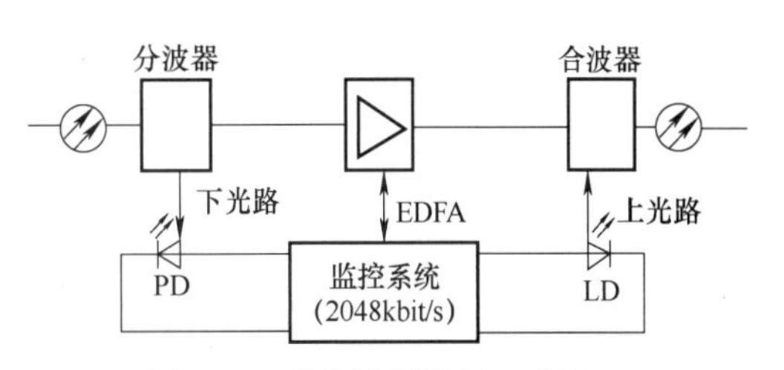

图 8-11　带外波长监控示意图

带内波长监控技术可以选用处于掺铒光纤放大器增益带宽内的波长，如（1532±4.0）nm 作为监控信道波长，此时监控系统的速率可达 155Mbit/s。尽管 1532nm 的波长已处于掺铒光纤放大器增益平坦区边缘的下降区，但 155Mbit/s 系统的接收灵敏度仍然显著优于波分复用系统中 10Gbit/s 及以上的信道接收灵敏度，所以监控信息能够正常传输。当然，也可以将带内波长监控技术和带外波长监控技术联合起来使用，以获得更好的监控性能，但缺点是系统结构较为复杂。

需要指出的是，尽管采用了波长监控技术，但是波分复用系统能监控和管理的信息仍然较少，这与波分复用系统仅仅是将多个不同波长信号复用/解复用，并没有进行光/电/光的信号处理有关。ITU-T 已经在 OTN 的相关建议中提出了采用数字包封技术，为波分复用系统提供类似于 SDH 的在线监控技术。

7. 色散管理技术

早期的光纤数字通信系统都是单信道的，因此波分复用系统在部署时主要有两种应用场景，即全新部署和在原有系统上进行升级扩容。对于全新部署的波分复用系统而言，可以采用 G. 654E 光纤等最新技术；而对于在原有系统上进行升级扩容的波分复用系统而言，需要考虑色散管理技术。

色散补偿是色散管理中的主要技术，其主要用于在基于 G. 652 光纤的传统单信道传输系统上升级波分复用高速传输系统的场景。由于 G. 652 光纤在 C 波段和 L 波段的色散系数较高，传输高速率信号易受到由色散引起的脉冲展宽和码间干扰等影响，因此需要采用色散补偿技术。目前比较成熟的色散补偿技术有色散补偿光纤、预啁啾、色散均衡器和光相位共轭等。色散补偿光纤是目前最成熟、应用最广泛的色散补偿技术，其原理是利用与传输光纤色散系数符号相反的色散补偿光纤补偿传输光纤的色散。色散补偿光纤可以集中式也可以分散式掺入光纤线路中。需要指出的是，色散补偿光纤的模场直径较小，这也意味着在同样的入射光功率条件下，单位纤芯面积上的光功率密度与 G. 652 光纤相比明显较高，容易引起较为严重的非线性效应，因此色散补偿光纤一般不能直接部署在光放大器之后。

预啁啾技术是在发送端引入预啁啾（与传输光纤色散引起的啁啾符号相反），使发送的光脉冲产生预畸变，结果经光纤传输后抵消传输光纤色散引起的啁啾，从而延长色散受限传输距离。预啁啾可以在光源（LD）中引入，也可以在间接调制器及后置功率放大器（半导体激光放大器）中引入。预啁啾技术的优点是无须改动系统的传输和接收部分，缺点是增加了发送端的复杂程度，且只能补偿光纤的线性色散，补偿的距离有限。

典型的色散均衡器是利用与光纤色散特性（群时延斜率）相反的器件补偿光纤色散，典型的有啁啾光纤光栅和 F-P 谐振腔色散均衡器等。啁啾光纤光栅的工作原理是在光学波导上刻出一系列不等间距的光栅，光栅上的每一点都可以看成是一个本地布拉格波长的通带和阻带滤波器，不同波长分量光在其中传输的时延不同，且与光纤色散引起的群时延正好相反，从而补偿由于光纤色散引起的脉冲展宽效应。啁啾光纤光栅的优点是体积小、插入损耗低，缺点是实际应用时对外界的温度、振动等变化比较敏感。F-P 谐振腔色散均衡器的原理是利用 F-P 谐振腔传输特性中与光纤色散引起时延相反的部分，通过调谐可以获得一定量的时延补偿。F-P 谐振腔均衡器的优点是体积小，色散补偿量可以精确调节，缺点是单个均衡器的总补偿量有限。

除了色散补偿技术之外，波分复用系统中的色散管理技术还有色散斜率和色散波动的控制技术。由于光纤的色散与波长有关，因此对于波分复用系统而言，色散补偿器件的斜率需要与光纤色散的斜率有良好的匹配，才能保证每一个波长信道的色散值基本相等。另一个需要关注的是色散波动的控制。引入色散补偿技术一般是保证整个线路或每一段线路的累计色散为零，但是由于色散补偿器件是分段式使用，这就可能造成光纤线路的色散值呈现波动的情况，起伏较大时对波分复用系统的性能也有影响。图 8-12 所示为色散补偿器件可能引起的线路色散波动，图中阴影部分表示色散补偿光纤。

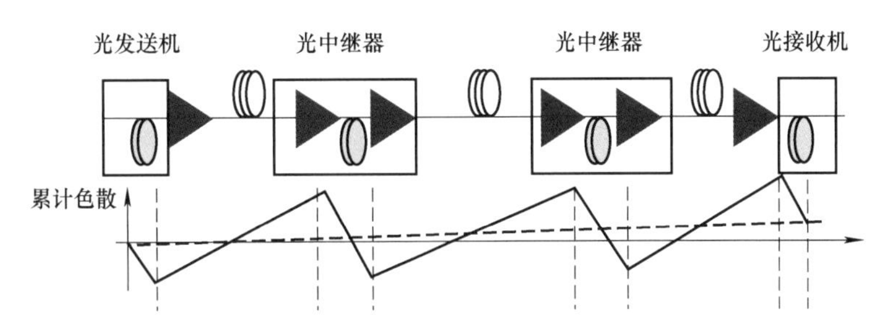

图 8-12　色散补偿器件可能引起的线路色散波动

8.3　波分复用设备与组网

8.3.1　波分复用设备类型

波分复用系统中的设备类型主要包括光交叉连接设备和光分插复用器，其作用类似于 SDH 系统中的数字交叉连接设备和分插复用器网元。

光交叉连接设备主要由光交叉连接矩阵、波长转换接口及管理控制单元等模块组成。光交叉连接的结构有多种，典型的有基于空间交换的光交叉连接结构和基于波长变换的光交叉连接结构两种。光交叉连接设备的基本功能与 SDH 系统中的数字交叉连接设备类似，不同的是光交叉连接设备是以光波长信号为操作对象在光域上实现业务交叉，无须进行光/电/光转换和电信号处理。光交叉连接设备的功能主要包括：

1）路由和交叉连接功能：将来自不同线路的同波长或不同波长信号进行交叉连接，在此基础上可以实现波长指配、波长交换和网络重构。

2）连接和带宽管理功能：响应各种形式的带宽请求，寻找合适的波长信道，为到来的业务量建立连接。

3）指配功能：完成波长指配和端口指配。

4）上下路功能：在需要插入和分出业务的节点处完成波长上下路，实现本地节点与外界的信息交互。

5）保护和恢复功能：提供对线路和节点失效的保护和恢复功能。

6）波长变换功能：波分复用系统中可能会出现不同系统的波长冲突问题，难以保证端到端的业务使用固定的波长，因此在某些可能发生冲突的节点处可以通过光转换单元实现波长转换，即可实现端到端的虚波长信道。实现虚波长信道也是光交叉连接设备的一个重要功能。

7）波长汇聚功能：在波分复用系统的特定节点处将不同速率或者相同速率、去往相同方向的低速波长信号进行汇聚，形成一个更高速率的波长信号在网络中进一步传输。

8）组播和广播功能：从任意输入端口来的波长广播到其他所有的输出线路或波长信道上，或发送到任意一组输出端口上。

9）管理功能：光交叉连接设备必须具有较完善的性能管理、故障管理和配置管理等功能，具有对进、出节点的每个波长进行监控的功能等。

图 8-13 所示为基于光空分交换、无波长变换的光交叉连接。每根光纤中支持 M 个（图 8-13 中为 4 个）波长，在节点中可以自由地将其分出或者插入。在输入端，所有到达的

光信号波长都被放大，然后由一个分路器分出后，由可调谐滤波器选择出某个波长，将其送往光空分交换矩阵。光交叉连接节点中根据业务的流向可以分为直通和本地上下信道。直通信道是指光空分交换矩阵将解复用出的光信号直接送到输出端口（图 8-13 中的 1~8 号）。若需要分接给本地用户，则通过 9~12 号输出端口送到与数字交叉连接设备相连的光接收机上。本地需要插入的用户信号可以通过数字交叉连接设备接入一个光发送机，然后进入光空分交换矩阵中，到达相应的输出端口。输出的光信号可以经由一个复用器合成一路信号送到输出光纤上。在输出前一般加入一个光放大器，以提高发送到线路上的光功率。

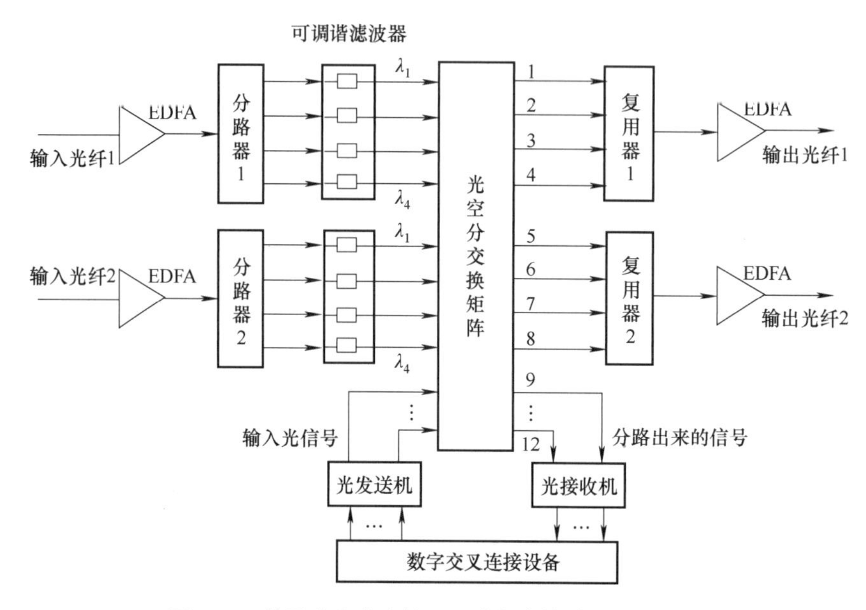

图 8-13 基于光空分交换、无波长变换的光交叉连接

图 8-13 所示的结构中没有配置光转换单元，因此当不同的光纤上有相同波长的信道同时需要交换到同一根光纤上时，就会产生冲突。为了解决波长冲突，可以为全网中每一个信道分配一个固定波长，或者将发生冲突的信道分接下来，再用另一个波长发送出去。但前一种方法会使波长重复利用减少从而影响网络规模，而后一种方法将使光交叉连接设备失去分接、插入的灵活性。如果在光交叉连接设备的输出端口增加光转换单元，就消除这种阻塞特性，构成基于完全波长变换的光交叉连接，如图 8-14 所示。

在这种结构中，每条光纤线路上都有多个波长，所有输入到线路中的波分复用信号首先被光转换单元转换成不同的内部波长，然后通过一个光纤耦合器（如星形耦合器）将这些信号送到对应的支路中去，由可调谐滤波器选出一个所需的波长，再由光转换单元转换成所需的外部波长与其他波长一起复用到输出线路中去。为了防止光纤耦合器失效引起整个光交叉连接瘫痪，可以使用多个光纤耦合器串并联组合方式提高系统可靠性，并使升级维护更加方便。

光分插复用器的功能类似于 SDH 网络中的分插复用器，它可以直接以光信号为操作对象，利用光波分复用技术在光域上实现波长信道的分插。光分插复用器主要功能有波长分插、业务保护、波长转换及其他管理功能等。光分插复用器可以进一步地分为波长固定的固定光分插复用器和波长可重构的可重构光分插复用器两类。固定光分插复用器通常用于业务相对固定的波分复用网络，其波长信道为预先设置且无法更改。可重构光分插复用器相比于固定光分插复用器应用更为灵活，其波长信道可以调整至任何波长。换言之，可重构光分插复用器的作用是通过远程的重新配置，在线路中间根据需要任意指配分插业务的波长，实现业务的灵活调度。可重构光分插复用器实现任意波长的分插业务一般需要通过波长选择开关（WSS）等器件的支持，同时为了支持超大容量密集波分复用系统中无阻塞的波长交换和上/下载，新一代可重构光分插复用器节点要求具有无色、无方向性和无竞争（Colorless, Directionless and Contentionless）等特点，简称 CDC-ROADM。

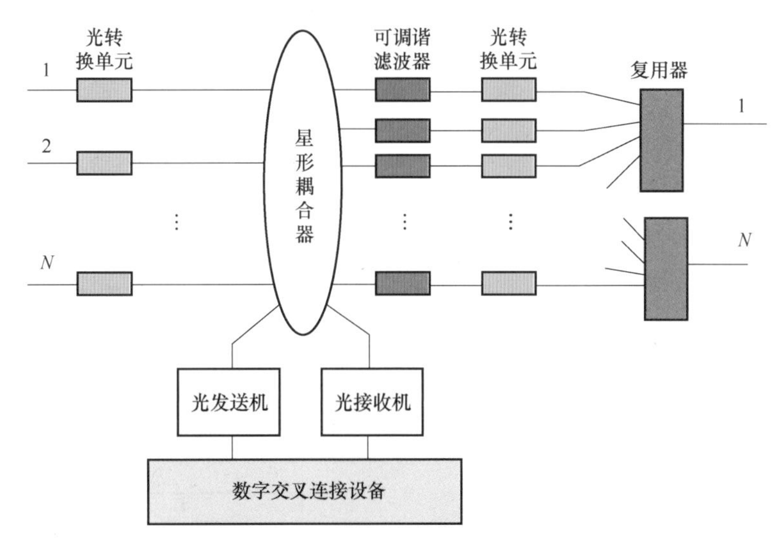

图 8-14　基于完全波长变换的光交叉连接

图 8-15 所示为基于上/下载波长选择开关（adWSS）的可重构光分插复用器，其具有 M 个输入端口和 N 个输出端口，所有输入端口都支持密集波分复用，而所有输出端口都是单波长端口，引入 adWSS 可将任意一个波长从任意输入端口交换至任意输出端口。

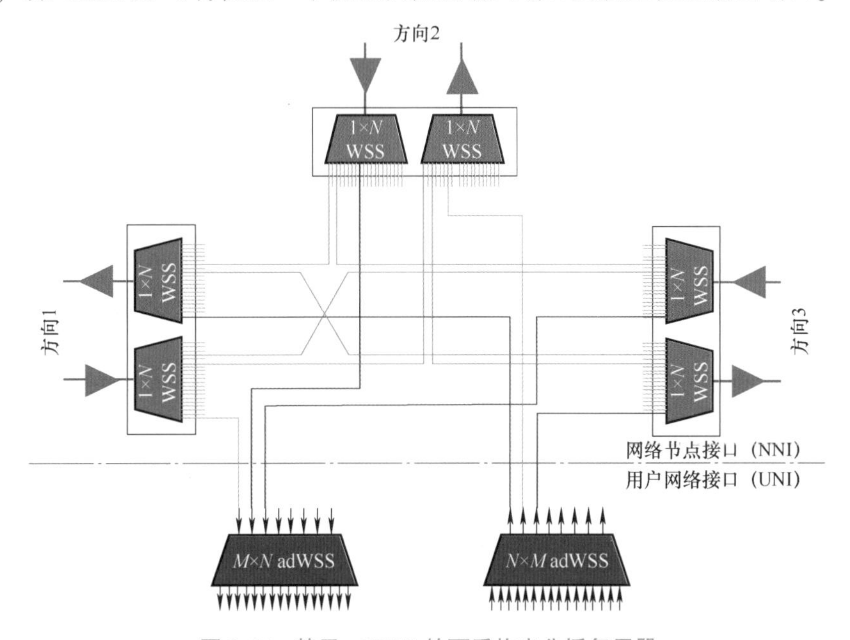

图 8-15　基于 adWSS 的可重构光分插复用器

8.3.2 波分复用网络结构

从光网络选路方式而言，波分复用网络包括两种典型的网络结构：广播选择型和波长选路型。

广播选择型波分复用网络一般采用无源星形、总线型光纤耦合器或波长路由器实现本地应用，其又可以分为单跳和多跳两种网络形式。单跳是指网络中的信息传输以光的形式到达目的地，信源与信宿间无须在中间节点进行光/电转换，而多跳网络信号可在中间节点进行再生和波长变换，信号必须经多个节点的中继才能到达目的节点。

广播选择单跳网有星形结构和总线型结构，如图 8-16 所示。星形结构中 N 组工作在不同波长的光发送机和光接收机都与一个星形耦合器相连，而总线型结构中 N 组光发送机和光接收机通过一条无源总线相连，每个光发送机采用一个固定的波长发送信息，经星形耦合器或总线汇集，分流到达各个节点接收端。接收端的每个节点都用可调谐滤波器滤波出寻址到自身的那个波长，此时的光接收机需要把接收波长调谐到所要接收信息的发送波长上，这可能需要用到某种介质访问控制（MAC）协议。

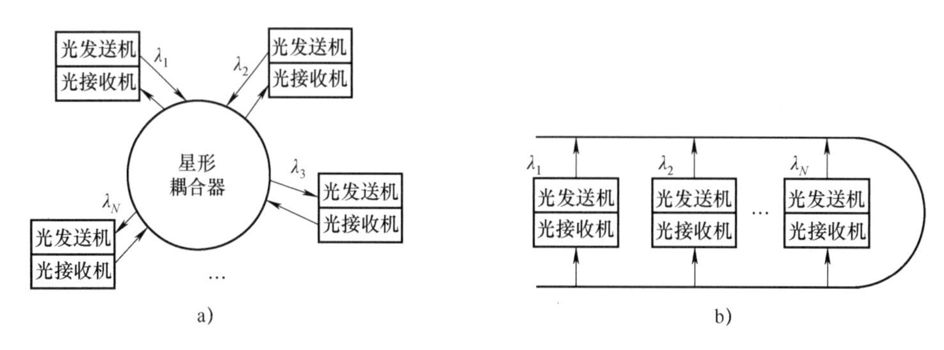

图 8-16 广播选择单跳网

a）星形结构 b）总线型结构

除了可以支持点到点线路外，广播选择单跳网还可以支持一个光发送机对多个节点发送相同信息的多播和广播业务，其最大的优点是对协议的透明性，即不同的通信节点集合可以采用不同的协议（信息交换规则），而不受网络中其他节点的影响。同时，由于星形耦合器和光纤线路都是无源的，所以网络的可靠性较高；但缺点是光功率预算浪费较多，主要是因为每一路光信号能量几乎需要平分至网络中所有节点；另外每个节点都需要一个不同的波长，使节点数目受到限制，并且各节点之间需要仔细协调不同的动态过程，以避免出现两个或多个节点同时向某一个节点发送信息时可能产生的碰撞。

广播选择多跳网一般没有各个节点之间的通道，每个节点都有少量或固定的可调光发送机和光接收机。图 8-17 所示为采用 4 节点的广播选择多跳网，每个节点处都有两个固定波长的发送，另两个固定波长的接收。各站只能向可以调谐接收其发送波长的那些节点直接发送信息，而发往其他站的信息不得不通过中转进行路由。

虽然广播选择网结构简单，但当其应用于规模较大的网络环境时，显然会存在波长数量和功率受限的问题，此时通过引入波长重复利用、波长变换技术和光交换技术组成波长选路网，就可以克服上述限制。波长选路网也称波长路由网，是由支持光波长路由的节点通过成对的点到点波分复用线路连接成的结构。波长选路网的节点可以相互独立地将各个波长传送到不同的输出端口。每个节点都有与其他节点的逻辑连接，而各个逻辑连接使用一个特定波长。任何没有公共路径的逻辑连接可以使用相同的波长。这样就可以减少总的使用波长数。如图 8-18 所示，节点 1 到节点 2 的连接和节点 2 到节点 5 的连接都可以使用波长 λ_1，而节点 3 到节点 4 的连接就需要采用不同的波长 λ_2。

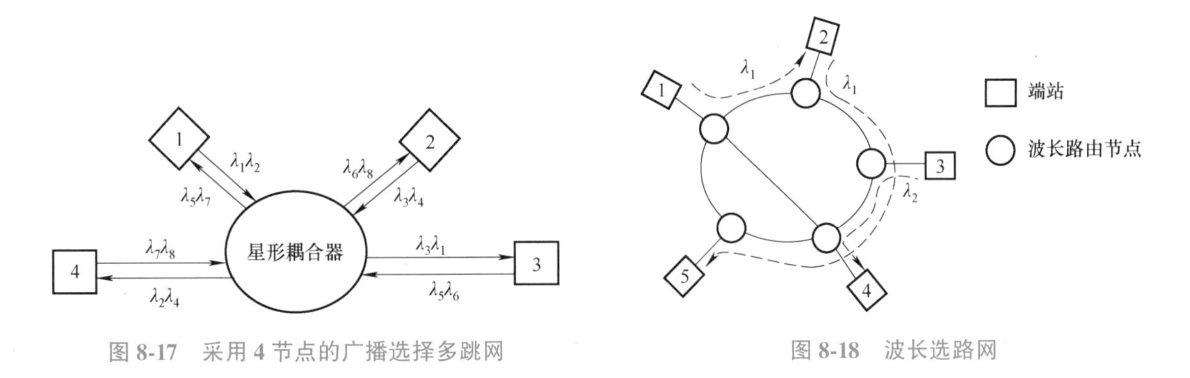

图 8-17　采用 4 节点的广播选择多跳网　　　图 8-18　波长选路网

8.4 弹性光网络

8.4.1 弹性光网络的基本概念

波分复用系统的提出，成倍地提升了光纤数字通信系统的容量，缓解了互联网快速发展带来的带宽枯竭挑战。进入 21 世纪以来，随着移动互联网的飞速增长，以及以高清视频等为代表的高带宽交互式业务的迅猛普及，光纤通信系统再次面临巨大的带宽压力。波分复用系统采用固定的波长分配机制，虽然每个波长已经可以支持 40~100Gbit/s 乃至更高的传输速率，但面临多样化和动态化的新型网络业务环境需求时仍然存在灵活性不高、频谱利用率低和带宽浪费严重等缺点。

2008 年 9 月，日本电报电话（NTT）公司首次提出了频谱切片弹性光网络（SLICE）的设想，SLICE 在光纤通信网络中首次引入了正交频分复用（OFDM）技术，在资源分配时可以根据业务带宽需求做出合理分配，为低速业务提供单个业务切片的业务通道，或者将多个切片组合起来提供超波长级别的业务通道。进一步地，学术界陆续提出了改进的系统架构或方案，包括数据速率可变光网络（DREON）和滤波片式波分复用（FWDM）网络等，在此基础上，最终形成了弹性光网络（EON）。与传统波分复用网络最大的区别在于，弹性光网络将原先波分复用网络中的固定波长分配方案细分成更窄小的频谱单元，称为频隙（Frequency Slot，FS），ITU-T 在国际标准 G. 694. 1 中已经定义了最小为 6. 25GHz 的频隙。弹性光网络可以根据业务需求，灵活地分配一定数量的相邻频隙，同时根据传输速率和距离等需求配置相应的调制方式，从而实现了网络频谱资源的动态分配。图 8-19 所示为波分复用网络与弹性光网络的频谱分配示例。

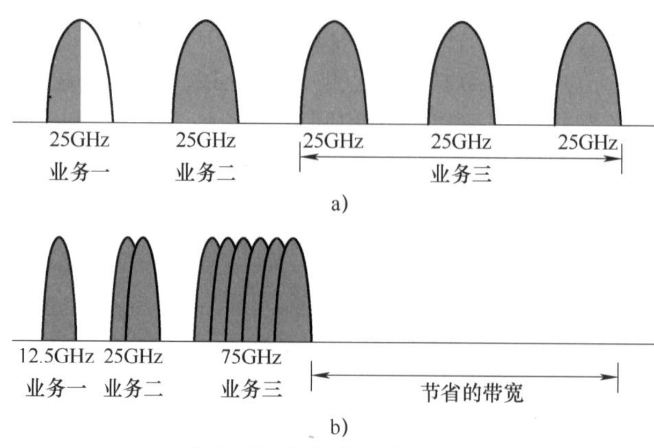

图 8-19　波分复用网络与弹性光网络频谱分配示例

a）波分复用网络　b）弹性光网络

假设网络中有三个业务，业务一、业务二和业务三分别需要 12. 5GHz、25GHz 和 75GHz 的频谱带宽资源。若波分复用网络中可以分配的最小固定频谱带宽为 25GHz，则业务二可占用一个完整频隙；对于业务一而言，即使其占用频谱带宽小于 25GHz，由于波分复用系统中最小的频谱分配单位为 25GHz，意味着必须分配一个完整的 25GHz 带宽资源；业务三需要 75GHz 带宽，虽然正好满足三个 25GHz，但考虑到波分复用系统中相邻信道之间需要保留固定间距的保护带宽，总的占用频谱带宽需要超过 75GHz。显然，传统的波分复用网络对于业务需求大于或小于标准频谱带宽的情况，存在明显的资源分配浪费情况。而对于频隙为 12. 5GHz 的弹性光网络而言，更精细的频谱分配单位划分对于需要带宽较小的业务可以减少频谱资源的浪费，如业务一可以分配一个频隙单元；对于需要带宽较大的业务（如业务三），弹性光网络可以采用基于正交频分复用的频谱级联技术实现频谱资源的高效分配。

弹性光网络的技术特点主要可以总结为以下两个方面。

1）灵活可变的带宽分配颗粒度：弹性光网络基于正交频分复用技术，可以根据业务请求的大小，将业务调制到一个或多个正交频分复用子载波上，并且为每个业务请求提供可变的网络带宽，从而比传统波分复用网络中固定波长下的频谱带宽分配更加灵活，大量减少空闲频谱资源的浪费。

2）支持超级波长信道传输：对于高速率及超高速率业务请求，弹性光网络可以将业务调制到若干个连续的正交频分复用子载波上。由于正交原理，多个子载波之间不需要保护带宽，大大提高了网络频谱资源利用率，为未来支持 400Gbit/s 甚至 1Tbit/s 的高速率业务提供支撑和保障。

8. 4. 2　弹性光网络的网络结构

图 8-20 所示为弹性光网络的网络结构示意，主要由位于网络边缘的带宽可变转发器（BVT）和网络核心的带宽可变光交叉连接器（BV-OXC）组成。

带宽可变转发器的主要功能是使用足够的频谱资源产生光信号，适当地调整从光网络发送或者接收的用户数据信号并且最小化相邻光路之间的间隔，从而实现较高的频谱资源利用率。带宽可变光交叉连接器的主要功能是为带宽可变转发器间每一对端到端的业务请求分配相应频谱带宽的交叉连接，以创建一条合适的端到端光路。

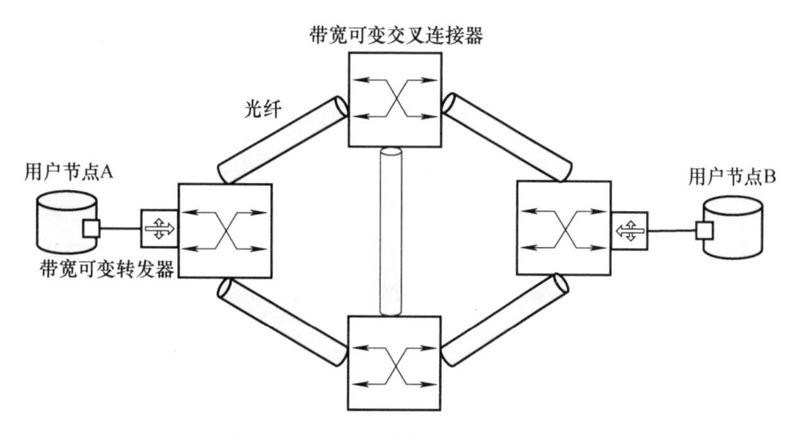

图 8-20 弹性光网络的网络结构示意

相比于传统以固定频谱单元分配为基础的波分复用网络而言，弹性光网络由于引入了光正交频分复用（OOFDM）和灵活的频隙组合等技术，可以支持带宽聚合、带宽分段、不同数据速率调节和弹性分配带宽等。弹性光网络中支持带宽聚合的能力也称为超级信道，其通过连续合并低速率频谱单元创建，尤其是应对差异化的高带宽业务需求时可以保证频谱资源的高利用率。

8.4.3 弹性光网络的关键技术

1. 带宽可变转发和交叉技术

带宽可变转发主要通过带宽可变转发器进行灵活维度的高阶光调制，生成最佳的频谱资源；交叉技术主要利用带宽可变光交叉连接器，它利用带宽可变波长选择开关（BV-WSS）在中间节点分配频谱，工作原理如图 8-21 所示。

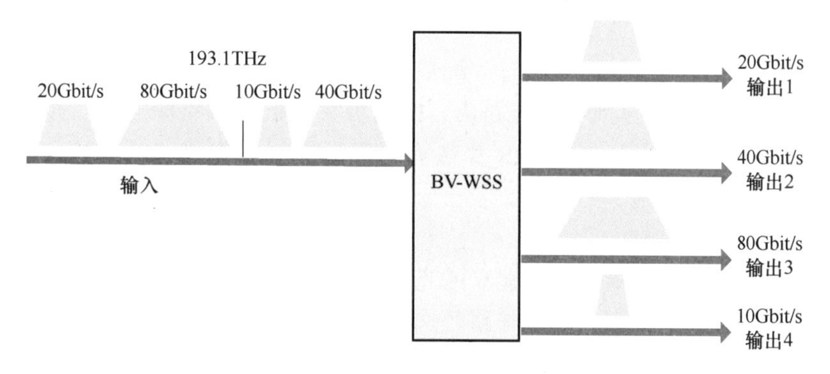

图 8-21 带宽可变光交叉连接器工作原理

带宽可变波长选择开关通过调整传输比特率或者调制格式来调谐带宽，例如在高速传输过程中采用 16-QAM 调制，在较短光路中采用 4-QAM 调制，而在较长光路中采用抵御损伤性能较好的正交相移键控和二进制相移键控等。弹性光网络中的一个重要特征是流量疏导（Traffic Grooming），主要通过引入可切片带宽可变转发器（SBVT）把多条低速流量业务疏导成一条高速流量信道，从而减少对带宽可变转发器的使用并节省频谱资源。

2. 路由与频谱分配

路由与频谱分配（RSA）是弹性光网络中最核心的技术，具体而言就是在弹性光网络中为业务分配从源节点到目的节点符合条件的合适光路与频谱位置（资源）。与传统波分复用网络中的路由与波长分配（RWA）类似，RSA也可以分为路由计算和频谱资源分配两个子问题，但由于弹性光网络特有的灵活频谱分配方式，因此需要满足频谱一致性、连续性和不重叠性等约束，这使得弹性光网络中的RSA问题较波分复用网络中的RWA问题更加复杂。连续性约束指每个到达业务应当按带宽需求分配连续的频隙，一致性约束指业务指按RSA策略选出的路由所分配的带宽应当在该路由所有组成线路的相同频隙上，不重叠约束指所有到达业务建立的连接不存在频谱重叠的情况。

（1）路由子问题及算法

在弹性光网络中，路由子问题的目标是根据新到达业务的源-目的节点对关系，在两个节点间找到一条合适传输的路由，常见的路由算法主要包括固定路由（FR）、固定备选路由（FAR）、最少拥塞路由（LCR）和自适应路由（AR）等。

FR算法一般利用最短路径算法，例如通过迪杰斯特拉（Dijkstra）算法计算各节点间的FR并存入路由表，当有新业务到达时FR算法查找路由表并为业务分配路由，若该路由无法进行频谱分配则堵塞业务，若能够进行频谱分配则按频谱分配策略选择最佳频隙。FAR算法是对FR算法的改进，主要是通过多个FR有序列表增加各节点间的FAR，使每个节点都能为所有的其他节点保存一个带固定路径的路由表，这些路径的信息通常在离线状态已被计算完成。新到达的业务需求可以按顺序查找路由表，直到找到能够进行频谱分配的路由为止，若不存在合适的路由则阻塞该业务，若存在多条路由则按频谱分配策略选择最佳频隙。FAR算法能够有效地降低网络阻塞率，但相较FR算法提高了算法复杂度，且不一定总能找到所有可能路径。LCR算法类似于FAR算法，通过提前计算出节点间的多条路由并在新业务到达时为其分配最少拥塞的路由，这里用以表述链路拥塞程度的指标一般是可用频隙数，该值越小则表明链路中相对拥塞程度越高。AR算法根据网络实时链路信息对所有可选路由进行计算和比较，为新到达的业务动态分配最合适的路由，若存在多个最佳路由则随机选择其中一条。AR算法能够计算所有可能路由，因而极大降低了网络阻塞率，但算法复杂度比FR、FAR和LCR算法更高。此外，AR算法需要得到控制管理协议的支持才能够更新路由表，因而不适合分布式结构。

（2）频谱子问题及策略

弹性光网络的频谱分配指网络所建立的光路需要动态更改其分配的频谱，以满足实时变化的带宽要求，它可以根据算法类型与路径选择串行或并行执行。主要的频谱分配策略包括随机命中（RF）、首次命中（FF）、最后命中（LF）、精确命中（EF）、最常使用（MU）和最少使用（LU）等。

RF策略在网络运行前建立空闲频隙和被占用频隙索引列表，当有新业务到达时，从空闲频隙列表中随机选择一个可用频隙分配给业务，从而建立连接光路。在业务完成连接或释放后，RF策略通过在列表中删除已使用频隙或释放被占用频隙来更新列表。FF策略的列表建立和更新方式均类似于RF策略，即首先对频隙进行索引并建立空闲频隙和被占用频隙索引列表，当有新业务到达时，分配索引最低的空闲频隙。在业务完成后，删除已使用频隙以更新列表。FF策略不需要网络全局信息，阻塞率和复杂度都较低，因而是最佳频谱分配策略之一。LF 策略类似于 FF 策略，当有新业务到达时，分配索引最高的空闲频隙。LF 策略承载业务的频谱范围较宽，因此可能会受到不同波长范围内色散的影响。EF 策略是对 FF 策略的优化，在频谱分配上选择与业务需求大小相等的可用频隙分配，若没有可分配资源则通过 FF 策略分配，EF 策略相比 FF 策略降低了阻塞率但增加了复杂度。MU 策略选择网络中使用最多的链路并通过 FF 策略为新到达业务分配频谱，这种策略的目的是实现最大频谱使用重复率。LU 策略类似于 MU 策略，该策略选择使用最少的链路并通过 FF 策略为新到达业务分配频谱，目的是实现负载均衡。

（3）静态 RSA 和动态 RSA

RSA 问题根据业务请求类型可以分为静态 RSA 和动态 RSA。

静态 RSA 是在所有业务请求（如源节点、目的节点、业务大小和业务类型等参数）已知的情况下，根据先验流量矩阵离线为业务整体进行最优 RSA 组合，目的是在最大化连接成功率的同时最小化网络所需资源，通常可以通过整数线性规划（ILP）、启发式策略和智能优化算法进行静态 RSA 的网络规划。

动态 RSA 指业务实时、随机向网络提出连接请求，网络根据当前状态对业务进行路由选择和频谱分配，若没有合适的资源则阻塞业务，其目的是使连接阻塞率最小，常通过启发式算法和学习型算法同时解决或依次解决路由子问题和频谱子问题。

（4）频谱碎片问题

在弹性光网络中，业务的随机到达和离去意味着需要不断地在网络中建立和拆除光路，使链路频谱被不断地分配和释放，基于此造成的频谱资源的散列分布称为频谱碎片。频谱碎片使链路上连续的空闲频谱块被分割成小块，从而使本可以被分配的业务因为要遵循频谱一致性和连续性约束而阻塞，增加网络阻塞率的同时降低了频谱利用率。

弹性光网络中的频谱碎片主要分为频域碎片、空间碎片和时间碎片三种。频域碎片是频谱资源的频繁分配和释放产生的碎片；空间碎片指业务所建立路由的组成链路产生的整体碎片，业务在该路由上能否分配取决于空间碎片严重程度；时间碎片是由于业务的随机到达时间而和持续时间而产生的碎片。

目前学术界针对频谱碎片问题的解决策略主要集中在 RSA 算法中如何减少频谱碎片以和高效频谱碎片整理等，前者又称为预防式频谱分配方法，通过引入优化约束如考虑使空闲频谱连续化或业务资源连续化等，这样能够在不进行频谱搬移的同时抑制频谱碎片产生，从而提高频谱利用率和传输效率，主要包括分区、多图方法及多路径路由等；后者又称为维护式碎片整理，按间隔时间可以分为周期性整理和随机性整理，按网络情况可以分为阻塞业务整理和未阻塞业务整理，按对业务的影响可以分为中断碎片整理和不中断碎片整理。

维护式碎片整理中最重要的是碎片整理方法和触发机制。碎片整理方法有重路由和频谱搬移，已提出的整理技术方案包括原链路整合、推拉整合、全局整合等。在触发机制方面，主要分为主动式触发机制和被动式触发机制两种，主动式触发机制在网络性能达到预先设定的指标如周期或门限时触发，被动式触发机制主要在业务离去或阻塞时触发。需要指出的是，频谱碎片整理虽然可以降低业务阻塞率，但由于需要进行重路由或者频谱搬移，可能会造成业务损伤和较高时间复杂度。

8.5 光码分多址

码分多址（CDMA）技术在无线通信领域已经得到广泛应用，其基本原理是通过为每一个用户进行正交编码使其可以获得频谱扩展，以获得较高的频谱利用率和安全性。20世纪80年代以来，人们开始尝试将码分多址技术引入到光纤通信中，但由于光域编码原理和器件等方面的局限性，光码分多址（OCDMA）尚未得到大规模的应用。

光码分多址技术是在电码分多址技术的基础上演变出来的，其以扩频通信为基础，通过将低速率的基带用户信号变换成高速率的光脉冲序列，在宽带光信道中传输，一个基本的光码分多址系统原理框图如图8-22所示。

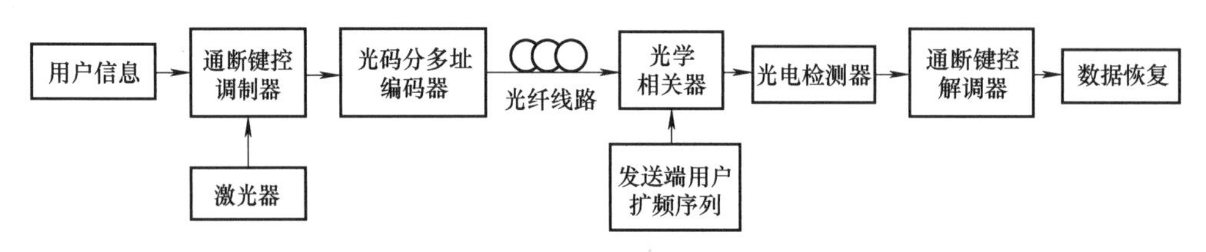

图8-22 光码分多址系统原理框图

发送端用户信息低速比特流通过二进制通断键控方式调制激光器，经光码分多址编码器后，产生载有用户信息特征的扩频序列，即信息比特“1”对应于一个光脉冲序列，信息比特“0”对应于一个全零序列。携带用户信息特征的光脉冲序列经光纤线路传输到达接收端，与发送端用户扩频序列进行相关运算，经光学相关器输出一个自相关峰，通过光电检测器和通断键控解调器，恢复出发送端用户的信息比特。在光码分多址系统中，光学编/解码器的作用非常重要，它根据用户的扩频序列产生与之对应的高速光脉冲序列，其实现方式主要包括光纤延迟线（FDL）、衍射光栅、阵列波导和光纤布拉格光栅等。

光码分多址中的编解码方案包括时域编码、频域编码和时域频域混合编码等，时域编码有直接序列编码和跳时编码，频域编码可以通过控制不同频谱分量的振幅或相位实现。

1. 时域编码

数据的每个比特用一个多位（M个）且较短的比特组成的序列进行编码，在无线通信系统中这些较短的比特序列也称码片。这样，原始数据的有效比特率增加了M倍，信号占据的频谱也扩展到更宽的范围。由于码片是被所有用户所使用，因此对每个用户分配的码片需要来自正交码，以确保光接收机侧对每个用户信号的正确接收和解调。

光域中的码分多址原理上与电域类似，但是实现编码一般采用的是光纤延迟线方案，也可以采用光纤布拉格光栅阵列代替光纤延迟线实现编码和解码。对于光码分多址方案而言，需要考虑以下问题：光码分多址只能使用单极性码，这是由于光强或光功率不能为负值，因此一组正交码中可用码组数有限（除非M取很大的值）；此外，单极性码的互相关性较强，这也意味着出现差错的概率较大。

2. 频域编码

频域编码是根据预先指定的码对短光脉冲不同频谱分量的振幅或相位进行改变的过程，

其中相位编码研究关注较多。已经提出的实现方案采用了衍射光栅和反射液晶空间相位调制器组合，其中衍射光栅在不同的方向上衍射频谱分量，而反射液晶空间相位调制器使用预先确定的码改变频谱分量的相位。若采用的是二级制相位调制，则可以通过反射液晶空间相位调制器选择编码并控制不同频谱分量的相位为“0”或“π”。进一步地，还可以采用微环谐振器实现频谱相位编码。光码分多址集成频谱相位编码器如图 8-23 所示。

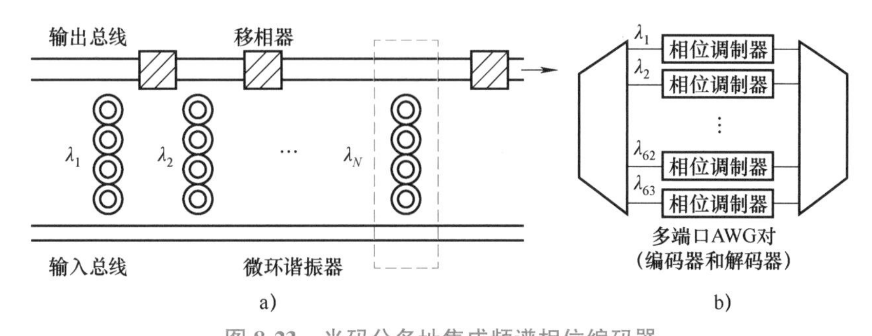

图 8-23　光码分多址集成频谱相位编码器

a）基于微环谐振器　b）基于相位调制器

AWG—阵列波导光栅

3. 跳频

扩展频谱也可以采用跳频技术实现。但在光纤通信系统中，实现跳频需要载波频率的快速变化，而现阶段制作出支持在纳秒时间尺度内波长可以在较宽范围内改变的可调谐 LD 相当困难。因此，可以考虑首先对微波频段副载波信号进行跳频，然后用副载波技术传输码分复用信号，这样可以在电域中实现编码和解码，所需的微波器件较为成熟。

小　结

移动互联网、算力网络和车联网等新兴业务的快速发展，对光纤通信系统的带宽提出了越来越高的要求。为了满足各种高带宽业务需求和提高光纤可用带宽的利用率，可以采用波分复用和码分复用等技术进一步提高单根光纤上承载的业务总量。

波分复用是通过将多个不同波长的光信号组合后在一根光纤上进行单向或双向传输的技术，由于其有效利用了光纤的可用带宽，同时具有较低的扩容升级成本，已经成为目前和今后一段时间最主要的系统实现方案。波分复用系统由于同时传输的信道数量较多，累计的入射光功率也较高，因此相比于单信道光纤通信系统而言，需要仔细考虑信道设置和间隔划分，以及光纤色散斜率和非线性效应等可能对系统性能产生影响的因素。为了更灵活地适应未来差异化和多样性的业务需求，将波分复用系统中固定信道划分改造为基于精细栅格的灵活组合形式，所形成的弹性光网络具有更为灵活的业务适应性。与此同时，也要考虑到频谱资源分配时需要满足的一致性、连续性和不重叠性，以及频谱碎片及其整理机制等新的问题。

习　题

1）简述波分复用系统的工作原理。

2）波分复用系统有哪几种基本结构形式？各自的区别是什么？

3）光波分复用系统的工作波长范围为多少？为什么这么取？

4）设一个工作在 C 波段的波分复用系统，当信道间隔分别取 200GHz 和 50GHz 时，理论上可以复用的信道数分别为多少？

5）为什么要引入非零色散位移光纤？

6）什么是四波混频效应？四波混频对于波分复用系统有何影响？

7）为什么 G. 653 光纤不适合用在波分复用系统中？

8）波分复用系统中使用的光源与单信道系统中的光源相比有哪些特殊要求？为什么？

9）波分复用中的波长路由实现难点有哪些？

10）弹性光网络相比于波分复用系统有哪些优点？

11）弹性光网络中的 RSA 问题与波分复用中的 RWA 问题有哪些异同？

12）弹性光网络中的频谱碎片是如何形成的？有哪些方法可以减轻或解决频谱碎片的影响？

第9章 光纤通信系统性能

现代的光纤通信系统是一个非常复杂的系统，在其设计、安装、运行、维护和升级等各个阶段，都需要对系统及其各个组成元件进行必要的测试和测量，以保证稳定可靠运行。为此需要设计开发各种测试手段和技术来合理准确地表征系统的工作特性，以确保为某个特定的应用选择适宜的器件并在此基础上对系统或网络进行合理地配置，以保证整个系统的稳定运行或满足相关的设计指标。同时，在光纤通信系统的全寿命运行周期中，也需要定期或非定期地对系统及其器件进行监测，以进行必要的维护或检修等。本章主要介绍光纤通信系统的性能，在此基础上分析系统设计的基本方法。

9.1 数字传输模型

9.1.1 数字传输模型的意义

光纤通信系统中的信号在传输过程中会受到光纤线路的损耗、色散和非线性效应，以及信道中或节点处的噪声及外部干扰等各种影响，这些在信号传输过程中可能受到的影响统称为系统传输损伤。因此，在进行光纤通信系统设计时，需要规定组成系统的各部分设备及器件的性能，以保证它们组成一个完整的系统时，能满足总的传输性能要求。为此，需要确定一个合适的传输模型，以便对通信系统中可能受到的传输损伤来源进行研究，确定系统全程性能指标，并根据传输模型对这些指标进行合理分配，从而为系统设计提供依据。

如何设计和规范一个适宜的数字传输模型，并将其作为实际系统设计时的性能参考依据？这需要综合考虑多方面的因素，包括技术层面和非技术层面的因素，及其相互之间的权衡。如果进行模型设计时考虑的各类指标较为严格，可能在元器件选择、实际系统设计、制造和施工中会受到成本过高和良品率低等限制；另一方面，如果设计指标设定过于宽松，可能在实际系统运行时可能不能满足总体性能需求。

考虑最一般的情况，即一个通信业务连接涉及网络中某一个终端用户至另一个终端用户，包括参与交换和传输的各个部分，如用户线路、终端设备、交换机/交换节点和传输系统等全过程。不难看出，实际中通信连接的距离有长有短，结构上有简单有复杂，网络连接有直达有转接，传输的业务类型和性能需求也不相同，难以进行传输质量定量化评价。因此，可以考虑最极端的情况，即考虑通信距离最长、结构最复杂（转接次数最多）、传输质量预计最差的通信连接作为业务传输质量的核算对象，也就是考虑系统能够容忍各个部件面临的最坏极端情况。如果以极端情况下需要满足的通信连接传输质量作为系统设计要求并贯彻实施，那么按照这个设计标准实现的系统，在实际应用中所面对的实际网络环境都不会再劣于设计中考虑的极端场景，这样就实现了端到端传输质量的保证。

ITU-T 针对不同的通信场景和要求，分别提出了各种数字传输模型的相关标准，包括假设参考连接（HRX）、假设参考数字链路（HRDL）和假设参考数字段（HRDS）等。在此基础上，针对全光 OTN，ITU-T 还提出了假设参考光通道（HROP）等模型。

9.1.2 数字传输模型的分类

1. 假设参考连接

假设参考连接是对总的性能进行研究的模型，为其他各种通信质量评价标准和指标分配提供参考基准。假设参考连接表征了两个用户网络接口 T 参考点之间的全数字 64Kbit/s 连接，如图 9-1 所示。假设参考连接也是标准模型中距离最长的，全长定为 27500km。考虑到大国与小国不同，还考虑到国内长途电路与国际长途电路是同等质量的电路，因此不区分国内与国际部分各占多少长度，只规定了每个国内部分包含 5 段电路，国际部分包含 4 段电路，共有 14 段电路串联而成，两个本地交换机（LE）间共 12 段电路。注意这里的电路不专指某种类型的电子设备或传输系统，而是泛指提供数字通信连接的系统。

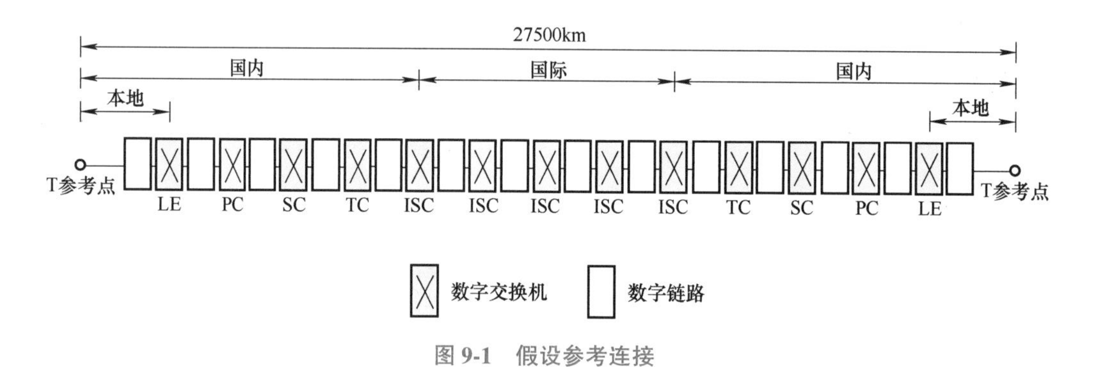

图 9-1 假设参考连接

可以看出，假设参考连接无论长度还是转接次数，都比任何实际的传输系统可能遇到的最坏情况更差。这也说明数字传输模型的设计初衷，即定义一个可以满足实际中极端（最坏）情况的传输模型，并基于该模型进行各种传输性能参数的研究、定义和分配。这样，按照这个模型设计完成的实际数字通信系统，其性能都可以满足端到端的通信业务需求。

实际上经常实现的连接都比标准最长假设参考连接短，因此引入了标准中等长度假设参考连接，如图 9-2 所示。每个国内部分包含 3 段电路，国际部分仅 1 段电路，这种连接的性能主要受国内部分的电路性能所支配。

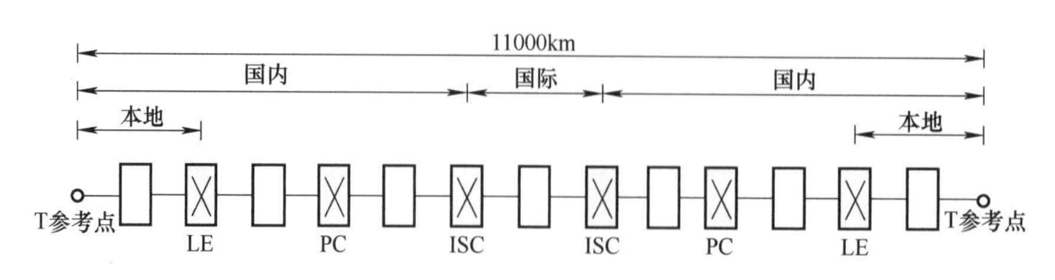

图 9-2 标准中等长度假设参考连接

当用户接近国际交换中心（ISC）时，假设参考连接如图 9-3 所示。

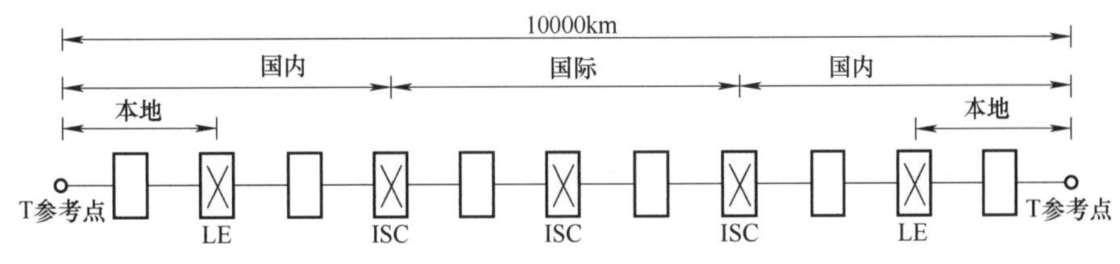

图 9-3　用户接近 ISC 时的假设参考连接

2. 假设参考数字链路

假设参考数字链路是指为了简化数字传输系统的研究方法，在保证全程通信质量的前提下，假设参考连接中的两个相邻交换点的数字配线架间所有的传输系统、复用和解复用等各种传输单元。标准数字假设参考连接的总性能指标按比例分配给假设参考数字链路，可以使系统的设计大大简化。由于假设参考数字链路是假设参考连接的一个组成部分，因此允许把总的性能指标分配到一个比较短的模型上，ITU-T 建议假设参考数字链路的合适长度是 2500km，但也允许各个国家根据自身实际情况进行调整。

根据我国地域广阔的特点，我国长途一级干线的数字链路长度为 5000km，建议的假设参考数字链路长度为 2500km。类似的，美国和加拿大采用 6400km，日本采用 2500km。

3. 假设参考数字段

假设参考数字链路由许多假设参考数字段组成，假设参考连接模型中定义的端到端传输性能指标需要按照一定的规范被分配到每一个数字段，我国有关光纤数字通信系统的一系列性能标准都是在这个模型的基础上制定的。

ITU-T 建议假设参考数字段的长度为 280km（长途传输）和 50km（市话中继）。我国根据具体情况，提出假设参考数字段的长度为 280km 或 420km（长途传输）和 50km（市话中继）。假设参考数字段的性能指标从假设参考数字链路的指标分配中得到，并进一步地分配给线路和设备。

9.1.3　光传送网传输模型

OTN 是目前最新的传送网标准，ITU-T 的 G. 8021 建议对其传输性能进行了规范。为了与传统的假设参考连接保持一致，G. 8021 建议针对 OTN 端到端性能也定义了长度为 27500km 的假设参考光通道。

假设参考光通道引入了运营域的概念以取代传统的国内和国际部分的划分，其中包括本地运营域（LOD）、区域运营域（ROD）和骨干运营域（BOD），本地运营域和区域运营域可以看作国内部分，骨干运营域是国外部分，如图 9-4 所示。

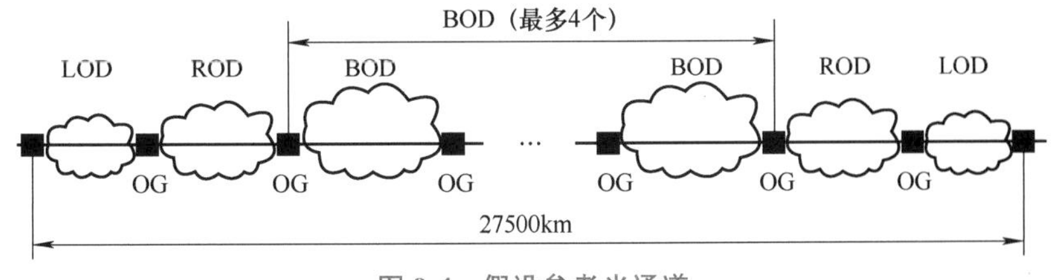

图 9-4　假设参考光通道

OG—运营商网关

9.2 光接口的性能

9.2.1 SDH 光接口的性能

如第7章中所述，早期的PDH光纤数字传输系统是一个封闭的系统，其光接口是专用的，不同厂家的PDH设备不能互通。SDH的提出解决了不同厂家和不同运营商的光纤传输系统的线路光接口的横向兼容性，为此，所有厂家SDH光纤通信系统的光接口都需要定义完整和严格的性能规范。

1. SDH 光接口的分类

光接口是SDH的主要物理接口形式，为了简化和规范SDH光接口，ITU-T根据传输距离和所用技术将SDH光接口归纳为局内通信、短距离局间通信和长距离局间通信三类。实际应用中分别使用不同代码表示三类光接口。第一个字母表示应用场合，I表示局内通信，S表示短距离局间通信，L表示长距离局间通信，V代表甚长距离局间通信，U表示超长距离局间通信。字母后的第一位数字表示STM等级，如4表示STM-4（622Mbit/s）。第二位数字表示工作波长和光纤类型：空白或1表示工作波长为1310nm，所用光纤为G. 652；2表示工作波长为1550nm，所用光纤为G. 652或G. 654；5表示工作波长为1550nm，所用光纤为G. 655光纤。

长距离局间通信一般指局间再生段距离超过40km以上，短距离局间通信一般指再生段距离为15km左右，局内通信一般对应的距离为数百米至2km。SDH光接口的分类见表9-1。需要指出的，表9-1中给出的是目标传输距离，实际中的设计距离还要考虑光纤线路及设备情况、环境条件和维护条件等各种因素。

表9-1 SDH 光接口的分类

应用场合		局内通信	局间通信				
			短距离		长距离		
工作波长/nm		1310	1310	1550	1310	1550	
光纤类型		G. 652	G. 652	G. 652	G. 652	G. 652 G. 654	G. 653
目标传输距离/km		≤2	~15		~40	~80	
STM等级	STM-1	I-1	S-1. 1	S-1. 2	L-1. 1	L-1. 2	L-1. 3
	STM-4	I-4	S-4. 1	S-4. 2	L-4. 1	L-4. 2	L-4. 3
	STM-16	I-16	S-16. 1	S-16. 2	L-16. 1	L-16. 2	L-16. 3
	STM-64	I-64	S-64. 1	S-64. 2	L-64. 1	L-64. 2	L-64. 3

2. SDH 光接口的性能参数

（1）光线路码型

为了满足横向兼容性要求，ITU-T针对SDH光接口的光线路码型定义了简单扰码方案。这种方案码型简单，不增加线路信号速率，也不会增加光功率代价。

理论分析表明，扰码可以统计地控制信息序列中连“0”或“1”引起的定时信息丢失，但不能完全消除其影响。不过实际应用中，只要扰码序列足够长，可以在相当程度上消除再生中继器产生的抖动。

（2）系统工作波长范围

为了在实现横向兼容性的同时具有较大的灵活性，SDH 光接口要求具有较宽的系统工作波长范围。系统工作波长范围的下限受限于光纤的截止波长，上限则需要考虑光纤的吸收损耗和辐射损耗。

（3）光发送机接口

光发送机接口的参数主要包括光谱特性、平均发送光功率、消光比和眼图模板等，相关定义及其物理意义已在第 3 章中进行了介绍，此处不再重复。

（4）光通道

光通道的主要参数有衰减、色散和反射。

SDH 光接口中光通道的衰减并不是以一个固定的最大值形式考虑，而是定义了一个衰减范围，这样可以更好地适应不同的应用场合（距离）。光通道衰减的下限主要由光发送机平均输出光功率和光接收机过载功率间的差值决定，上限主要由最小发送光功率和最差接收灵敏度决定。同时，光通道的衰减值是最坏值，即已经包括了所有系统部件的富余度。

光通道的色散主要由码间干扰、模式分配噪声和频率啁啾等共同决定。由第 2 章中关于光纤色散的分析可知，色散引起的光通道代价主要随传输距离、传输速率、光谱宽度和光纤色散系数等变化。一般认为，对于大多数低色散 SDH 传输系统，1dB 功率代价是最大可以容忍的数值，因此也将 1dB 功率代价对应的光通道色散值定义为光通道最大色散值。

反射主要是由光通道的折射率不连续引起的，其主要原因有光纤本身的折射率不均匀变化引起的散射和光纤接续点（包括固定和活动光纤连接器）的存在。一方面，反射在光发送机的输出口导致激光器的输出功率产生波动，降低输出信噪比；另一方面，当光通道中有两个以上的反射点时，会产生多次反射并引起干涉，从而造成相位噪声和强度噪声。

（5）光接收机接口

光接收机接口的参数主要有光接收机灵敏度、过载功率、反射系数和光通道功率代价等，这里仅对光通道代价进行简述。光通道代价是指反射和由码间干扰、模分配噪声、光源频率啁啾等引起的总代价。ITU-T 的 G. 957 建议规定，对于低色散 SDH 系统，由上述各种因素导致总的功率代价（损失）不能超过 1dB，而对于类似 L-16. 2 的高色散系统，不得超过 2dB。光通道代价是对系统性能的直观描述，即当光通道代价达到或超过允许的门限值后，系统性能会迅速劣化直至崩溃。

需要指出的是，对于高速率传输系统而言，偏振模色散导致的代价已经包含在上述的总代价之中。

9. 2. 2　波分复用系统光接口的性能

波分复用系统光接口的性能参数中，光接口类型和中心频率（中心波长）已经在第 8 章中进行了介绍，这里主要讨论中心频率偏差、光通道衰减和光通道色散三个性能。

（1）中心频率偏差

中心频率偏差定义为标称中心频率与实际中心频率之差。影响其大小的主要因素有激光器频率啁啾、信号带宽、非线性效应引起的频谱展宽以及期间老化和温度的影响。表 9-2 给出了波分复用系统光接口中心频率偏差见表 9-2，表中给出的是寿命终了值，即相关器件到达其使用寿命时仍能满足的数值。

表 9-2　中心频率偏差

通道间隔 n/GHz	50/100	≥200
最大中心频率偏差/GHz	待定	±n/5

目前，采用波长稳定和反馈机制后，波分复用系统中心频率偏差可以较好控制，典型的在±5GHz 以下，即使考虑老化等因素，也不会超过±11GHz。

（2）光通道衰减

与 SDH 系统中的光通道衰减性能类似，波分复用系统的光通道衰减也是一个范围，其最大值主要受限于光放大器增益及反射等因素。表 9-3 和表 9-4 分别为无光放大器和有光放大器波分复用系统的光通道衰减。

表 9-3　无光放大器波分复用系统的光通道衰减

应用代码	Lx−y. z	Vx−y. z	Ux−y. z
最大光通道衰减/dB	22	33	44

表 9-4　有光放大器波分复用系统的光通道衰减

应用代码	nLx−y. z	nVx−y. z
最大光通道衰减/dB	22	33

（3）光通道色散

无光放大器和有光放大器波分复用系统在 G. 652 光纤上的光通道色散见表 9-5，这里目标传输距离的计算中假设光纤的色散系数是 20ps/(nm · km)，比 G. 652 光纤的实际色散系数略大，也是基于最坏值的考虑。由表 9-5 可以看出，对于典型的 STM-16 及以上传输速率，或色散总限值超过 10000ps/(nm · km) 的系统，一般都需要考虑引入色散管理技术，而其带来的额外衰减并不在表 9-3 和表 9-4 规定的光通道衰减之内。

表 9-5　光通道色散

应用代码	L	V	U	nV3−y. 2	nL5−y. 2	nV5−y. 2	nL8−y. 2
目标传输距离/km	80	120	160	360	400	600	640
最大色散/[ps/(nm · km)]	1600	2400	3200	7200	8000	12000	12800

9.3　光纤数字通信系统的性能

9.3.1　误码

对于数字通信系统而言，误码是最易观察到的传输损伤，也就是由于传输过程中各种干扰、噪声和畸变等导致的接收信号与发送信号不一致的情况，这种不一致称为差错。从通信系统原理的角度而言，一个数字通信系统

的可靠性可以用差错率衡量，而差错率可以用误码率和误信率表示。误码率是指在特定的一段时间内系统接收到的差错码元数目与在同一时间内的传输码元总数之比，可以表示为

$$误码率 = \frac{差错码元数}{传输码元总数} \tag{9-1}$$

误码率的通常可用 $n\times10^{-P}$ 的形式表示，其中 P 为正整数。误信率又称为误比特率，是指差错比特数与传输比特总数之比。由通信系统原理可知，对于二进制数字通信系统，误码率=误信率；对于调制进制为 M 的系统，误信率=误码率/$\log_2 M$。对于现代光纤数字通信系统及其他通信系统而言，误信率是最常使用的表征差错性能的指标，可以表示为

$$误信率 = \frac{差错比特数}{传输比特总数} \tag{9-2}$$

误码是反映和评价光纤数字通信系统质量的最主要和直观的指标之一，对于不同类型的通信业务，误码造成的影响也不同。例如，对于语音等实时性要求较高的业务而言，即使存在一定的误码，导致通话过程中出现明显的噪声或干扰，仍可以通过重复的方式加以确认，不会对通话质量产生本质的影响；而对于图像等数据业务而言，误码的存在可能导致画面冻结、丢帧乃至会话中断等严重的后果。因此，对误码发生的形态和原因、误码的评定方法，以及误码全程指标的确定和在网络各组成部分中的合理分配等问题的研究都十分重要，误码性能也是进行光纤数字传输系统设计的重要依据。

1. 误码产生的原因

误码产生的具体机理及其定量分析非常复杂，有些类型的误码目前尚不能准确地给出其严格的数学表达。但从误码发生的现象或概率来看，绝大多数的误码发生形态可归为两类：一类是误码呈现出随机发生形态，即误码往往单个随机发生，具有偶然性，或者相互之间没有联系；另一类误码常常是突发的，成群发生，这种误码在某个瞬间可能集中发生若干个，而在其他大部分时间可能处于几乎没有误码或误码极少的状态。

对于光纤数字通信系统而言，可能引起误码的主要内部机理有下列四类。

（1）噪声

光接收机中光电检测器的散粒噪声、APD 的雪崩倍增噪声及光放大器的热噪声是光纤数字通信系统的基本噪声源，这些噪声源影响的结果都可能会使到达光接收机的信号信噪比降低，最终可能引起误码。

（2）码间干扰

由于光纤的色散或非线性效应等因素，使得传输光脉冲发生展宽等失真，从而引起的码间干扰。当这种干扰较大时，会使光接收机在判决再生时发生错判产生误码，尽管采用均衡或相位估计等措施可以减小码间干扰，但无法完全解决。

（3）抖动

抖动是指数字信号的各个有效瞬时对其当时理想位置的短期性偏离，即使接收信号相比于发送信号没有差错，但是其每一个码元或每一个比特都存在瞬时相位差或偏移度，当瞬时相位差超过一定阈值时，有可能会造成光接收机的判决错误。

（4）外部突发干扰

现代光纤通信系统都具有良好的供电、接地和保护等设计，因此正常工作时设备本身工作异常引起的误码可能性较小，但在某些外部环境或突发干扰下仍可能会产生误码，如操作

不当引起的静电、接地排接触不良或供电电源瞬间干扰等，这些瞬时的脉冲干扰有可能造成突发误码。

2. 误码性能的评价方法

（1）长期平均比特误码率

长期平均比特误码率是指在较长的时间内，统计误比特差错发生的平均值。对于误码是单个随机发生和独立同分布的情况，长期平均比特误码率的统计符合误码的数学期望。而对于突发误码的情况，就不能正确地进行评价，因为可能在某一限定时间内，由于突发群误码而导致误码率远远超过可以接收的水平，而在其他时间内误码率非常小，结果二者的长期平均比特误码率仍保持合格，这样高误码率发生时期对通信业务质量的影响并未反映出来，或者说没有表示出误码随时间的分布特性，因此采用这种评价方法有较大的局限性。

（2）误码时间率

为了能正确地反映误码的分布信息，ITU-T 建议采用误码时间率的概念代替长期平均比特误码率的评价方法。误码时间率以总的工作时间（统计时间）中误码率超过规定阈值的时间的百分数表示，即在一个较长的时间 T_L 内观察误码，记录每次平均取样观测时间 T_0 内的误码个数或误码率超过规定阈值的时间占 T_L 的百分数。误码时间率如图 9-5 所示。

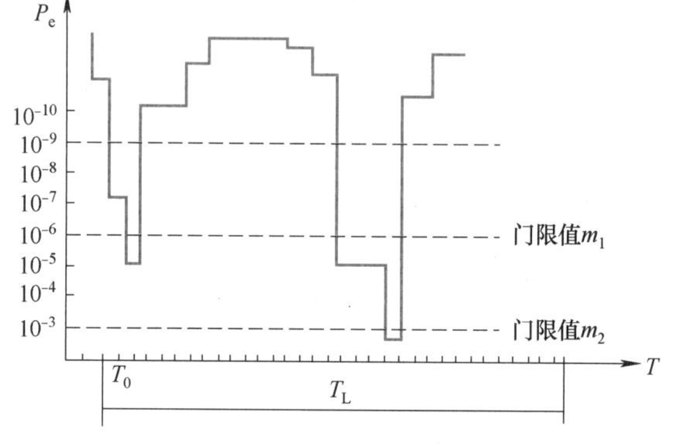

图 9-5 误码时间率

关于误码时间率阈值的确定，ITU-T 在 G. 821 建议中把误码造成的对系统性能的劣化分为三个层次：

1）可以正常通信或可接受的劣化范围，其阈值≤$1×10^{-6}$。

2）可以通信但质量有所下降或收到一定影响的劣化范围，其阈值为 $1×10^{-6}$~$1×10^{-3}$。

3）不能通信或不可接受的劣化范围，其阈值>$1×10^{-3}$。

图 9-5 中，T_0 为取定的适合评价各种业务的单位时间，T_L 为测量误码率的总时间。从图 9-5 中可看出，该系统的不可接受的时间为 $1×T_0$（误码率大于 $1×10^{-3}$ 所占的时间），劣化时间为 $4×T_0$（误码率在 $1×10^{-6}$~$1×10^{-3}$ 之间所占的时间），其余均为可接受时间。这样，误码时间率就可以用不可接受的时间占全部时间的百分数、劣化时间占全部观察时间的百分数加以表征。只要 T_0 和 T_L 选择恰当，就可以用来评价信号传输过程中误码超过某一规定值的时间占总测量时间的百分数，因此可以较好地解决长期平均比特误码率仅适用于单个随机误码，不能准确评价突发误码的缺点。

3. 误码性能的参数

（1）N×64kbit/s 数字连接的误码性能

ITU-T 的 G. 821 建议定义了以下两个参数度量 N×64kbit/s（N≤31）通路 27500km 全程端到端连接的误码性能。

① 误码秒（ES）：表示至少有一个误码的秒。

② 严重误码秒（SES）：表示误信率≥$1×10^{-3}$ 的秒。

可以看出，误码秒主要适用于单个出现的随机误码，是对系统误码非常敏感的参数。严重误码秒适用于集中出现的突发误码。N×64kbit/s（N≤31）数字连接误码性能要求见表 9-6。

表 9-6　N×64kbit/s 数字连接误码性能要求

参　　数	性能要求
误码秒	占可用时间的比例 ES%<8%
严重误码秒	占可用时间的比例 SES%<0.2%

上述计算都是在可用时间内的计算结果，即在总的测量时间内排除了不可用时间。当连续 10s 都是严重误码秒时，不可用时间开始（不可用时间包含这 10s）。当连续 10s 都未检测到严重误码秒时，不可用时间结束，可用时间开始（可用时间包含这 10s）。

为了将全程误码指标分配给各个组成部分，G. 821 建议把 27500km 分成三个部分，即高级部分、中级部分和本地级部分。N×64kbit/s 数字连接全程误码指标的分配如图 9-6 所示。

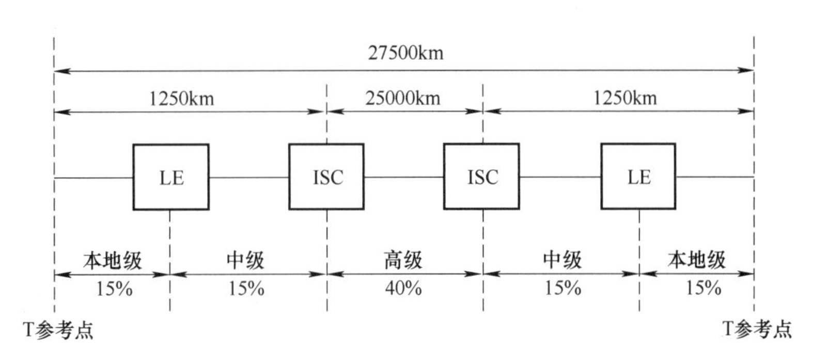

图 9-6　N×64kbit/s 数字连接全程误码指标的分配

结合图 9-6 和前述数字传输模型的概念不难看出，全程误码指标的分配并不与通信距离成正比。图 9-6 中两个 ISC 之间传输距离为 25000km，分配了全程误码指标的 40%，这也充分考虑到了国内部分网络环境较为复杂的实际情况。

（2）高比特率数字通道的误码性能

1）误码性能参数。高比特率数字通道的性能由 ITU-T 的 G. 826/G. 828 建议给出，与 G. 821 以时间为基础的参数不同，这是以块为基础的一组参数。块指一系列与通道有关的连续比特，当同一块内的任意比特发生差错时，就称该块是差错块，也称误码块（如 SDH 帧结构中的虚容器 VC-n）。

ITU-T 规定的三个高比特数字通道误码性能参数如下。

① 误块秒比（ESR）。当某 1s 具有 1 个或多个差错块或至少出现 1 个网络缺陷时，这 1s 就称为误块秒（ES）。规定测量间隔内出现的误块秒数与总可用时间之比称为误块秒比。

② 严重误块秒比（SESR）。当某 1s 内有不少于 30%的差错块或至少出现 1 种缺陷时，认为该秒为严重误块秒（SES）。规定测量时间内出现的严重误块秒数与总可用时间之比，称为严重误块秒比。

上述所指的缺陷主要有信号丢失、帧定位丢失、各级告警指示、指针丢失、信号标记失配和通道未装载等。

③ 背景误块比（BBER）。背景误块（BBE）指扣除不可用时间和严重误块秒期间出现

的差错块后剩下的差错块。背景误块数与扣除不可用时间和严重误块秒期间所有块数后的总块数之比，称为背景误块比。

由于计算时已经扣除了不可用时间和引起严重误块秒的大突发性误码，因而该参数值的大小可以大体反映系统的背景误码水平。

2）误码性能要求。高比特率数字通道的误码性能要求见表9-7。

表9-7 高比特率数字通道的误码性能要求

速率/(Mbit/s)	1.5~5	>5~15	>15~55	>55~160	>160~3500
bit/块	800~5000	2000~8000	4000~20000	6000~20000	15000~30000
误块秒比	0.04	0.05	0.075	0.16	未定
严重误块秒比	0.002	0.002	0.002	0.002	未定
背景误块比	2×10^{-4}	2×10^{-4}	2×10^{-4}	2×10^{-4}	10^{-4}

由于误码发生的随机性，同时考虑到误码测试与设备本身和环境条件都有密切关系，因此为了准确估计通道性能需要有较长的测量时间，标准中建议测量时间为1个月。但考虑到准确测试误码性能所需的时间较长，不便于实际维护工作，因此一般维护工作中将至少连续测试24小时作为最小测量时间。

3）误码指标的分配。为了将27500km的指标分配给各组成部分，G.826建议采用在按区段分配的基础上再结合按距离分配的方法。这种分配方法技术上更加合理，且能照顾到大国和小国的利益。

高比特率数字通道全程误码指标分配如图9-7所示。

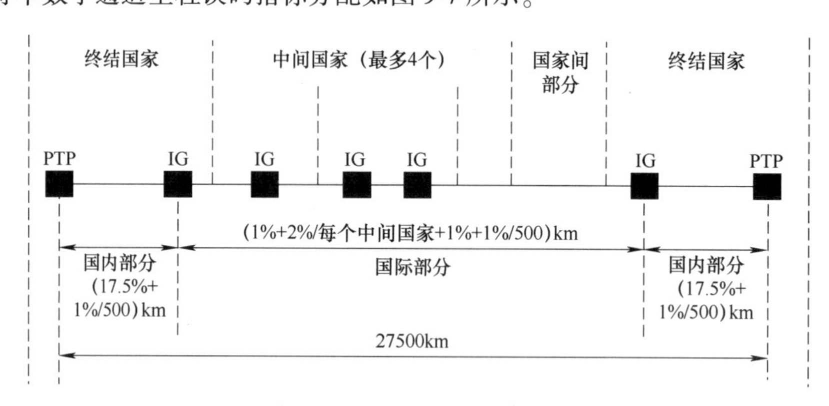

图9-7 高比特率数字通道全程误码指标分配

① 国内部分的分配。国内部分指IG（国际接口局，为国际部分和国内部分的分界）到通道终点（PTP）之间的部分：两端的终结国家无论大小，各分得一个固定的值，为17.5%的端到端指标。然后按距离每500km分给1%的端到端指标。

IG到PTP之间的距离按实际路由长度计算，若不知道实际路由长度，则按两者间空中直线距离乘路由系数1.5来计算，再按最接近的500km或其整数倍靠近取整。

② 国际部分的分配。国际部分指两个终结国家的IG之间的部分，包含了两边终结国家的IG到国际边界之间的部分、中间国家及国家间部分（如海缆段）。

首先，国际部分按每个中间国家可分得2%的端到端指标，最多可允许有4个中间国家，两边终结国家（IG到国际边界段）各分得1%的端到端指标值。然后，再按距离每500km分给1%的端到端指标值。国家间部分（不论是海缆系统还是陆地系统）不含IG，因而不分给固定区段指标，只按每500km分给1%的指标处理。

国际部分的距离按各组成部分实际路由长度的和来计算。若不知道实际路由长度，则按各部分的空中直线距离乘路由系数1.5来计算，再将各部分折算后的距离相加，最后按最接近的500km或其整数倍靠近取整。

（3）OTN误码规范

OTN中的端到端连接基本单位是OTU*k*，其净负荷可以是SDH、ATM和其他各种类型的业务封装信号。为了与G.826建议保持一致性和连贯性，G.8021建议将本地运营域和区域运营域关联于国内部分，骨干运营域关联于国外部分，一个假设参考光通道中最多可以有四个骨干运营域和两个本地运营域-区域运营域对，其误码指标分配比例为：骨干运营域占5%，区域运营域占5%，本地运营域占7.5%。每一个运营域基于距离的配额为0.2%/100km。

假设参考光通道的误码性能规范见表9-8。

表9-8 假设参考光通道的误码性能规范

通道类型	比特率	块数/s	严重误块秒比	背景误块比
ODU1	2.5Gbit/s	20420	10^{-3}	2×10^{-5}
ODU2	10Gbit/s	82025	10^{-3}	5×10^{-6}
ODU3	40Gbit/s	329492	10^{-3}	1.25×10^{-6}

9.3.2 抖动

抖动（jitter）是数字信号传输过程中的一种瞬时不稳定现象，定义为数字信号的各有效瞬间对其理想时间位置的短时偏移。所谓短时偏移是指变化频率高于10Hz的相位变化，对应的低于10Hz的变化称为漂移（wander）。抖动可以分为随机性抖动（RJ）和确定性抖动（DJ），随机性抖动产生的原因很复杂，很难消除，器件内部的热噪声、晶体的随机振动和宇宙射线等都可能引起随机性抖动，一般认为随机性抖动符合高斯分布。确定性抖动不满足高斯分布，一般可重复和可预测，光纤数字通信系统中信号的反射、串扰、开关噪声、电源干扰和电磁干扰（EMI）等可能会产生确定性抖动。

对于现代高速率、大容量光纤数字传输系统而言，随着传输速率的提高，脉冲的宽度和间隔越窄，抖动的影响就越显著。因为抖动使接收端脉冲移位，从而可能把有脉冲判为无脉冲，或把无脉冲判为有脉冲，从而导致误码。

抖动的大小或幅度通常可用时间、相位度数或数字周期表示。根据ITU-T建议，一般采用数字周期度量，即用单位间隔（也称时隙）UI表示。1UI相当于1bit信息所占有的时间间隔，它在数值上等于传输比特率的倒数。例如，传输速率为PCM一次群信号，其标称接口速率为2.048Mbit/s，那么$1\text{UI}=\dfrac{1}{(2.048\times10^{-6})}\approx488\text{ns}$，PDH系列信号对应的单位抖动值见表9-9。

表 9-9 PDH 系列信号对应的单位抖动值

接口速率/(Mbit/s)	2.048	8.448	34.368	139.264
单位抖动/ns	488	118	29.1	7.18

在光纤数字通信系统中，抖动的来源有以下两个方面。

(1) 线路系统的抖动

线路系统的抖动可以分为随机性抖动源和系统性抖动源两种。

1) 随机性抖动源。随机性抖动主要来源有以下三种。

① 各种噪声源。系统中的各种噪声都会使信号脉冲被形产生随机畸变，使定时滤波器的输出信号波形产生随机的相位寄生调制，形成抖动。

② 定时滤波器失谐。当定时滤波器失谐时，会产生不对称的输出波形，造成时钟分量幅度和相位上的调制，引起定时抖动。

③ 时钟相位噪声。时钟的相位噪声会导致定时信号相位抖动。

2) 系统性抖动源。在一个理想的设备中，信号图案对输出定时信号的相位没有影响，但设备存在的种种缺陷会造成定时信号的相位变化，从而形成抖动。

① 码间干扰。为了降低均衡器成本，一般允许存在少量的码间干扰。但随着温度变化和元器件老化，码间干扰会增大，使信号通过非线性元件后产生输出脉冲峰值位置的随机偏移，形成定时抖动。

② 限幅器的门限偏移。限幅器的门限会随温度变化和元器件老化而偏移，从而使输出脉冲位置随输入信号的幅度变化，而输入信号的幅度与传输信息的图案有关，从而形成图案相关抖动。

③ 激光器的图案效应。在高比特率系统中，由于脉冲重复周期变短，激光器的有限通断时间对传输信息的图案影响增大，结果导致图案相关抖动。

(2) 复用器的抖动

1) PDH 复用器的抖动。PDH 复用器在把各支路信号复用成高速复用信号时，采用插入比特的正码速调整方法。然而在接收解复用侧，为了恢复原有的支路信号，需要把这些附加的插入比特全部扣除，从而形成带空隙的脉冲序列，由这样的非均匀脉冲序列所恢复的时钟就会带有相位抖动。

2) SDH 复用器的抖动。在 SDH 复用器中，支路信号的同步是采用所谓的指针调整，调整将产生相位跃变。由于指针调整以字节为单位进行，1 字节含 8bit，因而一次字节调整将产生 8UI 的相位跃变。如 SDH 中 AU-4 指针调整按 3 字节为单位进行，因而一次调整将产生 24UI 的相位跃变。带有相位跃变的数字信号通过带限电路时，会产生很长的相位过渡进程。

9.3.3 漂移

漂移定义为数字信号的特定时刻（如最佳抽样时刻）相对其理想时间位置的长时间偏移，即变化频率低于 10Hz 的相位变化。漂移是一个与信号频率无关的参数，因此又称为时间间隔误差。与抖动相比，漂移无论是从产生机理、特性及其影响都不一样。引起漂移的一个最普通的原因是环境温度变化，它会导致传输媒质的某些传输特性发生缓慢变化，从而引起传输信号延时的缓慢变化。因此，漂移可以简单地被理解为信号传输延时的慢变化。

评价漂移的性能指标包括固有漂移、漂移的传送（传递）特性、输入口漂移容限、时钟短时相位瞬变相应特性和网络接口输出漂移等。

漂移可能会引起传输信号比特偏离时间上的理想位置，结果使输入信号比特在判决电路中不能正确地识别，产生误码。从原理上看，数字网内有多种漂移源。首先基准主时钟系统中的数字锁相环受温度变化影响，可能会引入一定的漂移。同理，受基准主时钟控制的各级从时钟也可能会引入漂移。其次，传输系统中的传输媒质和再生中继器中的激光器产生的延时受温度变化影响将可能引入不可忽略的漂移。因此，整个网络的漂移主要由各级时钟和传输系统引起，特别是传输系统。

现代通信网络一般采用主从同步方式，即将基准主时钟信号通过光纤线路或卫星传输线路进行分配。若基准主时钟本身存在内部漂移，则带有漂移的时钟信号可能会逐级传递给较低等级的从时钟节点。由于漂移的频率较低，难以通过典型的锁相环和声表面波（SAW）滤波器滤除，因而接收定时基准的低等级从时钟将跟踪这一漂移并附加上自身产生的漂移。作为定时分配系统的光纤线路也将全透明地传递漂移并叠加上本身产生的漂移。因此，随着传输距离的增加，漂移的不断积累可能对系统性能产生不可忽视的影响。

9.3.4　延时

信号从一个地方传输到另一个地方需要一定的时间，这个所需的时间就是信号传输延时或传输时延。严格而言，光纤数字通信系统中的延时是指数字信号传输的群延时，即信号通过一个数字连接所经历的时间，又称包络延时。延时对不同类型的业务有不同的影响，当其过大时会对通信质量产生影响，因此必须加以控制。

1. 延时的影响

（1）对语音业务的影响

语音业务是一种典型的实时性业务，其对延时非常敏感。当延迟较大时，通话双方有失去接触的感觉，即等待时间间隔超过了正常实时会话习惯的时间间隔。除此之外，随着延时变大，回波干扰影响也加大，受话清晰度降低。

（2）对数据业务的影响

不同类型数据业务的实时性要求不一样，对于一些单向传输的数据业务，特别是非确认型的尽力而为型数据业务（典型的如电子邮件）而言，延迟对其业务质量的实质性影响较小，但对采用自动请求重发纠错的数据传输系统（如 TCP 连接）来说，由于需要使用反向通路，因此延时越大，传输效率越低。

2. 延时的产生

在整个端到端通信连接中，可能产生延时的环节很多，主要有以下两方面。

（1）传输系统

光信号在光纤中的传播速度有限，主要取决于光纤的折射率。对于通信中常用的 SiO_2 光纤而言，其纤芯折射率 $n_1 \approx 1.48$，光信号在光纤中的传输延时约为 4.9μs/km，再考虑整个系统中再生中继器和复用器引入的少量延时，则光纤通信系统所产生的延时可按 5μs/km 结算。由于延时与传输距离成正比，因此长途传输系统的延时主要由传输媒质产生。

（2）网络节点设备

在一个数字连接中，除传输系统会产生传输延时外，网络节点设备（如数字交换机和数字交叉连接设备）可能有缓冲器，时隙交换单元和其他数字处理设备均会产生传输延时。此外，PCM 终端、复用器、回波消除器和复用转换器也会产生不同程度的传输延时。

表 9-10 和表 9-11 分别给出了各类传输系统和网络节点设备的传输延时参考值。

表 9-10 各类传输系统的传输延时参考值

类　型	制　式	传输延时
无线	模拟系统	4.7μs/km
	数字系统	3.3μs/km
光纤	数字系统	5μs/km
同轴电缆	陆地	4μs/km
	海底	6μs/km
卫星	非同步卫星（高度 14000km）	110ms/km
	同步卫星（高度 36000km）	260ms/km

表 9-11 网络节点设备的传输延时参考值

设备类型	设备端口	平均延时	95%概率的最大延时
数字交换机	数字-数字	≤450μs	≤750μs
	数字-模拟	≤750μs	≤1050μs
数字交叉连接设备	DXC1/0	500~700μs	
	SDXC4/4	≤15μs	
	SDXC4/1	20~125μs	

当网络中存在回波源并采用了适当的回波控制设备（回波抑制器和回波消除器）时，ITU-T 规定两户之间的单向平均传输延时的限值如下。

1）0~150ms 时可接受。对于不超过 50ms 的延时，可使用短延时回波抑制器。

2）150~400ms 时可接受。当连接的单向平均传输延时超过 300ms 时，可使用为长延时电路设计的回波控制设备。

3）高于 400ms 时不可接受。除非在极端例外的情况下，一般不应使用这么大延时的连接。

9.3.5 功率代价

实际的光纤数字通信系统中，光接收机的灵敏度会受到多种物理现象的影响，这些物理现象有可能会对光接收机中判决电路造成影响并导致接收信噪比劣化，可以用考虑这些物理现象存在与否对光接收机灵敏度的影响或变化进行评价，称为功率代价。对于现代光纤数字通信系统而言，影响功率代价的性能指标主要有色散脉冲展宽、频率啁啾和眼图闭合度代价。

1. 色散脉冲展宽

色散引起的光脉冲展宽以两种方式影响光接收机的性能：光脉冲展宽后部分能量扩展到相应的比特时隙以外引起的码间干扰；光脉冲展宽后比特时隙内的有效脉冲能量变小，降低了光接收机中判决电路侧的信噪比。由于信噪比需要保持固定以维持系统的性能，此时光接收机需要更高的平均功率，即色散引起的功率代价。如定义色散引起的功率代价 δ_d 为用来

补偿峰值功率减小的接收光功率所需的增加量，则有

$$\delta_d = 10\lg b_f \tag{9-3}$$

式中，b_f 为脉冲展宽因子。

2. 频率啁啾

第 3 章中分析光源器件时讨论过，LD 采用直接调制方式时会产生频率啁啾，而频率啁啾会进一步增强色散引起的光脉冲展宽，从而劣化光纤通信系统的性能。由于频率啁啾取决于光脉冲的形状和初试脉宽，因此精确计算啁啾引起的功率代价较为困难。假设 LD 发射的光谱为高斯脉冲和线性啁啾，此时可以获得相对简化的表达式，为

$$\delta_C = 5\lg[(1 + 8C\beta_2 B^2 L/d_c^2)^2 + (8\beta_2 B^2 L/d_2^2)^2] \tag{9-4}$$

式中，C 为啁啾系数。$\mu = |\beta^2| B^2 L$ 为归一化色散，是无量纲的参数组合。啁啾系数取不同值时，功率代价与归一化色散间的关系如图 9-8 所示。

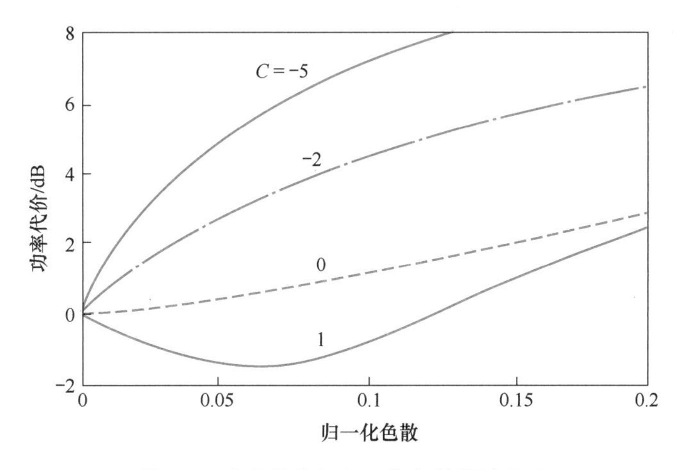

图 9-8　功率代价与归一化色散间的关系

3. 眼图闭合度代价

评价系统性能另一种较为直观的方法是进行眼图测量。对于光纤通信系统而言，光接收机眼图中“眼睛/眼皮”的张开程度受到光纤线路中的色散和非线性效应等的累积影响。一般地，可以用眼图中“眼睛/眼皮”张开的程度表征系统性能，称为眼图闭合度，表达式为

$$\delta_{eye} = -10\lg\left(\frac{传输后的眼图张开度}{传输前的眼图张开度}\right) \tag{9-5}$$

需要指出的是，理想情况下眼图张开的程度在比特周期的中心位置应该是最大的。但是实际的系统中，定时抖动等因素可能使得脉冲幅度最大值处的精确采样出现误差。一般可以允许在判决阈值附近有不超过 10%的波动。

9.4 光纤数字通信系统的可用性

9.4.1 可用性和可靠性

对通信系统的要求是迅速、准确地提供业务间的连接，同时能够不间断地工作，

并具备一定抵御干扰或失效的能力。因此对系统的可靠性提出了较高的要求，注意这里的可靠性（Reliability）和可用性（Availability）的概念不一样。可靠性指的是某个产品和系统在一定条件下无故障地执行指定功能的能力或可能性；可用性指的是在要求的外部资源和条件得到保证的前提下，某个产品或系统在规定的条件下和规定的时刻或时间区间内处于可执行规定功能状态的能力。换言之，可用性是产品或系统的可靠性、维修性和维修保障性的综合反映。

表示系统可用性的参数有两个：一个是 MTBF（平均故障间隔时间），单位为 h；另一个是故障率 λ，单位为 1/h，即 $\lambda=1/\text{MTBF}$。当 λ 采用 10^{-9}/h 作为计量单位时，也称为 Fit，即 $1\text{Fit}=10^{-9}/\text{h}$。

系统的可用性 A 用系统的可用时间与规定的总工作时间的比值表示，即

$$A=\frac{\text{可用时间}}{\text{总工作时间}} \tag{9-6}$$

式中，可用时间就是 MTBF；总工作时间包括 MTBF 和 MTTR（平均修复时间）。所以有

$$A=\frac{\text{MTBF}}{\text{MTBF}+\text{MTTR}} \tag{9-7}$$

当用失效率，即不可用性 F 表达时，可以写为

$$F=\frac{\text{不可用时间}}{\text{总工作时间}} \tag{9-8}$$

不可用时间即 MTTR，所以有

$$F=\frac{\text{MTTR}}{\text{MTBF}+\text{MTTR}} \tag{9-9}$$

与 MTBF 相比，MTTR 的值一般较小，故式（9-7）可近似为

$$F\approx\frac{\text{MTTR}}{\text{MTBF}} \tag{9-10}$$

显然有

$$A+F=1 \tag{9-11}$$

9.4.2 可用性评价方法

实际使用的光纤数字通信系统组成非常复杂，包括光发送机、光中继器、光放大器、光纤线路、光接收机和电复用/解复用设备等。同时，从完整实现系统功能的角度而言，还包括相应的供电设备、主备用切换系统及其他附属系统设备等。

为不失一般性，考虑一个最基本的场景：由 n 个主用系统为 n 个业务连接需求提供资源。显然，n 个主用系统中只要有 1 个系统失效，就不能保证 n 个业务都正常。因此，为了保证 n 个业务始终能够正常服务，即主用系统失效时不会影响既有业务，可以设置一定数量的备用系统。设主用系统为 n 个，备用系统为 m 个，主、备用系统比为 $n:m$。容易得出，满足所有 n 个业务都不会中断的基本条件是，在（$n+m$）个系统中至少有 n 个系统能够正常工作。换言之，在（$n+m$）个系统中，只要有（$m+1$）个以上系统同时失效，就不能确保 n 个主用系统均正常工作。

设单个系统的失效率为 F_0，同时有（$m+1$）个系统失效的概率可以表示为（F_0）$^{m+1}$，

所以在（$n+m$）个系统中，任意（$m+1$）个系统同时失效的概率为 $C_{n+m}^{m+1}F_0^{m+1}$；类似地，在（$n+m$）个系统中，任意（$m+2$）个系统同时失效的概率为 $C_{n+m}^{m+2}F_0^{m+2}$。因此，不满足 n 个业务同时正常工作所有可能的系统失效率可以表示为

$$F_{总} = C_{n+m}^{m+1}F_0^{m+1} + C_{n+m}^{m+1}F_0^{m+1} + \cdots + C_{n+m}^{m+n}F_0^{m+n} \tag{9-12}$$

考虑到包括光纤数字通信系统在内的现代通信系统的可用性比较高，因此式（9-12）给出的是理论上所有的失效可能，但实际中同时出现（$m+2$）个以上系统失效的概率已经非常小。因此对于式（9-12）而言，取第一项就可以满足大多数情况下的精度要求，即有

$$F_{总} \approx C_{n+m}^{m+1}F_0^{m+1} = \frac{(n+m)!}{(n-1)!\ (m+1)!}F_0^{m+1} \tag{9-13}$$

若所有系统的失效率满足独立同分布，则单个主用系统的失效率可以表示为

$$F_{主} = \frac{F_{总}}{n} = \frac{(n+m)!}{n!\ (m+1)!}F_0^{m+1} \tag{9-14}$$

显然，无备用系统（$m=0$）时 $F_{主}=F_0$。

虽然从理论上来说，增加备用系统的数量可以显著地提升系统的总体可用性，但是系统设计的总体原则不能简单地仅考虑某一个技术指标，应该同时考虑成本造价、系统维护复杂度，以及可能对环境造成的影响、法律规范及工程伦理等方面的综合因素。对于上述给出的分析结果，设计人员可以按照总的失效率要求，合理地配置备用系统的数量，在满足可用性指标的同时，尽可能节约系统的总成本造价。

9.4.3　可用性指标要求

对光纤数字通信系统可用性的要求是：希望系统和设备正常运行时间尽可能长，维护工作尽可能少。在确定指标时，也需要综合考虑相关行业生产技术和维护管理水平，否则不切实际地提高某一个技术指标，可能会造成设备制造难度和施工、维护成本的大幅度增加。

我国国标规定：对于 5000km 的光纤数字通信系统，其双向全程容许每年 4 次全阻故障。若取 MTTR 为 6h，则系统双向全程的可用性可达到 99.73%，折算到 280km 数字段的可用性为 99.985%，420km 数字段的可用性为 99.9%。对于市内光纤数字通信系统，若取 MTTR 为 0.5h，则 50km 市内光纤通信系统的可用性可达 99.99%。

可用性与长度可通过下式进行换算：

$$A' = 1 - \frac{L'}{L}(1-A) \tag{9-15}$$

式中，A 为长度为 L 的系统的可用性；A'为长度为 L'的系统的可用性。

9.5　光纤数字通信系统设计

9.5.1　系统设计的主要方法

1. 统计法

对于一个由大量各类元器件组成的光纤数字通信系统而言，其各个组成部分的参数较多

且分布范围很广。若能获取系统中每一类元器件相关参数的统计分布特性，则可以通过统计法获得系统设计的主要结果。统计法的基本思想就是假设允许一个预先确定的足够小的系统先期失效概率，从而获取所需的系统设计参数（如再生段距离等）。

使用统计法进行设计时需要注意区分不同性质的参数，即系统参数和元器件参数，见表 9-12。

表 9-12 系统参数和元器件参数

系统参数	元器件参数
最大光通道衰减	光纤损耗系数、光发送机平均输出光功率、光接收机灵敏度、光通道功率代价、光纤接续损耗和光纤连接器损耗等
最大光通道色散	光纤色散系数、光发送机光谱宽度等
最大光通道差分群时延	光纤 PMD 系数、极化状态等
最大光通道输出功率	光纤损耗系数、光纤零色散工作波长、光纤有效面积、光纤非线性系数和通道间隔等

统计法设计中使用的系统先期失效概率包括系统中断概率和系统可以接受的概率门限等，其一般的设计流程为：

1）选择统计法设计所需的系统参数。

2）从厂家提供的或实际测试获得的结果中得到相应元器件参数的概率分布特性。

3）计算系统参数的概率分布。

4）计算系统的显著性水平。

5）根据系统可接受的概率门限确定系统参数并完成设计。

2. 最坏值法

最坏值法就是在设计系统的主要目标参数（如再生段距离）时，将所有的参数均按照最坏值（极端值）选取，而不管其具体分布。与本章开始时介绍的数字传输模型的确立思路类似，最坏值法的最大优点是按照理论上最极端的情况进行系统设计，保证系统可以有效应对实际运行中面临的各种情况，同时保证寿命终了时系统仍然可以满足所需的性能指标。当然，最坏值法的主要缺点是系统中各参数同时取到最坏值的概率极小，因此绝大多数情况下系统设计结果会有较大的富余度，可能会造成较大的成本增加。

9.5.2 影响系统设计的主要参数

对于光纤数字通信系统而言，最基本的任务是完成信号的可靠传输，因此系统设计时首要考虑的参数就是功率预算（power budget），这主要取决于光发送机的平均输出光功率和光接收机的灵敏度。需要指出的是，光发送机中的激光器输出功率并不是越大越好，如果为了追求较高的输出功率而调高激光器的偏置电流，激光器的寿命会受到影响，同时过高的入射光功率也可能会引入非线性效应，并对系统性能产生影响。而对于光接收机而言，为了满足一定的信噪比，需要较高的接收光功率。一般而言，传输速率越高的系统，其噪声性能越低，即功率预算越低。

现代光纤数字通信系统单信道的传输速率已达 40Gbit/s~100Gbit/s，甚至更高，单根光纤中同时传输的波长总数已经超过 100 个，对于传输速率如此之高的系统而言，要求其能够无中继地传输数十乃至上百千米，通过光放大器级联能够传输数千千米以上。显然，除了功率预算外，还需要综合光源频率啁啾、色散、偏振模色散和非线性效应等多个参数的影响。光源频率啁啾是影响系统传输距离的重要限制因素之一，即使采用了间接调制器，啁啾的影响也不能完全消除。而光纤中的色散会导致光脉冲的展宽，继而产生码间干扰。通常将由色散导致的接收灵敏度劣化 1dB 对应的传输距离称为色散受限距离。对于高速率光纤数字通信系统和波分复用系统而言，还需要考虑色散斜率和高阶色散的影响。偏振模色散也会导致脉冲展宽和码间干扰，由偏振模色散引起的码间干扰也可以等效为功率代价。光纤的非线性效应对单信道和波分复用系统的影响机理不一样，因此单信道系统主要考虑自相位调制效应，而波分复用系统主要考虑交叉相位调制和四波混频等。

9.5.3　最坏值法设计过程

对于光纤数字通信系统而言，最常见的影响系统性能的参数是光纤损耗和色散，而其他的参数也可以换算成相应的功率代价。因此，工程中使用最坏值法进行设计时，可以分别计算仅考虑光纤损耗和色散的不同情况，在计算完成后进行比较和分析，取其中较为保守的值作为设计结果。

仅考虑光纤损耗的影响则称为衰减受限系统，仅考虑光纤色散的影响则称为色散受限系统。

1. 衰减受限系统中继距离计算

衰减受限系统所需考虑的一个中继段的光链路示意图如图 9-9 所示。

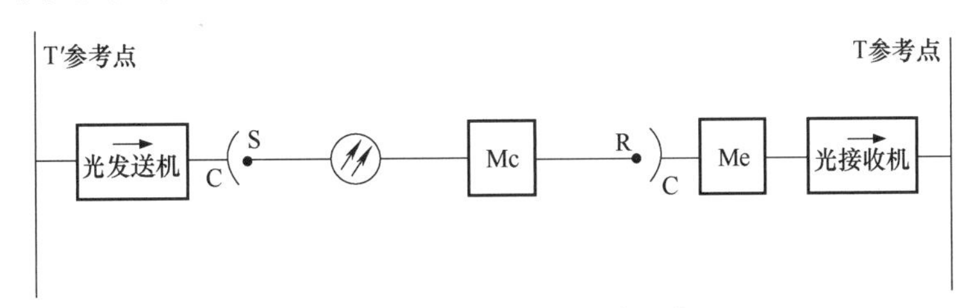

图 9-9　一个中继段的光链路示意图

Mc—光缆线路冗余度　Me—设备冗余度

图 9-9 中 S 和 R 分别是光发送机侧的发送参考点和光接收机侧的接收参考点，其位置一般指的是设备侧光配线架上的光纤连接器（C 点）。衰减受限系统的中继距离可由下式来算：

$$L_{\alpha} = \frac{A_{SR} - A_{c}}{A_{f} + A_{s} + M_{c}} \tag{9-16}$$

式中，L_{α} 为衰减受限系统满足的最大中继距离（km）；A_{SR} 为 S 点与 R 点间系统的功率代价（dB）；A_{c} 为 S 点与 R 点间增加的光纤连接器衰减（dB）；A_{s} 为光纤固定接入引入的平均损耗（dB/km）；A_{f} 为光纤的平均损耗系数（dB/km）；M_{c} 为光缆的损耗富余度（dB/km）。

M_{c} 包括以下三个方面：

1）由环境因素引起的光纤传输损耗的变化，如光缆损耗温度特性、安装应力弯曲引起的损耗、光源波长允差与光纤损耗系数测量波长不一致引起的附加损耗等。

2）维修备用接续损耗冗余（约 0.1dB/km）。

3）光缆性能老化损耗冗余（约 0.05dB/km）。

S 点与 R 点间系统的功率代价可以表示为

$$A_{SR} = P_S - P_R - M_e \tag{9-17}$$

式中，P_S 为光发送机的发送平均光功率（dBm）；P_R 为光接收机灵敏度（dBm）；M_e 为设备富余度（dB）。M_e 考虑了系统积累抖动、均衡失调和外界干扰等各种可能的因素对系统的影响。

2. 色散受限系统中继距离计算

对于色散受限系统，首先应确定所设计的中继段总色散容限值，再据此选择合适的系统分类代码及相应的一整套光参数。色散受限系统的中继段距离可由下式计算：

$$L_D = D_{SR}/D_m \tag{9-18}$$

式中，D_{SR} 为 S 点与 R 点间允许的最大色散值，可以在相应的光纤数字通信系统光接口参数规范中查到；D_m 为允许工作波长范围内的最大光纤色散，单位为 ps/(nm · km)，可以由光纤制造厂家提供或者取光纤线路色散分布最大值。

最坏值法的思想是分别将系统考虑为衰减受限系统和色散受限系统，然后独立计算相应的中继距离设计值，最后将两种计算结果中较小的值作为最终设计值。这样得到的中继段距离设计值既可满足系统的衰减要求，又可满足色散要求，将它称为最坏值法设计得到的系统最大中继距离。

小 结

为了准确评价系统的性能，需要首先确定一个模型并对构成模型的各个功能器件的性能参数进行合理评价。对于高度复杂的现代光纤通信系统而言，其工作的网络环境覆盖了国际间跨越大洋的长途干线、国内长距离或中距离传输干线，乃至市内接入等差异度极大的用户场景，而端到端业务需要满足的性能指标又是相似的。因此，数字传输模型的确定是系统性能评价及其设计的前提和基础。数字传输模型的确定，既要考虑不同业务的端到端性能需求，同时也要考虑国家和地域之间的差异性。ITU-T 给出的假设参考连接、假设参考数字链路和假设参考数字段等数字传输模型是评价光纤数字通信系统性能和进行系统设计的基础。

影响光纤数字通信系统性能的参数主要包括误码、抖动、漂移、延时和功率代价。对于每一个系统器件而言，都需要满足一定的性能参数，以保证最终组合完成的系统满足相应的性能指标。对于提供各种通信业务的光纤数字通信系统而言，保证其无差错或无故障地可靠运行是一个非常复杂的问题，一般可以通过引入一定数量的备用系统方式获得较高的总体系统可用性。但需要指出的是，获得较高的性能往往也意味着需要较多的投入，在实际工程中需要仔细权衡技术指标和制造、安装、维护及环境等方面的非技术指标及需求。

习 题

1）研究光纤通信系统时，为什么要确定一个传输模型？

2）ITU-T 提出的数字传输模型有哪几种？分别适用于什么网络环境？

3）光纤通信系统产生误码的原因有哪些？

4）为能正确反映误码的分布信息，应采用什么方法评价误码性能？为什么？

5）光纤通信系统产生抖动的原因有哪些？产生漂移的原因是什么？

6）何谓光纤通信系统的可用性？可用性和可靠性的关系是什么？

7）求以下情况中系统的可用性：

① 只采用 1 个主用系统，无备用系统时。

② 采用主：备=4：1 时。

8）某单模光纤传输系统的参数如下：光源发送光功率范围为 0～-3dBm；光接收机接收功率范围为-22～-40dBm；光纤连接器损耗为 1.0dB/个（共两个）；光纤固定接头损耗为 0.1dB/km；光纤损耗为 0.5dB/km；考虑光纤线路富余度为 0.3dB/km，设备富余度为 4dB。求系统的最大中继距离。

9）设有 A、B 两终端国家，其各自的实际路由长度均为 2000km，中间经三个中间国家 C、D、E 及海缆系统，这三个中间国家的路由长度之和为 7000km，海缆系统路由长度为 2500km。求端到端高比特率通道的误码性能指标应满足高比特率通道全程 27500km 总指标的百分数。

第10章 光纤通信网

光纤通信诞生之初是作为点对点之间的传输链路设计的，随着各类先进的有源和无源光器件的成熟，以及用户需求的快速增长，光纤通信系统的网络拓扑结构从最初的线状或链状，逐渐发展成为环状网和网状网。目前，通信网络和计算机网络中从覆盖用户家庭或办公室的局域网，再到覆盖全球的广域网，均已构建了光纤通信网络。本章主要介绍目前应用较为普遍的几种典型光纤通信网。

10.1 光接入网

10.1.1 接入网概述

通信网络传统上可以分为用户网络（也称用户驻地网或用户家庭网络）和公共网络两部分。用户网络一般是指在楼宇内或小区范围内，属于用户自己建设的网络，是提供各类通信网络和业务的基础，一般属于用户所有。相对而言，传统的电信网是公共网络中最重要的部分，以语音业务为主的电信网通常可以分为长途网（长途端局以上部分）、中继网（长途端局与市话局之间、市话局之间的部分）和接入网（AN，端局与用户之间的部分）。目前，随着语音和数据业务的融合，以及传统电信网络、广播电视网络和计算机网络的深入融合［即三网融合（Triple Play）］，本地和长途业务的概念逐渐淡化，通信网络一般根据网络规模和业务等可以分为核心网、城域网和接入网三部分。第7和第8章中涉及的SDH、OTN、波分复用和弹性光网络等都是核心网和城域网中典型的技术，而接入网则是各类用户（如用户网络）与公共网络进行通信，实现用户侧与网络侧业务互通的最重要的网络组成部分。

1. 接入网定义

ITU-T在G. 902标准中对接入网定义如下：接入网是由业务节点接口（SNI）和用户网络接口（UNI）之间的一系列传送实体（如线路设施和传输设施）组成、为传送电信业务提供所需要的传送承载能力的实施系统，可经由Q接口进行配置和管理。G. 902标准中涉及的传送实体是为提供各类通信业务所必要的传送承载能力、由各类有线和无线技术构成的通信系统。

随着互联网和各种IP类数据业务应用的快速普及，ITU-T针对IP业务又制订了IP接入网定义。ITU-T的Y. 1231标准中对IP接入网定义如下：IP接入网是为IP用户和ISP之间为提供所需的、接入到IP业务的能力的网络实体实现。由于用户接入互联网的方式多样，因此IP接入网中主要涉及的是IP的接入模式，如点对点、路由方式、隧道方式和MPLS等，不涉及具体接入手段，因此IP接入网的结构和实现形式都较G. 902更灵活。

对比 G. 902 和 Y. 1231 两个接入网相关的标准，可以看出 G. 902 标准主要是以自底向上（Bottom-Up）的视角描述接入网架构，侧重于网络的物理结构和业务传送实现方式；而 Y. 1231 标准主要是自顶向下（Top-Down）视角，侧重于 IP 连接及其实现模式。

2. 接入网边界

接入网边界的确定如图 10-1 所示。

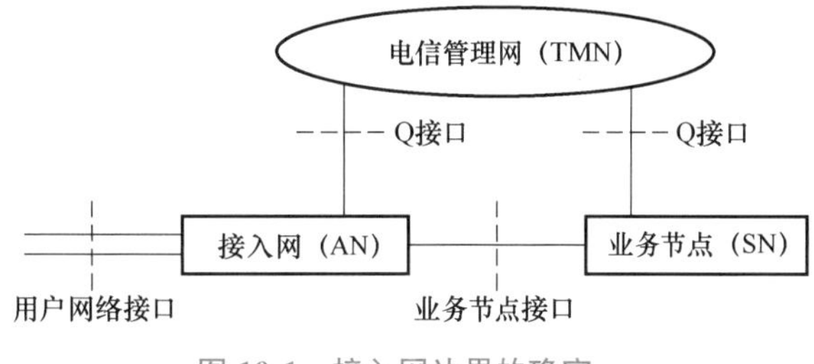

图 10-1 接入网边界的确定

从图 10-1 中可知，接入网覆盖的范围由三个接口定界，即网络侧经业务节点接口与业务节点相连；用户侧经用户网络接口与用户相连；管理侧经 Q 接口与电信管理网相连，不具备 Q 接口时可以经由协调设备与电信管理网相连。

业务节点是提供通信业务的逻辑实体，常见的业务节点类型有本地交换机、租用线业务节点、宽带接入服务器，以及特定配置下的视频点播和广播电视业务节点等。由于接入网用于用户与网络实现各类通信业务，允许与许多业务节点相连，因此既可以接入分别支持特定业务的单个业务节点，也可以接入支持相同业务的多个业务节点。

3. 接入网分层模型

接入网按垂直方向可以分为三个独立的层次，分别是电路（CL）层、通道（TP）层和传输媒质（TM）层，每一层为其相邻的高阶层提供传送服务，同时又使用相邻的低阶层所提供的传送服务。可以看出，接入网的分层模型与第 7 章中介绍的 SDH 传送网的分层模型一致，这也反映出 ITU-T 标准中接入网的主要功能定位为在用户网络与公共网络间完成各类通信业务的传送。

（1）电路层

电路层网络涉及电路层接入点之间的信息传递，并且独立于通道层。电路层网络直接面向公用交换业务，并向用户直接提供通信业务。例如，电路交换业务、分组交换业务和租用线业务等，可以按照提供业务的不同区分不同的电路层网络。

（2）通道层

通道层网络涉及通道层连接点之间的信息传递，并且支持一个或多个电路层网络，为电路层网络节点（如交换机）提供透明的通道（即电路群），通道的建立由交叉连接设备负责。

（3）传输媒质层

传输媒质层网络与传输媒质（如光缆、微波）有关，它支持一个或多个通道层网络，为通道层网络节点（如交叉连接设备）提供合适的通道容量。

以上三层之间相互独立，相邻层之间符合客户/服务者（C/S）关系。例如，对于电路层与通道层而言，电路层为客户，通道层为服务者；而对于通道层与传输媒质层而言，通道层变为客户，传输媒质层为服务者。对于接入网而言，电路层之上是接入承载处理功能。考虑层管理和系统管理的功能后，接入网通用协议参考模型如图 10-2 所示。

4. 接入网特点

接入网位于核心网与用户网络之间，直接担负着广大用户的信息传递和交换。与核心网和城域网等相比较，接入网具有以下主要特点。

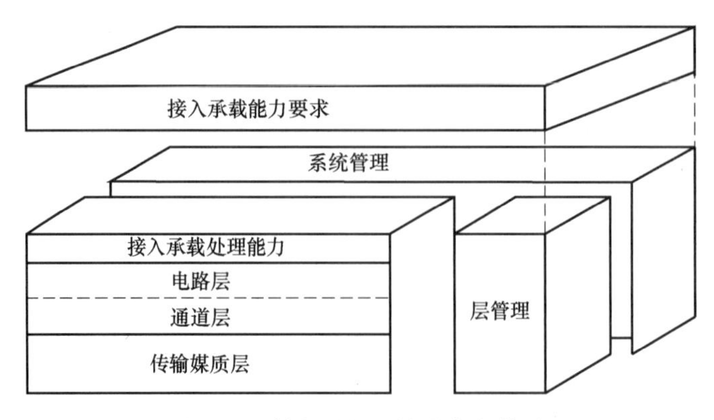

图 10-2　接入网通用协议参考模型

（1）功能相对简单

接入网主要完成与业务传送相关的功能，如复用和传输等，一般不具有交换和路由等复杂功能，经开放的业务节点接口可实现与任何种类的交换设备互联。需要说明的是，这是一般情况下对接入网的要求，针对不同应用场景，接入网功能的确定还要根据实际业务的需求。例如，在逐渐开始普及的车联网和工业物联网等接入环境中，有许多延时非常敏感的业务需要在边缘处首先处理，此时核心网或城域网中的部分功能可能会下放到接入侧实现。

（2）业务多样性

接入网业务需求种类多，除接入交换业务外，还可接入数据业务、视频业务及租用线业务等。特别是对于用户网络而言，接入网可能需要同时提供传统的语音业务和其他各种基于 IP 的多媒体业务。尤其是对于 5G 普及后开始大量应用的海量机器类通信（mMTC）而言，接入侧大量的业务类型可能都是非传统语音类，如各类控制消息和环境感知消息等。

（3）网径较小

接入网是连接用户网络与公共网络的桥梁，一般来说网径较小，传输距离也较短，在市区为几千米，在城郊等地区多为几千米到十几千米。

（4）成本敏感

因为接入网需要覆盖所有类型的用户，各用户的传输距离不同，这就造成了成本上的差异，同时造成了接入网对于成本的高度敏感性。

（5）施工难度较高

接入网的网络结构与用户所处的实际地形有关，网络复杂、地形多变，有较大的施工难度。特别是对于城市而言，如果需要新敷设接入网相关的线路和设备，往往受到用户侧环境的较大限制，施工难度高。

（6）适应环境能力强

与核心网和城域网中相对较为完善的工作环境相比，接入网中的设备需要面对各种可能的复杂或恶劣的应用环境，可能很多情况下都没有完善的机房和固定的供电，根据用户网络环境的需要，接入网的末端设备可能要设置于室外或楼道等。

5. 接入网分类

从物理层传输方式进行划分是一种最直观的接入网分类方法，由此可以将接入网分为有线接入网、无线接入网和综合接入网三类。有线接入网包括铜线接入网、光纤接入网和混合光纤同轴电缆接入网；无线接入网包括固定无线接入网和移动无线接入网。接入网分类见表 10-1。

表 10-1　接入网分类

<table>
<tr><td rowspan="18">接入网</td><td rowspan="7">有线接入网</td><td rowspan="3">铜线接入网</td><td colspan="2">数字线对增益（DPG）</td></tr>
<tr><td colspan="2">高比特率数字用户线（HDSL）</td></tr>
<tr><td colspan="2">不对称数字用户线（ADSL）</td></tr>
<tr><td rowspan="3">光纤接入网</td><td colspan="2">光纤到路边</td></tr>
<tr><td colspan="2">光纤到大楼</td></tr>
<tr><td colspan="2">光纤到户</td></tr>
<tr><td colspan="3">混合光纤同轴电缆（HFC）接入网</td></tr>
<tr><td rowspan="9">无线接入网</td><td rowspan="4">固定无线接入网</td><td rowspan="2">微波</td><td>一点多址（DRMA）</td></tr>
<tr><td>固定无线接入（FWA）</td></tr>
<tr><td rowspan="2">卫星</td><td>甚小天线地球站（VSAT）</td></tr>
<tr><td>直播卫星（DBS）</td></tr>
<tr><td rowspan="5">移动接入网</td><td colspan="2">无绳电话</td></tr>
<tr><td colspan="2">蜂窝移动电话</td></tr>
<tr><td colspan="2">无线寻呼</td></tr>
<tr><td colspan="2">卫星通信</td></tr>
<tr><td colspan="2">集群调度</td></tr>
<tr><td rowspan="2">综合接入网</td><td colspan="3">交互式数字图像（SDV）</td></tr>
<tr><td colspan="3">有线+无线</td></tr>
</table>

10.1.2　光纤接入网

光纤接入网是指在接入网中采用光纤作为主要传输媒质实现信息传送的网络形式。光纤接入网不是传统意义上的光纤传输系统，而是针对接入网环境所设计的特殊的光纤传输网络。

1. 基本结构

一个一般意义上的光纤接入网示意图如图 10-3 所示。

从图 10-3 中可以看出，根据用户网络的规模和业务需求的不同，光纤接入网可以有不同实现形式，统称为 FTTx，这里的 x 代表了光纤接入网用户侧的接入方式，包括光纤到家、光纤到办公室、光纤到小区，以及图中未给出的光纤到路边、光纤到大楼（FTTB）和未来的光纤到桌面（FTTD）等。注意到图中从端局（即光纤接入网的网络侧）到用户侧中间有馈线网和分配网，这主要是因为不同类型和不同传输距离的用户可能需要不同的光纤传输和组网结构。

从逻辑功能角度，光纤接入网主要由网络侧的光线路终端（OLT）、中间的光分配网络（ODN）和用户侧的光网络单元（ONU）组成。光纤接入网的参考配置如图 10-4 所示。

图 10-4 中的 PON 和 AON 分别表示无源光网络和有源光网络，这是两种实现 OLT 与 ONU 之间点对多点通信方式的不同方案。无源光网络是指在 OLT 与 ONU 之间没有任何有源的设备，即只使用光纤、无源光分路器等无源器件实现点对多点的双工通信。无源光网络方案的最大优点是对各种业务良好的透明性，易于升级扩容和便于维护管理。有源光网络中使用有源设备或网络系统（如 SDH 或 OTN 设备）组网代替无源光网络中的 ODN，传输距离和容量大大增加，易于扩展带宽，网络规划和运行的灵活性大，不足的是有源设备需要机房、供电和维护等辅助设施，系统复杂度和成本都比较高。

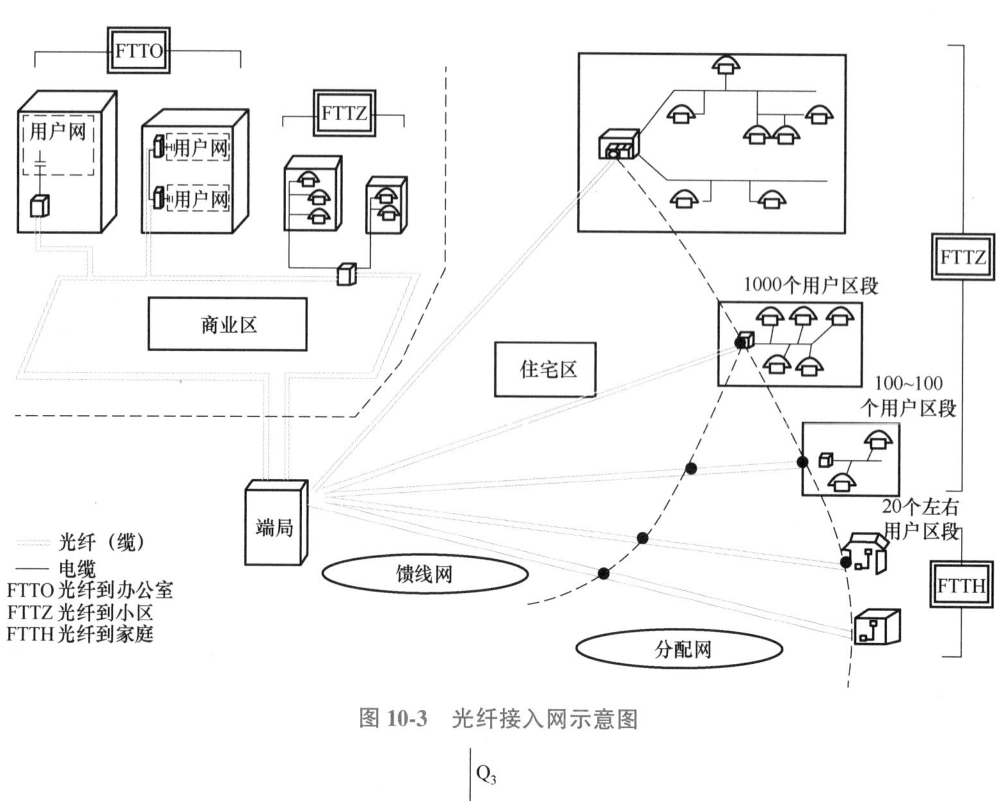

图 10-3 光纤接入网示意图

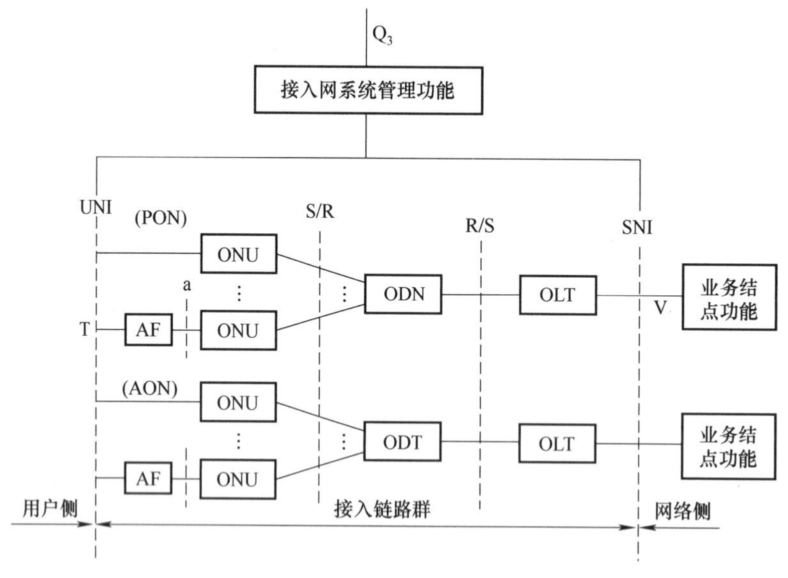

图 10-4 光纤接入网的参考配置

图 10-4 所示的结构中，基本功能块包括 OLT、光远程终端（ODT）、ODN、ONU 及适配功能块（AF）等，主要参考点包括光发送参考点 S、光接收参考点 R、业务节点间参考点 V、用户终端间参考点 T 及适配功能块与 OUN 之间的参考点 a。接口包括网络管理接口 Q_3、业务节点接口和用户网络接口。

OLT 和 ONU 之间的传输连接既可以是点对多点，也可以是点对点，具体的 ODN 形式要根据用户情况而定，最常用的接入方式是时分多址接入。

2. 基本功能

OLT、ONU 和 ODN 等构成了光纤接入网的基本结构。下面简要介绍这三个主要模块的功能。

（1）OLT

OLT 的作用是提供通信网络与 ODN 之间的光接口，并提供必要的手段传送不同的业务。OLT 可以分离交换和非交换业务，对来自 ONU 的信令和监控信息进行管理，从而为 ONU 和自身提供维护和供给功能。

OLT 可以设置在本地交换机的接口处，也可设置在远端；可以是独立的设备，也可以与其他设备集成在一个总设备内。OLT 的内部由核心部分、业务部分和公共部分组成。OLT 中一般还要完成对 ONU 的鉴权、认证和管理工作。

（2）ONU

ONU 位于 ODN 与用户之间。ONU 的网络具有光接口，而用户则为电接口，因此需要具有光/电转换功能，并能实现对各种电信号的处理与维护。ONU 内部由核心部分、业务部分和公共部分组成。

ONU 一般要求具备对用户业务需求进行必要的处理（如成帧）和调度等功能。

（3）ODN

ODN 位于 ONU 与 OLT 之间，其主要功能是完成光信号的管理分配任务。以无源光网络为例，其中的 ODN 主要由无源光器件和光纤构成，通常采用树形结构，ODN 中的光通道如图 10-5 所示。

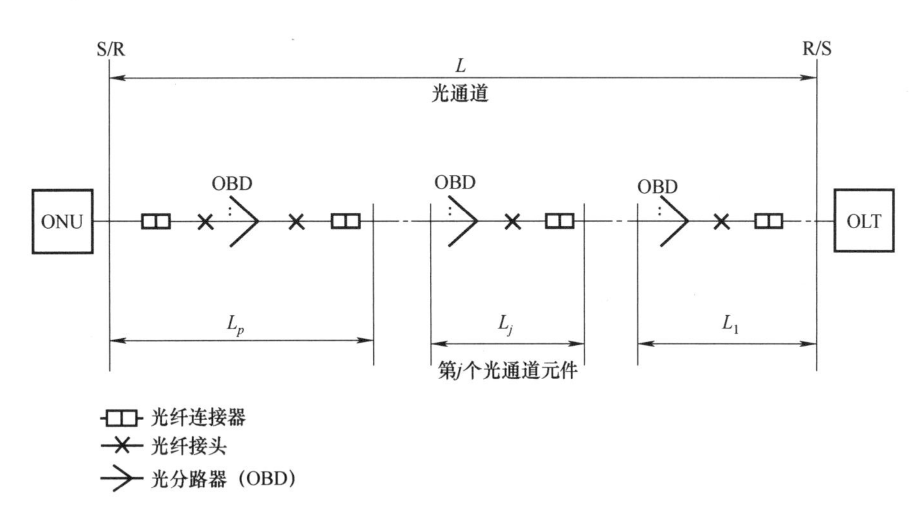

图 10-5　ODN 中的光通道

图 10-5 中的 ODN 由 P 个级联的光通道元件构成，总的光通道 L 等于各部分光通道元件 $L_j(j=1,2,\cdots,p)$ 之和。通过这些元件可以实现直接光连接、光分路/合路、多波长光传输及光路监控等功能。

3. 拓扑结构

光纤接入网的拓扑结构主要有总线型、环形和星形等，由此又可以派生出树形、双星形、环形-星形等结构，如图 10-6 所示。

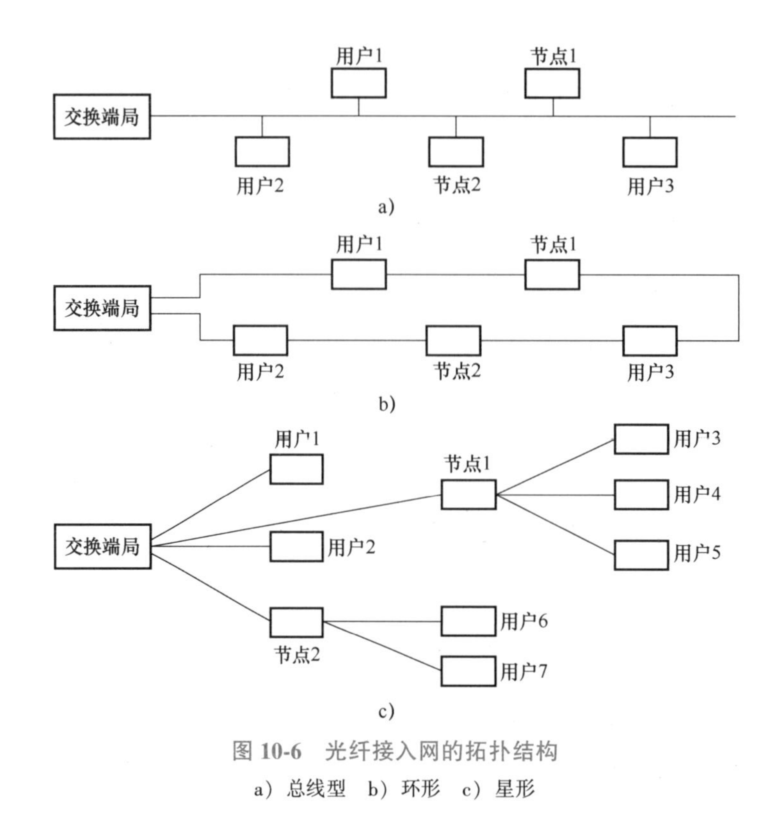

图 10-6 光纤接入网的拓扑结构

a）总线型 b）环形 c）星形

总线型结构的特点是多个用户共享主干光纤，节省线路投资，增删节点容易，彼此干扰小；缺点是线路损耗随距离逐渐累积，用户接收机的动态范围要求较高，对主干光纤的依赖性太强。环形结构的最大优点是抗毁能力强，出现光纤中断时可实现自愈；缺点是单环所挂用户数量有限，多环互通又较为复杂，不适合分配形业务。树形结构优点是用户之间相对独立，保密性好，业务适应性强。

目前应用最为广泛的无源光网络一般采用较多的是树形结构。

10.1.3 光接入网的关键技术

1. 多址接入技术

当采用无源光网络作为光接入网的主要实现技术时，由于物理层采用的都是光纤和分路器等无源器件，因此必须采取适宜的多址接入技术以实现上下行双工及多用户的接入。光接入网中常用的多址接入技术有时分多址接入、波分多址（WDMA）接入和码分多址接入等。

时分多址接入是目前光接入网最常用的技术之一，目前实用化的光接入网基本上都采用了时分多址接入方式。对于从 OLT 向 ONU 传输的信号（称为下行），一般可以采用广播方式将信号发送给所有的 ONU；对与从 ONU 向 OLT 传输的信号（称为上行），可以将上行传输时间分成若干个固定或可变长度的时隙，每一时隙内只安排一个 ONU 以固定帧或可变分组包方式向 OLT 发送分组信息，每个 ONU 按照预先规定的顺序依次发送。

波分多址接入方式是采用波分复用技术的光接入网，也被广泛认为是未来接入网的最终方向之一。波分多址接入有三种实现形式：第一种是每个 ONU 分配一对专用波长分别用于上行和下行传输，从而提供了 OLT 到各 ONU 固定的虚拟点对点双向连接；第二种是 ONU 采用可调谐激光器，根据需要为 ONU 动态分配波长，各 ONU 能够共享部分波长，网络具有可重构性；第三种是采用无色 ONU（Colorless ONU），即 ONU 与波长无关方案。此外，考虑到波分多址接入方式的成本和系统复杂性，还有一种观点是下行使用波分多址接入方式，上行使用时分多址接入方式的混合 PON 作为过渡方案。

码分多址接入方式是为每一个 ONU 分配一个多址码（光域），并将各 ONU 的上行信码与其进行模二加后，再调制具有相同波长的激光器，经光分路器合路后传输到 OLT，通过检测、放大和模二加等电路后，恢复出 ONU 送来的上行反码。码分多址接入方式的光接入网目前主要受限于光编码器和解码器等器件。

综合考虑经济、技术和应用条件，时分多址接入是目前最成熟也是应用最广泛的光接入网多址接入方式，也是 ITU-T 目前推进标准化和大规模商用部署的主要方式。从长远发展来看，随着各类光器件制造工艺的不断改进，未来波分多址接入可能成为实现光接入网最有潜力的方式。

2. 光功率预算

光接入网中最主要的性能指标之一是线路的光功率预算，也即 OLT 与 ONU 间允许的能量损失。由于光接入网中包含光纤和无源光分路器等许多器件，同时用户侧 ONU 的工作条件等受限，因此对于光功率预算要求较高。特别地，当采用无源光网络方案时，光接入网的网络拓扑为点对多点形式，分路器带来的分路损耗和插入损耗是影响光功率预算的重要因素之一。ODN 光通道损耗计算一般采用最坏值法，可以表示为

$$\text{ODN 光通道损耗} = \sum_{i=1}^{n} L_i + \sum_{i=1}^{m} K_i + \sum_{i=1}^{p} M_i + \sum_{i=1}^{h} F_i \tag{10-1}$$

式中，$\sum_{i=1}^{n} L_i$ 为光通道全程 n 段光纤的损耗总和；$\sum_{i=1}^{m} K_i$ 为 m 个光纤连接器的插入损耗总和；$\sum_{i=1}^{p} M_i$ 为 p 个光纤固定接头损耗总和；$\sum_{i=1}^{h} F_i$ 为 h 个光分路器的插入损耗总和。

而总的光接入网光功率预算应该满足

$$\text{ODN 光通道损耗} + M_c \leqslant \text{光通道允许的衰减} \tag{10-2}$$

式中，M_c 是光接入网光纤线路的富余度。

3. 突发收发技术

前面讨论和介绍的各种光纤数字通信系统，包括 SDH、OTN 和波分复用等，对于其中的光发送机和光接收机而言，收发之间是一一对应的关系，因此可以在系统设计、制造和部署之初计算和配置相关的参数。但是对于光接入网而言，OLT 和 ONU 之间是点对多点的逻辑关系，特别是采用时分多址的光接入网中，上行方向任何时间都只有一个 ONU 处于发送状态，其他 ONU 的光发送机必须处于关断状态以避免上行信号产生冲突；而当某一个 ONU 获得授权可以占用上行发送时隙时，其光发送机需要立刻从关断状态切换至发送状态，这也要求光接入网具有突发收发（Burst Transceiving）的能力。另一方面，对于光接入网中 ONU 光发送机的消光比也有较高的要求，由于光发送机中激光器的调制信号为“0”时可能还有残留光输出，为保证正常工作的 ONU 上行信号不受影响，此时其他所有处于关断状态的 ONU，其残留光之和不能对正在发光的 ONU 产生影响。

OLT 侧也可能会面临一些新的问题：考虑用户侧每个 ONU 到达 OLT 的物理距离不一

致，这样初始光功率一致的不同 ONU 信号到达 OLT 侧可能存在光功率的波动，OLT 的光接收机需要能灵活快速地调整接收电平，迅速地接收和恢复数据。特别是考虑极端的情况下，与 OLT 物理距离最远和最近的两个 ONU，应避免传输距离最远的 ONU，其上行高电平信号由于传输损耗较大，到达 OLT 侧时有效电平低于传输距离最近 ONU 的低电平信号，即图 10-7 所示的“远近效应”。

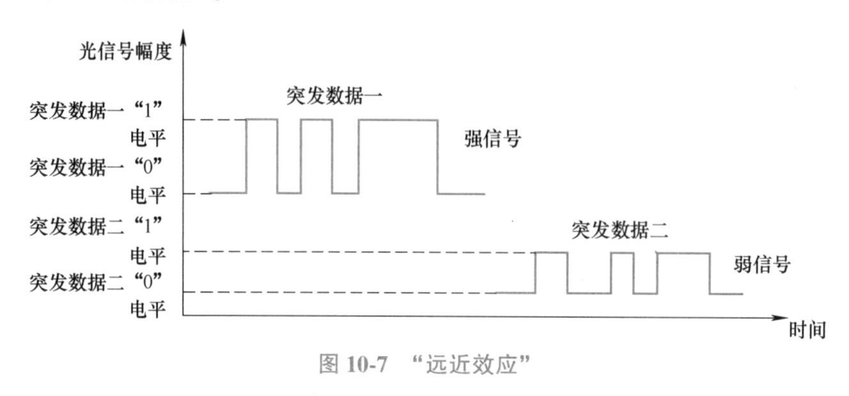

图 10-7 “远近效应”

4. 测距技术

光接入网的网络环境是典型的点到多点方式，由于各个 ONU 到 OLT 的物理距离不可能完全一致，也就意味着 OLT 到每一个 ONU 之间的双向传输时延不一样。假设每个 ONU 都按照 OLT 发出的参考时钟信号并在分配的时隙中以突发方式发送上行信号，不同 ONU 的信号到达 OLT 侧可能会出现重叠或冲突。因此，为了防止各个 ONU 所发上行信号发生冲突，OLT 需要引入测距（Ranging）技术，保证不同物理距离的 ONU 与 OLT 之间逻辑距离相等，即传输时延一致，以避免碰撞和冲突的出现。常用的测距方法是在所有的 ONU 中插入补偿时延，使每个 ONU 到 OLT 的总时延相等。因此测距就是测量各个 ONU 到 OLT 的实际逻辑距离，并将所有 ONU 到 OLT 的虚拟距离设置相等的过程。考虑到 ONU 和 OLT 中的光器件会随温度和寿命出现性能变化，因此 OLT 需要定期测量所有 ONU 与 OLT 之间的逻辑距离，协调每一个 ONU 调整发送时间使之不至于冲突。

图 10-8 和图 10-9 所示分别为采用测距技术前后的上行信号冲突情况。

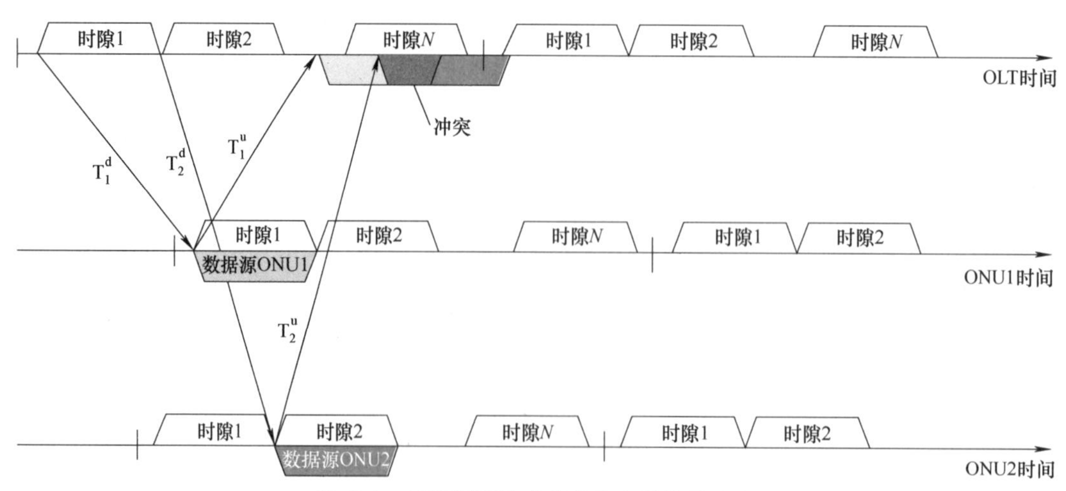

图 10-8 采用测距技术前出现上行信号冲突

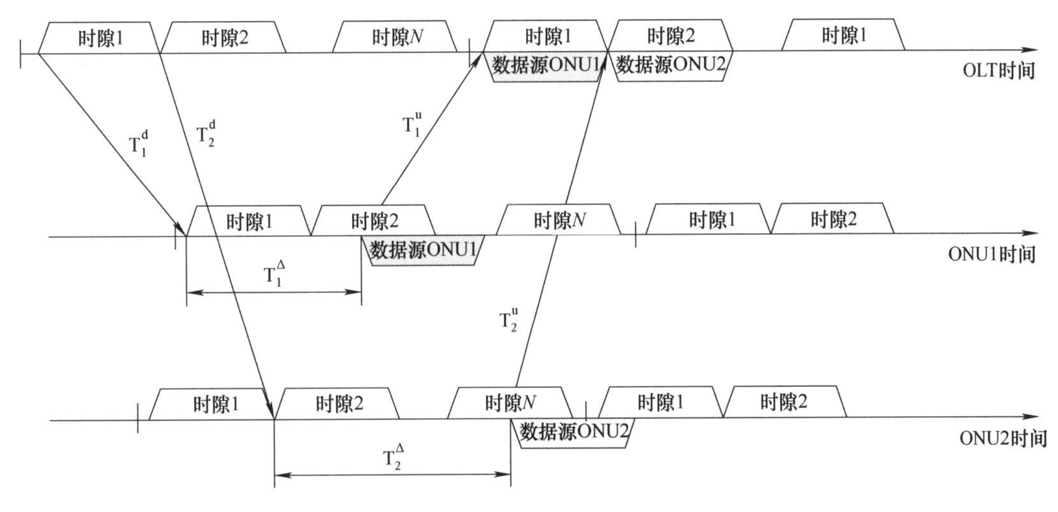

图 10-9 采用测距技术后上行信号不会冲突

5. 动态带宽分配技术

在上行方向，任意时刻不同 ONU 对带宽的需求不一样，这就涉及带宽分配问题。一个良好的带宽分配机制或算法应该能够保证每个 ONU 需求同时、高效利用光接入网总体网络带宽资源。换言之，带宽分配既要考虑连接业务的性能特点和其服务质量的要求，又要考虑接入控制的实时性和公平性。根据业务的不同，带宽分配可以分为静态和动态两种：静态带宽分配（SBA）根据预先测定或制定的 ONU 需求，制定固定的带宽分配策略，即各 ONU 的上行时隙分配是固定的。与之相对应的，动态带宽分配（DBA）是根据实时的 ONU 业务请求，通过某种算法实现可变 ONU 上行带宽资源分配。显然，动态带宽分配更加适合光接入网中差异化的业务需求，但是动态带宽分配的实施较静态带宽分配更为复杂。

动态带宽分配可以通过消息和状态机等技术实现。由于光接入网在上行方向是一个多点到点的拓扑结构，上行信道采用时分多址接入方式实现对共享介质的访问。因此，如何公平、合理及高效地分配各 ONU 的上行时隙，在充分利用带宽资源同时，又能够使各个 ONU 根据服务级别的不同保证服务质量需求，是动态带宽分配所要解决的问题。目前对动态带宽分配算法的设计要求主要有对业务透明、低时延和低时延抖动、高带宽利用率、公平分配带宽、健壮性好和实时性强等。

6. 保护技术

ITU-T 的 G. 983. 1 建议针对光接入网提出了四种基本的保护方案，其共同思想是预先规划一部分冗余容量作为备用系统（如 OLT、光纤、光分路器和 ONU 等）。当无源光网络中某个部件失效时，将受故障影响的主用系统迅速倒换到由冗余部件组成的备用系统上，以保证业务快速恢复，从而降低部件故障对系统的影响。

图 10-10 所示为光接入网保护方案。从图中可以看出，保护方案Ⅰ只对主干光纤提供备用保护，保护方案Ⅱ对 OLT 和主干光纤提供备用保护，保护方案Ⅲ对整个无源光网络系统提供全备用保护，保护方案Ⅳ是对于保护方案Ⅲ的辅助方案。

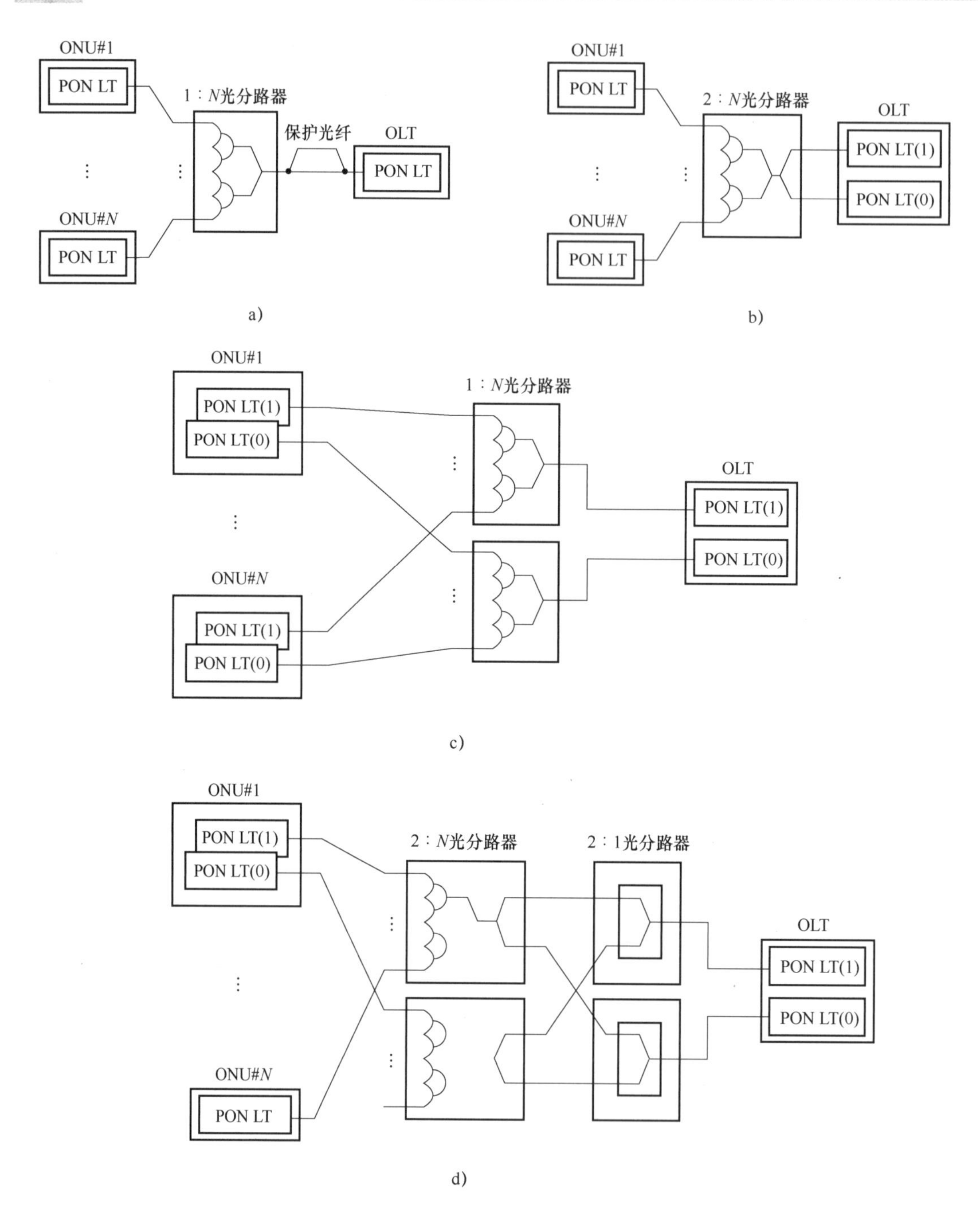

图 10-10 光接入网保护方案

a）保护方案Ⅰ b）保护方案Ⅱ c）保护方案Ⅲ d）保护方案Ⅳ

10.1.4 基于无源光网络的光接入网

若光接入网中的 ODN 全部由无源器件组成，不包括任何有源节点，则这种光接入网就是无源光网络。无源光网络中的 ODN 部分仅由光分路器、光缆等无源器件组成，因此无源光网络具有极高的可靠性，同时对环境的依赖程度小，是实现光接入网光纤到家的各种方案中成本最低的。以节点数 32 为例，实现光纤到家的方案成本对比如图 10-11 所示。

如图 10-11 所示，对于一个 N 个用户的光接入网而言，若采取点到点方案（见图 10-11a），则至少需要 N 根光纤和 $2N$ 个光收发器（此处仅考虑单纤双向传输模式）；若采取在用户侧设置有源光节点，再逐一延伸至用户的方案（见图 10-11b），则至少需要 1 根光纤和 $2N+2$ 个光收发器；若采用无源光网络方案，则只需要 1 根光纤和 $N+1$ 个光收发器，综合成本最低。

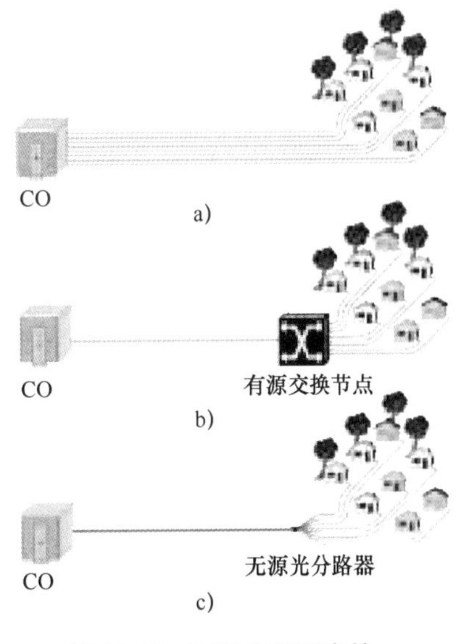

图 10-11　实现光纤到家的方案成本对比

考虑到实际用户环境的复杂性，无源光网络的结构也具有多种拓扑形式，树形是比较常见的网络拓扑。一般情况下，无源光网络中只采用一个分光器，称为一级分光模式。近年来，由于光纤到家和光纤到办公室等应用的快速普及，也开始大量部署多个分光器级联使用的模式，称为多级（级联）分光。

无源光网络的结构中，OLT 和多个 ONU［也称光网络终端（ONT）］之间双向传输的常用方法是下行信号使用工作波长为 1490nm 的广播方式，上行信号使用工作波长为 1310nm 的时分多址方式。如果无源光网络的分路比较高，即一个 OLT 需要连接较多 ONU，且传输距离较长，也可考虑在 OLT 侧设置光放大器，提高总的下行功率。ITU-T 在 G. 983 系列建议中规定，无源光网络的分路比至少支持 1∶16 或更高（目前多为 1∶32 或 1∶64），OLT 与 ONU 之间的物理距离不得少于 20km。

根据传送信号数据格式的不同，无源光网络可以进一步分为基于 ATM 的 APON（ATM 无源光网络）/BPON（带宽无源光网络）、基于以太网的 EPON（以太网无源光网络）和千兆比特兼容的 GPON（千兆无源光网络）等，这三种无源光网络标准的基本架构相似，都是点到多点的单纤双向无源光网络，它们区别主要体现在链路层协议和标准上。

1. APON/BPON

APON 最早由全业务接入网（FSAN）组织于 20 世纪 90 年代提出，并由 ITU-T 完成标准化。APON 下行方向采用时分复用方式，并通过帧结构中 ATM 信头中的虚通道标识符/虚通路标识符（VPI/VCI）进行二级寻址，并根据不同业务的服务质量需求采取不同的转接处理方式。上行方向则采用时分多址方式，各个 ONU 以最小一个 ATM 信元对应的时隙轮流占用上行带宽。

图 10-12 所示为 APON 系统结构。在下行方向，由 ATM 交换机来的 ATM 信元先发送给 OLT，OLT 将其转变为连续的时分复用下行帧，以广播方式传送给与 OLT 相连的各 ONU，每个 ONU 可以根据信元的 VPI/VCI 选出属于自己的信元后再发送给终端用户。在上行方向，来自各 ONU 的信元需要排队等候属于自己的发送时隙，由于这一过程是突发的，为了避免冲突，需要一定的 MAC 协议保证。

图 10-13 所示为 APON 帧结构示例。

时分复用下行帧由连续的若干时隙流组成，每个时隙包含 53 字节的 ATM 信元和物理层运行和维护（PLOAM）信元用来承载物理层运行和维护信息，以及 ONU 上行接入时所需的授权信号。每隔 27 个时隙插入一个 PLOAM 信元。速率为 155. 52Mbit/s 的下行帧包含两个 PLOAM 信元，每帧共有 56 个时隙；而速率为 622. 08Mbit/s 的下行帧包含 8 个 PLOAM，共有 224 个时隙。通常，每一个 PLOAM 信元有 27 个授权信号，每一帧仅需 53 个授权信号，所以在 622. 08Mbit/s 的下行帧中，后面的 6 个 PLOAM 信元的授权信号区全部填充空闲授权信号，不被 ONU 使用。上行帧采用 155. 52Mbit/s，共有 53 个时隙，每个时隙包含 56 个字节。其中 3 个字节是开销字节。另外，OLT 要求每个 ONU 传输 ATM 信元时需获得下行的 PLOAM 信元的授权。上行时隙可包含一个分割的时隙，由来自 ONU 的大量微时隙组成，MAC 协议可用它们传送 ONU 的排队状态信息以实现动态带宽分配。

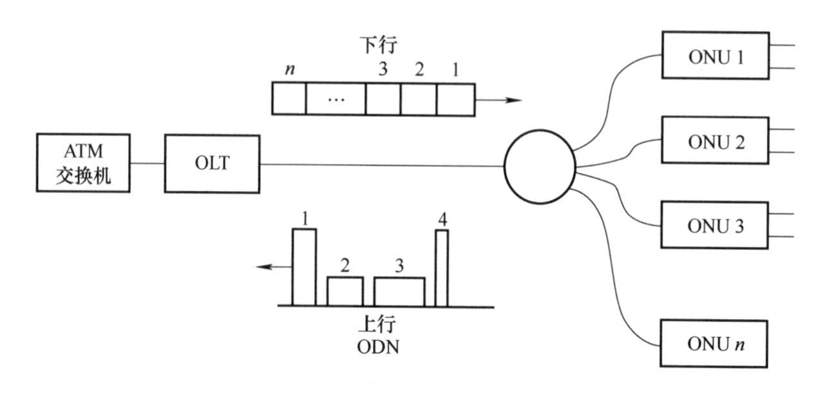

图 10-12　APON 系统结构

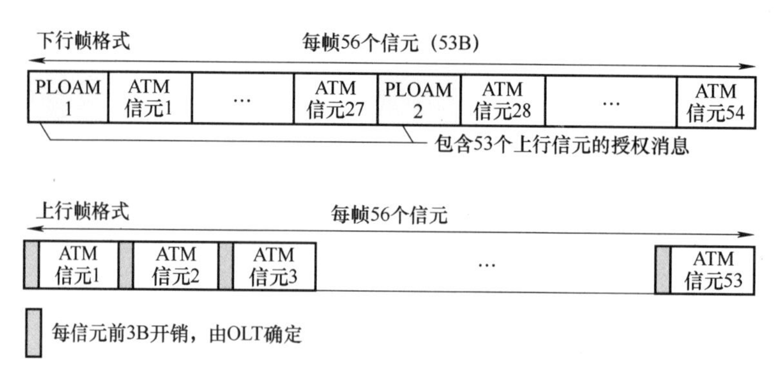

图 10-13　APON 帧结构示例

FSAN 组织在 2001 年后将 APON 改称为 BPON，在提高传输容量的同时对其参数等进行了修订。但随着 ATM 技术被 IP 技术取代并迅速退出核心数据网络，APON/BPON 并未得到大规模的商用，但是作为最先完成标准化的无源光网络技术，APON/BPON 中许多关于无源光网络通用技术的标准被后续的无源光网络技术继承下来。

2. EPON

EPON 是由电气电子工程师学会（IEEE）提出的光接入网标准，IEEE 中的第一英里以太网（EFM）工作组于 2002 年 7 月制定了 EPON 草案，并于 2004 年正式发布了第一个 EPON 标准 802. 3ah。EPON 中的 ODN 由无源分光器件和光纤线路构成，EFM 工作组确定光分路器的分光能力在 1:16 到 1:128 之间。

在 EPON 的下行链路中，OLT 通过 1∶N 的无源分光器以广播方式发送以太网数据帧，数据帧到达各 ONU 后，ONU 通过检查接收到的数据帧的目的 MAC 地址和帧类型（如广播帧或 OAM 帧）判断是否接收此帧。在上行链路上，各 ONU 的数据帧以突发方式通过 ODN 传输到 OLT。考虑到业务的不对称性和 ONU 的低成本，EFM 工作组决定在上行链路上也采用时分多址方式，并引入多点控制协议（MPCP）实现动态带宽分配。EPON 上下行传输方案如图 10-14 所示。

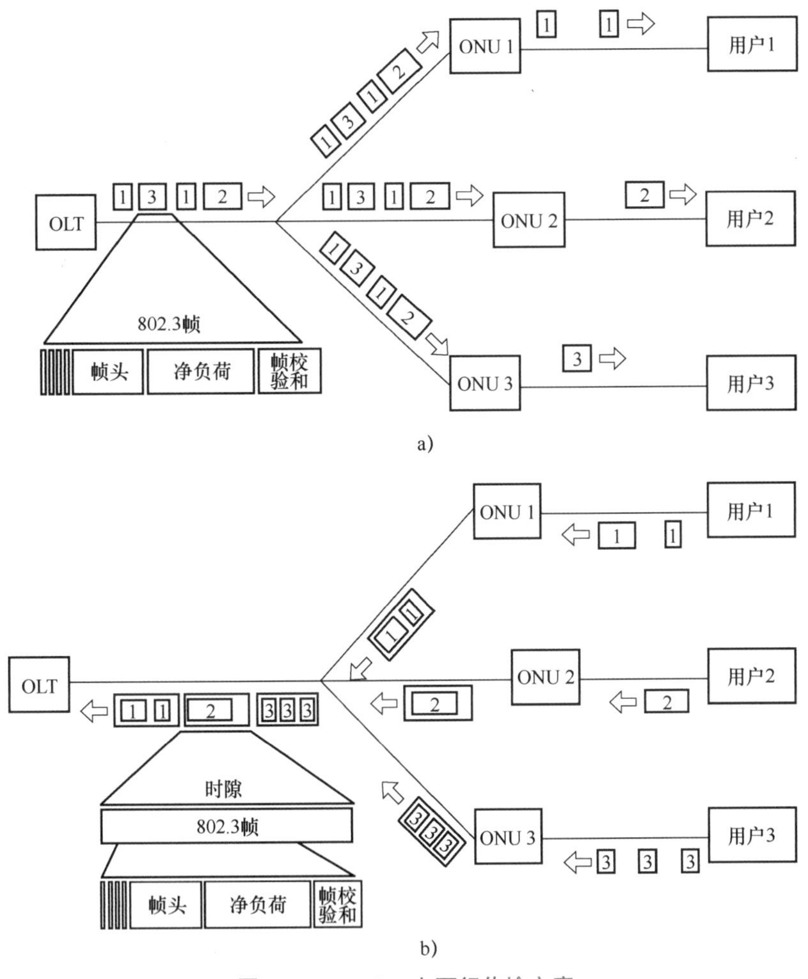

图 10-14　EPON 上下行传输方案

a）上行　b）下行

以太网是局域网中应用最成功的技术之一，EPON 的基本思想是以尽量小的协议改动为前提，将在用户侧应用最广泛的以太网技术引入接入网的范畴。EPON 的标准中协议分层结构与基本以太网协议分层相比，物理层定义几乎相同（主要改动是增加功率控制功能），主要的区别是在数据链路层增加了两个子层：多点接入子层和以太网仿真/安全子层。多点接入子层用于支持上行和下行链路的多点接入；仿真子层的作用是将点对多点的通信等效为传统以太网的对等实体的通信；安全子层主要用于下行链路的 MAC 帧加密。

从 EPON 的上下行方案不难看出：EPON 的主要思想是将较为复杂的功能集中于 OLT，

ONU 应尽量简单。EPON 中由于传统点到点的光纤线路已转变为点到多点的光传输结构（类似于卫星信道），在上行的时分多址方式中必须考虑延时、测距、快速同步和功率控制等问题；另一方面由于传统的以太网 MAC 层的带冲突检测的载波监听多路访问（CSMA/CD）在 EPON 中无法实现，必须在 802.3 协议栈中增加 MPCP、OAM 和服务质量保证机制。此外，EPON 与 APON 上行传输最大的区别在于，EPON 中用户侧产生的以太网帧长度是不固定的，即 ONU 每次需要占用的上行时隙是变化的，这对 EPON 的上行动态带宽分配提出了更高的要求。

（1）数据链路层的关键技术

由于下行信道采用广播方式，带宽分配和时延控制可以由高层协议完成，因而上行信道的 MPCP 便成为 EPON 的 MAC 层技术的核心。802.3ah 标准确定在 EPON 的 MAC 层中增加了 MPCP 子层用以完成数据链路层的主要功能，并定义了 MPCP 的状态机制。

MPCP 核心主要包括三点：一是上行信道采用基于时隙的时分多址方式，但时隙的分配由 OLT 实施；二是不分割 ONU 发出的以太帧，而是对其进行组合，即每个时隙可以包含若干个基本的 802.3 帧，组合方式由 ONU 依据服务质量决定；三是上行信道必须有动态带宽分配功能，支持即插即用、服务等级协议和服务质量。数据链路层的关键技术主要有动态带宽分配、系统同步、OLT 的测距和时延补偿协议等。

目前 EPON 使用较多的动态带宽分配方案是基于轮询的带宽分配方案，即 ONU 实时地向 OLT 报告当前的业务需求（如各类业务当前在 ONU 中的缓存量级），OLT 根据优先级和时延控制要求分配给 ONU 一个或多个时隙，各个 ONU 在分配的时隙中按业务优先级算法发送数据帧。由此可见，由于 OLT 分配带宽的对象是 ONU 的各类业务而非终端用户，对于具有端到端服务质量保证的服务，必须有高层协议介入才能保障。

（2）物理层的关键技术

为降低 ONU 的成本，EPON 物理层的关键技术集中于 OLT，有突发信号的快速同步、网同步、光收发模块的功率控制和自适应接收等。

由于 OLT 接收到的信号为各个 ONU 的突发信号，OLT 必须能在很短的时间（几个比特内）内实现相位的同步，进而接收数据。此外，由于上行信道采用时分多址方式，而 20km 光纤传输时延理论上最大可达 0.1ms（相当于 EPON 帧结构中 105bit 的宽度），为避免 OLT 接收侧的数据碰撞，必须利用测距和时延补偿技术实现全网时隙同步，使数据包按动态带宽分配算法的确定时隙到达。

（3）服务质量保证技术

EPON 技术为解决通信网络中“最后一公里”的接入问题而生，它不仅继承了以太网设备成本低廉、操作和维护简单的特点，更提供了丰富的接入带宽和扩展空间。EPON 中支持服务质量保证的关键技术有物理层和数据链路层的安全性、支持业务等级区分，以及如何支持传统业务。

EPON 的动态带宽分配除了考虑最大限度地利用系统资源，同时还要能够公平地管理控制各用户带宽。所谓公平就是出现各用户竞争系统带宽时动态带宽分配能够根据用户与运营商签订的合约情况进行带宽分配，用户得到的带宽正比于其付费的多少。这种算法可以使用户忙时获得的带宽不低于保证带宽，但也不会高于保证带宽的两倍（视整个系统负载情况而定）。

针对 EPON 下行带宽的使用，EPON 的标准中并没有限定分配规则，一般即为先到先服务的共享策略，这种情况可能使某些用户抢占到更多的带宽资源，从而影响其他用户的应用体验。因此，可以对用户端口增加限速的功能，根据用户的服务等级设定最大的下行速率。

EPON 的推出顺应接入网中对宽带业务需求的快速增长，也适应了用户侧广泛流行的以太网技术，因此其发展和应用相对较为顺利，国内外都已经部署了相当规模的 EPON 网络。

3. GPON

鉴于 APON/BPON 和 EPON 各自的优劣，许多国际标准化组织都投入了大量精力试图提出一种兼具双方优点的方案。ITU-T 在 APON 的基础上，提出了千兆比特兼容的 GPON，GPON 的主要设想是在无源光网络上传送多业务时保证高比特率和高承载效率。GPON 的主要特点有：帧结构可以从 622Mbit/s 扩展到 2. 5Gbit/s，并支持上下行不对称比特率；对任何业务都保证高带宽利用率和高效率，不同类型的业务（如时分复用和分组）都可以通过新引入的 GFP 封装入 125μs 的固定帧中，尤其是对于时分复用业务（如语音）等可以高效率的无开销传送，并通过带宽指示器为每一个 ONU 动态分配上行带宽。

GPON 的一个主要特色是引入了 GFP，GFP 可以在不同的传送网络上灵活适配业务，其中传送网可以是任何类型的传送网，如 SONET/SDH 和 G. 709（OTN）等。客户信令可以是基于分组的如 IP、点对点协议或以太网 MAC 等，也可以是恒定比特率流或其他类型信令。GPON 协议设计时主要考虑以下问题：基于帧的多业务（如 ATM、时分复用和分组数据报文等）的同时传送机制、上行带宽分配采用时隙指配机制、支持不对称上下行线路速率等。GPON 的物理层有带外控制信道，用于使用 G. 983 PLOAM 的 OAM 功能，为了提高带宽效率，数据帧可以分拆和串接、缩短上行突发方式报头（如时钟和数据恢复）等。此外，GPON 中的动态带宽分配报告、安全性和存活率开销都综合于物理层，帧头保护采用循环冗余码，而误码率估算采用比特交织奇偶校验等。

图 10-15 所示为 GPON 总体结构示意。

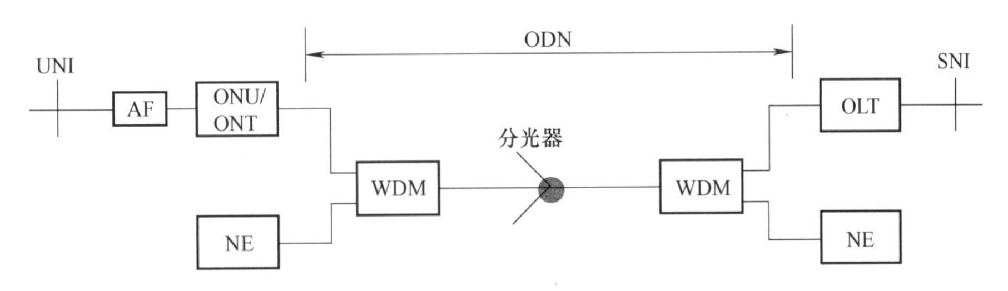

图 10-15　GPON 总体结构

由图 10-15 可知，GPON 主要由 OLT 、ONU/ONT 和 ODN 组成。OLT 位于中心机房，向上提供广域网接口，如 GE（吉比特以太网）、ATM 和 DS-3 等；ONU/ONT 放在用户侧，为用户提供 10/100Base-T、T1/E1 和 DS-3 等应用接口，适配功能块在具体实现中可能集成于 ONU/ONT 上；ODN 由分支器/耦合器等无源器件构成；上下行数据工作于不同波长，下行数据采用广播方式发送，上行数据采用基于统计复用的时分多址方式接入。图 10-15 中的波分复用器和网络单元（NE）为可选项，用于在 OLT 与 ONU 之间采用另外的工作波长传输其他业务（如广播电视信号）。

GPON的协议模型由控制/管理平面（C/M平面）和用户平面（U平面）组成，C/M平面管理用户数据流，完成安全加密等OAM功能；U平面完成用户数据流的传输。U平面又可以进一步分为物理媒介相关子层（PMD）、GPON传输汇聚（GTC）子层和高层；GTC子层又进一步细分为GTC适配子层和GTC成帧子层，高层的用户数据和C/M信息通过GTC适配子层进行封装。GPON协议模型如图10-16所示。

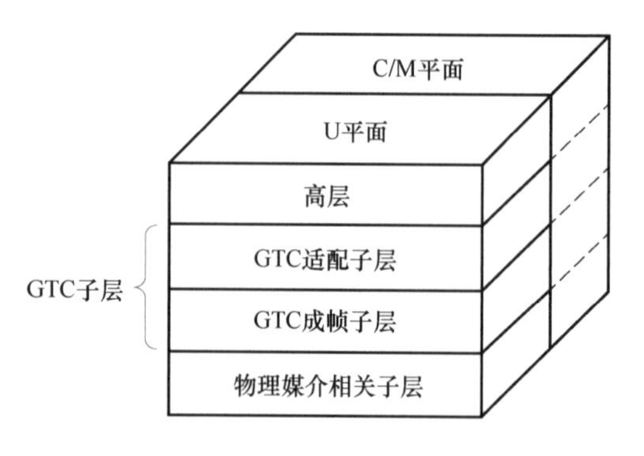

图10-16 GPON协议模型

为克服APON/BPON中ATM协议承载IP业务时存在开销大的缺点，GPON采用了新的传输协议，称为GPON封装方法（GEM），该协议能完成对高层多样性业务的适配，如ATM业务、时分复用业务和IP/Ethernet业务；同时该协议还支持多路复用，动态带宽分配等OAM机制。GEM是GTC子层专有的适配协议，GEM的功能在GPON内部终结，即仅在GPON内部实现各种用户业务的适配封装。图10-17所示为GEM帧结构。

PLI(L) 16bit	Port ID 12bit	Frag 2bit	FFS 2bit	HEC 16bit	分段净负荷 *L* B

图10-17 GEM帧结构

图10-17中，净负荷长度指示（PLI）为16bit；端口号（Port ID）为12bit，用于支持多端口复用，相当于APON技术中的VPI/VCI；分段（Fragment）指示为2bit，其用法为：第一个分段的Frag值为10，中间分段的Frag值为00，最后一个分段的Frag值为01；若承载的是整帧，则Frag值为11；Frag的引入解决了剩余带宽不足以承载当前以太网帧时带来的带宽浪费问题，提高了系统的有效带宽；FFS为2bit，目前尚未定义；帧头差错校验（HEC）占据16bit，采用自描述方式确定帧的边界，用于帧的同步和帧头保护。

GPON引入了端口号的概念，即从ONU的一个业务端口与OLT的一个点到点的连接，由对应的端口号标识，对于多样性业务高效透明的适配正是通过采用全新的GTC层协议GEM来实现的。

10.1.5 新型无源光网络技术

1. 波分复用无源光网络

现阶段部署的光接入网多是基于时分多址方式，如EPON和GPON都得到了相当规模的应用，其工作速率也正在向10Gbit/s及更高速率发展。虽然从现阶段来说，波分多址方式的光接入网受到成本、器件和业务需求等方面的制约，目前尚不具备大规模商用的条件，但从发展的长远观点来看，波分复用无源光网络具有许多EPON和GPON不具备的优点，尤其是能够提供各个ONU更高带宽的能力，以及虚拟点到点的传输链路和服务质量保证的业务。与时分复用无源光网络中所有ONU共享一个波长相反，波分复用无源光网络为每个ONU提供了一个独立的波长，波分复用无源光网络结构示例如图10-18所示。

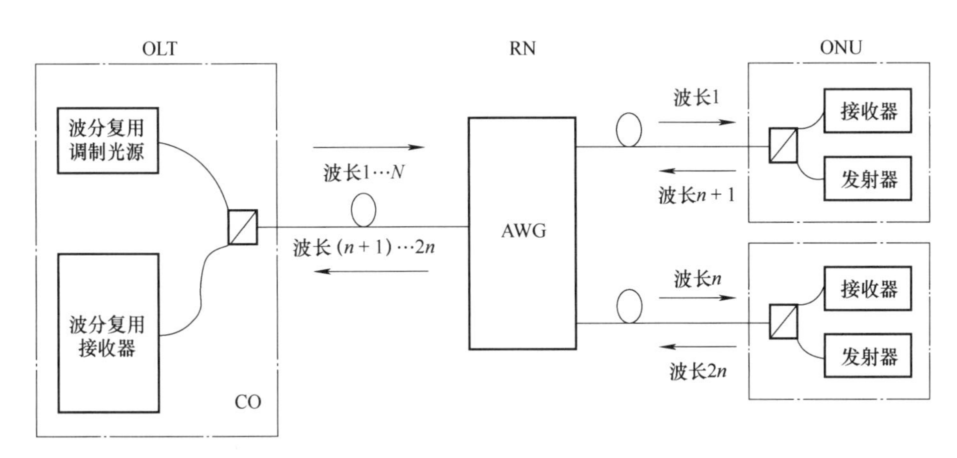

图 10-18　波分复用无源光网络结构示例

如图 10-18 所示，波分复用无源光网络包括 OLT 和远端节点（RN）之间一个共享的馈线光纤和连接个人用户的远端节点专用分配光纤，类似时分复用无源光网络架构。远端节点包括一个波长多路复用器/多路分用器和无源阵列波导光栅（AWG）。每个用户一般分配两个独立的波长分别用于上下行传输。在 OLT 端中，波分复用无源光网络系统具有与每个 ONU 对应的光收发机阵列。相比于时分复用无源光网络，波分复用无源光网络的主要特点如下。

1）更长的传输距离。由于波分复用无源光网络中阵列波导光栅的插入损耗比传统的时分复用无源光网络系统中光功率分路器的插入损耗要小，因此在 OLT 或 ONU 激光器输出功率相等的情况下，波分复用无源光网络的传输距离更远，网络覆盖范围更大。

2）更高的传输效率。在波分复用无源光网络中上行传输时，每个 ONU 均使用独立的、不同的波长通道，不需要专门的 MAC 协议，故系统的复杂性大大降低，传输效率也得到了大幅提高。

3）更高的带宽。波分复用无源光网络是典型的点对点网络架构，每个用户独享一个波长通道的带宽，不需要带宽的动态分配，其能够在相对低的速率下为每个用户提供更高的带宽。

4）更具安全性。每个 ONU 独享各自的波长通道带宽，所有 ONU 在物理层面上是隔离的，不会相互产生影响，因此更具安全性。

5）对业务、速率完全透明。由于电信号在物理层光路不做任何处理，无须任何封装协议。

6）维护成本更低。由于波分复用无源光网络中光源无色技术的应用，使得 ONU 所用光模块完全相同，有效降低了安装和维护成本。随着用户规模的增加，可以便捷地从单纤 16~32 个波长扩展至 80~100 个波长，无须新增接入网中的光纤线路，这也大大节约了升级和扩容成本。

波分复用无源光网络技术的规模商用首先需要解决光模块的互换性，尤其是 ONU 侧的光收发模块。显然，应对大规模应用时，为每个 ONU 设置固定波长光源的方案难以应用于商用的波分复用无源光网络中，因此无色光源技术是波分复用无源光网络系统攻关的关键技术。目前，无色 ONU 方案主要包括（但不限于）以下三种：可调激光器、注入锁定 FP-LD

（法布里-珀罗半导体激光器）和波长重用 RSOA（反射半导体光放大器）方式。

可调激光器作为无色 ONU 方案时，即可调激光器工作在特定波长，可通过辅助手段对波长进行调谐，使用可调激光器发射不同的波长。采用此种方案的系统不需要种子光源，且可调激光器的调谐范围较宽，可达 50nm。采用直接调制可以实现 2.5Gbit/s 以上的传输速率，若采用间接调制技术可实现 10Gbit/s 的传输速率，且传输距离大于 20km，整个网络扩展性好。不足之处在于，系统需要网络协议控制，需要对 ONU 波长控制，增加了 ONU 设计的复杂度，且目前成本较高。

注入锁定 FP-LD 方式作为无色 ONU 方案时，FP-LD 在自由运行时为多纵模输出，当有适当的外部种子光注入时，被激发锁模输出与种子光波长相一致的光信号，FP-LD 锁定输出的工作波长与种子光源和波分复用/解复用的通道波长相对应。采用此方案的系统无须制冷控制，网络架构简单。不足之处在于其受限于传输速率和传输距离，且成本较高。由于锁模器件 FP-LD 调制速率低，理论带宽为 0.2~4GHz，且器件的模间噪声较大，不宜用于高速率传输系统。另外，系统中需要两个种子光源，若用在混合无源光网络中，上行信号对种子光源的要求更高，高功率的种子光源存在安全问题。由于种子光源的问题，使得传输距离受限于 20km，且系统不易扩展。

波长重用 RSOA 方式作为无色 ONU 方案时，种子光源经过频谱分割后注入局端 RSOA 内，激发 RSOA 输出与种子光波长相一致的光信号。此光信号具有两个用途，既作为下行方向的光信号，又作为上行方向的种子光。当作为上行方向的种子光时，激发 ONU 内 RSOA 输出与种子光波长一致的光信号。采用此方案系统无须制冷控制，且网络架构简单。不足之处在于传输距离受限。系统中需要种子光源，具有较强的后向反射，系统不易扩展，且价格较高。

2. 时分和波分复用无源光网络

波分复用无源光网络将是未来无源光网络的发展趋势，但现阶段大规模部署波分复用无源光网络存在不小的难度，因此较为合理的网络升级策略是从时分复用无源光网络向波分复用无源光网络逐步过渡，而在过渡的过程中，两者的共存阶段可能是必须要经历的，可能出现混合的时分和波分复用（TWDM）无源光网络等融合形式。时分和波分复用无源光网络具有大容量、高可靠性和节约光纤资源等突出优势，预期可在接入网络的改造和升级中发挥巨大作用。

目前时分和波分复用无源光网络的研究重点首先在于物理层设计，组网应尽量选择低损耗、低成本的无源光器件，已经提出的方案和架构有复合无源光网络（CPON）、地方辐射环境监测网（LARNET）和辐射事故监测网（RITENET）等。基于物理层之上的 MAC 层是无源光网络进行数据传输和资源调度的关键协议层，IEEE 和 ITU-T 都定义了相应的 MAC 层信令和协议规范。对于 MAC 层带宽分配算法，二者都只给出了帧格式和服务质量业务分类框架，并没有给出具体的算法流程和细节。这种开放性的协议架构为学术界和工业界提供了广阔的研发和创新平台，研究者可根据不同的网络性能和服务质量要求，设计研发不同功能的带宽分配算法，为用户提供个性化的接入服务。斯坦福大学的 SUCCESS Hybrid PON 方案提出了在 MAC 层设计能同时调度波长和带宽两种资源的资源分配算法，最终将波分复用和时分复用的优点融合在一起，取长补短，在扩大网络容量和传输距离的同时降低信号损耗和成本。

3. XG-PON 和 NG-PON

从2005年开始，IEEE 和 ITU-T 相继开展了对下一代无源光网络系统的标准化研究。IEEE 于2006年开始推进制定10Gbit/s速率的EPON系统标准IEEE 802.3av。该标准针对10Gbit/s速率的需求制定了新的EPON物理层规范，并对MAC层规范进行了更新。在该标准中，10G-EPON分为两个类型，其一是非对称方式，即下行速率为10Gbit/s，但上行速率与EPON相同仍然为1 Gbit/s；其二是对称方式，即上下行速率均为10Gbit/s。相对而言，由于无源光网络系统的上行传输技术难度较大，因此1G上行10G下行方式的10G-EPON系统较容易实现。但由于该类系统上下行带宽比达到1∶10，因此能否与实际的用户业务需求的带宽模型相匹配目前存在疑问。

另一方面，ITU-T 也于2008年启动了下一代GPON标准的研究，称为XG-PON（10千兆比特无源光网络）标准。ITU-T G.987系列XG-PON标准已陆续发布，其物理层速率为非对称方式，即下行速率为10Gbit/s，上行速率为2.5 Gbit/s。

10G-EPON与XG-PON系统使用同样的波长规划，有利于两者共用部分光器件，扩大产业规模，降低器件成本。两者均规定上行选择1260~1280nm的波长范围，下行选择1575~1580nm的波长范围。在下行方向，与现有的1490nm的EPON或GPON系统可以采用波分复用方式进行波长隔离。在上行方向，由于EPON中的ONU使用的激光器谱宽较宽[(1310±50)nm]，与1260~1280nm波长重叠，因此EPON与10G-EPON的ONU共存在同一ODN时需采用时分多址方式，两者不能同时发射。GPON与XG-PON的ONU可以采用波长隔离，两者互不影响。在功率预算方面，10G-EPON增加了PR30/PRX30的功率预算档次，将光纤线路预算提升到29 dB，并考虑能够支持31~32 dB的光纤线路预算能力。

NG-PON（下一代无源光网络）是现有的GPON/XG-PON的演进系统。由于时分复用无源光网络发展到单波长10Gbit/s速率后，再进一步提升单波长速率面临技术和成本的双重挑战，于是在无源光网络系统中引入波分复用技术成为必然的选择。NG-PON定位于全业务的光纤接入网，除了通过双向传输速率的提升支持更高速率的家庭和商业客户，NG-PON还需要具有良好的同步性能支持移动回传等业务。NG-PON的标准草案中提出的主要性能特征包括下行速率至少为40Gbit/s，上行速率至少为10Gbit/s，最大传输距离为40km，最大分路比支持1∶256，至少包含四个波分复用通道和使用无色ONU等。

NG-PON在物理层采用的主要是时分复用和波分复用结合的方式，使用多个XG-PON在波长上进行堆叠，可以最大限度地重用GPON/XG-PON的技术，以及与现有的采用功率分配型分光器的ODN具有比较好的兼容性。

10.2 计算机高速互联光网络技术

10.2.1 光纤分布式数据接口

早期的局域网中主要的传输媒质是同轴电缆，为了解决同轴电缆传输带宽受限等问题，20世纪80年代开始在局域网中引入基于光纤传输的光纤分布式数据接口（FDDI），可以提供高速数据通信能力。FDDI的基本结构为逆向双环，其中一个环为主环，另一个环为备用环，两个环上的信号传输方向互逆。当主环上的设备失效或光缆发生故障时，通过从主环向备用环的切换可继续维持 FDDI 的正常工作，这种故障容错能力是其他网络所没有的。

FDDI 采用了与令牌环（Token Ring）相似但更为复杂的媒质控制协议，需要在环内传递一个令牌，同时允许令牌的持有者发送 FDDI 帧。与令牌环不同的是，FDDI 网络可在环内同时传送几个帧。FDDI 令牌持有者传送数据帧后，可以立即释放令牌，把它传给环内的下一个站点，无须等待数据帧完成在环内的全部循环。这意味着，当第一个站点发出的数据帧仍在环内循环时，下一个站点可以立即开始发送自己的数据。由于 FDDI 采用的是定时的令牌方法，所以在给定时间内，来自多个节点的多个帧都可能都在网络上，为用户提供高容量的通信。

FDDI 可以发送同步和异步两种类型的包。同步通信用于要求连续进行且对时间敏感的传输（如音频、视频和多媒体通信）；异步通信用于不要求连续脉冲串的普通数据传输。FDDI 的主要优点如下：有较长的传输距离，相邻站间的最大长度可达 2km，最大站间距离可达 200km；有较高的通信带宽，FDDI 的设计带宽为 100Mbit/s，这较当时仅有数 Mbit/s 的以太网具有数量级的优势；FDDI 工具有良好的电磁和射频干扰抑制能力，在传输过程中不受电磁和射频噪声的影响。

10.2.2 光纤通道

光纤通道（FC）是一种高速传输数据、音频和视频信号的串行通信标准，可提供长距离连接和高带宽，能够在存储器、服务器和客户机节点间实现大型数据文件的传输。光纤通道是存储域网、计算机集群及其他数据密集型计算环境的理想解决方案，同时光纤通道是一种工业标准接口，广泛用于在计算机与计算机子系统之间传输信息。光纤通道支持 IP、小型计算机系统接口（SCSI）协议、高性能并行接口协议及其他高级协议。

光纤通道本质上是一种支持多种协议系统互联的串行 I/O（输入/输出）互联网络技术，图 10-19 给出了从计算机系统体系结构的角度看，光纤通道所处的位置与所支持的应用范围。

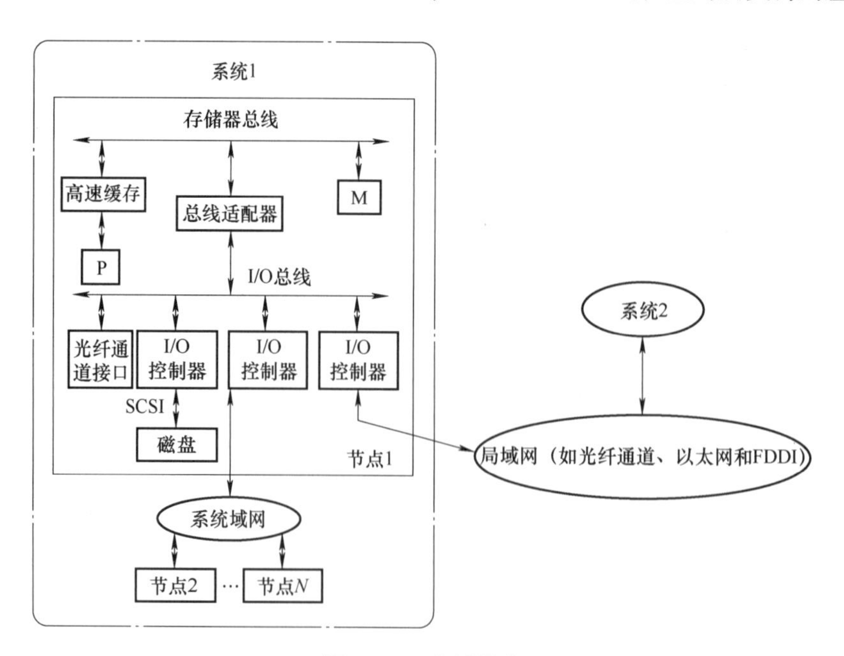

图 10-19 光纤通道

图中，局部总线（存储器总线）连接处理器和存储器模块；系统总线（I/O 总线）提供 I /O 设备插槽，通过 I/O 与局部总线桥接。多处理机和多计算机系统中通常将硬件划分为节点，一个节点通常由处理器、存储器和接口板组成。

光纤通道参考模型如图 10-20 所示。

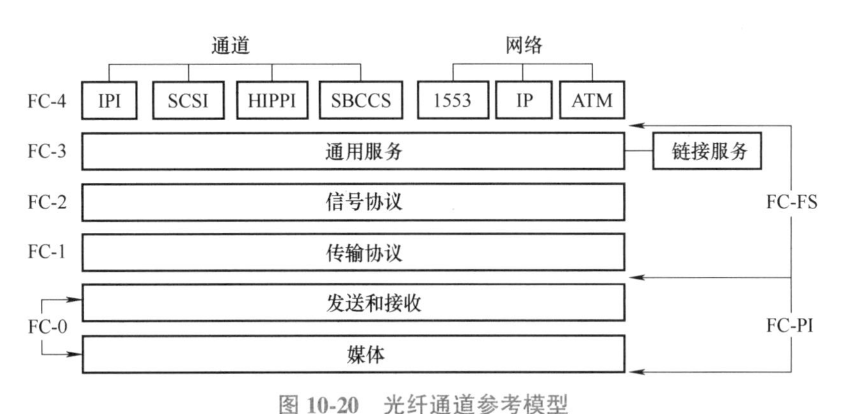

图 10-20　光纤通道参考模型

IPI—智能外围接口　HIPPI—高性能并行接口　SBCCS—单字节命令码集映射

其中各层的功能简述如下：

① FC-0：规定了物理传输介质、传输方式和速率。

② FC-1：规定了 8B /10B 编码与解码方案和字节同步。

③ FC-2：规定了帧协议和流量控制方式，用于配置和支持多种拓扑结构。

④ FC-3：规定了通用服务类型。

⑤ FC-4：规定了上层映射协议，可以将通道或网络的上层协议映射到光纤通道传输服务上。

FC-FS 为光纤通道帧和信令协议，FC-PI 为光纤通道物理接口协议。

在光纤通道中，所有链接操作都以帧的形式被定义，光通道数据帧格式如图 10-21 所示。每个帧包含 4B 帧开始、大小为 24B 的帧标题、0~2112B 长度灵活的数据区、一个 CRC（循环冗余校验）码和一个 4B 帧结尾。2112B 的数据区用于提供正常的 64B 的可选标题和 2KB 净负荷。帧开始提供了一个 24bit 的源与目的识别符、各种链接控制工具，并支持对帧组的拆解和重组操作，可选标题分为网络帧头、联合帧头和设备帧头三种。网络帧头用于与外部网络相连的网关和网桥，在不同交换机地址空间的光纤通道网络或光纤通道与非光纤通道网络之间实现路由；联合帧头提供对系统体系结构的支持，用于识别节点中与交换相关联的一个特殊过程或一组过程；设备帧头的内容在数据域类型字段基础上由 FC-2 以上的协议层控制。

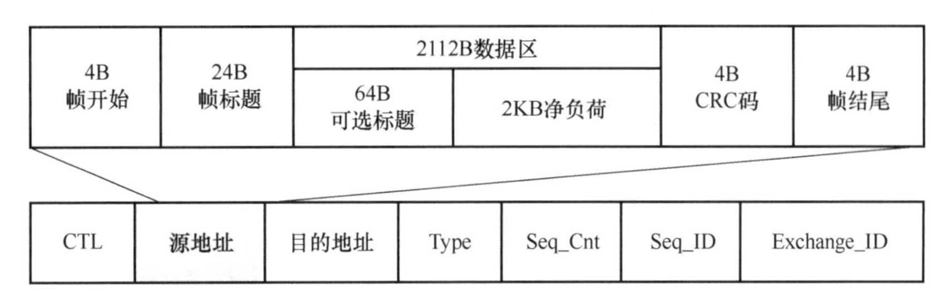

图 10-21　光纤通道数据帧格式

光纤通道中定义了六类服务方式，服务方式的选择取决于传输数据的类型和通信的要求，其主要差别在于流量控制使用的类型不同。光纤通道中分别定义了端到端和缓存到缓存的流量控制策略，与以太网类似，光纤通道也支持两种拓扑模式，分别称为 FC-AL（光纤通道仲裁环路）和 Fabric 模式。FC-AL 类似于以太网总线，若干 FC-AL 设备首尾相连构成一个环路，环路中最多可以有 128 个节点（即 1B 寻址容量）。为了避免环路中某一个节点失效对整个环路的影响，FC-AL 引入了称为仲裁的机制：当某个节点失效时，环路会将其旁路，以保证环上其他节点不受影响。Fabric 模式类似于网状交换矩阵模式，连接至该矩阵的所有节点都可以同时进行点对点通信，这样可以极大地提升整个环的吞吐效率。

10.2.3　数据中心光互联技术

云计算（Cloud Computing）近年来获得了广泛的部署和应用，而数据中心（DC）则是云计算的核心支撑平台。数据中心中，网络流量通过高速传输链路及核心交换机实现多个服务器之间的连接，并进行相关数据传输，以此构成数据中心网络。互联网流量的急剧增加以及后续业务发展的多样化，使得数据中心通信网络面临很大的困难和挑战。例如，伴随着云应用的广泛部署，数据中心的通信模式和业务需求出现了明显变化，如数据中心的网络规模和负载呈现指数级增长的趋势，大量时延敏感和数据密集型业务在数据中心内运行等。传统数据中心内部和相互间采用的电互联技术，在带宽提供、传输时延、网络可扩展性、容错性和资源利用率等方面均无法满足云业务的需求。同时电互联技术固有的拓扑结构复杂、线缆开销过大、设备数量过多和网络能耗难以优化等问题随着数据中心部署规模增大而越发凸显。光互联技术凭借着其优秀的承载能力及稳定性、高宽带、低能耗和低延时等显著优势，成为数据中心通信网络的优先选择。电互联和光互联技术对比见表 10-2。

表 10-2　电互联和光互联技术对比

对比项目	电互联技术	光互联技术
带宽	线路带宽受到传输距离和发射机功率的限制	单一信道的带宽可达 100Gbit/s，进一步结合波分复用技术，线路带宽可成倍增加
交换容量	在高信号速率下，交换容量受到芯片封装面积限制	光交换芯片不需要合体增加线路位宽的方式提升线路速率，可以通过波分复用技术成倍增加芯片的交换容量
网络开销	随着信号速率的提升，对信号的处理过程更加复杂，网络需要使用更多的设备和线缆以满足应用对带宽和吞吐的需求	光纤具备更高的带宽、更小的横截面积和更轻的重量，因此可有效降低线缆方面的开销。光交换单元对于信号的透明传输特性可降低网络升级方面的开销，大容量的光交换架构可降低网络设备方面的开销
能耗	能耗不会随负载降低而成比例缩减，常用的节能策略都存在能耗与性能方面的权衡	光互联架构可有效降低信号在传输过程中的能耗（如信号发射功率，中间节点的光/电转换能耗等）。通过使用无源器件，光互联网络可进一步缩减能耗

由于数据中心具有现实的带宽密度提升需求，同时还需要在高带宽和低功耗之间保持良好的平衡，因此同等容积的光模块比电模块具有更大的数据传输能力，而随着光子集成等技

术的引入，光模块的体积可以进一步减小，这对数据中心网络非常有利。数据中心内的流量呈现典型的交换数据集中、东西向流量增加的特性，这也就对数据中心网络提出了大规模、高扩展、高健壮、低配置开销、服务器之间高带宽、高效的网络协议和灵活的拓扑结构等要求，在这样的背景下，传统的三层架构已经无法满足需求，网络扁平化、网络虚拟化及可以编程和定义的网络成为了数据中心网络架构的新趋势。光互联技术有着通信容量大、传输距离远和能耗低等优势，在数据中心网络通信中充当了非常重要的角色，基于光互连技术、将光通信的优势与数据中心网络进行结合便是数据中心光网络。

随着全球互联网新型业务的持续快速增长，数据中心网络中使用的服务器数量也以指数规模快速增加，数据中心光网络的带宽资源也面临新一轮的严峻挑战。目前大规模数据中心集群系统的能耗水平已经超过预期，为进一步降低能耗，需要在服务器级互联、板级互联甚至在芯片级互联等领域引入光互联技术。因此，研究人员提出了多种面向下一代云计算数据中心的全光网络架构。需要指出的是，由于目前全光互联网络的扩展性较为有限，尚无法实现服务器级的全光互联，也就意味着仍然需要使用少量电交换机完成机架内互联或簇内互连。因此，目可以根据网络的簇间（或机架间）通信方式区分光电混合互联网络和全光互联网络。若位于不同簇的服务器既可通过电网络通信，又可通过光网络通信，则该网络属于光电混合互联网络。若位于不同簇的服务器只能通过光网络进行通信，则该网络属于全光互联网络。

从互联方式上看，可以将全光互联网络划分为集中式光互联网络和分布式光互联网络。根据所使用的核心光器件，集中式光互联网络可进一步分为基于微机电系统、基于阵列波导光栅路由器（AWGR）、基于半导体光放大器和基于微环谐振器的光互联网络等。目前数据中心光互联技术已经显示出了巨大的潜力，但标准化等工作尚未完成，学术界和工业界针对数据中心光互联技术的研究方向主要集中于以下三个方面：

1）新型光交换机结构。希望能够提出并实现低能耗、低成本、细粒度和快速配置的光交换机结构。

2）分布式光互联网络具有更灵活的扩展模式，同时能够避免对定制光交换设备的使用，但需要在网络拓扑的设计、通信协议的设计和控制系统的设计等方面进一步深入研究。

3）与云计算特定应用相结合或与新技术相结合的新型数据中心光互联网络架构。

互联网、大数据、云计算、人工智能和区块链等技术创新极大地推动了数字经济的发展，同时增加了海量数据产生和处理的现实压力。海量数据处理需要强大算力和广泛覆盖的网络连接，而基于数据中心和高速大容量光互联技术的算力网络就是一种根据业务需求，核心是一个可以在云端、边缘端和用户端之间按需分配和灵活调度计算资源、存储资源及网络资源的新型信息基础设施。算力网络的核心思想是通过包括光互联和虚拟化等新型网络技术，将地理上分散分布的若干算力中心节点连接起来，动态实时感知算力资源状态，进而统筹分配和调度计算任务，传输数据，构成在全局范围内感知、分配和调度算力的网络，在此基础上汇聚和共享算力、数据、应用资源。算力网络已经被认为是未来社会经济发展最重要的基础设施，而光互联和组网技术将在算力网络中扮演核心的作用。我国高度重视数字经济的网络基础设施建设，已经把包括算力网络等核心技术作为数字经济的新型基座加以布局，围绕国家重大区域发展战略，根据能源结构、产业布局、市场发展和气候环境等，在京津冀、长三角、粤港澳大湾区、成渝地区，及贵州、内蒙古、甘肃和宁夏等地布局建设全国一体化算力网络国家枢纽节点，发展数据中心集群，引导数据中心集约化、规模化和绿色化发展。国家枢纽节点之间进一步打通网络传输通道，这就是正在推进实施的“东数西算”工程，其底层物理基础就是数据中心光互联网络。

10.3 智能光网络

10.3.1 智能光网络概述

以 IP 为代表的数据业务自诞生之初就保持了旺盛的增长趋势，而且随着各种新型业务的普及，预计还将以较快的速度持续增加。传统的承载固定带宽业务（如语音等）为主的光网络技术（如 SDH 和波分复用）在应对这样高速增加的业务时，会面临如下问题和挑战。

1）环网的建设周期较长，投资较高，特别是跨度较大、节点数量较多的环网要仔细规划部署环上节点间的带宽资源配置。

2）可扩展性问题。扩展网络容量时，有时某些节点之间并不需要太大的容量，但是建设环网时通常要求所有相邻节点之间都要配置相同的资源，这样势必造成扩容后环网中部分资源的闲置。

3）连接配置时间较长。传统的光网络中连接配置和拆除都由采用集中式的网络管理系统完成，连接建立时间相对都比较长，一般需要几天甚至几个月的时间，这种连接建立时间对于不需要频繁更改连接状态的永久连接来说还可以忍受，但对于数据类业务来说就不能满足用户的需求。

4）业务的服务质量单一。传统的光网络为用户提供多种服务质量的能力有限，以环网为主的 SDH 网络和波分复用网络可以为建立的连接提供少数几种保护措施，如 1+1 或 1:1 保护等，但是缺少更多的差异化服务质量。

5）从网络可靠性方面来讲，传统的光网络中控制和管理方式一般都是集中式的，并统一保存在一个中央数据库。很显然，中央控制节点中硬件发生故障，或者计算路由和分配波长的软件模块发生故障，都将导致全网性的瘫痪。虽然设计这样的集中式网络控制系统时，可以采取一些备用措施克服这些问题，但是毕竟不如分布式控制系统应对这些问题的生存性强。

6）从应用方面来说，传统的光网络主要应用领域是骨干网，但随着视频点播（VOD）等需要较大带宽的业务的发展，用户对带宽的需求也变得比以往任何时候都强烈。光网络将更接近于实际的终端用户，在为这些用户提供较大带宽服务的同时，也承受了来自用户对动态提供这些服务的需求压力。

综上所述，在当前以 IP 为主的数据业务日益占据主要的发展形势下，传统的光网络已经不能适应用户和市场的需求，迫切需要一种能提供动态的连接建立、具有基于网状网的保护和恢复功能、具有更强的抗毁能力，并能为用户提供不同带宽和不同类型业务，以及能提供不同服务质量的区分服务的新型的光网络，即智能光网络（ION）。

智能光网络是下一代的光网络，其需求或特点如下：具有自动发现技术，如能够自动地发现业务、拓扑和资源的变化；具有强大的计算功能，能够根据网络环境的变化，进行计算、分析、推理和判断，根据资源有效配置的原则最终做出决定；具有快速和动态的连接建立能力，并能为需要的业务提供保护和恢复功能；具有差异化业务提供能力，能够提供不同类型、不同优先级的服务等。

自动发现技术包括自动资源、拓扑发现和自动业务发现。自动资源、拓扑发现的功能是使网元或终端系统确定其彼此间的连接关系及连接线路上的有效资源，并根据这些信息确定全网络的资源和拓扑信息；自动业务发现的功能是使网元或终端系统确定在这些连接上能传送业务的类型、带宽和优先级等。事实上自动发现技术是实现智能光网络所需最基本的前提条件。

快速和动态的连接建立能力是智能光网络的核心功能，其他功能都服务于这个核心功能，这也对其他功能模块提出了挑战。例如，为了降低新到达连接的阻塞概率，网络系统需尽可能地利用当前最新的网络资源信息，因此如何在连接动态变化的网络环境下有效地分发网络资源信息就是智能光网络中路由分发模块必须解决的问题之一。此外，建立连接时如何快速地在相关链路上预留资源，并尽可能少地减小来自不同连接对相同链路上资源的竞争，从而避免不必要冲突所带来的连接的重新建立，也是智能光网络中信令模块需要解决的问题之一。

保护和恢复功能也是智能光网络中最基本的功能之一。智能光网络由于引入了基于网状网的保护和恢复机制，所以能采用更加灵活的方式保护和恢复中断的业务。如基于共享风险链路组（SRLG）的通道共享保护、在其基础上加以改进的分段通道共享保护、跨环网和网状网的保护和恢复及虚拟环网保护等，这些保护和恢复机制不仅具有更大的灵活性，而且具有更有效的资源使用率。

智能光网络另一个重要的特征是能够为用户提供更新型、更多带宽的服务，如按需带宽业务、波长批发、波长出租、带宽交易和光虚拟专用网（OVPN）等。与传统的 IP 虚拟专用网业务相类似，光虚拟专用网业务使得用户能在减少通信费用的情况下在公众网络内部灵活地组建自己的网络拓扑，并允许服务提供商对物理网络资源进行划分，提供给终端用户全面安全地使用并管理他们各自光虚拟专用网的能力。这既满足了用户不想背负建设专用网络的沉重费用，又能根据通信需求灵活地改变通信方式。

学术界和工业界对如何实现真正意义上的智能光网络仍存在一些不同看法，目前包括 ITU-T、IETF 和 OIF（光互联网论坛）等国际标准化组织都对此投入了巨大的精力，ITU-T 主导的 ASON 是最早完成智能光网络相关标准的方案，IETF 提出的 GMPLS 是 ASON 的主要控制协议，OIF 则侧重于接口标准的开发和规范。

10.3.2　自动交换光网络

ASON 最早在 2000 年 3 月由 ITU-T 的 Q19/13 研究组正式提出。在短短的时间内，无论是技术研究，还是标准化进程都进展迅速，成为各种国际性组织及各大公司研究讨论的焦点课题。ITU-T 先后制订发布了 G.807（自动交换传送网络功能需求）、G.8080（ASON 体系结构）及后续的 ASON 系列标准，基本完成了标准化工作。ASON 的核心思想是在路由和信令控制下，完成自动交换连接功能的新一代光网络，是一种标准化的智能光传送网，代表了未来智能光网络发展的主流方向，是下一代智能光传送网的典型代表。ASON 首次将信令和选路引入传送网，通过智能的控制层面建立呼叫和连接，实现了真正意义上的路由设置、端到端业务调度和网络自动恢复。在传统的传送网中引入动态交换的概念，不仅是几十年来传送网概念的重大历史性突破，也是传送网技术的一次重要突破。

1. ASON 的体系结构

ASON 体系结构的核心特点就是支持电子交换设备动态地向光网络申请带宽资源，可以根据网络中业务分布模式动态变化的需求，通过信令系统或者管理平面自主地建立或者拆除光通道，而不需要人工干预。采用 ASON 技术之后，原来复杂的多层网络结构可以变得简单和扁平，光网络层可以直接承载业务，避免了传统网络中业务升级时受到的多重限制。ASON 的优势集中表现在其组网应用的动态、灵活、高效和智能方面。支持多粒度、多层次的智能，提供多样化、个性化的服务是 ASON 的核心特征。

ASON 由控制平面、管理平面和传送平面组成，ASON 的体系结构如图 10-22 所示。

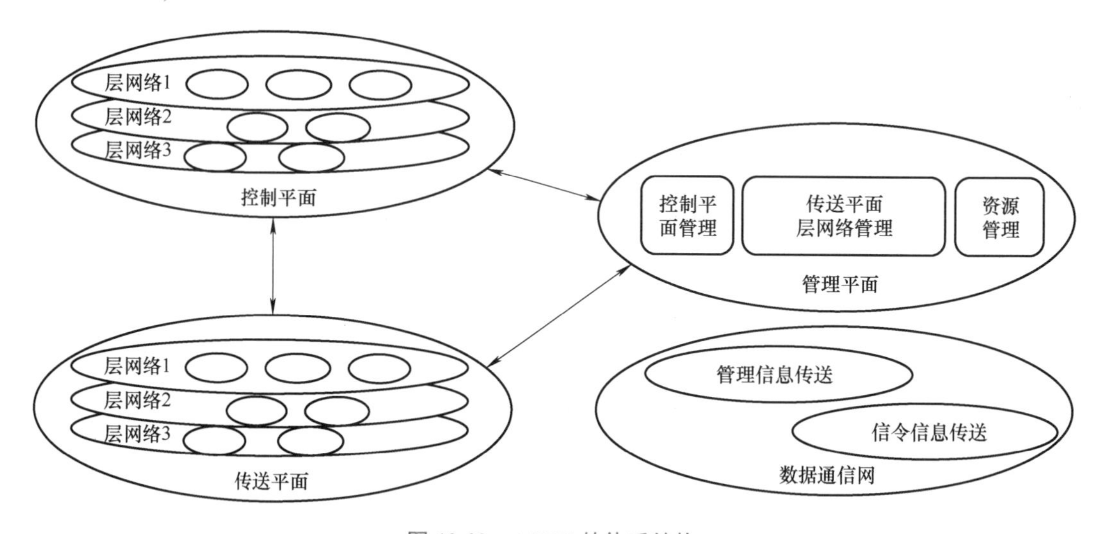

图 10-22 ASON 的体系结构

控制平面是 ASON 最具特色的核心部分，它由路由选择、信令转发及资源管理等功能模块和传送控制信令信息的信令网络组成，完成呼叫控制和连接控制等功能。控制平面通过使用接口、协议及信令系统，可以动态地交换光网络的拓扑信息、路由信息及其他控制信令，实现光通道的动态建立和拆除，以及网络资源的动态分配，还能在连接出现故障时对其进行恢复。

管理平面的重要特征就是管理功能的分布化和智能化。传统的光传送网管理体系被基于传送平面、控制平面和信令网络的新型多层面管理结构所替代，构成了一个集中管理与分布智能相结合、面向运营者（管理平面）的维护管理需求与面向用户（控制平面）的动态服务需求相结合的综合化光网络管理方案。ASON 的管理平面与控制平面技术互为补充，可以实现对网络资源的动态配置、性能监测、故障管理和路由规划等功能。

传送平面由一系列传送实体组成，它是业务传送的通道，可提供端到端用户信息的单向或者双向传输。ASON 基于网状网结构，也支持环网保护。光节点使用具有智能的光交叉连接和光分插复用等光交换设备。另外，传送平面具备分层结构，支持多粒度光交换技术。多粒度光交换技术是 ASON 实现流量工程的重要物理支撑技术，也适应带宽的灵活分配和多种业务接入的需要。

在 ASON 中，为了与网络管理域的划分相匹配，控制平面和传送平面也分为不同的自治域，其划分的依据可以是按照资源的不同地域或所包含的不同类型设备。即使在已经被进一步划分的域中，为了可扩展的需求，控制平面也可以被划分为不同的路由区域，ASON 传送平面的资源也将据此分为不同的部分。

三大平面之间通过三个接口实现信息的交互。控制平面与传送平面之间通过连接控制接口（CCI）相连，交互的信息主要为从控制节点到传送平面网元的交换控制命令和从网元到控制节点的资源状态信息。管理平面通过网络管理接口（NMI-A 和 NMI-T）分别与控制面、传送平面相连，实现管理平面对控制平面和传送平面的管理，接口中的信息主要是网络管理信息。控制平面上还有用户网络接口、内部网络-网络接口（I-NNI）和外部网络-网络接口（E-NNI）。用户网络接口是客户网络与光层设备之间的信令接口，客户设备通过这个接口动态地请求获取、撤销和修改具有一定特性的光带宽连接资源，其多样性要求光层的接口必须满足多样性，能够支持多种网元类型；还要满足自动交换网元的要求，即支持业务发现、邻居发现等自动发现功能，以及呼叫控制、连接控制和连接选择功能。I-NNI 是在一个自治域内部或者在有信任关系的多个自治域中控制实体间的双向信令接口。E-NNI 是在不同自治域中控制实体之间的双向信令接口。为了连接的自动建立，I-NNI 和 E-NNI 需要支持资源发现、连接控制、连接选择和连接路由寻径等功能。

2. ASON 的连接类型

ASON 中一共定义了三种不同的连接类型：交换连接（SC）、永久连接（PC）和软永久性连接（SPC）。三种连接简述如下。

（1）交换连接

交换连接是由控制平面发起的一种全新的动态连接方式，是由源端用户发起呼叫请求，通过控制平面内信令实体间信令交互建立起来的连接类型。交换连接示意图如图 10-23 所示。交换连接实现了连接的自动化，满足快速、动态和流量工程的要求。这种类型的连接集中体现了 ASON 的本质要求，是 ASON 连接的最终实现目标。

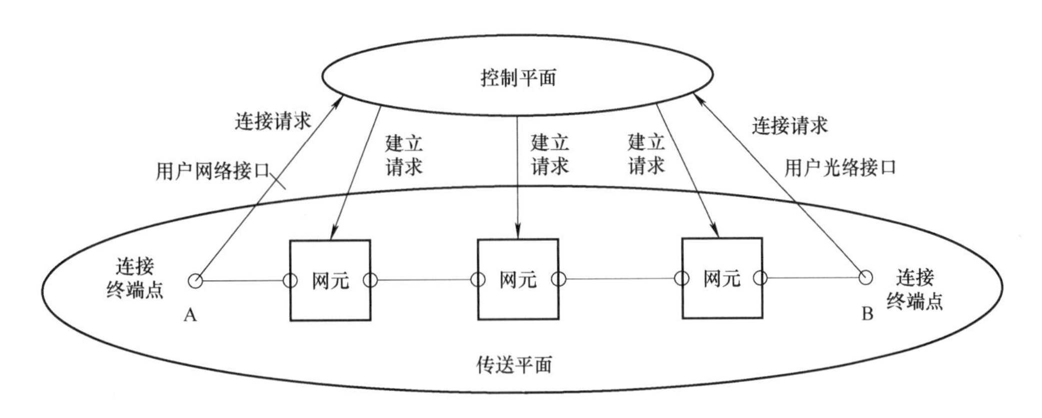

图 10-23 交换连接示意图

交换连接的引入是使 ASON 成为真正的交换式智能网络的核心所在。正是由于有了交换连接的引入，才有了应用户要求产生恰当光通道的能力，而这种能力的具备与 ASON 中控制平面的作用息息相关。

（2）永久连接

永久连接是由网管系统指配的连接类型，沿袭了传统光网络的连接建立形式，连接路径由管理平面根据连接要求和网络资源利用情况预先计算，然后沿着连接路径通过 NMI-T 向网元发送交叉连接命令，进行统一指配，最终完成连接的建立。

（3）软永久连接

软永久连接由管理平面和控制平面共同完成，是一种分段的混合连接方式。软永久连接中用户到网络的部分由管理平面直接配置，而网络部分的连接由控制平面完成。可以说，软永久连接是从永久连接到交换连接的一种过渡类型的连接方式。

三种连接类型的支持使 ASON 能与现存光网络“无缝”连接，也有利于现存光网络向 ASON 的过渡和演变。

3. ASON 的控制平面

控制平面是 ASON 的核心。就其实质而言，控制平面是一个 IP 网络，也就是说 ASON 的控制平面实际上是一个能实现对下层传送网进行控制的 IP 网络。因此，它的结构符合标准 IP 网络层次结构。控制平面主要包括信令协议、路由协议和链路资源管理等。其中信令协议用于分布式连接的建立、维护和拆除等管理；路由协议为连接的建立提供选路服务；链路资源管理用于链路管理，包括控制信道和传送链路的验证和维护。

控制平面的引入赋予了 ASON 以智能性和生命力，其具有如下特点：可快速建立光通道连接，实行有效的网络控制，具有高度的可靠性、可扩展性和高效率；适应 SDH、OTN 等不同类型传送网的组网应用、安全和策略控制，能根据传送网络资源的实时使用情况，动态地进行故障恢复；支持不同网络、不同业务和不同设备制造商所提供的网络功能；具有快速的服务指配功能。

控制平面由独立或分布于网元设备中、通过信令通道连接起来的多个控制节点组成，而控制节点又由路由、信令和资源管理等一系列逻辑功能模块组成。ITU-T 的建议把控制平面节点的核心结构组件分成六大类：连接控制（CC）器、路由控制（RC）器、链路资源管理器（LRM）、流量策略（TP）、呼叫控制（CallC）器和协议控制（PC）器。这些组件分工合作，共同完成控制平面的功能，它们之间的相互关系如图 10-24 所示。

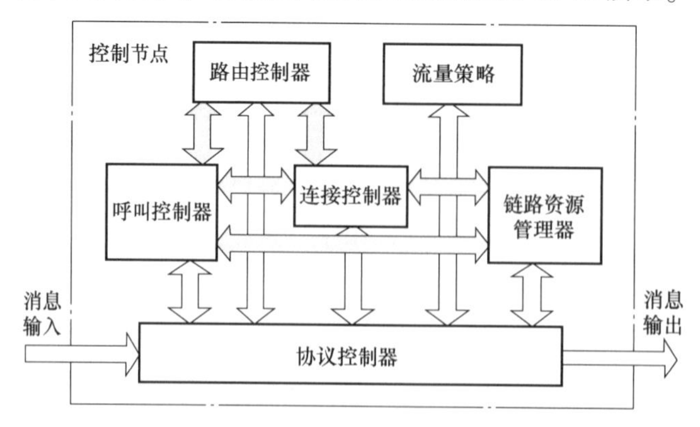

图 10-24　ASON 控制平面节点的核心结构组件

连接控制器是整个节点功能结构的核心，它负责协调链路资源管理器、路由控制器以及对等或者下层连接控制器，以便达到管理和监测连接的建立、释放和修改已建立连接参数的目的。一个连接控制器只在一个子网络中才有作用。连接控制器同其他控制平面组件之间通过抽象接口实现相互作用。另外，连接控制器还提供了一个连接控制接口。这个接口存在于传输平面与控制平面之间，它可以使控制平面器件具备直接建立、修改和删除子网连接（SNC）的能力。

路由控制器的作用是与对端路由控制器交换路由信息，并通过对路由信息数据包的操作回复路由查询（路径选择）；对从连接控制器发出的建立连接所需的通道信息做出回应，这种信息可以是端到端的，也可以是下一跳的；为达到网络管理目的，对拓扑信息请求做出相应回应。路由控制器与协议无关，从路由控制器中得到的信息使得它能提供它所负责域内的路由。这些信息包括给定层中相应终端网络地址的拓扑［即SNPP（子网点池）］和SNP（子网点）链路连接和SNP地址（网络地址）信息。

链路资源管理器的作用是对SNPP链路进行管理，包括对SNP链路连接进行分配和撤销分配，提供拓扑和状态信息。链路资源管理器分为A端和Z端两个管理器，其中起主要作用的是A端。

流量策略是策略端口的一个子类，它的作用是检查进入的用户连接是不是依据前面达成的服务参数传输业务。当一个连接违背了已达成的参数后，流量策略就调用措施来更正这种情况。但值得注意的是，连续比特流传送网络中不需要这种组件。

呼叫控制器用于控制呼叫连接。这里有两种不同类型的呼叫控制器：主叫呼叫控制器和被叫呼叫控制器，一个支持主叫部分，另一个支持被叫部分。呼叫控制器的作用是产生出向的呼叫请求；接受或拒绝入向的呼叫请求；产生呼叫终止请求；处理入向呼叫终止请求；呼叫状态管理等。网络呼叫控制器提供两个功能，即主叫功能和被叫功能，主叫功能或被叫功能最后通过网络呼叫控制器承载。

协议控制器提供把控制组件抽象接口参数映射到消息的功能，由消息完成通过接口的互操作问题。而这些消息又由协议承载。协议控制器是策略端口的一个子集，它提供与这些元件相关联的所有功能，特别是向它们的监视端口报告异常消息，同时它还可以完成把多个抽象接口复用成一个单一协议实例的功能。

呼叫和连接是ASON实现自动交换功能最为关键的两个过程。当客户向网络发起连接请求时，交换连接开始的呼叫过程由呼叫控制器完成；当接收到一个链路连接分配请求时，链路资源管理器调用连接接纳管理功能，决定是否还有足够的空余资源建立一条新的连接；路由控制器为连接控制器提供所负责域内的连接路由信息；流量策略检查进入的用户连接是不是在根据前面达成的参数传输业务；协议控制器把上面所说的控制组件的抽象接口参数映射到消息中，然后通过协议承载的消息完成接口的互操作。各个组件协调工作，达到连接的自动建立、修改、维持和释放。

4. ASON的信令与路由

（1）信令

ASON信令采用的分布式呼叫和连接管理模型如图10-25所示，该模型是分析和讨论ASON信令工作机制的基础。

为了便于描述呼叫请求和连接请求的处理过程，将整个网络划分为若干个区域，分别用域1、域n等表示，并表示出各种参考点。另外将完成信令功能的各种功能部件称为代理（Agent），对不同的代理，根据它们所处的位置不同而分别分配不同的任务。例如，用户请求代理（ARA，指用户呼叫控制器）完成呼叫请求等功能；子网控制器（SC，指连接控制器）完成子网连接的请求等功能。控制平面的代理包括 ARA（A 端请求代理）、ZRA（Z 端请求代理）、ASC-1（域 1 的 A 端子网控制器）、ISC-1（域 1 的中间子网控制器）、ZSC-1（域 1 的 Z 端子网控制器）、ASC-*n*（域 *n* 的 A 端子网控制器）和 ZSC-*n*（域 *n* 的 Z 端子网控制器）。以上各种不同的代理之间相互协调，共同描述控制平面内信号的工作流程。传送平面的代理包括 AUSN（A 端用户子网）、ZUSN（Z 端用户子网）、ANSN-1（域 1 的 A 端网络子网）、INSN-1（域 1 的中间网络子网）、ZNSN-1（域 1 的 Z 端网络子网）、ANSN-*n*（域 *n* 的 A 端网络子网）和 ZNSN-*n*（域 *n* 的 Z 端网络子网）。上述控制平面的代理和传送平面的代理分别一一对应，由控制平面的代理通过连接控制接口分别控制传送平面内与之相对应的代理，实现传送平面内的链路连接和子网连接，最终实现端到端传输通道的建立。

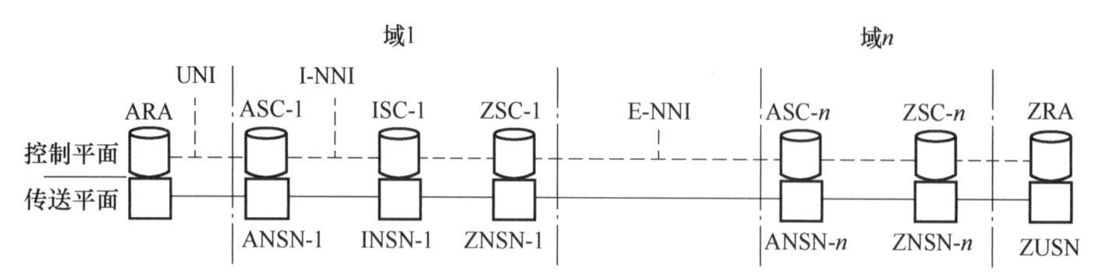

图 10-25 分布式呼叫和连接管理模型

（2）路由

ASON 的路由技术是整个 ASON 的核心技术之一，目前还在进一步研究之中。ITU-T 的 G. 7715 定义了一个与协议无关的 ASON 路由体系结构，下一步的工作就是制定具体的路由协议实施规范。IETF 主要对已有的域内路由协议进行了扩展，以便支持传送网路由的需要，而 OIF 则主要关注 E-NNI 路由协议的制定。图 10-26 所示为 ASON 路由工作框架。

由经过扩充的内部网关协议［如 OSPF-TE（带流量工程的开放最短路径优先）和 IS-IS-TE（支持流量工程的中间系统到中间系统协议）］充当不同节点间信息交流的载体和通路，它使不同节点可以互通光网络拓扑、资源甚至策略信息。在具备足够资源信息的基础上，通路选择器可通过使用波长路由分配（RWA）算法确定一条特定的光路由，一旦决定了光路由，系统就可以通过调用信令模块具体建立这条光通路。

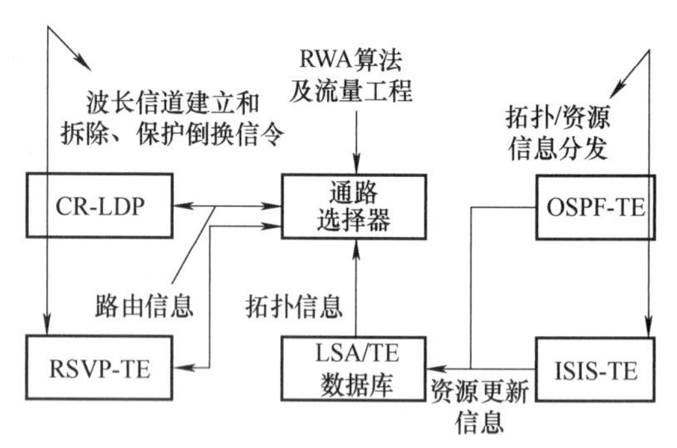

图 10-26 ASON 路由工作框架

CR-LDP—基于路由受限的标签分发协议

RSVP-TE—基于流量工程的资源预留协议

LSA/TE—链路状态通告/流量工程

5. 自动发现机制

ASON 的自动发现机制实际上是通过标准化的信令协议实现网络资源（包括拓扑资源和业务资源）的自动识别，自动发现新增的节点设备并能对其属性和可支持功能进行确认，通过实时更新拓扑结构图并根据最新的拓扑和业务流量综合确定最优路由。自动发现机制可以实现网络拓扑的实时更新，以及自动确定设备支持的功能。ITU-T 在建议 G. 7714 和 G7714. 1 中对自动发现机制的原则及其在 SDH/OTN 中的实现机制进行了总体规范，OIF 对用户网络接口自动发现进行了规范，IETF 则对于自动发现有关的 GMPLS（包括路由、信令和链路管理机制）进行了拓展。

ASON 的自动发现分为邻接自动发现和业务自动发现两类。邻接自动发现是指在客户端与传送网元之间建立的接口映射关系，借此可以确认客户端与传送网元之间设备的连接关系，包括物理接口及属性，即允许一个传送网络单元或一个直接同网络相连的用户能自动发现及确定其连接性，并且能对所配置参数的一致性做出确认；业务自动发现是指通过一系列程序自动发现和确定本网络设备可以提供的服务功能，即业务自动发现允许一个用户对由本网络设备提供的服务及其参数进行确认。邻接自动发现和业务自动发现都通过链路管理协议（LMP）实现。在 ASON 的路由功能中，自动发现是不可或缺的基础之一，只有具备了邻接自动发现和业务自动发现，才能保证网络节点可以获得当前最新的本地资源，而只有获得了本地资源信息，才能形成全网最新的实时拓扑信息数据库，进而保证网络的业务运行满足流量工程的要求。自动发现技术的基本功能是发现本节点与所有相邻节点的本地连接，确定网络中所有链路的拓扑和资源状态，确定网元或端系统之间的相互连接是否完好（即邻接自动发现），并且还可以确认在这些连接上所承载的业务（即业务自动发现）。这种功能可以通过层邻接发现和物理媒体邻接发现两种机制实现。

10.3.3 通用多协议标签交换

MPLS 技术是在标记交换（Tag Switch）和 Ipsilon 等基础上产生的一种基于 IP、使用标签机制实现数据高速和高效传输的技术。MPLS 不仅可以满足不同服务质量的业务要求，而且提供了一种实现高效路由和资源预留的机制，改善了传统 IP 路由选择的性能，增加了网络的吞吐能力，解决了网络所面临的高速性、可扩展性、高效的服务质量管理和流量工程等问题。因此，MPLS 一经提出，就得到了广泛的认可，成为 IP 网络最为重要的应用技术之一，IETF 也认为 MPLS 是其开发最成功的标准之一。

MPLS 网络主要由标签交换路由器（LSR）、标签边缘路由器（LER）、标签分发协议（LDP）和标签交换路径（LSP）等多个组件构成，使用现有路由协议［如开放最短路径优先（OSPF）协议］建立目的网络的可达性，同时使用新的控制协议标签分发协议（LDP）在网络中的 MPLS 节点间共享标签信息。针对智能光网络需要具备动态资源提供能力，以及不依赖于传统的集中网管静态配置资源方式实现资源提供的需求，将 IP 网络中已经取得成功的 MPLS 技术进行拓展，以适应光网络控制平面的需要，就形成了 GMPLS 技术。

GMPLS 对 MPLS 的标签及 LSP 建立机制进行了扩展，标签可以对分组、时隙、波长和光纤等进行统一标记，使标签具有了真正意义上的通用性。GMPLS 将信令协议中的标签数值从原来的 32bit 扩展到了一个任意长度的阵列，并且修改了 CR-LDP 和 RSVP-TE，通过 CR-LDP 中的通用标签类型长度值（Generalized Label TLV）或 RSVP-TE 中的通用标签对象（Generalized Label Object）来传递它们自己的信息。对于所有类型的 GMPLS 标签来说，其标签值都直接暗示了响应数据流的带宽。

GMPLS 扩展了 MPLS 的 LSP 机制，使得标签和 LSP 不仅可以支持分组交换接口（PSC）、二层交换接口（L2SC），还可以支持时隙交换接口（TDMC）、波长交换接口（LSC）和光纤交换接口（FSC）等，可以充分适应光网络中多种粒度连接的建立、拆除和管理。GMPLS 允许 LSP 起始和终结于同类设备，而不仅局限于路由器。GMPLS 中，不同等级的 LSP 可以进行汇聚和嵌套，称为流量疏导（Traffic Grooming）机制，即可以将大量具有相同入口节点的低等级 LSP 在 GMPLS 域的节点处汇集，再透明地穿过更高一级的 LSP 隧道，最后再在远端节点分离。这样就可将较小粒度的业务整合成较大粒度的业务，避免较低等级的 LSP 直接占用整个波长，有助于充分利用光网络的带宽资源。GMPLS 引入的 LSP 分级和嵌套技术解决了光网络带宽分配的离散性和粗粒度问题，实现了网络资源的最大化利用。图 10-27 所示为 GMPLS 中不同等级 LSP 嵌套关系示例。

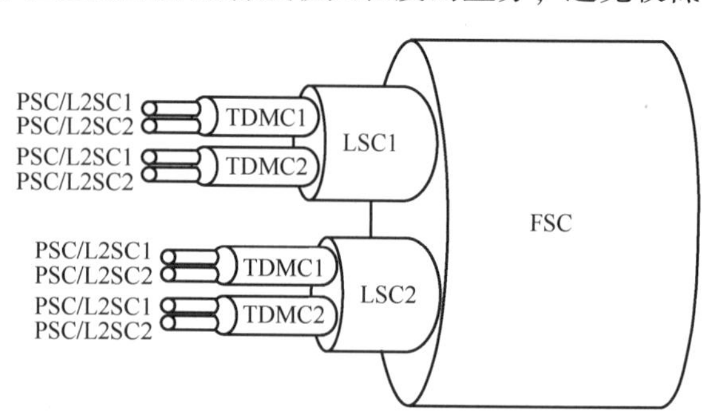

图 10-27 GMPLS 中不同等级 LSP 嵌套关系示例

此外，GMPLS 还定义了建立双向 LSP 的方法。双向 LSP 规定两个方向的 LSP 都应具有相同的流量工程参数，都采用同一条信令消息，两个 LSP 同时建立，这样显著降低了 LSP 的建立时延和控制开销。光网络中，节点间具有数目非常巨大的平行链路（光纤和波长等），为了对这些邻接的链路拓扑状态信息进行维护和管理，并获得可扩展性，GMPLS 引入了 LMP。LMP 是 GMPLS 为了有效管理相邻节点间的链路和链路束而开发的协议。LMP 的内容包括控制信道管理、链路所有权关联、链路连接性验证和故障管理等规程，故障管理规程的引入为光网络实现高生存性提供了有力的支持。

GMPLS 采用专用信道承载控制信息。控制信道被用于在两个相邻节点间承载信令、路由和网络管理信息。在数据信道与控制信道分离后，GMPLS 必须为数据信道设计新的协议完成控制信道的管理，LMP 控制信道管理就是用于实现这部分功能。通过链路所有权关联，网络中节点对链路的属性所做的操作都可以被相邻节点获知。链路连接性验证是 LMP 的一个可选规程，主要用于验证数据链路的物理连接性以及交流可能用于 RSVP-TE 和 CR-LDP 信令中的链路标识，可通过在特定捆绑链路的每条数据链路上发送测验消息逐一验证所有数据链路的连接性。LMP 故障定位过程基于信道状态信息的交流，并定义了多个信道状态相关消息。一旦故障被定位，可用相应的信令协议激发链路或通道保护恢复过程。

GMPLS 扩展了 MPLS 控制平面的范围，使之超出了路由器和交换机等 Layer2（层 2）和 Layer3（层 3）设备，一直扩展到了物理层。引入 GMPLS 后，光网络可以从传统的承载网转型为覆盖 OSI（开放系统互连）模型中不同层次的业务网，实现为用户终端提供不同颗粒度的端到端 LSP 连接。GMPLS 的技术特点主要包括以下两方面。

（1）支持不同层次的虚拟专用网

虚拟专用网技术是一种可以在公用网络上建立专用网络的技术，采用 MPLS 虚拟专用网技术可以把现有的 IP 网络分解成许多逻辑上隔离的网络，这种逻辑上隔离的网络及其应用可以用于解决企业互联、政府相同/不同部门的互联及各种新业务的实现。引入 GMPLS 后，GMPLS 网络支持的虚拟专用网类型更为多样，运营商可以将自己的光网络资源灵活地提供给不同客户，提供带宽出租和按需分配带宽（BOD）等更具灵活性的业务；用户将有能力控制自己租赁的光网络资源而不必自己建网。GMPLS 支持的多种粒度的虚拟专用网，所具有的资源共享的经济性、灵活性、可靠性、安全性和可扩展性等优势为运营商在现有网络上提供了新的利润增长点。

（2）完善的流量工程和服务质量保证

高效的流量工程和服务质量是优化网络性能和服务提供商提高业务能力的重要方面。GMPLS 流量工程的实现及其针对 MPLS 路由和信令协议的扩展，大大地提高了网络的有效性，优化了网络结构，对建立下一代网络（NGN）具有重大的意义。GMPLS 支持的 LSP 嵌套能力及形成的 LSP 层次结构，使得 GMPLS 网络具备更好的规模性部署和可扩展能力。GMPLS 技术的出现，使传统的多层网络结构趋于扁平化，为光网络传输层功能与数据网络交换功能的结合迈出了关键的一步，实现了 IP 层和光层之间的无缝结合。

GMPLS 技术代表了网络简化层次和广泛融合的趋势，同时也是 IP 化向光传输领域的真正迈进。在光网络中引入 GMPLS 技术，不仅可以提供巨大的传输带宽，而且可以实现网络资源的最佳化，从而保证光网络以最佳的性能和最低的费用支持当前和未来的各种业务。GMPLS 提供灵活的链路保护和链路恢复能力，可以有效地解决网络的生存能力，为提供新型服务奠定了基础。

10.3.4　软件定义光网络

从 20 世纪 90 年代业界提出智能光网络的构想，到 ITU-T 提出 ASON 和 IETF 提出 GMPLS，初步实现了分布式控制下的光路动态建立与拆除。但随着光网络规模的不断扩大，网络中设备的种类和数目不断增加，光网络的发展呈现出明显的异构化趋势，形成多域异构光网络。ASON 在实现多域异构光网络互联互通的过程中遇到一些新的问题和挑战，主要包括以下三方面。

1）网络信息具有隐蔽性需求。在现网典型的应用场景中，各个网络运营商对运营范围内的网络拓扑和资源信息具有隐蔽性要求，同时各个设备制造商对其产品设备所采用的技术和参数信息也具有保密性需求，这正在一定程度上决定了光网络信息的选择性扩散特性。

2）网络规模的迅猛扩大，导致交互信息和计算负荷增加。随着光网络互联规模的扩大，管理网络和信令网络中需要泛洪或扩散的信息量越来越大，路径计算和连接控制的复杂度也不断增加，这对支撑网络的线路和设备都提出了更高的要求。

3）管控平面的高度异构化，多种异构传送体制（如 SDH、波分复用和 OTN 等）长期共存，各设备制造商的交换设备结构和交换方式也不一致，而现有管理和控制协议对设备传送平面物理层的屏蔽能力有限，同时各设备制造商的管理和控制平面依据的协议版本和参数也不一致，这些都导致了光网络管控平面互联互通客观上的困难。

由于存在以上问题，基于 GMPLS 的传统分布式控制机制面临收敛时间长、协议复杂和控制效率低等问题。为此，路径计算单元（PCE）从分布式控制平面中被剥离出来，促成了智能光网络中的资源计算从分布式到集中式的演化。PCE 是集中式或分布式的控制平面跨域路径计算模型，其基本思想是把路由功能从控制平面独立出来，承载在专用实体上完成受约束的路径选择和计算。PCE 架构相对比较灵活，可以采用集中或分布多种方式，结合域间信息隐蔽性要求后，基于 PCE 的跨域路由如图 10-28 所示。

目前已经提出的多域 PCE 组织架构有基于反向递归路径计算（BRPC）的扁平 PCE 架构、基于分层串行路径计算的 PCE 架构和基于分层并行路径计算的 PCE 架构等。由于 PCE 在域间路径计算采用的是一致的路径计算架构和协议，相当于搭建了一层统一的域间路由平面。

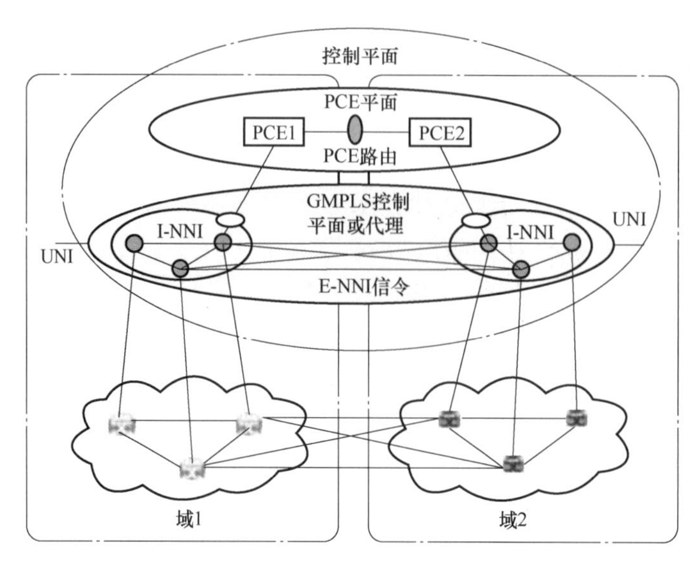

图 10-28 基于 PCE 的跨域路由

相对于 ASON 的跨域路由机制而言，基于 PCE 的路径计算有以下主要优点：

1）由于 PCE 将路由功能从 ASON 控制平面独立出来由专用实体实现，因此可以较大地提升路径计算效率。

2）PCE 在域间传递虚拟最短路径树（VSPT），对域间拓扑和流量工程信息有较强的隐蔽作用。

3）PCE 在架构、路由、通信和发现机制等方面协议支持较为完善。不过，PCE 架构只约定了路径计算模型，对域间连接控制等方面的信令机制并没有明确定义，因此它需要与其他控制机制（如 ASON 中的 E-NNI）配合完成整个跨域连接服务功能。另外，BRPC 的优化程度非常依赖于域序列选择算法，这也成为限制路由效果的主要因素。但是，PCE 仍然需要节点上加载的控制平面配合来维护全局的网络视图，这种分布式与集中式结合的方式难以高效率地满足日益增长的业务需求。

2009 年，斯坦福大学提出了基于 OpenFlow 的软件定义网络（SDN），其核心思想是网络设备控制面与数据面分离，将该思想引入到光网络中即构成了软件定义光网络（SDON），代表了光网络的发展方向。

图 10-29 所示为 SDON 的架构示例，图中的适配单元可完成不同厂商交换设备和 SDON 控制器之间的资源/控制信息过滤和格式转换。与基于 OpenFlow 的 SDN 控制不同，SDON 控制器需要针对光网络的资源、业务和控制特性，建立异构传送体制下的统一虚拟资源矩阵和统一虚拟控制状态机等实体，以达到通过软件改变参数的方式定义不同种类业务的功能，最终实现异构网络在不同业务环境下自适应的互联互通。

SDON 的主要特点包括以下三方面。

1）开放灵活的业务编排。移动互联网的快速发展使得网络中的业务呈现出日益多样化的趋势。光网络不仅需要承载传统的语音等电信业务，同时还要根据不同用户的需求（如服务质量、时延和带宽等），提供不同的虚拟网络给用户。在现有网络架构下，当服务提供需要增加新的业务时，运营商需要人工修改运行支撑系统（OSS）。当业务种类更新换代频繁时，现有的 OSS 运行模式难以适应快速变化的用户需求。开放灵活的业务编排能力是 SDON 的突出优点，其能够将网络应用部署与特定的网络环境解耦合，不同的应用程序通过统一的北向接口实现业务灵活、快速地接入。

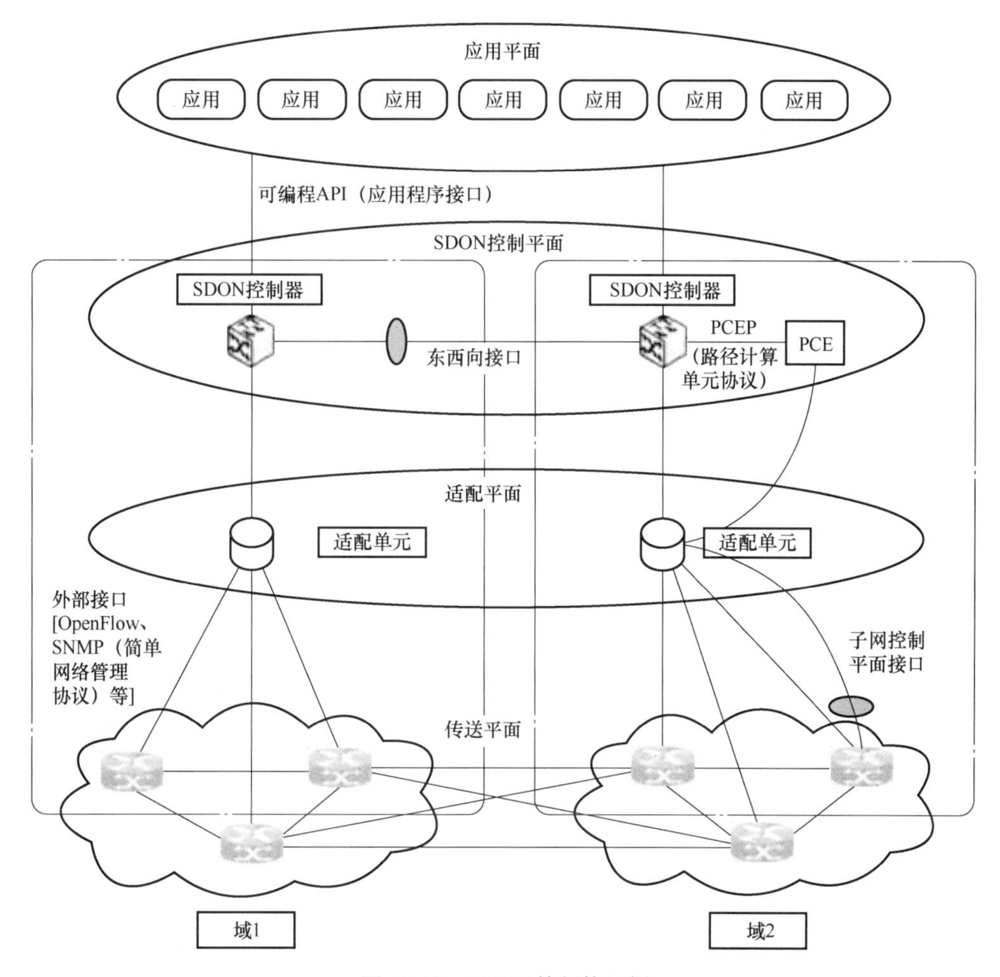

图 10-29　SDON 的架构示例

2）异构互联与多域控制。基于 IP 与光的多层异构网络互联长久以来始终是网络研究的重点，光层为 IP 层提供静态配置的物理链路资源，IP 层看不到光层的网络拓扑和保护能力，光层也无法了解 IP 层的动态业务连接需求。此外，运营商竞争、设备接口和网络部署的差异性等导致不同运营商之间互联困难，特别是跨地域跨运营商的资源调度灵活性很差。SDON 提出面向对象的交互控制接口，它可以实现异构多域网络信息抽象化和跨域网络控制集成化，从而在异构与多域网络之间建立起具备统一控制能力的新型异构网络体系架构。该接口有效屏蔽了底层不同运营商网络对各自设备的控制方式，实现了物理资源的统一调配，通过将不同的网络资源，如带宽、连接状态等进行逻辑抽象，形成有别于物理形态存在的虚拟网络资源，并将这些虚拟资源提供给上层应用。

3）可编程光传输与交换。可编程的光传输与交换设备是 SDON 的核心，是数据平面实现软件控制的保障。先进光器件和高速数字信号处理等的进步，使得光网络中的模块与器件性能具备了可调谐能力，如光收发机的波长、输入功率、输出功率、调制格式、信号速率、前向纠错码类型选择和光放大器的增益调整范围等参数都可以实现在线调节，光路已经发展成为物理性能可感知、可调节的动态系统，从而实现光层智能。此外，光网络正朝着带宽粒度更精细化的方向发展，弹性光网络和灵活栅格技术的引入打破了传统波长通道固定栅格的限制，可以实现“四无”（无色、无向、无栅格、无阻塞）光交换，为实现高谱效率、速率灵活的光路配置和带宽管理提供了全新思路。SDON 提出的软件编程光路交换技术，满足灵活栅格分配的要求，支持大容量、多维度、多方向的全光分插复用节点方案，可以设计实现具备方向无关、波长无关、竞争无关和栅格无关等特征的高度可重构节点交换结构，并通过采用高性能的可编程光路选择滤波集成组件等技术，支持不同间隔和码型光信号的可编程传输和交换。

SDON 是对光网络智能化的延伸与增强，代表光网络的控制平面由单纯的交换智能向同时考虑业务智能、传输智能的综合方向发展，是光网络智能化发展的主要方向。

10.4 全光网

10.4.1 全光网的原理

全光网（AON）是指信息从源节点到目的节点的传输完全在光域进行，以光节点取代现有网络的电节点，并用光纤将光节点连成网，全部采用光波技术完成信息传输和交换的宽带网络。它包括光传输、光放大、光再生、光选路、光交换、光存储和光信息处理等先进的全光技术。全光网克服了现有网络传送和变换时的电子瓶颈，减少了信息传输的拥塞，大大提高了网络的吞吐量。

由于使用光节点取代了现有网络中的电节点（或光电混合节点），信号在通过光节点时不需要经过光/电转换和电/光转换，因此它不受光电检测器、光调制器等光电器件响应速度的限制，对比特速率和调制方式透明，可以大大提高节点的吞吐量，克服了原有电子交换节点的时钟偏移、漂移、串扰、响应速度慢和固有的 *RC* 参数等缺点。

全光网的主要特点有：充分利用了光纤的带宽资源，有极大的传输容量和极好的传输质量；具有良好的开放性，对不同的速率、协议、调制频率和制式的信号同时兼容，并允许不同类型设备（如 PDH、SDH、ATM、波分复用和 OTN），甚至与 IP 技术共存，共同使用光纤基础设施；全光网不仅扩大了网络容量，更重要的是易于实现网络的动态重构，可为大业务量的节点建立直通的光通道；采用虚波长通道（VWP）技术，解决了网络的可扩展性，节约网络资源（如光纤、节点规模和波长数）。

按照网络的多址方式、网络的功能和作用、网络的工作方式不用，可以对全光网进行不同的分类。

（1）按照网络的多址方式不同进行分类

1）光波分多址全光网。光波分多址全光网利用不同的光波长（载频），实现光信道的多路复用和多址组网；利用密集波分复用技术和光放大技术实现网络链路的全光传输。

光波分多址全光网的优点是容量大，可成倍地扩展；传输速率高，可运行在 10Gbit/s 和更高速率的波长信道上；兼容性好，适用于ATM、SDH、IP及其他信息制式；具有对传输和交换的速率、波长和协议的透明性，网络的抗毁恢复性能好；网络易于升级，可扩展性好。

2）光时分多址全光网。光时分多址全光网络是基于光时分多址技术的全光联网方案，它将光信道在时间上化分成若干时隙，将时隙作为地址，不同用户分配给不同的时隙，进行复用和组网。

光时分多址全光网的显著特点是可以将低速信道转换为高速信道，多址性能好，但当信道上传输速率高时，对同步、时钟提取等难度增加。

3）光码分多址全光网。光码分多址全光网通过给不同的用户分配不同的地址码实现多路信道复用和组网。

光码分多址全光网基于扩频通信、码分多址接入和全光网络技术，具有抗干扰能力强、保密性好、实现多址连接灵活方便、动态分配带宽和网络易于扩展等优点，并直接进行光编码和光解码，网络中没有电节点，可实现全光通信，克服了“电子瓶颈”效应，充分发挥光纤信道宽带宽的潜力。光码分复用全光网对光源性能的稳定性、谱线宽度等要求比光波分多址全光网大大降低，且在全网不同信道中均采用同一波长，频谱资源利用率高，设备相同，便于制造、维护和管理，成本低，而且有极大的优越性和广阔的应用前景。

（2）按照网络的功能与作用不同进行分类

1）全光核心网。全光核心网络用作长途骨干网，是当前研究和应用的主流，重点解决多媒体全业务信息超大容量、超高速的全光传输和交换，基于光放大技术、光调制技术、光多路复用技术、光交换技术、新型光纤和色散补偿等技术，构成多种类型的全光网络。

2）全光接入网。全光接入网是最终实现光纤到家的网络形式，利用全光多址接入和抗多址干扰技术，实现全业务服务。现在的无源光网络技术均有其一定的局限性，未来尚需探索新一代的全光接入网技术，实现全光无源光网络。

3）全光互联网。全光互联网基于各类全光网之间的光互联和IP技术，构成全透明的全光网，实现任何人、在任何地方、任何时候都可以与任何人进行任何方式的实时、无阻塞的通信，并可以享用全光互联网平台上的信息资源。

（3）按照网络的工作方式不同进行分类

1）广播和选择网络。广播和选择网络具有广播和组播功能，所需播送的信息可以到达网上的全部用户或指定的一组用户，用户可以对播送来的信息有选择地接收和使用。星形和总线型网多采用这种工作方式。

2）路由寻径网。在路由寻径网中，单跳网的信息传递按照所给定的地址直接从信源送到信宿，多跳网的信息传递要经多个节点，每个节点按照所给定的地址选择路由，逐段传送和交换，最终将信息从信源送到信宿。网状网多采用这种方式。

10.4.2　全光交换技术

传统的光网络节点中业务的处理只能在电域进行，需要在中间节点经由光/电转换和电/光转换，这种方式不仅成本高、结构复杂，而且吞吐容量不足。因此，在电域进行交换的方式已不能满足未来各种新业务发展的要求，形成了高带宽传输链路在节点处进行处理的速率瓶颈，因此很自然地提出在节点处对信号进行光域透明处理，即进行全光交换，全光交换技术也是全光网最核心的技术之一。

全光交换技术是指光网络中的节点不需要任何光/电转换和电/光转换，可以直接在光域将输入光信号交换输出到不同的输出端。根据实现方式不同，主要分为光路交换和光分组交换。

光路交换可利用光分插复用器等实现。现阶段光分组交换所需的光逻辑部件的功能还不是很完善，如存储、转发、调度等较复杂的逻辑处理功能还不能完全实现，因此目前光分组交换网络节点的核心单元对信号的处理仍然在电域中进行，即电控制下的光交换。未来随着光器件相关技术的不断完善和发展，光控全光交换将是光交换技术的最终归宿。

具体而言，光分组交换可以进一步分为光突发交换（OBS）、光分组交换（OPS）、光子时隙路由（PSR）和多协议波长交换（MPλS）等。虽然目前网络中电交换方式因其技术成熟具有较高的性价比，但是由于网络发展对于信息高速率和全透明性的要求，光控光交换技术将是未来不可阻挡的发展趋势。随着光交换技术的发展，未来网络中的信号传输与交换，甚至控制全部在光域内完成，从而能够有效地保证网络的可靠性，提供灵活的信号路由平台。

1. 空分光交换

空分光交换是指通过控制器选通器件的通断，实现空间任意两点（点到点、点到多点或多点到点）的直接光通道连接，实现方法是空间光路的转换。最基本的器件是光开关及相应的光开关阵列矩阵。

空分光交换网络的形式较多，大致可以分为三类，如图 10-30 所示。

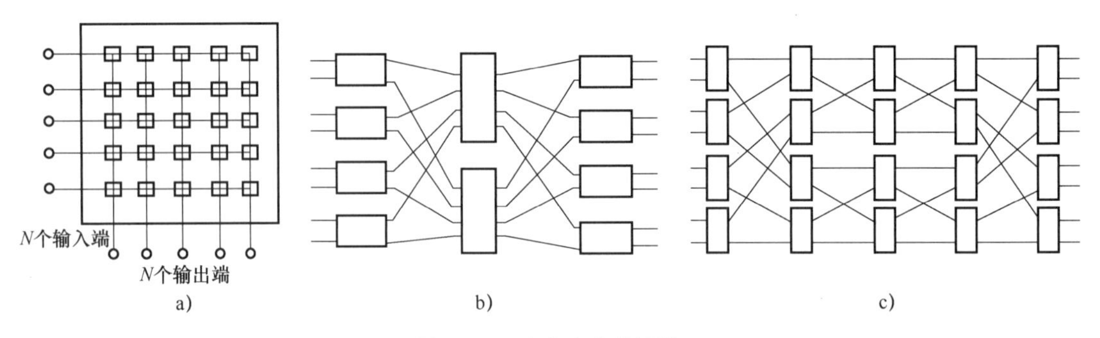

图 10-30　空分光交换网络

a）纵横交换网络　b）CLOSE 网络　c）多级互连网络

纵横交换网络如图 10-30a 所示。在各交叉点处安放光开关，通过控制这些光开关的通断即可实现任一端输入到任一端输出、任一端输入到多端输出、多端输入到任一端输出之间的交换。CLOSE 网络如图 10-30b 所示，这是一种三级的网络结构形式的串联，可控制大量的通信通道。多级互连网络如图 10-30c 所示，这种网络利用 2×2 等小规模光开关作为基本单元，按照一定的拓扑结构连接起来，完成交换功能。

2. 光波长交换

光波长交换（Optical Wavelength Switching）以波分复用原理为基础，采用波长选择或波长变换的方法实现交换功能，如图 10-31 所示，图 10-31a 和图 10-31b 分别为波长选择法和波长变换法，WDMX 和 WMUX 分别为波长解复用器和波长复用器。

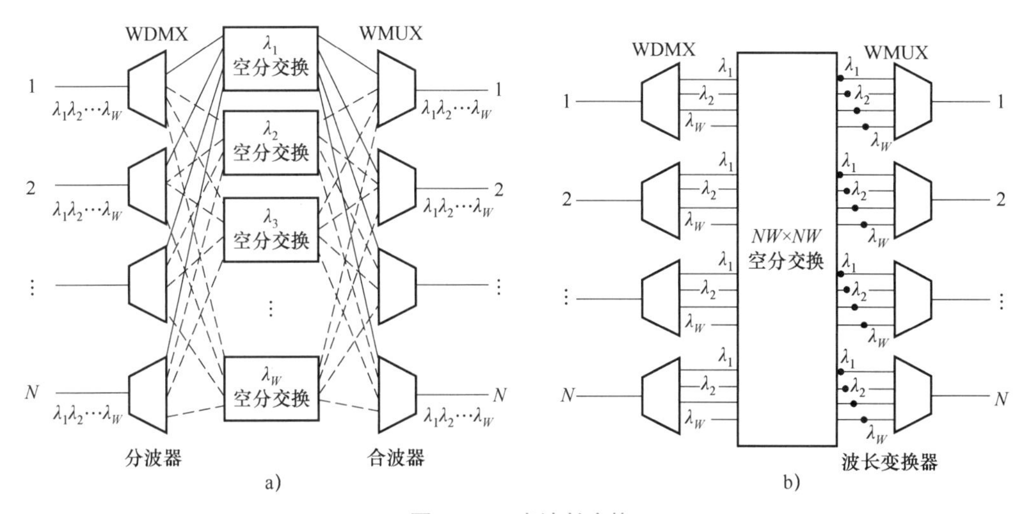

图 10-31　光波长交换

a）波长选择法　b）波长变换法

（1）波长选择法交换

光波分交换机的输入和输出都与 N 条光纤相连接，每条光纤承载 W 个波长的光信号。首先，每条光纤输入的光信号经过分波器分为 W 个波长不同的信号，所有 N 路输入的波长为 $\lambda_i(i=1,2,\cdots,W)$ 的信号都送到 λ_i 空分交换机，在那里进行同一波长 N 路（空分）信号的交叉连接，如何交叉连接由控制器决定。然后，W 个空分交换器输出的不同波长的信号通过合波器复接到输出光纤上。这种空分交换机可应用于采用波长选路的全光网络中。由于每个空分交换机可能提供的连接数为 $N\times N$，故整个交换机可提供的连接数为 N^2W。

（2）波长变换法光交换

波长变换法与波长选择法的主要区别是用同一个 $NW\times NW$ 空分交换机处理的 NW 路信号的交叉连接，在空分交换机的输出处加上波长变换器，然后进行波分复接。可提供的连接数为 N^2W^2，内部阻塞概率较波长选择法小。

（3）微机电系统 MEMS

随着密集波分复用技术的不断成熟，进行波长交换的节点需要对数十到数百个波长进行疏导，完成这一工作的器件目前较成熟的是微机电系统。目前实用化的微机电系统是利用光蚀刻等技术在晶体平面上实现空间三维可调的微小反射镜面，根据业务信号的流向调整镜面的反射角以实现信号的疏导。目前已经能在单个晶体上制成 1024×1024 的微机电系统。微机电系统通过移动光纤末端或改变镜片角度，把光直接送到或反射到交换机的不同输出端。采用微电子机械系统技术可以在极小的晶片上排列大规模机械矩阵，其响应速度和可靠性大大提高。这种光交换实现起来比较容易，插入损耗低、串音低、消光好，偏振和基于波长的损耗也非常低，对不同环境的适应能力良好，功率和控制电压较低，并具有闭锁功能；缺点是交换速度只能达到 ms 级。

3. 光分组交换

光分组交换是未来全光网的核心。在光分组交换的全光网中，业务层的数据包（如 IP 数据）直接映射在光域的光分组上，由光域的光路由器或光交换机对光分组直接进行处理，从而实现真正意义上的全光交换。但是目前由于技术限制，尚不能对光信号实现直接的存储、队列、缓冲和分发等功能。从长远来看，光分组交换是光交换的发展方向。光分组交换采用单向预约机制，在进行数据传输前不需要建立路由、分配资源。分组净荷紧跟分组头在相同光路中传输，网络节点需要缓存净荷，等待带分组目的地的分组头处理，以确定路由，相比而言有着很高的资源利用率和很强的适应突发数据的能力，但是也存在着两个近期内难以克服的障碍：一是光缓存器技术还不成熟；二是在光分组交换节点处，多个输入分组的精确同步难以实现。因此目前来看真正意义上的光分组交换难以在短时间内达到实现化。

4. 光突发交换

光波长交换处理的最小单位是波长，对于网络中交换节点处理业务的颗粒度而言显得比较粗，而光分组交换现阶段距离实用化又较远，因此提出了光突发交换。光突发交换作为由电路交换到分组交换技术的过渡技术，结合了电路交换和分组交换两者的优点，且克服了两者的部分缺点，已引起了越来越多人的注意。

光突发交换中的“突发”可以看成由一些较小的具有相同出口边缘节点地址和相同服务质量要求的数据分组组成的超长数据分组，这些数据分组可以来自于传统 IP 网中的 IP 包。突发是光突发交换网中的基本交换单元，它由突发控制分组（BCP，作用相当于分组交换中的分组头）与突发数据分组（BDP，即净载荷）两部分组成。突发控制分组和突发数据分组在物理信道上是分离的，每个突发控制分组对应一个突发数据分组，这也是光突发交换的核心设计思想。例如，在波分复用系统中，突发控制分组占用一个或几个波长，突发数据分组则占用所有其他波长。

将突发控制分组和突发数据分组分离的意义在于突发控制分组可以先于突发数据分组传输，以弥补突发控制分组在交换节点的处理过程中光/电/光转换及电处理造成的时延。随后发出的突发数据分组在交换节点进行全光交换透明传输，从而降低对光缓存器的需求，甚至降为零，避开了目前光缓存器技术不成熟的缺点。并且由于突发控制分组大小远小于突发包大小，需要光/电/光转换和电处理的数据大为减小，缩短了处理时延，大大提高了交换速度。

小　　结

光纤通信诞生之初主要用于两个不同业务终端之间的点对点传输，随着各类先进的有源和无源光器件的成熟，以及用户需求的快速增长，光纤通信系统的网络拓扑结构也从最初的线状或链状，逐渐发展成为环状网和网状网。无源光网络是目前最主要的光接入网手段，其覆盖了从商业用户到家庭用户等不同类型的用户群体，光纤到家已经成为最流行的接入方式。5G 等无线通信网络中，各类远端节点也都需要通过光接入网实现接入。针对用户业务类型从传统的语音向数据的转型，专门用于计算机网络的光互联技术也得到了广泛的重视，在初期的 FDDI 和光纤通道基础上，目前业界高度关注数据中心光互联技术，并在此基础上探索推进算力网络的光互联。网络的智能化始终是网络设计和部署的发展方向，从 ASON 到 SDON，光网络不断通过引入最新的控制协议和技术，实现灵活的业务提供，并通过光层的技术变革，推进更高水平的智能光互连。

习　　题

1）在电信网中，接入网是怎样定义的？接入网的范围由什么界定？

2）接入网分为几层？各层有什么功能？

3）阐述光纤接入网的基本结构组成及各功能模块的功能。

4）光纤接入网主要有哪些类型？无源光网络目前采用什么样的传输技术？

5）比较 APON 与 EPON 的主要异同。

6）EPON 为什么不能沿用以太网中的 MAC 协议 CSMA/CD？

7）光接入网的关键技术有哪些？测距的目的是什么？

8）GPON 的上行控制方案有什么特点？

9）FDDI 与光纤通道在传输性能上的主要异同是什么？

10）ASON 主要结构中的三个平面各自的作用是什么？ASON 中的三种连接有什么区别？

11）GMPLS 与 MPLS 有何异同？ASON 与 GMPLS 之间是什么样的关系？

12）为什么跨域路由是 ASON 的难点？PCE 是如何实现跨域路由的？

13）简述 SDON 的主要特点。

14）全光交换的难点是什么？简述常用的光波长变换方法。

第11章 光纤通信新技术

自从1966年高锟先生提出纤维介质波导理论，为光纤通信奠定了理论基础以来，短短数十年间，光纤通信已经迅速发展为现代信息社会不可或缺的重要基础设施。从互联网的骨干传输到连接千家万户的光纤接入网，从服务各行各业的基础算力网络到探索宇宙奥秘的大科学装置，处处都有光纤通信系统的影子。为了满足不同领域的应用，光纤通信在理论研究和工程实践中也不断催生出了各种新的技术和新的应用，本章主要介绍一些典型的光纤通信新技术及其应用。

11.1 光孤子通信

11.1.1 光孤子通信的产生与发展

1834年，英国造船工程师罗素（J. S. Russell，见图11-1）在苏格兰爱丁堡附近的尤宁运河岸边观察船在河中的运动情形时，发现当船突然停下时，河道中被推动的水团并未停止。特别地，有时水团会呈现为一个轮廓分明的水峰，并以很快的速度离开船首，沿着河道继续向前行进很长一段距离而形态不变。罗素敏感地意识到，自己可能发现了一个新的物理现象，他在实验室中设计搭建了大型水槽开展研究后发现，这个现象与一般常见的水波截然不同，其能够在水面上维持很长距离而保持形状不变，传统的流体力学方程无法解释这种现象。因此，罗素给自己的发现取了个新名字：平移波或孤波（Solitary Wave）。

1872年，法国物理学家和数学家布辛涅斯克（J. V. Boussinesq）在研究浅水波相关的流体力学问题时，首次从数学上初步证明罗素所提出的孤波在理论上是可能的。1895年，荷兰数学家科特韦格（D. Korteweg，见图11-2）和德弗里斯（G. de Vries，见图11-3）在研究单方向运动的浅水波时，对布辛涅斯克的工作进行了拓展，建立了著名的KdV方程。KdV方程的一个特解恰好可以表示一个长距离传播的波，其在传播中可以同时保持形状和速度不变。1965年，美国数学家克鲁斯卡尔（M. Kruskal）和扎布斯基（N. J. Zabusky）通过计算机模拟了孤立波的“碰撞”，发现经碰撞后的它们不会改变形状、大小和方向，并首次提出了孤立子或孤子（Soliton）这个名词，这也标志着孤子理论的正式诞生。

1973年，A. C. Scott、Chu和McLaughlin等人提出了孤子的正式定义：孤子的理论意义是非线性波动方程的一个特解，它可传播很长的距离而不变形；它与其他同类孤立波相遇后，可以保持其幅度、形状和速度不变。从波动光学观点而言，孤立波是传播过程中保持自身形态不变的定域化的波，并且两个孤立波碰撞前后波形和速度保持不变。从粒子观点而言，孤子是能量集中在有限时间和空间的孤立波，并且两个孤子间发生碰撞后，各自的能量不会随时间扩散，即保持原来的速度和形状。

图 11-1　罗素（1808—1882）

图 11-2　科特韦格（1848—1941）

图 11-3　德弗里斯（1866—1934）

1973 年，Hasegawa 和 Tappert 首次通过理论分析得出结论：当光脉冲在光纤中传输时，如果入射光功率足够大，光纤中产生的非线性现象（典型的如自相位调制效应）会引起脉冲压缩，当色散引起的脉冲展宽与非线性效应引起的脉冲压缩相互抵消时，可能会形成光脉冲无畸变传输的现象，此时的光脉冲可以视为是孤立的（不受外界条件影响），称为光孤子。1980 年，Mollenauer 等从实验上证实光纤中可以形成光孤子；但是由于光纤损耗的原因，导致光孤子不能在光纤中长距离传输。1983 年，Hasegawa 提出利用光纤中的受激拉曼散射补偿光纤能量损失以维持光孤子传输。1988 年，Mollenauer 和 Smith 利用拉曼放大技术使孤子在光纤中传输了 6000km。1989 年，Nokazawa、Kimura 和 Suzuki 利用掺铒光纤放大器补偿光纤损耗引起的孤子能量损失，实现了光孤子的长距离传输。

基于光孤子实现超长距离通信是从非线性光学研究中提出的设想。当入射光功率较低时，可认为光纤是线性系统。在线性系统中，光纤传输的光脉冲受光纤色散的影响，脉冲产生展宽，从而引起码间干扰并限制了系统的误码率或信噪比。随着光纤入射光功率的增加，光纤中的非线性效应逐渐明显。如果用大功率光源产生 ps 级的超短脉冲并将其耦合进光纤，可能在光纤中激发出严重的非线性效应。此时，光纤可以视为非线性介质，即由于克尔效应（Kerr Effect）导致其折射率不再是常数，光纤折射率会随着入射光强变化，这种折射率非线性效应会造成光脉冲前沿速度变慢，后沿速度变快，脉冲宽度被压缩。在一定的条件下，当光纤的线性现象和非线性现象同时存在，使光纤的展宽和缩窄正好平衡，产生一种新的光脉冲，就会得到信号脉冲无畸变的传输。换言之，若在传输线路中始终能保持色散导致的脉冲展宽与非线性效应造成的脉冲压缩相互抵消，则理论上可能维持一个脉冲形状不变的光孤子，其可以传输极远的距离而保持形状不变，这为跨大洲等超长距离光纤通信系统提供了一个可能的解决方案。

图 11-4 所示为光孤子通信系统组成。

如图 11-4 所示，发送端由光孤子源（即光孤子激光器）产生一串光孤子序列（即 ps 级超短脉冲），电脉冲源信号通过间接调制器对光孤子流进行调制，被调制的光孤子序列经掺铒光纤放大器和光隔离器后进入光纤传输。光孤子源是光孤子通信实现的关键，要求提供的脉冲宽度为 ps 级且有规定的形状和峰值，已经提出的光孤子源类型主要有掺铒光纤孤子激光器和锁模激光器等。利用提高输入光脉冲功率产生的非线性压缩效应，补偿由光纤色散效应导致的脉冲展宽，维持光脉冲幅度和形状不变，是光纤孤子通信的基础。显然，只有当光纤损耗可忽略或光纤损耗可以被完全补偿时，这种特性才能保持。当存在光纤损耗时，光孤子能量被不断吸收，峰值功率持续减小，减弱了补偿光纤色散的非线性效应，可能导致光孤子脉冲展宽，从而限制了传输距离和系统性能。为克服因光纤损耗引起的光孤子减弱，光纤线路的沿途要级联设置若干个光放大器，以补偿光脉冲能量损失，同时需要仔细平衡非线性效应与色散效应，最终保证脉冲的幅度与形状稳定不变。在接收端通过光孤子检测装置及其他辅助装置实现信号的还原。目前多采用集总式补偿实现光孤子的放大、整形，即沿光孤子传输系统周期地接入掺铒光纤放大器或拉曼光纤放大器等光纤放大器。相关文献中已经通过实验验证，采用集总放大器恢复光信号强度的光孤子通信系统可以将 10Gbit/s 的信号传输数万千米。

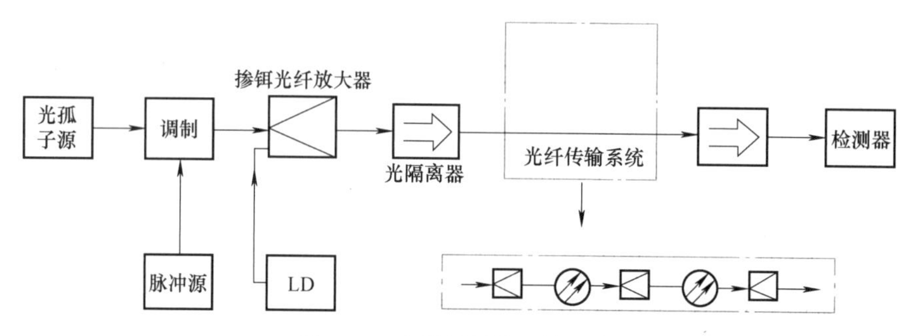

图 11-4 光孤子通信系统组成

11.1.2 影响光孤子通信系统容量的因素

1. 放大自发辐射噪声

光孤子通信系统中接入光放大器补偿光纤损耗，可以实现长距离传输。但由于接入了较多数量的光放大器，不可避免地会在系统中引入放大自发辐射噪声（ASE），这种噪声可能会限制系统距离和性能。ASE 对光孤子通信系统的影响主要表现在以下三方面。

1）ASE 叠加到信号上，降低系统的信噪比，降低的程度与光放大器的噪声系数和光放大器的数目有关。

2）ASE 的累积可能会引起后续级联光放大器的增益饱和，降低增益和输出信号功率。

3）ASE 使光孤子到达终端的时间发生抖动，当抖动量超出检测窗口的容限时将产生误码，影响系统性能。

ASE 叠加到信号上将可能引起光放大器输出振幅和相位的波动，振幅或能量波动导致光孤子脉宽产生波动，相位波动以随机方式改变了光孤子的载波频率，使群速度也发生随机变化，由此使光孤子到达末端的时间出现了随机抖动，将会产生误码，对光孤子通信系统的性能产生限制。

2. 光孤子源的频率啁啾

光孤子源的频率啁啾也是影响光孤子通信系统容量的重要因素之一。如果光孤子源带有啁啾成分，这种啁啾可能会干扰群速度色散与自相位调制效应间的平衡，对光孤子通信系统有害。减小光源啁啾通常可以通过采用低啁啾或无啁啾的激光器、采用间接调制技术，以及采用增益开关技术等措施。

3. 自感应受激拉曼散射与孤子自频移

因为超短脉冲具有很宽的频谱，其可能通过受激拉曼散射效应，将脉冲高频分量的能量转移给同一脉冲中的低频分量，这种现象称为自感应受激拉曼散射。自感应受激拉曼散射的影响主要表现为当光孤子在光纤中传输时，脉冲高频部分能量向低频部分移动，导致光孤子载频漂移，称为孤子自频移（SSFS）。载频向低频移动将转化为群速度的变化，群速度降低，光孤子减速，影响光孤子通信系统的性能。在考虑孤子自频移后，脉冲宽度的波动将转化为时间抖动。

进入 21 世纪以来，密集波分复用、相干光通信、高速数字信号处理和大有效纤芯光纤等技术陆续成熟，有效克服或减缓了超长距离和超大容量光纤通信的压力，光孤子通信系统因其系统结构较为复杂和成本较高等缺点，大规模商业化运行尚需时日。近年来，锁模激光器等光器件的成熟，可以产生 fs 级超短激光脉冲。在此基础上，光学频率梳（OFC）技术成为光孤子通信的又一个有潜力的实现方式。光学频率梳是指在频谱上由一系列均匀间隔且具有相干稳定相位关系的频率分量组成的光谱。为了实现长距离光孤子通信，可以引入基于光学频率梳的连续孤子脉冲，最新的实验研究表明，数据传输速率可超过 50Tbit/s，传输距离可达 75km。

11.2 自由空间光通信

11.2.1 自由空间光通信的原理和特点

自由空间光通信（FSO）又称无线光通信或大气光通信，是指以激光为载体，在真空或大气中传递信息的一种通信方式。按照应用环境的不同，FSO 系统中的光链路形式有建筑物到建筑物、卫星到地面、卫星到卫星和卫星到机载平台（如无人机或气球）等。

FSO 的思想提出得很早，20 世纪 60 年代是 FSO 研究最活跃的时期，但是由于 FSO 系统的性能受到天气条件的影响和限制，同时随着 70 年代实用化石英光纤的问世，光通信的研究重点迅速转移到光纤通信上，这也使得对 FSO 的研究陷入了暂时的低潮。进入 20 世纪 90 年代后，随着包括半导体器件和先进光学调制器件等相关技术的突破，特别是中低轨道卫星系统的快速部署和应用对短距高速无线通信的需求，FSO 系统以其中短距离传输、较高传输速率、适用于空间或室外视距接入环境等突出优点得到了广泛的重视。目前，FSO 的主要应用领域有卫星光通信和地面光通信两个场景。

与使用微波或毫米波频段的无线通信技术相比，FSO 系统由于使用的是光波频段，其具有方向性强、无需频谱占用许可、可用频带宽等突出优点。

1）无需频谱占用许可。FSO 使用激光作为载波，其工作在 THz 级别，无需频谱使用申请和规划，而使用射频或毫米波频段的大多数无线通信技术都需要仔细分配频段，以避免与已经投入商业运营的地面无线通信系统所使用的频段冲突，甚至需要昂贵的频谱资源占用费用。

2）可用频带宽。与光纤通信系统类似，FSO 系统由于采用光频载波，因此具有频带宽的显著优势。虽然其传输链路的质量（如信噪比）较有线方式的光纤通信明显不足，但在较短的传输距离上（典型的如数百米至数千米）仍然可以支持 Gbit/s 级乃至更高的接入速率。

3）安装方便，系统成本低。由于 FSO 以大气为传输媒质，免去了昂贵的光纤铺设和维护工作（这一点在长途光缆或海底光缆等应用场景中尤为明显），因此 FSO 系统建设的总成本较低，而且安装灵活，特别适合应急组网使用等场景。

4）安全性能好。由于激光的方向性好，光源的发射波束非常窄，在 FSO 系统中还会采用聚焦透镜组对发送光信号进行会聚，因此除非光通信链路被阻截，否则很难被截取或侵入。由于 FSO 系统中收发之间是点对点配置，因此一旦由于非法侵入导致接收光信号质量下降或功率降低，系统可以迅速获知并采取相关措施。

与其他在空间直接传输信号的无线通信技术相比，FSO 也存在信道不稳定等类似的缺点，例如，风力和大气温度的梯度变化会引起大气折射率的变化，产生所谓气穴或闪烁效应。气穴密度的变化将会造成光束强度的瞬时突变，严重影响 FSO 的质量。另一个严重降低 FSO 质量的天气因素是雾和霾等大气中不同尺寸杂质粒子的影响，此外，雨雪也会降低 FSO 的质量。影响 FSO 性能指标的另外一个因素是大风和地震等引起的光路相对位移。由于 FSO 系统的收发设备一般都安装在高楼之上，因此大风引起建筑物的晃动或地震都会造成光路的偏移。尽管激光的定向性很好，但波束还是会随传输距离的增加而发散，超过一定距离后就难以被正确接收。

11.2.2 自由空间光通信系统及其关键技术

1. FSO 系统

FSO 系统的基本结构如图 11-5 所示，FSO 系统主要由光发送机、光接收机和空间光通道三部分组成。由图 11-5 中可以看出，它比光纤通信系统主要多了发送端光学天线和接收端光学天线两部分。

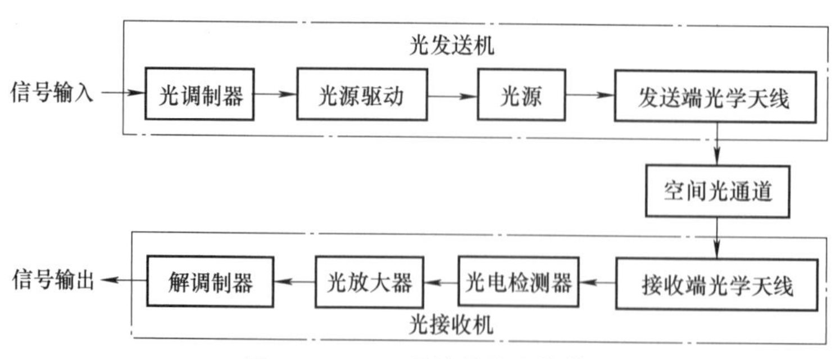

图 11-5 FSO 系统的基本结构

LD 因为可靠性好、效率高、体积小和重量轻，是 FSO 系统中首选的光源器件。由于相对于光纤通信系统而言，大气信道衰减较 SiO_2 光纤高 2~3 个数量级，因此需要仔细考虑并选择适宜的调制编码方案，同时可以考虑多个 LD 组件组合使用的分集发送方案。不同天气情况下的大气信道衰减见表 11-1。

由于激光的方向性极好，因此对于兼有搜索、捕获和跟踪功能需求的 FSO 系统而言，光发送机侧常采用光信号与信标光分离的方法。因此，对于这样的通信系统，就要求有两类不同的 LD。通常，信标光由于发射角较大，常采用输出功率较大的 LD；光信号由于有传输码率的要求，多采用输出功率较小、调制频率较高的激光器。

表 11-1　不同天气情况下的大气信道衰减

天 气 情 况	典型衰减值/(dB/km)
晴朗	5~15
雨	20~50
雪	50~150
雾	50~300

考虑到 FSO 系统的信道质量远低于光纤线路，为了在接收端获得足够的光功率，发射端应以适当的发射角发出激光。可以根据传输方程计算接收端收到的光功率大小，传输方程可表示为

$$P_{\mathrm{L}} = P_0 \eta_{\mathrm{T}} \eta_{\mathrm{R}} \mathrm{e}^{-\alpha L} \left(\frac{d_{\mathrm{R}}}{\theta_{\mathrm{L}} L} \right)^2 \tag{11-1}$$

式中，η_{T} 为发射天线效率；η_{R} 为接收天线效率；d_{R} 为接收天线口径；L 为传输距离；α 为大气信道衰减系数；θ_{L} 为光源发射角；$\mathrm{e}^{-\alpha L}$ 为大气吸收和散射损耗；$\left(\frac{d_{\mathrm{R}}}{\theta_{\mathrm{L}} L} \right)^2$ 表征光功率的几何损耗。

由式（11-1）可知，接收端接收到的光功率与光束发散角的平方成反比。

2. 影响 FSO 系统性能的主要因素

影响 FSO 系统性能的主要因素有大气作用、大气层对光束的影响、自然环境的影响、工作波长的选择及瞄准、捕获和跟踪技术等。

（1）大气作用

大气作用是 FSO 和星地光通信面临的最大问题，包括大气衰减以及大气折射率随机性变化造成的光束闪烁、扩散和弯曲。其中大气衰减是指因大气对光束的吸收和散射作用引起的信号能量减弱，主要包括米氏散射、瑞利散射，以及由于水蒸气、二氧化碳和臭氧分子等引起的吸收。

在 FSO 的实际应用中，要求在大气中传输的光束具有良好的光束特性。然而，大气是由多种气体分子和悬浮微粒组成的混合体，按混合比可分为均匀不变组份和可变组份。这些组份的存在影响大气的传输性质，主要表现在以下五个方面：

① 大气层某些气体分子对激光的选择性吸收引起的衰减。

② 大气中悬浮微粒对激光散射引起的衰减。

③ 大气物理性质的闪烁变化，引起照度的变化和调制。

④ 大气分子和悬浮微粒本身的物理性质变化引起激光光束性质的变化。

⑤ 大气湍流使光学折射率发生随机变化，激光束经过时，引起波前畸变，改变激光的强度和相关性。

（2）大气层对光束的影响

光信号在大气信道中的传播，引起场扰动可能的原因包括涡流和温度梯度（变化）。若光束波前面积小于扰动尺度（表现为一个平面），则场光束被透明空气透射、衰减但不发生畸变，只是光束可能会改变方向，这会引起光接收机平面上的光束漂移和散焦，类似于有误差的对准。对于具体光束（如高斯光束），光束的漂移可以使光接收机工作于光束的边缘，即使光接收机精确对准也可能会产生进一步的功率损耗。进一步地，随扰动层的变化（缓

慢上下移动或者是倾斜)，光束漂移会引起接收到的光束指向在光接收机平面上的漫游，继而产生随时间变化的功率。在较长距离的空间链路中，点光源在接收机上将表现为有轻微展宽（散焦）的光束，并伴有功率密度的涨落，在光束波前的不同点上可能会观察到不同的扰动条件，这可能会引起功率涨落和光束破裂。

除了功率损耗和光束裂化以外，在传输过程中大气层也可能使光的波形发生畸变，对于高带宽的窄脉冲尤其如此。在这种情况下，大气层散射可以引起与光纤中色散效应相似的多径效应，造成脉冲的畸变。

对大气激光传输影响最大的是大气湍流的影响。大气的湍流运动使大气折射率具有起伏的性质，从而使光波参量——振幅和相位产生随机起伏，造成光束闪烁、弯曲、分裂、扩展、空间相干性降低及偏振状态起伏等，称为大气湍流效应。大气湍流对光束传播的影响，与光束直径和湍流尺度密切相关。当光束直径比湍流尺度小很多时，湍流的主要作用是使光束作为一体而随机偏折，在远处接收平面上，光束中心的投影点（即光斑位置）以某个位置为中心，随机跳动，此现象称为光束漂移。在极端情况下，光束甚至可能会漂移出可接收范围，造成通信的中断。大气湍流出现更多的情况是光束直径与湍流尺度相当或大很多，这时光束截面内包含有许多湍流漩涡，在长距离链路中，光束波前的不同点上可能会观察到不同的扰动条件，从而造成光束强度在时间和空间上随机起伏，光强忽大忽小，此现象称为强度闪烁。

光束信号的闪烁、弯曲和扩散，归根结底是由传播过程中大气折射所引起的波前失真造成的，这可以在发送、接收两端分别使用自适应光学技术加以克服，同时用多个 LD 发送光束或多个光电检测器接收光束，或增大光接收孔径也有助于克服大气湍流的影响。

（3）自然环境的影响

自然环境对 FSO 的影响主要有气象条件、飞鸟和落叶等造成的瞬时链路中断、建筑物摇摆、伸缩及地震等引起的光路偏移等。气象条件是指雨、雪、雾、霰等，其中雨和雪会造成光信号失真，雾和霰的影响更大，会使光信号能量迅速衰减。解决方法有增大发射率、采用多路径传输、以微波作为备用手段等。

对于建筑物摇摆、伸缩及地震等引起的光路偏移，可以人为调整发送端出射光束的发散角，使信号光束到达接收端时有一定的照射范围。但这会降低信号强度，直接影响通信距离。因此应综合考虑，适当调制发散角。典型的发散角通常为 3~6mrad，这样经 2km 传输后，光束直径为 6~12m。另一种方法是采用自动瞄准技术，通过闭环系统控制一个可调整物镜来调整入射光传播方向，使系统的收发两端始终照准。该技术同样存在成本高、结构复杂的缺点，但不会减少系统的通信距离。由飞鸟和落叶等外来物阻断光路造成的链路中断，持续时间通常只有几毫秒，并且概率也很低，所以不会对系统造成太大的影响。除了慎重选择传播链路外，对于重要链路也可以采用多路径备份等技术克服外来物阻断的影响。

（4）工作波长的选择

与光纤通信一样，FSO 所采用的激光波长也应该是信道损耗最小的波长。由于激光在大气中传播，大气的传播特性及背景辐射对激光波长的选择至关重要。此外，器件的现实性或预期的可行性，以及器件性能价格比的估算也是必须考虑的因素。

大气和地面对太阳光的散射形成的背景辐射，对 FSO 的接收器来说是一个强大的噪声源。如果阳光直射到探测器上，将会产生很高的误码率。太阳辐照度光谱可以用一个色温为

5762K 的黑体表示，其辐照度光谱主要集中在 400～750nm 的可见光范围内，峰值在 500nm 左右。对于常用的激光波段，800nm 波段的辐射强度为峰值的 1/2，1060nm 波段的辐射强度为峰值的 1/3，1500～1600nm 波段的辐射强度约为峰值的 1/10，在紫外波段 300nm 波段附近辐射强度降到峰值的 1/10 以下，波长进一步缩短时，太阳辐照的影响迅速下降。显然，为减少背景辐射的影响，不应采用可见波段的激光，红外光和紫外光是可选对象。

大气透过率是选择激光波长需要考虑的一个重要因素。地球表面的大气层中存在着多种气体及各种微粒，还可能发生各种复杂的气象现象。这种因素对光波有较明显的衰减作用，会使激光能量大大减小，或者是激光偏离原来的传输方向。

大气吸收是将辐射能量转换成大气组成分子的运动。大气中对太阳辐射的主要吸收体是水蒸气、二氧化碳和臭氧等。这些气体分子或蒸气分子的吸收具有选择性，试验证明紫外光不利于大气通信。对于常用的红外波段，810～860nm、980～1060nm 和 1550～1600nm 波段都是良好的大气窗口。

大气的散射由大气中不同大小的颗粒反射或折射造成，这些颗粒包括组成大气的气体分子、灰尘和大的水滴。纯散射没有能量损失，只是改变了能量的分配方向。

综合以上分析，并考虑器件的可行性，810～860nm 和 1550～1600nm 都是 FSO 可以选择的通信波长。如果出于价格考虑，可以采用 850nm 的红外光作为信息载体。但是从整体性能和器件的安全性角度来说，1550nm 的红外光更适用于 FSO。这是由于人眼视网膜在 850nm 波长处对光的吸收比 1550nm 波长处要大，因此在人眼安全范围内，可接受的发送光功率比 850nm 处的发送光功率要大。另外，由于 1550nm 也是光纤通信的窗口，在 1550nm 波长处可选择的器件也比较多。

（5）瞄准、捕获和跟踪技术

在一个 FSO 系统能够进行数据传送之前，首先必须使光发送机发出的光信号功率有效地到达光接收机的探测器（接收透镜组表面）上。这意味着除了需要克服传输通道上的各种效应之外，还必须使发送的光能够准确地对准光接收机。同样地，光接收机探测器也必须按照发送光信号能量的到达角度进行调节。使光发送机瞄准一个适宜的操作方向称为瞄准或对准，确定入射光束到达方向的光接收机操作称为空间捕获，接下来在整个通信期间捕获的操作称为空间跟踪。

在光场光束较小、传输距离较长的情况下，瞄准、捕获和跟踪技术的重要性变得特别突出。由于上述两个特性是长距离空间光学系统的基本特征，如卫星间的链路和地球空间链路，这些操作成为整个 FSO 系统设计问题的一个重要方面。

11.2.3　短距室内可见光通信

照明光源目前已经发展了三代，第一代以白炽灯为代表，第二代主要是气体放电的荧光灯（如早期常见的日光灯），第三代就是当前广泛使用的基于 LED 的光源技术。相比于前两代光源而言，LED 光源具有亮度高、寿命长和功耗低等显著优点，同时其也具有调制高速光信息的潜能，这样就可以在照明的同时实现高速无线接入，称为可见光通信。与目前广泛使用的无线局域网（WLAN）相比，可见光通信系统可以利用照明设备代替 WLAN 中的接入点（AP），只要在灯光照到的地方，就可以进行数据传输，同时其传输速率较 WLAN 要高 1～2 个数量级，已经成为室内短距高速无线接入重要的候选技术方案之一。

与传统基于射频频段的无线通信技术相比，可见光通信具有以下突出优点。

1）良好的通信性能。WLAN 使用的是 ISM（工业、科学、医学）频段，其总的可用频谱仅有数十 MHz（2.4GHz 频段）和数百 MHz（5GHz 频段），实际应用中考虑信道间的交叠等，其最高传输速率仅支持数百 Mbit/s 至 Gbit/s 级。与之对应的，可见光通信系统使用的是 390~790nm 的可见光波段，其对应的频谱有约 400THz，比无线通信技术的可用频谱高了三个数量级，可以支持数十 Gbit/s 乃至更高的传输容量。同时，可见光通信系统一般使用的是视距通信方式，信道质量较无线通信也明显优越。

2）良好的室内覆盖。可见光通信系统可以使用室内的 LED 照明灯发送数据，也就是有照明光覆盖的地方就可以实现高速无线接入，这相比于采用 2.4GHz 或 5GHz WLAN 技术的覆盖性能要好得多。现代建筑广泛采用的钢筋混凝土结构对于射频信号的穿透性能影响很大，因此往往存在大量的室内无线覆盖盲区，尤其是对于大型商业楼宇地下车库、住宅和商业楼宇的电梯间及楼道等传统无线通信难以覆盖的地方，可见光通信应用更具优势。

3）良好的安全性。对于射频频段的无线通信而言，提升信号发射功率是解决覆盖的主要手段，但是受到环境和安全方面的制约，实际工程中不能无限制地增加发射功率。此外，可见光通信系统中使用的是可见光，其满足相关国际标准中关于照明的照度需求即可，安全性方面较无线通信具有明显的优势，特别是在医院、飞机机舱等对无线信号和电磁干扰有严格限制的场合。

4）良好的经济性。由于目前无线电频谱资源有限，当前能够分配的无线电频率严重不足。国际和国内的标准化组织都对频谱分配进行了严格要求，有的国家还采用定期拍卖无线电频谱的方式进行频率资源分配，导致频率资源的占用费用居高不下。可见光通信系统使用的是可见光，不需要进行频谱资源分配和管制，经济性方面较无线通信有明显的优势。

可见光通信的概念最早是由日本学者 Nakagawa 等提出，其设想利用白光 LED 实现照明的同时将其应用于无线宽带接入网中。日本首先于 2000 年提出了可用于家庭网络链路的白光 LED 可见光通信系统方案。2002 年，庆应义塾大学研究了由墙壁反射引起的多径效应对 LED 可见光无线系统造成的影响，同时提出了采用均方根时延评估所提出的系统产生的多径时延。2008 年，牛津大学一个研究小组搭建的实验通信系统的传输速率达到了数 Mbit/s，并通过理论分析预测传输速率可以超过 100Mbit/s。2011 年，爱丁堡大学的哈斯（H. Haas）提出了 Li-Fi（Light Fidelity，光保真）的概念，使得可见光通信以更为公众所知的方式进入市场。国内最早于 2006 年开始研究基于白光 LED 的室内无线通信技术，暨南大学实现了点对点的通信系统，并且在通信距离为 20cm，确保在正确传输的情况下，速率达到了 10Mbit/s。2013 年，复旦大学课题组在实验室创造了可见光通信极限传输速率的世界纪录，达到了 3.7Gbit/s，实现了平均传输速率 150Mbit/s。

目前，基于白光 LED 的室内短距可见光通信系统的相关关键技术已基本成熟，即将进入实用化阶段。

11.2.4 星际自由空间激光通信

人类对于宇宙的探索永无止境，由于传统无线通信在空间传输，特别是深空通信中的固有缺陷，星际自由空间激光通信受到了广泛关注。美国国家航空航天局（NASA）在空间激光通信方面专注深空探索任务。NASA 计划将激光通信系统和射频通信系统结合起来作为未来的通信架构。该计划分为三个主要的发展阶段：近地飞行终端的构建、深空飞行终端的构建和光学地面基础设施的创建。该计划将在月球轨道到地面的激光通信中进行试验，测试系统中的地面终端包括一个基于光子计数技术设计的接收器、一个 40cm 的接收器望远镜阵列和一个用于信标的 15cm 望远镜阵列。对应的，光学飞行终端上的设备配置一个 10cm 的望远镜，能够以下行 600Mbit/s、上行 16Mbit/s 的速度传输数据，并且能够进行 cm 级的测距。

最先投入商业运营的是美国太空探索技术（SpaceX）公司的星链（Starlink）系统。截至目前，SpaceX 公司已经发射了共 1505 颗星链卫星，其中在轨运行的卫星有 1400 余颗。这些卫星能够通过星间激光链路进行通信，因此能够在不需要地面站的情况下相互通信。利用星间的激光链路，星链系统中的卫星之间能够进行高速率的数据通信，通信时延降低到 50ms 以下，并且能够为地球极地地区提供网络覆盖。

我国近年来在星际自由空间激光通信领域也取得了一系列显著的成果。2011 年，我国首次在“海洋二号”上进行了星地激光链路性能的测试；2017 年，我国在高轨道卫星对地面的高速激光双向通信试验中取得了圆满成功，试验中，数据在 40000km 星地距离之间的最高速率能够达到 5Gbit/s。这些试验为空间激光通信系统的设计、捕获跟踪技术和激光的大气传输特性研究等方面提供了宝贵的科学依据。

11.3　光载无线通信

11.3.1　光载无线通信的原理

光载无线通信（RoF）技术是应对高速大容量无线通信的需求，将光纤通信和无线通信结合起来的一种新型接入技术，也称光载射频或混合无线光通信（OWC）。典型的 RoF 系统采用光纤作为中心站（CS）到基站（BS）或远端站（RS）之间的传输线路，即直接利用光载波传输射频信号，RoF 系统如图 11-6 所示。在 RoF 系统中，光纤仅起到传输的作用，交换、控制和信号的再生都集中在中心站，基站仅实现光/电转换，这样可以把复杂昂贵的设备集中到中心站点，让多个远端站共享这些设备，减少基站的功耗和成本。

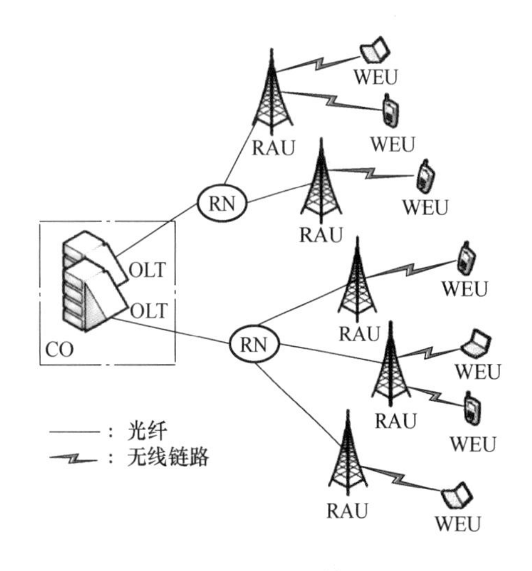

图 11-6　RoF 系统

OLT—光线路终端　RN—远端节点　WEU—无线终端用户　CO—中心局　RAU—远程天线单元

随着各类无线通信技术的广泛应用，特别是随着 5G 和物联网（IoT）的大规模商用，人们对无线接入技术的带宽需求保持了旺盛的增长趋势。为了满足这一需求，无线通信技术使用的频带也在不断提高，但是无线通信系统有限的可用频带资源和受限的传输距离对其应用造成了很大的限制，将光纤通信的大容量可靠传输和无线通信的便捷融合在一起形成的光纤射频传输技术，成为极具潜力的未来发展方向之一。微波、射频信号及毫米波信号是传统雷达、卫星链路、专用地面无线系统及有线电视网络中常用的技术。射频信号使用的频段有0.3~3GHz特高频（UHF）、3~30GHz超高频（SHF）和30~300GHz极高频（EHF）等。5G系统中已经开始引入30GHz以上的毫米波频段作为无线通信的载波频段，预期在未来的6G中可能会应用到THz频段。传统的同轴电缆仅能支持如此高的频段传输数百米距离，而将光纤通信技术与射频技术相结合，形成的RoF技术能够支持将射频信号在光纤中以高质量传输长距离，对于无线通信系统中基站接入和回传等具有非常大的吸引力。以RoF技术为契机，微波光子学也已经成为光通信与网络中一个重要的方向。

RoF系统是微波光子学应用的典型代表，它可以利用光纤直接馈送信号能量，通过微波光子链路提供微波增益，实现无需微波放大器的发射天线，大大降低基站的功率消耗。同时，基于光纤与微波技术融合的分布式天线微覆盖，具有基站天线功率较低（毫瓦至数十毫瓦量级）、分布区域较广等特征，特别是在终端稀疏分布（天线用户数目较少时），也有助于大幅度降低能耗．此外，RoF系统能够根据情况与无线系统协同进行动态资源调配，从而可以更高效处理潮汐效应的动态网络负载，提高能量资源的利用效率，是可以实现绿色环保的新型接入网络。

11.3.2 光载无线通信的关键技术

在RoF系统中，由于光载波上承载的是射频或微波信号，与传统的数字光纤传输线路相比，其系统对光器件的性能及线路自身的色散、非线性效应等都有了更为苛刻的要求。目前，对于RoF技术的研究很大程度仍然集中在物理层上，例如基于微波光子学的毫米波信号源产生，光调制器和光滤波器的特性分析与改进，光纤线路的色散控制，以及基站中光载波的再利用等系统设计与优化等。

1. 光载无线信号的产生

传统的高频信号发生源需要昂贵的本振源，而在RoF技术中，可以利用光波外差混频技术得到高频载波。光波的调制方法主要分直接调制和间接调制。直接调制虽然简单，但不能保持激光器频谱稳定，而且无法工作在10GHz以上，所以不适合用于毫米波调制。而间接调制采用独立的光源和光调制器，光源和光调制器都能够工作在最佳状态，同时可以使间接调制器工作在更高的频段。直接调制技术的一个主要问题是所产生的光双边带（DSB）信号在光纤传输过程中会受到光纤色散的影响。

光自外差法的好处在于基站不需要毫米波的本振源和高速光调制器，设备比较简单，但都对光源的性能要求很高，难以实现。一种相对简单的光自外差法是只使用一个普通的MZM，通过双边带调制的方法在调制器的输出中产生两个或多个频率不同的光波，再利用这些光波的差拍产生毫米波。由于几个光波具有完全相同的随机相位，差拍的结果能被完全抵消，这样就能产生频谱很纯净的毫米波了。

2. 光子频率变换

RoF系统中的中心站要将承载基带信号的微波副载波调制信号转换为光载基带信号，基站或远端站要将接收到的光信号转为微波副载波信号。中心站侧为了在光电检测之后能够直接进行无线发射，必须进行上变频，将基带信号调制为毫米波副载波信号；相应地，在基站或远端站接收到的毫米波信号，需要进行下变频将其转换为基带或中频信号。实现上变频和下变频有两种不同的技术，既可以在电域实现，又可以在光域实现。上/下变频技术使得光纤线路中传输的是中频副载波信号，因而受光纤色散的影响小，但缺点是变频效率不高，基站中需要毫米波本振和毫米波混频器，或者需要两个激光器差拍得到毫米波信号，使基站设备非常复杂。在 RoF 系统中，候选的全光频率变换技术可以利用电光调制、交叉吸收调制、交叉增益调制、交叉相位调制和非线性偏振旋转效应等实现。

为了进一步提高信号质量，RoF 系统中还可以引入微波光子滤波器对微波信号进行滤波，以抑制噪声和交调干扰信号。微波光子滤波器可以利用 SOA 的交叉增益调制、极化调制器的交叉极化调制和光纤环路镜等实现。

3. 网络融合技术

RoF 组网应用目前尚处于探索阶段，已经提出了一些 RoF 组网架构方案。但是受到点对多点业务模式的局限，已经提出的网络架构多采用的是树状结构，虽然具有易于扩展和故障隔离较容易等优点，但是其对于根节点的依赖性太大，当根节点出现故障时，网络会进入瘫痪状态。为了解决这一问题，学术界开展了大量的研究，其中北京邮电大学提出的一种新型的智能 RoF 架构具有很大的潜力，如图 11-7 所示。

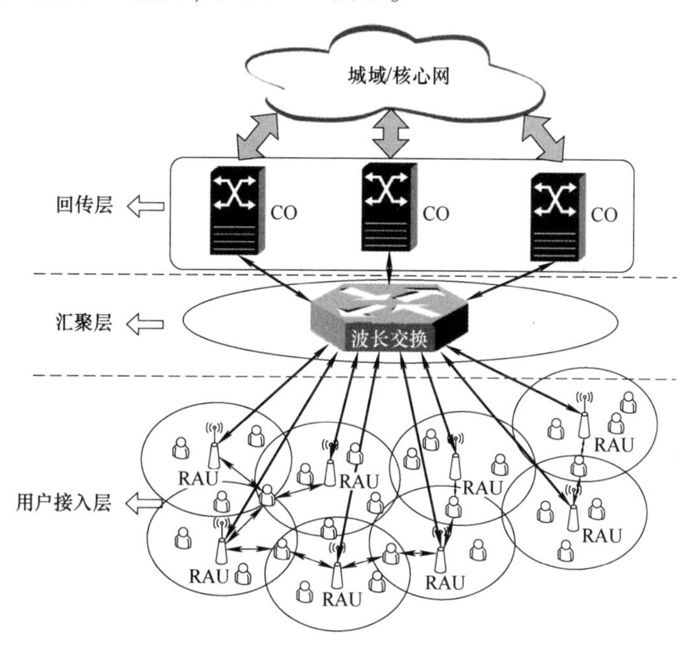

图 11-7　智能 RoF 网络架构

该架构自下而上分别是用户接入层（User Access Layer）、汇聚层（Aggregation Layer）和回传层（Backhaul Layer）。其中，用户接入层主要由用户接入设备和 RAU 组成，RAU 负责发送和接收用户的业务；汇聚层由波长交换节点组成，负责汇聚多个 RAU 的数据到（CO）中；回传层由 CO 组成，负责连接互联网中的服务器，完成业务的传送。在该架构中，波长交换节点可以实现波长资源的灵活调度，从而可以完成 CO 中节点处理能力的转移和光纤负载的转移，进而可以很好地应对潮汐效应，提高网络资源的利用率。此外，引入波长交换节点还可以实现对等（Peer-to-peer）业务的方便提供，使之不需要经过 CO 中转就能完成，提高了多种类型业务的处理能力；多个 RAU 可以组成 MIMO（多输入多输出）天线来实现更为灵活的用户接入和更加优化的资源利用，位于小区交叠区域的用户也可以通过更加灵活的方式实现更好的负载分担。RAU 和波长交换节点之间的光纤可以分配两个波长，一个用于上下行通信，一个用于本地通信，多个用户可以以时分的方式复用一个波长资源完成业务的传输。

11.4 量子光通信

11.4.1 量子信息技术的基础

量子信息技术是以量子力学原理为基础，通过对微观量子系统中物理状态的制备、调控和测量等，实现信息感知、计算和传输，是国际上公认的新一代信息技术领域中最具潜力的技术之一，目前主要应用方向有量子计算、量子通信和量子测量等相关领域，由于其潜在的应用价值和重大的科学意义，量子信息技术正在引起各方面越来越多的关注。

量子力学是非定域的理论，这一点已被违背贝尔不等式的实验结果所证实。因此，量子力学展现出许多反直观的效应，例如当前在前沿光通信领域中最受关注的光量子通信中使用的量子密码学原理，其物理基础是量子纠缠。所谓量子纠缠指的是两个或多个量子系统之间存在非定域、非经典的强关联。量子力学中不能表示成直积形式的态称为纠缠态，纠缠态之间的关联不能被经典地解释。

量子纠缠涉及实在性、定域性、隐变量及测量理论等量子力学的基本问题，并在量子计算和量子通信的研究中起着重要的作用。多体系量子态的最普遍形式是纠缠态，而能表示成直积形式的非纠缠态只是一种很特殊的量子态。量子纠缠态的概念最早于 1935 年由薛定谔提出，1993 年美国物理学家贝尼特等人提出了量子隐形传送的方案，即将某个粒子的未知量子态（即未知量子比特）传送到另一个地方，把另一个粒子制备到这个量子态上，而原来的粒子仍留在原处。其基本思想是：将原物的信息分成经典信息和量子信息两部分，它们分别经由经典通道和量子通道传送给接收者。经典信息是发送者对原物进行某种测量而获得的，量子信息是发送者在测量中未提取的其余信息。接收者在获得这两种信息之后，就可制造出原物量子态的完全复制品。这个过程中传送的仅仅是原物的量子态，而不是原物本身。发送者甚至可以对这个量子态一无所知，而接收者使别的粒子（甚至可以是与原物不相同的粒子）处于原物的量子态上。原物的量子态在此过程中已遭破坏。

量子隐形传送是一种全新的通信方式，它所传输的是量子信息，这是量子通信最基本的过程。人们基于这个过程提出了实现量子因特网的构想。量子因特网用量子通道联络许多量子处理器，它可以同时实现量子信息的传输和处理。相比于现在的经典因特网，量子因特网具有安全保密特性，可实现多端的分布计算，有效降低通信复杂度。量子信息网络是指基于量子纠缠操控、量子隐形传送、量子存储、量子中继和量子频率转换等关键技术，实现量子态信息在量子计算机和量子传感器等处理节点间的传输与组网，这也是量子计算、量子通信和量子测量等技术融合发展的长远目标之一。当前，量子存储、量子中继和量子频率转换等量子信息网络关键技术仍处于理论与实验研究的初期探索阶段，量子纠缠光源、高性能单光子检测器、可信量子中继器等关键器件的成熟尚需时日。

11.4.2　量子密钥分配与量子直接通信

传统上，保密通信的基本思想是采用某种方式干扰待传信息（即加密过程），只有合法用户才能从中恢复出原来的信息（即解密过程），而非法用户无法办到。用于加密和解密的通常是通信双方共同掌握的一组特定序列，这组序列像钥匙一样，本身并不包含信息，但有使用价值，在密码学中称为密钥。密钥是保密通信技术的关键，如果没有密钥，密文将很难破译；一旦知道了密钥，密文就能被轻易破解。一旦量子计算技术获得重大突破，现在的传统保密通信体系将彻底地“无密可保”。实现保密性极高的通信的途径是量子密码术。

量子密码术用量子态实现信息的加密和解密，其基本原理是量子纠缠。光子的偏振方向有四种可能性，能代表数字化的密码信息。根据量子力学原理，处于纠缠态的一对光子的偏振方向不确定，只有当其中一个光子被测量或受到干扰时，它才有明确的偏振方向；一旦它的方向被确定，另一个光子的偏振方向就被确定。可以用一串处于纠缠态的光子作为一次性密钥（OTP），这串光子的偏振方向代表一组数字化加密和解密信息。当通信双方的检测器参数设定相同时，双方就可以收到相同的偏振信息，即双方共享了同一个密钥。之所以称它为一次性密钥，是因为根据量子不可克隆定理和量子不确定性原理，光子一旦被测量或干扰，就会改变相应的量子态，从而影响到整个纠缠态系统。任何想测算和破译密钥的人都会因为改变量子态而得到无意义的信息，窃听者反而将暴露自己的不轨行迹。从理论上来说，量子密钥的通信不可能被窃听，安全程度极高。

前述的相干光通信、波分复用、光孤子通信和 FSO 等均属于经典通信模式，这些模式中光子虽作为信息的载体存在，但并没有考虑其量子特性。在经典通信模式中，通信容量最终会受到量子噪声极限的限制，为此提出了一种称为量子光信息（量子光通信）的非经典通信模式。量子光通信按其所传输的信息是经典还是量子可以分为两类，即主要用于量子密钥的传输和用于量子隐形传送及量子纠缠的分发。

广义地说，量子光通信是指把量子态从一个地方传送到另一个地方，它的内容包含量子隐形传送、量子纠缠交换和量子密钥分配（QKD）。狭义地说，量子光通信实际上只是指量子密钥分配或者基于量子密钥分配的安全保密通信。量子光通信工作在单光子的能量水平上，需要分辨光子多种自由度的状态，还需要尽力抵御环境带来的损耗和干扰；而经典光通信则基本上只需要分辨由许多光子组成的光信号的能量大小，并且适当地提高信号能量对抗环境噪声就可以了。量子光通信可以降低通信的能量损耗，提高信道传输容量，扩充网络的地址资源，这些优点对于未来的通信都十分重要。

目前较为实用的量子光通信技术多为基于量子密钥分配，也就是说仅使用量子态产生经典密钥，需要传递的经典信息则根据这个密钥由经典的私钥加密系统加密。量子密钥分配是一种通信双方通过传输量子态来建立密钥的协议，其目的是使通信双方获得一串只有他们两个知道的密钥（由经典的随机比特构成，但由于是用量子方式建立的，因此也被称为量子密钥）。由于量子密钥分配和一次性密钥加密算法均具有信息论安全性，将两者结合使用就可以实现完美安全的保密通信。根据光源编码空间的维度不同，量子密钥分配可以分为离散变量和连续变量两类。量子密钥分配系统由发送端、接收端及信道组成。量子密钥分配信道包括量子信道和经典信道，分别用于传输量子消息和经典消息。在量子密码协议中，一般假设经典通信不可篡改，这一点可以利用具有信息论安全性的经典消息认证码实现。此外，为了在有噪声的现实情况下获得信息论安全性，量子密钥分配一般包含纠错和隐私放大的过程，前者用于纠正噪声引起的密钥错误，后者用于压缩窃听者在噪声掩护下可能获得的密钥信息。量子光通信的安全性保障了密钥的安全性，从而保证加密后的信息安全。

目前国内外对于量子密钥分配相关器件及其实用化投入了极大的热情，相关的实验系统也在不断推进中。2021年中国基于“墨子号”卫星集成光纤和自由空间量子密钥分配链路，实现了全球领先的空对地量子通信网络，总距离可达4600km。已经初步投入实用化的量子干线有美国的DARPA、欧洲的SECOQC、日本的Tokyo QKD Network和中国的京沪干线等。

量子直接通信或量子安全直接通信（QSDC）是一种收发双方不需要建立密钥而直接利用量子信道传输机密信息的保密通信技术。与传输随机密钥不同，由于要确保消息的完整性，利用量子态直接传输秘密消息将不利于协议过程中的窃听检测、纠错和隐私放大等步骤的实施。QSDC协议通过分块传输、量子隐私放大等技术解决该问题，进而可以实现直接传输秘密消息的功能。国内许多高校和科研院所对此开展了深入研究，相关实验成果居于世界先进水平，QSDC可望初步达到实用化的程度。

11.5 人工智能及其应用

11.5.1 人工智能的基本概念

著名计算机科学家图灵（Alan Turing）于1950年的著作《计算机器与智能》标志着人工智能对话的诞生。图灵提出了一个著名的问题，即“机器能思考吗?”。1956年，麦卡锡、明斯基等科学家在美国达特茅斯学院开会研讨“如何用机器模拟人的智能”，首次提出人工智能（AI）这一概念，标志着人工智能学科的诞生。人工智能是研究开发能够模拟、延伸和扩展人类智能的理论、方法、技术及应用系统的一门新的技术科学，研究目的是促使智能机器会听（如语音识别、机器翻译等）、会看（如图像识别、文字识别等）、会说（如语音合成、人机对话等）、会思考（如人机对弈、定理证明等）、会学习（如机器学习、知识表示等）和会行动（如机器人、自动驾驶汽车等）。

人工智能概念提出后，相继取得了一批令人瞩目的研究成果，但也先后历经了多个阶段起伏和波折。直到21世纪第一个十年，随着大数据、云计算、互联网和物联网等信息技术的发展，泛在感知数据和图形处理器等计算平台推动人工智能技术飞速发展，一大批创新应用如图像分类、语音识别、知识问答、人机对弈、无人驾驶等人工智能技术迎来爆发式增长。

从最简单的形式来看，人工智能是一个结合计算机科学和强大数据集来解决特定问题的领域。根据解决问题的特定范围和实现机制，一般将人工智能分为弱人工智能（也称为狭义人工智能）和强人工智能。弱人工智能是指经过训练并专注于执行特定任务的人工智能，最常见的应用有自动语音识别 、基于专家知识库的智能客户服务、计算机视觉和自动化股票交易等。强人工智能由通用人工智能（AGI）和超级人工智能（ASI）组成。通用人工智能是人工智能的一种理论形式，机器将具有与人类相同的智能，它会有自我意识，有能力解决问题、学习和规划未来。超级人工智能也称为超智能，将超越人脑的智力和能力。虽然强人工智能仍然完全是理论性的，目前还没有强人工智能实际使用的例子，但这并不意味着未来其最终的实现。

人工智能中广泛使用了机器学习等算法，这些算法从大量的历史数据中寻找出隐藏规律，并将其用于预测或分类。更具体地说，可以把机器学习看作寻找一个函数，输入是一个样本数据，输出是期望的结果。从机器学习算法本身来看，可以分为监督学习、非监督学习、半监督学习和增强学习等。

1）监督学习是给机器训练拥有标记或答案的数据的学习方式。监督学习主要用于处理分类和回归问题，用于解决该系列问题的大部分算法都是监督学习算法，主要的学习算法包括 k 均值、线性回归、多项式回归、逻辑回归、支持向量机（SVM）、决策树和随机森林等。

2）非监督学习是给机器的训练数据没有任何标记或答案的学习方式。该方法经常用于对一些数据做异常值检测和聚类分析型分类，同时还可用于对数据进行降维，降维包括特征提取和特征压缩，经典的主成分分析（PCA）算法就是一种用于实现特征压缩的非监督学习算法。

3）半监督学习是监督学习和非监督学习的组合，给机器的训练数据一部分有标记或答案，另一部分没有。在现实中由于各种原因都有可能导致标记缺失，而对这部分数据进行的分类就类似于半监督学习。这类问题一般采用手段是先使用非监督学习对数据进行处理，之后使用监督学习做模型的训练和预测。

4）增强学习又称为强化学习，根据周围环境的具体情况采取行动，根据每次行动的结果和反馈，学习并调整行动方式，最终选择最好的策略获得最大的回报。监督学习和半监督学习依然是增强学习的基础。

11.5.2　人工智能在光纤通信中的应用

随着人工智能在多个领域的成功运用，越来越多的行业都引入了人工智能以提高业务的灵活性、适应性和健壮性等，光纤通信也不例外。目前人工智能在光纤通信系统和网络中的主要应用方向有网络流量分类、网络流量预测、网络故障或异常检测和传输质量预估。

（1）网络流量分类

很多网络应用具有自身的特性，对网络环境的需求也不尽相同，因此只有对网络流量进行及时准确的识别和分类，才能准确地为不同应用提供合适的网络环境，有效利用网络资源，为用户提供更好的服务质量。随着时代发展，网络中的数据流量越来越大，面对光纤通信网络中的数据流量分类问题，单纯依靠传统的传输控制协议如 TCP 或 UDP（用户数据报协议），以及相关的 IP 流量分类技术已经无法满足需求，因此当前学术界转向研究使用流量特征进行识别和分类。已经提出了若干使用统计流量特征协助识别和分类过程的改进方法，如基于半监督学习的服务质量感知流量分类框架，该方法摒弃了大多数传统流量分类工作中标识特征的应用程序，而是根据服务质量要求将网络流量分类为不同的类别，从而为启用细粒度且可感知服务质量的流量工程提供关键信息。

（2）网络流量预测

除了对网络流量进行分类外，精确的网络流量预测在大数据时代尤为重要。典型的是在数据中心网络中使用流量预测，据此对数据中心资源进行优化配置可以节省大量电能。由于网络规模和业务种类变化导致的计算需求快速增加，数据中心中处理器的数量和复杂性正在上升，从而导致更大的功耗，而设备的高功率消耗及冷却成本增加导致网络的运营支出增加。如果可以准确预测网络流量，就可以在流量较低时关闭这些核心路由器中的部分处理器，以节省功耗。精确预测的未来流量负载将对设计更节能的流量感知网络起至关重要的作用。复杂的网络流量变化情况导致其通常是一个非线性时间序列，而非线性时间序列无法通过线性过程建模，因此学术界研究使用了各种非线性时间序列技术进行网络流量预测，例如基于非线性时间序列广义自回归条件异方差（GARCH）模型捕获网络流量的突发性等。

（3）网络故障或异常检测

随着越来越多的流量通过光纤通信网络进行传输，一旦光通信网络发生故障，将会导致大量的数据丢失。同时随着网络规模不断扩大，各种偶发或突发的告警数量非常巨大，这就给网络的运营、管理和维护带来了极大的麻烦。每当出现由于服务延迟或超高误码率产生的警报，根据网络管理原则必须立即定位故障，但是在实际的网络中，这些故障通常都与大量的警报相关，因此从这些警报中迅速找到有用的信息相当困难。故障预测一方面对于预防业务失效非常重要，另一方面告警的压缩和分析对于及时恢复故障也是一个紧迫而棘手的问题。机器学习和深度学习算法的组合警报分析和故障预测方案中，使用了基于支持向量机或长短期记忆（LSTM）的光学层中预测设备故障的方法，以及使用组合时间序列的 OTN 警报分析方法分段和时间滑动窗口提取警报实物，并使用组合的 k 均值和反向传播神经网络给出警报重要性值，可以改进查找链式警报器。

（4）传输质量预估

基于机器学习算法解决难以明确描述的基础物理、数学和可用数值解决方案的问题，而且在确保需要大量计算资源的情况下都可以提供优秀的性能。光性能监控模块（OPM）是对传输光信号和网络元素各种关键物理参数的估计和获取。OPM 对于可靠、灵活的网络运行以及提高网络效率来说必不可少，通过使用 OPM 可以了解实时网络状况，并随后对收发器和各网络元素参数进行调整，例如发射功率、数据速率、调制格式和频谱分配等，以此优化传输性能。目前已经提出的有将人工神经网络（ANN）的使用与接收信号幅度的经验矩相结合，以进行低成本的多损伤检测；通过结合深度直方图和深度神经网络展示了数字相干接收机中的联合光信噪比监视和调制格式识别（MFI）；基于主成分分析和基于统计距离测量的模式识别用于在延时抽头图中，以此进行联合光信噪比、色散和差分群实验监控，以及识别比特率和调制格式。

小　结

短短数十年间，光纤通信已经迅速发展成为现代信息社会不可或缺的重要基础设施。与其他技术一样，光纤通信的发展历程中也不断出现新的器件、新的技术和新的应用。光孤子通信提供了一种超长距离传输的候选方案，需要在光纤非线性效应和色散之间保持精细的平衡。FSO 是一种无需光纤的通信方式，在星-星之间和地-星之间等空间通信中具有独特的优势。而与白光 LED 照明系统相结合的室内可见光通信，不仅提供了另一种高速无线接入手段，同时也可以提供室内精确定位等新型业务。RoF 结合了光纤通信和射频技术，是以微波光子手段支持 5G 和 6G 网络部署的极具潜力的技术方案。作为新一代信息技术，量子信息具有许多特殊的优势，量子密钥分配和量子直接通信等都有可能在不远的将来投入使用。人工智能的迅猛发展已经改变了社会生活的许多方面，将其与光纤通信结合，未来可能在网络流量控制、异常业务检测、流量预测分析和网络质量监控等方面赋予光网络更多的智能。

习　　题

1）相干光通信系统中为什么一定要使用间接调制方式？
2）为什么孤子可以在光纤中传输很长的距离而保持脉冲形状不变？
3）简述 FSO 的优点。
4）试分析短距可见光通信与 WLAN 的优缺点。
5）RoF 系统的关键技术有哪些？为什么需要进行上下变频？
6）什么是量子光通信，为什么说量子光通信与经典光通信本质上不一样？
7）简述量子密钥分配的实现过程。

附录

常用缩略语及其对应术语

ADM	Add Drop Multiplexer	分插复用器
ADSS	All Dielectric Selfsupporting Optical Cable	全介质自承式光缆
AM	Amplitude Modulation	振幅调制
AI	Artificial Intelligence	人工智能
ANN	Artificial Neural Network	人工神经网络
AON	All Optical Network/Active Optical Network	全光网/有源光网络
AP	Access Point	接入点
APD	Avalanche Photo Diode	雪崩光电二极管
APS	Automatic Protection Switching	自动保护切换
ASE	Amplified Spontaneous Emission	放大自发辐射
ASON	Automatic Switched Optical Network	自动交换光网络
ATM	Asynchronous Transfer Mode	异步传输模式
AWG	Array Waveguide Grating	阵列波导光栅
BER	Bit Error Ratio	误码率
BFA	Brillouin Fiber Amplifier	布里渊光纤放大器
BoD	Bandwidth on Demand	按需分配带宽
BOD	Backbone Operation Domain	骨干运营域
BPF	Band Pass Filter	带通滤波器
BPSK	Binary Phase Shift Keying	二进制相移键控
BVT	Bandwidth Variable Transponder	带宽可变转发器
BV-WSS	Bandwidth Variable-Wavelength Selective Switch	带宽可变波长选择开关
BV-WXC	Bandwidth Variable-Wavelength Cross Connector	带宽可变波长交叉连接器
CDM	Code Division Multiplexing	码分复用
CDMA	Code Division Multiple Access	码分多址接入
CNN	Convolutional Neural Networks	卷积神经网络

CO	Central Office	中心局
CWDM	Coarse Wavelength Division Multiplexer	稀疏波分复用
DBA	Dynamic Bandwidth Allocation	动态带宽分配
DBR	Distributed Bragg Reflector	分布布拉格反射器
DC	Data Center	数据中心
DCF	Dispersion Compensating Fiber	色散补偿光纤
DFB	Distributed Feedback	分布式反馈
DFT	Discrete Fourier Transform	离散傅里叶变换
DGD	Differential Group Delay	差分群时延
DL	Deep Learning	深度学习
DNN	Deep Neural Networks	深度神经网络
DPSK	Differential Phase Shift Keying	差分相移键控
DSF	Dispersion Shifted Fiber	色散位移光纤
DSP	Digital Signal Processor	数字信号处理器
DWDM	Dense Wavelength Division Multiplexing	密集波分复用
DXC	Digital Cross Connect	数字交叉连接
EDFA	Erbium Doped Fiber Amplifier	掺铒光纤放大器
EON	Elastic Optical Network	弹性光网络
EPON	Ethernet Passive Optical Network	以太网无源光网络
FAR	Fixed Alternative Routing	固定备选路由
FC	Fiber Channel	光纤通道
FDDI	Fiber Distributed Data Interface	光纤分布式数据接口
FDM	Frequency Division Multiplexing	频分复用
FDMA	Frequency Division Multiple Access	频分多址接入
FMF	Few Mode Fiber	少模光纤
FOM	Figure of Merit	品质因数
FR	Fixed Routing	固定路由
FS	Frequency Slot	频隙
FSO	Free Space Optical	自由空间光通信
FTTB	Fiber To The Building	光纤到大楼
FTTC	Fiber To The Curb	光纤到路边
FTTH	Fiber To The Home	光纤到户
FWHM	Full Width at Half Maximum	半高全宽

FWM	Four-Wave Mixing	四波混频
GEM	GPON Encapsulation Mode	GPON 封装方法
GFP	Generic Framing Procedure	通用成帧协议
GI	Graded Index	渐变折射率
GPON	Gigabit-capable Passive Optical Network	千兆无源光网络
GPS	Global Positioning System	全球定位系统
GVD	Group Velocity Dispersion	群速度色散
HRC	Hypothetical Reference Connection	假设参考连接
HRDL	Hypothetical Reference Digital Link	假设参考数字链路
HRDS	Hypothetical Reference Digital Section	假设参考数字段
HROP	Hypothetical Reference Optical Path	假设参考光通道
HWO	Hybrid Wireless Optics	混合无线光纤接入
ILP	Integer Linear Programming	整数线性规划
IM/DD	Intensity Modulation/Direct Detection	强度调制直接检测
ION	Intelligent Optical Network	智能光网络
IoT	Internet of Things	物联网
ISI	Intersymbol Interference	码间干扰
KSP	K-Shortest Paths	K 最短路径
LAN	Local Area Network	局域网
LASER	Light Amplification by Stimulated Emission of Radiation	受激辐射的光放大
LCAS	Link Capacity Adjustment Scheme	链路容量调整机制
LCR	Least Congestion Routing	最小拥塞路由
LEAF	Large Effective Area Fiber	大有效面积光纤
LED	Light Emitting Diode	发光二极管
LER	Label Edge Router	标签边缘路由器
LD	Laser Diode	激光器
LDP	Label Distribution Protocol	标签分发协议
LF	Last Fit	最后匹配
LMP	Link Manager Protocol	链路管理者协议
LO	Local Oscillator	本地振荡器
LOD	Local Operation Domain	本地运营域
LOL	Loss of Light	接收无光信号

LOS	Length of Sight	视距
LOS	Loss of Signal/Synchronization	信号丢失/同步丢失
LPR	Local Primary Reference	地区基准时钟
LSP	Label Switched Path	标签交换路径
LSTM	Long Short Term Memory	长短期记忆
MAC	Medium Access Control	介质访问控制
MAN	Metropolitan Area Network	城域网
MCF	Multiple Core Fiber	多芯光纤
MCVD	Modified Chemical Vapor Deposition	改进的化学气相沉积法
MDM	Mode Division Multiplexing	模分复用
MEMS	Micro-Electro-Mechanical System	微机电系统
MFD	Mode Field Diameter	模场直径
MIMO	Multiple Input Multiple Output	多输入多输出
ML	Machine Learning	机器学习
MMF	Multi-Mode Fiber	多模光纤
mMTC	massive Machine Type Communication	海量机器类通信
MPCP	Multi-Point Control Protocol	多点控制协议
MPLS	Multi-Protocol Label Switching	多协议标签交换
MSK	Minimum Frequency-Shift Keying	最小频移键控
MSR	Mode Suppression Ratio	模式抑制比
MSTP	Multi-Service Transport Platform	多业务传送平台
MTBF	Mean Time Between Failures	平均故障间隔时间
MTTR	Mean Time To Repair	平均修复时间
NA	Numerical Aperture	数值孔径
NEP	Noise Equivalent Power	噪声等效功率
NMS	Network Management System	网络管理系统
NRZ	Non-Return-to-Zero	不归零编码
NZDSF	None-Zero Dispersion-Shifted Optical Fiber	非零色散位移光纤
OAM	Operation, Administration and Maintenance	操作、管理和维护
OAN	Optical Access Network	光接入网
OBS	Optical Burst Switching	光突发交换
OCDM	Optical Code Division Multiplexing	光码分复用
ODN	Optical Distribution Network	光分配网络

OFC	Optical Frequency Comb	光学频率梳
OFDM	Orthogonal Frequency Division Multiplexing	正交频分复用
OLT	Optical Line Terminal	光线路终端
ONU	Optical Network Unit	光网络单元
OOK	On-Off Keying	通断键控
OOFDM	Optical Orthogonal Frequency Division Multiplexing	光正交频分复用
ONNI	Optical Network Node Interface	光网络节点接口
ONU	Optical Network Unit	光网络单元
OPM	Optical Performance Monitoring	光性能监控模块
OPS	Optical Packet Switching	光分组交换
OTDM	Optical Time Division Multiplexing	光时分复用
OPGW	Optical Cable with Overhead Ground Wire	架空地线光缆
OSNR	Optical Signal-to-Noise Ratio	光信噪比
OSPF	Open Shortest Path First	开放式最短路径优先
OSS	Operational Suppot System	运营支撑系统
OTN	Optical Transport Network	光传送网
OVD	Outside Vapor Deposition	管外气相沉积法
OVPN	Optical Virtual Private Network	光虚拟专用网
OXC	Optical Cross-connect	光交叉连接
PCA	Principal Component Analysis	主成分分析
PCE	Path Computation Element	路径计算单元
PCF	Photonic Crystal Fiber	光子晶体光纤
PCM	Pulse Code Modulation	脉冲编码调制
PCVD	Plasma Chemical Vapor Deposition	等离子化学气相沉积法
PDH	Plesiochronous Digital Hierarchy	准同步数字体系
PDM	Polarization Division Multiplexing	偏振复用
PLI	Payload Length Indicator	净负荷长度指示
PON	Passive Optical Networks	无源光网络
PMMA	Polymethyl Methacrylate	聚甲基丙烯酸甲酯
PMD	Polarization Mode Dispersion	偏振模色散/极化模色散
PM-QPSK	Polarization Multiplexing Quadrature Phase Shift Keying	偏振复用正交相移键控

PSA	Phase Sensitive Amplifier	相位敏感放大器
PSCF	Pure Silicon Core Fiber	纯硅芯光纤
PSK	Phase Shift Keying	相移键控
PVC	Polyvinyl Chloride	聚氯乙烯
QAM	Quadrature Amplitude Modulation	正交调幅
QKD	Quantum Key Distribution	量子密钥分配
QoS	Quality of Service	服务质量
QoT	Quality of Transmission	传输质量
QPSK	Quadrature Phase Shifted Keying	正交相移键控
QSDC	Quantum Secure Direct Communication	量子安全直接通信
RAU	Remote Antenna Unit	远程天线单元
RBM	Restricted Boltzmann Machine	受限玻尔兹曼机
RF	Random Fit	随机匹配
RFA	Raman Fiber Amplifier	拉曼光纤放大器
RMS	Root Mean Square	均方根
ROADM	Reconfigurable Optical Add/Drop Multiplexer	可重构光分插复用
RoF	Radio over Fiber	光载无线通信
ROD	Regional Operation Domain	区域运营域
RSA	Routing and Spectrum Assignment	路由频谱分配
RSVP	Resource Reservation Protocol	资源预留协议
RZ	Return-to-Zero	归零码
SAN	Storage Area Network	存储域网
SBA	Static Bandwidth Allocation	静态带宽分配
SBS	Stimulated Brillouin Scattering	受激布里渊散射
SCSI	Small Computer System Interface	小型计算机系统接口
SD-FEC	Soft Decision Forward Error Correction	软判决前向纠错
SCM	Subcarrier Multiplexing	副载波复用
SDH	Synchronous Digital Hierarchy	同步数字体系
SDM	Space Division Multiplexing	空分复用
SDN	Software Defined Network	软件定义网络
SDMA	Space Division Multiple Access	空分多址
SDON	Software Defined Optical Network	软件定义光网络
SHR	Self Healing Ring	自愈环

SI	Step Index	阶跃折射率
SMF	Single-Mode Fiber	单模光纤
SNI	Service Node Interface	业务节点接口
SNR	Signal-to-Noise Ratio	信噪比
SOA	Semiconductor Optical Amplifier	半导体光放大器
SPM	Self-Phase Modulation	自相位调制
SRLG	Shared Risk Link Group	共享风险链路组
SRS	Stimulated Raman Scattering	受激拉曼散射
SSFS	Soliton Self Frequency Shift	孤子自频移
SSMF	Standard Single-Mode Fiber	标准单模光纤
SVM	Support Vector Machine	支持向量机
TDM	Time Division Multiplexing	时分复用
TDMA	Time Division Multiple Access	时分多址
TMN	Telecommunication Management Network	电信管理网
UNI	User Network Interface	用户网络接口
VAD	Vapor Axial Deposition	轴向气相沉积法
VCI	Virtual Circuit Indicator	虚电路标识
VCSEL	Vertical Cavity Surface Emitting Laser	垂直腔面发射激光器
VLC	Visible Light Communication	可见光通信
VPN	Virtual Private Network	虚拟专用网
VPI	Virtual Path Indicator	虚通道标识
WAN	Wide Area Network	广域网
WDM	Wavelength Division Multiplexing	波分复用
WDMA	Wavelength Division Multiple Access	波分多址
WLAN	Wireless Local Area Network	无线局域网
WSON	Wavelength Switched Optical Network	波长交换光网络
XPM	Cross-Phase Modulation	交叉相位调制

参考文献

[1] 叶培大，吴彝尊．光波导技术基本理论［M］．北京：人民邮电出版社，1981.

[2] 范崇澄，彭吉虎．导波光学［M］．北京：北京理工大学出版社，1988.

[3] 大越孝敬．光学纤维基础［M］．刘时衡，梁民基，译．北京：人民邮电出版社，1980.

[4] 张煦．光纤通信技术［M］．上海：上海科学技术出版社，1985.

[5] 赵梓森．光纤通信工程［M］．北京：人民邮电出版社，1994.

[6] 邱昆．光纤通信导论［M］．成都：电子科技大学出版社，1995.

[7] 吴彝尊，蒋佩旋，李玲．光纤通信基础［M］．北京：人民邮电出版社，1987.

[8] 顾畹仪，李国瑞．光纤通信系统［M］．北京：北京邮电大学出版社，1999.

[9] 杨祥林．光纤传输系统［M］．南京：东南大学出版社，1991.

[10] 李玲．光纤通信［M］．北京：人民邮电出版社，1995.

[11] 顾畹仪．光纤通信［M］．2 版．北京：人民邮电出版社，2011.

[12] 孙强，周虚．光纤通信系统及其应用［M］．北京：清华大学出版社，北京交通大学出版社，2003.

[13] 陈根祥．光纤通信技术基础［M］．北京：高等教育出版社，2010.

[14] 刘增基，周洋溢，胡辽林．光纤通信［M］．2 版．西安：西安电子科技大学出版社，2008.

[15] 孙学康，张金菊．光纤通信技术［M］．4 版．北京：人民邮电出版社，2016.

[16] 原荣．光纤通信［M］．4 版．北京：电子工业出版社，2021.

[17] 帕勒里斯．光纤通信：5 版［M］．王江平，刘杰，闻传花，译．北京：电子工业出版社，2006.

[18] AGRAWAL G P. 光纤通信系统：4 版［M］．贾东方，忻向军，译．北京：电子工业出版社，2016.

[19] KEISER G. 光纤通信：5 版［M］．蒲涛，徐俊华，苏洋，译．北京：电子工业出版社，2016.

[20] 毛幼菊，党明瑞．光波分复用通信技术［M］．北京：人民邮电出版社，1996.

[21] 张明德，孙小菡．光纤通信原理与系统［M］．4 版．南京：东南大学出版社，2009.

[22] 林金桐，施进丹．光纤激光器：原理、技术与应用［M］．北京：清华大学出版社，2023.

[23] 林学煌．光无源器件［M］．北京：人民邮电出版社，1998.

[24] 韦乐平．光同步数字传送网［M］．北京：人民邮电出版社，1998.

[25] 杨祥林．光纤通信系统［M］．北京：国防工业出版社，2000.

[26] 纪越峰．光波分复用系统［M］．北京：北京邮电大学出版社，1999.

[27] 杨祥林．光放大器及其应用［M］．北京：电子工业出版社，2000.

[28] 王庆有，陈晓冬，黄战华，等．光电传感器应用技术［M］．2 版．北京：机械工业出版社，2020.

[29] 刘旭，刘向东．光电信息工程概论［M］．北京：机械工业出版社，2022.

[30] 纪越峰．现代光纤通信技术［M］．北京：人民邮电出版社，1997.

[31] 顾畹仪，张杰．全光通信网［M］．北京：北京邮电大学出版社，2001.

[32] AGRAWAL G P. 非线性光纤光学原理及应用［M］．贾东方，译．北京：电子工业出版社，2002.

[33] 李秉钧，万晓榆，樊自甫．演进中的电信传送网［M］．北京：人民邮电出版社，2004.

[34] RAMASWAMI R SIVARAJAN K N. 光网络：上卷　光纤通信技术与系统［M］．乐孜纯，译．2 版．北京：机械工业出版社，2004.

[35] RAMASWAMI R SIVARAJAN K N. 光网络：下卷　组网技术分析［M］．乐孜纯，译．2 版．北京：机械工业出版社，2004.

[36] 纪越峰，王宏祥．光突发交换网络［M］．北京：北京邮电大学出版社，2005.

[37] 张杰．自动交换光网络 ASON［M］．北京：人民邮电出版社，2004.

[38] 吴健学，李文耀．自动交换光网络［M］．北京：北京邮电大学出版社，2003.
[39] 范志文，吴军，马俊，等．智慧光网络：关键技术应用实践和未来演进［M］．北京：人民邮电出版社，2022.
[40] 董天临．光纤通信与光纤信息网［M］．北京：清华大学出版社，2005.
[41] 赵永利，郁小松，张佳玮，等．软件定义光网络［M］．北京：人民邮电出版社，2017.
[42] 黄善国，张杰，韩大海．光网络规划与优化［M］．北京：人民邮电出版社，2012.
[43] 张成良，李俊，马亦然，等．光网络新技术解析与应用［M］．北京：电子工业出版社，2016.
[44] 徐荣，龚倩．高速宽带光互联网技术［M］．北京：人民邮电出版社，2002.
[45] 唐雄燕，左鹏．智能光网络：技术与应用实践［M］．北京：电子工业出版社，2005.
[46] 刘国辉．光传送网原理与技术［M］．北京：北京邮电大学出版社，2004.
[47] 韦乐平，张成良．光网络：系统、器件与联网技术［M］．北京：人民邮电出版社，2006.
[48] 钱宗珏．光接入网技术及其应用［M］．北京：人民邮电出版社，1998.
[49] 陈雪．无源光网络技术［M］．北京：北京邮电大学出版社，2006.
[50] 解金山．光纤用户传输网［M］．北京：电子工业出版社，1996.
[51] 克雷默．基于以太网的无源光网络［M］．陈雪，译．北京：北京邮电大学出版社，2007.
[52] 胡先志．构建高速通信光网络关键技术［M］．北京：电子工业出版社，2008.
[53] 李亚杰．边缘计算光网络［M］．北京：人民邮电出版社，2020.
[54] 迟楠．面向6G的可见光通信关键技术［M］．北京：人民邮电出版社，2023.
[55] 刘涛．自由空间量子密钥分发［M］．北京：人民邮电出版社，2023.
[56] 曹原，赵永利，郁小松，等．量子密钥分发网络［M］．北京：人民邮电出版社，2023.
[57] 周志华．机器学习［M］．北京：清华大学出版社，2016.